全国信息技术人才培养工程指定培训教材

AutoCAD辅助设计基础与应用

彭超　王杰鹏　编著

工业和信息化部电子教育与考试中心　组编

人民邮电出版社

北京

图书在版编目（CIP）数据

AutoCAD辅助设计基础与应用 / 彭超，王杰鹏编著；工业和信息化部电子教育与考试中心组编．—北京：人民邮电出版社，2009.7（2014.9 重印）
ISBN 978-7-115-19924-9

Ⅰ. A… Ⅱ. ①彭…②王…③工… Ⅲ. 计算机辅助设计—应用软件，AutoCAD Ⅳ. TP391.72

中国版本图书馆CIP数据核字（2009）第066579号

内容提要

本书全面地讲解了 AutoCAD 辅助设计基础与应用技巧，包括辅助设计中各种绘图技术、工程图技术、文字、表、图层、尺寸标注、辅助工具、属性、图块、三维对象、图形着色、二次开发技术、图纸的打印和印刷图纸等基础知识和应用技术。本书还通过绘制装饰平面图、建筑平面图和机械电气图等应用案例来培养读者的实际操作能力。

本书既适合 AutoCAD 初学者自学使用，又可作为各类院校或企业的培训教材。

AutoCAD 辅助设计基础与应用

◆ 编　　著　彭　超　王杰鹏
　组　　编　工业和信息化部电子教育与考试中心
　责任编辑　李　莎

◆ 人民邮电出版社出版发行　　北京市丰台区成寿寺路 11 号
　邮编　100164　　电子邮件　315@ptpress.com.cn
　网址　http://www.ptpress.com.cn
　北京隆昌伟业印刷有限公司印刷

◆ 开本：787×1092　1/16
　印张：16.5
　字数：395 千字　　2009 年 7 月第 1 版
　印数：4 301 – 5 100 册　　2014 年 9 月北京第 3 次印刷

ISBN 978-7-115-19924-9/TP

定价：28.00 元

读者服务热线：(010) 81055256　印装质量热线：(010) 81055316
反盗版热线：(010) 81055315

序

当今世界，随着信息技术在经济社会各领域不断地深化应用，信息技术对生产力甚至是人类文明发展的巨大作用越来越明显。党的“十七大”提出要“全面认识工业化、信息化、城镇化、市场化、国际化深入发展的新形势新任务”，“发展现代产业体系，大力推进信息化与工业化融合”，明确了信息化的发展趋势，首次鲜明地提出信息化与工业化融合发展的崭新命题，赋予我国信息化全新的历史使命。近年来，日新月异的信息技术呈现出新的发展趋势，信息技术与其他技术的结合更为紧密，信息技术应用的深度、广度和专业化程度不断提高。

我国的信息产业作为国民经济的支柱产业正面临着有利的国际、国内形势，电子信息产业的规模总量已进入世界大国行列。但是我们也清楚地认识到，与国际先进水平相比，我们在产业结构、核心技术、管理水平、综合效益、普及程度等方面，还存在较大差距，缺乏创新能力与核心竞争力，“大”而不强。国际国内形势的发展，要求信息产业不仅要做大，而且要做强，要从制造大国向制造强国转变，这是信息产业今后的重点工作。要实现这一转变，人才是基础。机遇难得，人才更难得，要抓住本世纪头二十年的重要战略机遇期，加快信息行业发展，关键在于培养和使用好人才资源。《中共中央、国务院关于进一步加强人才工作的决定》指出，人才问题是关系党和国家事业发展的关键问题，人才资源已成为最重要的战略资源，人才在综合国力竞争中越来越具有决定性意义。

为抓住机遇，迎接挑战，实施人才强业战略，原信息产业部于2004年启动了“全国信息技术人才培养工程”。根据工业和信息化部人才工作要点中关于“继续组织实施全国信息技术人才培养工程”的要求，工业和信息化部电子教育与考试中心将继续推进全国信息技术人才培养工程二期工作的开展。该项工程旨在通过政府政策引导，充分发挥全行业和全社会教育培训资源的作用，建立规范的信息技术教育培训体系、科学的培训课程体系、严谨的信息技术人才评测服务体系，培养大批行业急需的、结构合理的高素质信息技术应用型人才，以促进信息产业持续、快速、协调、健康的发展。

根据信息产业对技术人才素质与能力的需求，在充分吸取国内外先进信息技术培训课程优点的基础上，工业和信息化部电子教育与考试中心组织各方专家精心编写了信息技术系列培训教材。这些教材注重提升信息技术人才分析问题和解决问题的能力，对各层次信息技术人才的培养工作具有现实的指导意义。我们谨向参与本系列教材规划、组织、编写的同志致以诚挚的感谢，并希望该系列教材在全国信息技术人才培养工作中发挥有益的作用。

工业和信息化部电子教育与考试中心

前 言

AutoCAD 是目前应用广泛的机械设计和建筑设计软件，其简单的操作和强大的制图功能一直备受机械设计人员和建筑设计人员的青睐。为帮助广大读者快速掌握使用 AutoCAD 的方法，我们特编写了本书，全面、系统地介绍了运用 AutoCAD 2008 进行辅助设计的基础知识与应用技巧。

本书导读

本书既重视基础知识的讲解，亦重视操作技能的培养，以使读者既能够获得扎实的基本功，又能将所学知识灵活运用实际工作之中。

第 1～2 讲的主要内容是 AutoCAD 辅助设计基础和技术应用基础，帮助读者掌握图像文件的创建、打开与存储，坐标系的设定，图形的选择方法和图形的显示设置，对象捕捉，设置图形界限，命令的调用方法和坐标值的确定等方法，为今后进行图形的设计和绘制打下坚实的基础。

第 3～4 讲的主要内容是绘制工程图技术、工程图的选择与编辑，帮助读者掌握各种绘图命令的参数与使用方法，以及面域操作与图案填充的创建与编辑方法，为以后绘制复杂的工程图纸做好准备。

第 5～6 讲的主要内容是创建与编辑文字和表格，以及图层和线型比例，帮助读者掌握各种创建与编辑文字的方法，以及图层属性的编辑与改变对象所在图层的方法，以便更好地对编辑文字与管理图层。

第 7～8 讲的主要内容是尺寸标注与辅助工具，以及属性、图块与外部参照，帮助读者掌握标注和编辑尺寸，创建属性定义，编辑属性，创建与使用动态块，以及运用外部参照等方法，以在今后工作中提高图形管理和图形设计的效率。

第 9～10 讲的主要内容是绘制基本三维对象与实体，以及图形的着色与渲染，帮助读者掌握创建基本三维实体的表面及一些常见的三维曲面的方法，在 AutoCAD 中如何使用灯光、材质、背景，以及如何渲染图形和光栅图形的常用技术，从而提高 AutoCAD 的应用能力和图形制作水平。

第 11～13 讲的主要内容是 AutoCAD 的二次开发技术、AutoCAD 与 Internet 的链接，以及打印和印刷图纸，帮助读者掌握 AutoLISP 语言的使用、VLISP 程序的使用和调试、通过 Internet 打开和保存图形文件、以电子格式输出图形及打印各类图形和图纸的方法，以便读者能更好地将所学的 AutoCAD 操作方法与实际工作对接。

第 14 讲的主要内容是绘制装饰平面图案例、绘制建筑平面图案例，以及室内电气照明系统图设计，帮助读者通过这些应用案例强化巩固所学知识，并掌握在实际工作中灵活运用 AutoCAD 进行辅助设计的方法。

本书特色

- 量身打造，易学易用：本书立足基础，侧重应用，使读者学习更容易，上手更快捷。

■ 案例加练习，边学边练：本书以“练一练”和“案例”的方式将源于实际工作中的案例与操作技巧融入学习过程，使读者能对各知识点进行充分的练习与巩固，培养读者的实际操作能力，取得事半功倍的效果。

■ 提示技巧，贴心周到：本书对读者在学习过程中可能会遇到的疑难问题以“提示”的形式进行了说明，以免读者在学习的过程中走弯路。

■ 教学资源立体化，教学更轻松：提供与本书配套的立体化教学资源，包括教学大纲、教案、教学素材、演示文档等，使教师授课更加轻松。

本书由彭超、王杰鹏编著，参与资料整理的人员还有胡芬、任芳、于继荣、陈小杰、王果和安海涛等，在此对大家的辛勤工作一并表示衷心地感谢！

严谨、求实、高品质是我们追求的目标，尽管我们力求准确和完善，但由于时间紧迫，水平有限，书中难免会存在一些不足之处，衷心希望广大读者批评指正并提出宝贵的意见，我们将努力为您提供更完善的服务与支持。我们的联系信箱为：lisha@ptpress.com.cn。

编　者

2009 年 4 月

目 录

第 11 讲

第 12 讲

第 13 讲

第 14 讲

第 1 讲 AutoCAD 辅助设计基础

本讲要点

- 了解 AutoCAD 的基本功能
- 掌握 AutoCAD 的图形文件使用
- 掌握坐标系的设置和图像的选择及显示

快速导读

本讲重点介绍 AutoCAD 的基本功能。读者通过学习，应了解 AutoCAD 界面的基本组成，掌握图像文件的创建、打开与存储方法，掌握坐标系的设定、图形的选择和图形的显示设置方法。本章的重点是图像的选择与显示。

AutoCAD 是由美国 Autodesk 公司开发的一种通用计算机辅助绘图软件，英文全称是 Auto Computer Aided Design（即计算机辅助设计，简称 AutoCAD）。

AutoCAD 自 1982 年诞生以来，随着软件不断更新、扩展，功能日益完善，适用范围也不断扩大，被广泛应用于机械设计、城市规划、园林设计、土木建设、轻工化工等诸多领域。

1.1 AutoCAD 概述

目前，AutoCAD 已经从最初简易的二维绘图软件发展到集三维设计、真实感显示、通用数据库管理以及 Internet 通信为一体的通用计算机辅助绘图软件包，并与 3ds max、Lightscape 和 Photoshop 等渲染处理软件相结合，能实现具有真实感的三维透视和动画图形功能。

1.1.1 AutoCAD 的效果展示

AutoCAD 具有易于掌握、使用方便、绘制精确的特点，已经广泛应用于机械、建筑、室内外装饰、广告、电子、航天、造船、服装、气象、纺织、园林、石油化工、冶金、轻工等行业。AutoCAD 的效果展示，如图 1.1 所示。

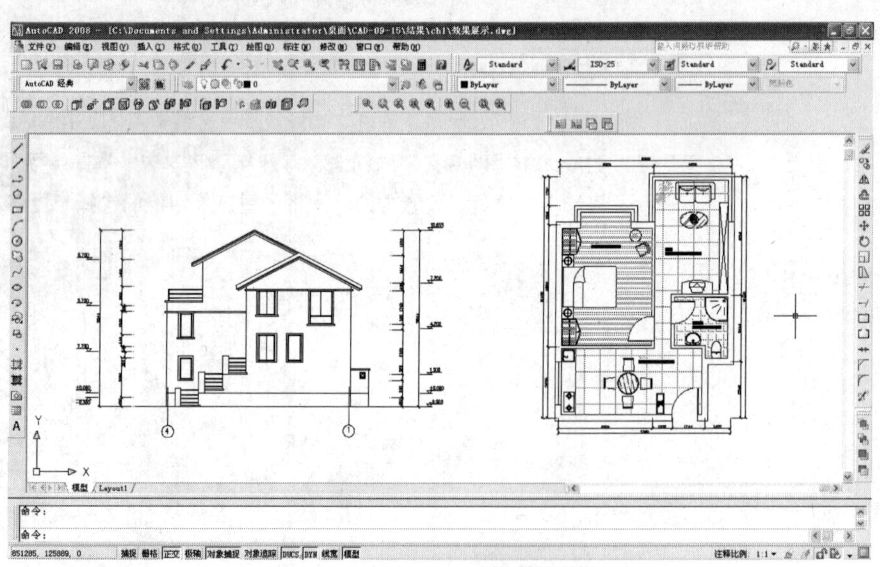

图 1.1　AutoCAD 的效果展示

1.1.2 AutoCAD 的基本功能

1. 绘制与编辑图形

AutoCAD 的【绘图】菜单中包含有丰富的绘图命令，这些命令可以绘制直线、构造线、多段线、圆、矩形、多边形、椭圆等基本图形，也可以将绘制的图形转换为面域，对其进行填充。

用户通过【修改】菜单中的“修改”命令，便可以绘制出各种各样的二维图形。对于一些二维图形，通过拉伸、设置标高和厚度等操作就可以轻松地转换为三维图形。使用【绘图】→【建模】命令中的子命令，可以绘制圆柱体、球体、长方体等基本实体以及三维网格、旋转网格等曲面模型。结合【修改】菜单中的相关命令，还可以绘制出各种复杂的三维图形。

2. 标注图形尺寸

尺寸标注是向图形中添加测量注释的过程，是整个绘图过程中不可缺少的一步。AutoCAD 的【标注】菜单中包含了一套完整的尺寸标注和编辑命令，使用它们可以在图形的各个方向上创建各种类型的标注，也可以方便、快速地以一定格式创建符合行业或项目标准的标注。

标注显示了对象的测量值，如对象之间的距离、角度等。在 AutoCAD 中提供了线性、半径和角度 3 种基本的标注类型，可以进行水平、垂直、对齐、旋转、坐标、基线或连续等标注。用户还可以进行引线标注、公差标注以及自定义粗糙度标注。标注的对象可以是二维图形或三维图形。

3. 渲染三维图形

在 AutoCAD 中，可以运用雾化、光源和材质等命令，将模型渲染为具有真实感的图像。如果是为了演示，可以渲染全部对象；如果时间有限，或显示设备和图形设备不能提供足够的灰度等级和颜色，就不必精细渲染；如果只需快速查看设计的整体效果，则可以简单消隐或设置视觉样式。

4. 输出与打印图形

AutoCAD 不仅允许将所绘图形以不同样式通过绘图仪或打印机输出，还能够将不同格式的图形导入 AutoCAD 或将 AutoCAD 图形以其他格式输出。因此，当图形绘制完成之后可以使用多种方法将其输出。例如，可以将图形打印在图纸上，或创建成文件以供其他应用程序使用。

1.2 初识 AutoCAD

AutoCAD 提供了“二维草图与注释”、“AutoCAD 经典”和“三维建模”3 种工作空间界面。默认状态下打开的是二维草图与注释工作空间；AutoCAD 经典工作空间为传统工作界面；三维建模工作空间主要用于三维建模与渲染等操作，并提供相关的三维操作工具。

用户可以选择【工具】→【工作空间】命令，或在工作空间工具栏下拉列表中选择所需的工作空间。

AutoCAD 工作界面主要包括标题栏、菜单栏、工具栏等。如图 1.2 所示。

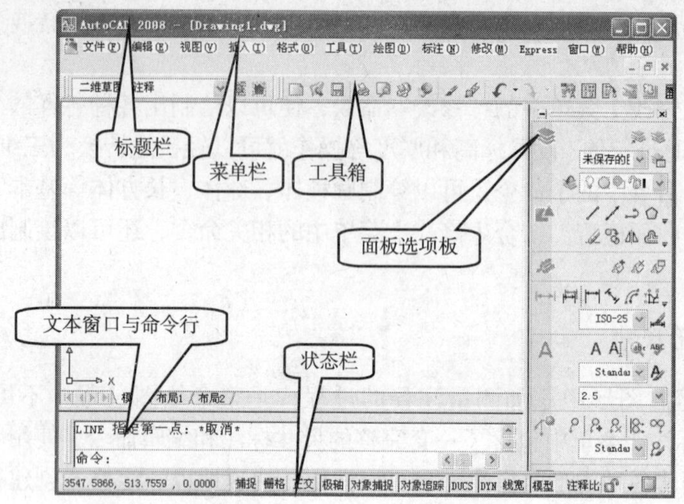

图 1.2　AutoCAD 的工作界面

1.2.1　标题栏

标题栏位于应用程序的最上面。标题栏显示正在运行的 AutoCAD 的程序名称和当前打开的图形文件的名称和路径等信息，主要是 AutoCAD 默认的图形文件名，名称为 Drawing N（N 随着打开文件的数目递增，依次显示为 1、2、3 等）。

标题栏最左端的图标是程序的快捷图标，双击该图标可以快速关闭 AutoCAD，单击该图标会弹出一个控制下拉菜单，如图 1.3 所示。选择下拉菜单中的文件选项，可以完成窗口的最小化、最大化、还原、移动或关闭 AutoCAD 等命令操作。

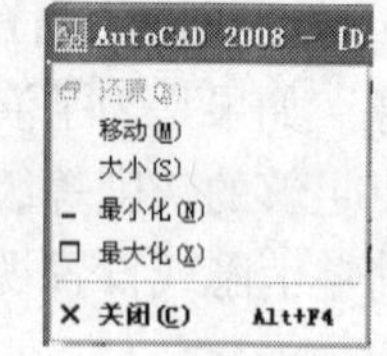

图 1.3　标题栏控制下拉菜单

用户也可以通过标题栏最右边的 3 个按钮、、，将 AutoCAD 程序和当前图形文件进行最小化、最大化或关闭操作。

1.2.2　菜单

AutoCAD 有下拉菜单、鼠标右键菜单和屏幕菜单 3 种菜单。

1. 下拉菜单

如果安装了 Express Tools，AutoCAD 的下拉菜单就会有 12 个，一般会集中在菜单栏中显示，比如“文件”、“编辑”、“视图”等菜单，这些菜单几乎提供了 AutoCAD 所有的命令和功能。

在菜单栏中单击任一一个下拉菜单，就会出现相应的下拉列表，列出其子命令。将鼠标指针移动到相应的命令时，会亮显该命令，同时该命令的相关说明和命令名称会显示在状态栏上，单击菜单中的某项即可调用相应命令。打开菜单后，如果不选择任何命令，可按 Esc 键或将鼠标指针移到绘图区内单击，即可退出菜单操作。

AutoCAD 的下拉菜单有如下特点。

（1）在下拉菜单中，右面有小三角，表示该命令下还有子命令。

（2）在下拉菜单中，右面有省略号，表示执行该命令可打开一个对话框。

（3）右边没有内容的菜单项，单击该菜单项后可执行对应的 AutoCAD 命令。

（4）命令呈现灰色，表示该命令在当前状态下不可使用。

2. 鼠标右键快捷菜单

在 AutoCAD 中，在不同的区域或不同的绘图状态下单击右键，都会显示一个快捷菜单，如图 1.4 所示。快捷菜单中的命令与 AutoCAD 的当前状态有关，提供与当前操作有关的命令的快速访问方式。用户可以单击快捷菜单中的选项来调用相关命令。

3. 屏幕菜单

在 AutoCAD 中，为了照顾习惯使用以前版本的用户，仍然保留了屏幕菜单。它的功能与下拉菜单的功能类似。用户可以通过选择【工具】→【选项】命令，打开【选项】对话框，在【显示】选项卡“窗口元素”组件中选中“显示屏幕菜单”选项即可打开屏幕菜单。如图 1.5 所示。

默认情况下屏幕菜单停靠在绘图窗口的右侧，可以用鼠标将其拖动到窗口中的任意位置。

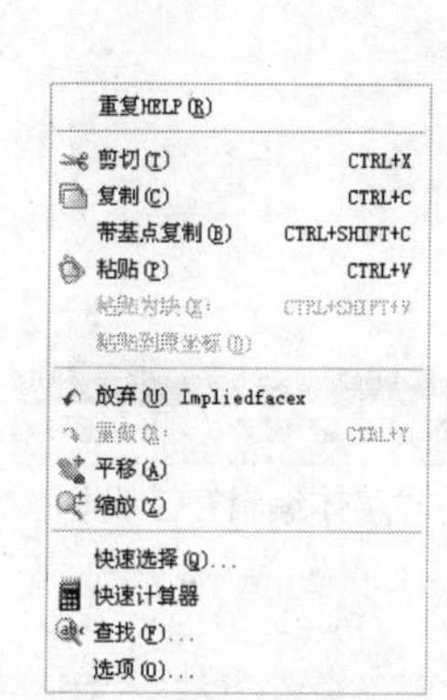

图 1.4 鼠标右键快捷菜单

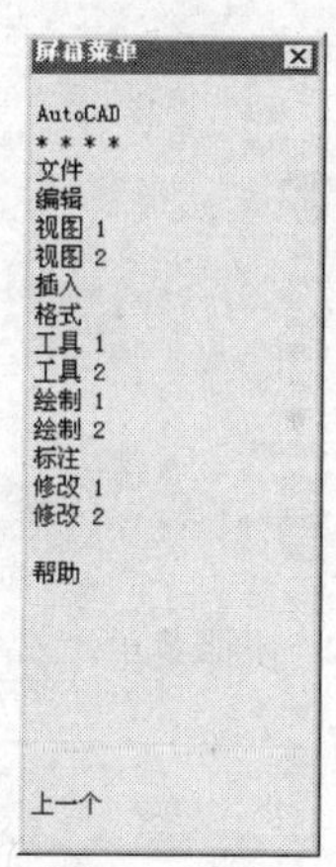

图 1.5 屏幕菜单

1.2.3 工具栏

工具栏位于菜单栏的下面，它是 AutoCAD 调用命令的另一种方式。通过工具栏可以非常容易地创建或修改图像，工具栏是 AutoCAD 中最简单、最方便的使用工具，不同的图标代表不同的工具。这些图标既形象直观又简单方便，通过鼠标单击图标按钮就可以执行相应的工具，进行绘图操作。为了方便用户使用，AutoCAD 将一些常用命令按照一定的分类组织在一起。

将鼠标移动到任一工具栏的任一按钮上单击右键，将显示一个快捷菜单，如图 1.6 所示。用鼠标选择快捷菜单中的某一项，可显示或隐藏对应的工具栏。用户可以根据当前的绘图需要打开或关闭某些工具栏。

AutoCAD 提供了 37 个工具栏，默认情况下，打开的是“标准注释”和“工作空间”工具栏。

根据显示方式，AutoCAD 的工具栏可分为固定工具栏、浮动工具栏、弹出式工具栏。固定工具栏是指位于绘图窗口四周的工具栏，浮动工具栏是指位于非固定工具栏区域的工具栏。用鼠标按在固定工具栏上的两条横线或竖线上，可将其拖动到屏幕的其他位置，使其成为浮动工具栏。如图 1.7 所示为浮动“实体编辑”工具栏。

如果工具栏上的某工具按钮的右下角有一个黑三角标记，表明这是一个弹出式工具栏。单击并按住该按钮不放，即会弹出一个工具栏，将鼠标移动到某个按钮上面并放开鼠标，这时将调用相应的命令。

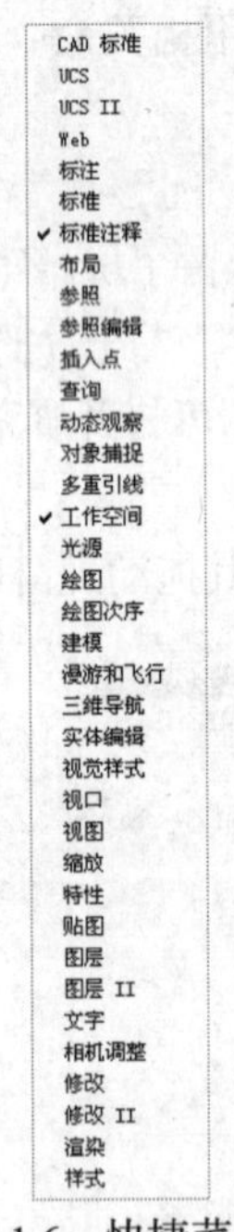

图 1.6　快捷菜单

图 1.7　浮动“实体编辑”工具栏

1.2.4　绘图窗口

绘图窗口是绘图的工作区域，该区域是没有边界的。在绘图区域内，用户可以进行图形的绘制、编辑和显示等操作。在 AutoCAD 中，用户可以同时打开多个图形。

提 示

绘图区域也称视图，用户可以使用鼠标中键放大、缩小和平移视图，以便仔细查看图形中的细节，或者将视图移动至图形的其他部分。

1.2.5　命令行

命令行位于绘图窗口的下面，它是 AutoCAD 输入与显示命令、显示提示信息和出错信息的窗口。命令窗口默认显示最近使用的 3 行命令提示，如图 1.8 所示。用户可用鼠标拖动其边框来改变显示的行数，也可以用鼠标拖动命令行窗口来移动其位置。

输入以当前单位计算的矩形面积 <100.0000>: *取消*
命令:
命令:
命令:

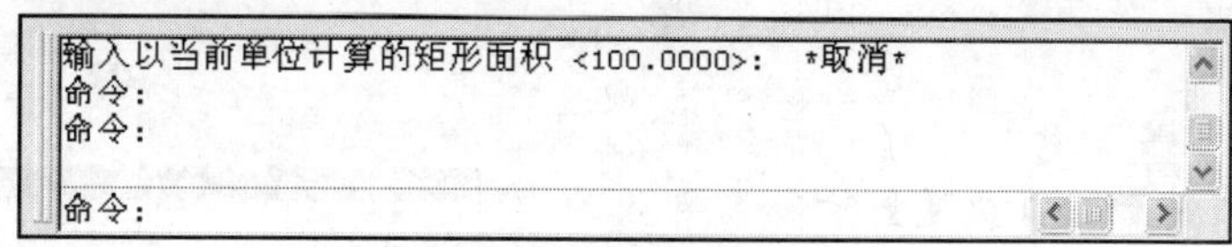

图 1.8 命令行

1.2.6 状态栏

状态栏位于 AutoCAD 主窗口的底部，它显示了各种 AutoCAD 模式的状态，如图 1.7 所示。在绘图窗口中移动光标时，状态栏的“坐标”区将动态地显示当前坐标值。坐标显示取决于所选择的模式和平程序中运行的命令，有“相对”、“绝对”和“无”共 3 种模式。

状态栏上包含多个功能按钮，如捕捉、栅格、正交、极轴、对象捕捉、对象追踪等。单击一次某一功能按钮，将切换一次状态。如图 1.9 所示。

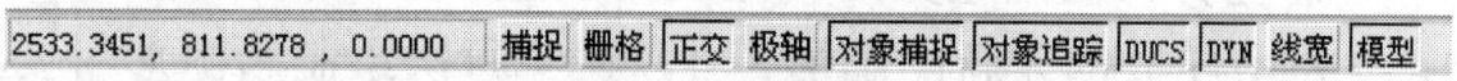

2533.3451, 811.8278 , 0.0000
捕捉
栅格
正交
极轴
对象捕捉
对象追踪
DUCS
DYN
线宽
模型

图 1.9 状态栏

1.2.7 光标

十字光标为 AutoCAD 在绘图区域中显示的绘图光标，它主要用于绘制图形时指定点的位置和选取对象。光标中十字线的交点是光标当前所在的位置，该位置的坐标值实时地显示在状态栏上的坐标区中。光标中的小方框为拾取框，用于选择对象。

1.3 初识 AutoCAD 图形文件

AutoCAD 的文件操作包括创建新的图形文件、打开已有的图形文件以及保存所绘制的图形文件等文件管理操作。

1.3.1 创建图形文件

1. 功能

创建新的图形文件。

2. 执行命令方式

菜单命令：选择【文件】→【新建】命令。
快捷键：按组合键 Ctrl + N。
命令行：输入 NEW。

工具栏：单击标准工具栏上的新建按钮。

3. 操作步骤

❶ 选择【文件】→【新建】命令，弹出【选择样板】对话框。如图 1.10 所示。

❷ 选择样板列表框中的某一样板文件。这时在对话框右侧的预览框中将显示出该样板的预览图像。

❸ 单击 打开(O) 按钮，可以以选中的样板文件为样板，创建新图形。

图 1.10 【选择样板】对话框

4. 参数说明

样板文件中通常包含与绘图相关的一些通用设置，如图层、线型、文字样式、尺寸标注样式等设置。利用样板创建新的图形，可以避免每次绘制新图形时要进行的有关绘图设置、绘制相同图形对象等这类重复操作，不仅提高了绘图效率，而且保证了图形的一致性。

1.3.2 打开已有图形文件

1. 功能

打开已有的图形文件。

2. 执行命令方式

菜单命令：选择【文件】→【打开】命令。
快捷键：按组合键 Ctrl + O。
命令行：输入 OPEN。
工具栏：单击标准工具栏上的打开按钮。

3. 操作步骤

❶ 选择【文件】→【打开】命令，弹出【选择文件】对话框。如图 1.11 所示。

❷ 在【选择文件】对话框的文件列表框中，选择需要打开的图形文件，在右侧的预览框中将显示出该图形的预览图像。默认情况下，打开的图形文件的格式为.dwg。

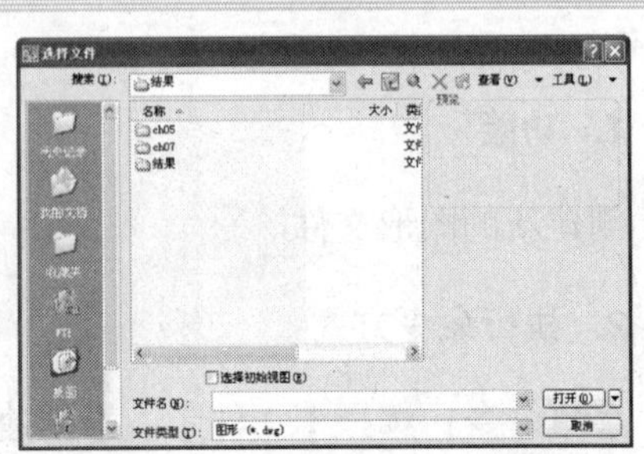

图 1.11 【选择文件】对话框

4. 参数说明

用户可以用 4 种方式打开图形文件。单击 打开(O) 按钮右下角的▾按钮，弹出选择方式。如图 1.12 所示。

图 1.12 样板打开方式

- 打开：以正常方式打开、运行图形文件，并可编辑修改图形文件。
- 以只读方式打开：打开的图形文件只能查看，不能进行编辑和修改。
- 局部打开：通过设置要加载几何图形的视图、图层来打开图形文件。
- 以只读方式局部打开：局部打开指定的图形文件，且不能进行编辑修改。

1.3.3 保存图形

1. 功能

将当前所绘制的图形以文件形式存入磁盘。

2. 执行命令方式

菜单命令：选择【文件】→【保存】命令。
快捷键：按组合键 Ctrl + S。
命令行：输入 SAVE。
工具栏：单击标准工具栏上的保存按钮。

3. 操作步骤

选择【文件】→【保存】命令，以当前使用的文件名保存图形。

4. 参数说明

用户在第一次保存创建的图形时，系统将打开【图形另存为】对话框，如图 1.13 所示。默认情况下，文件以*.dwg 格式保存。用户也可以在“文件类型”下拉列表中选择其他格式。

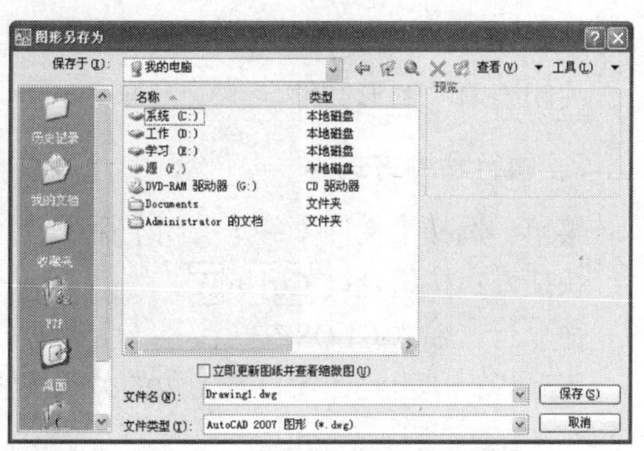

图 1.13 【图形另存为】对话框

1.3.4 加密保护绘图数据

1. 功能

用户可以为图形设置密码，使用密码保护功能对文件进行加密保存。

2. 执行命令方式

选择【文件】→【保存】或【文件另存为】命令，打开“图形另存为”对话框。

3. 操作步骤

❶ 执行保存图形命令后，在弹出的【图形另存为】对话框中选择对话框右上方“工具”下拉菜单中的“安全选项”，弹出【安全选项】对话框，如图 1.14 所示。

❷ 单击“密码”选项卡，然后在“用于打开此图形的密码或短语”文本框中输入密码。此外，利用“数字签名”选项卡还可以设置数字签名。

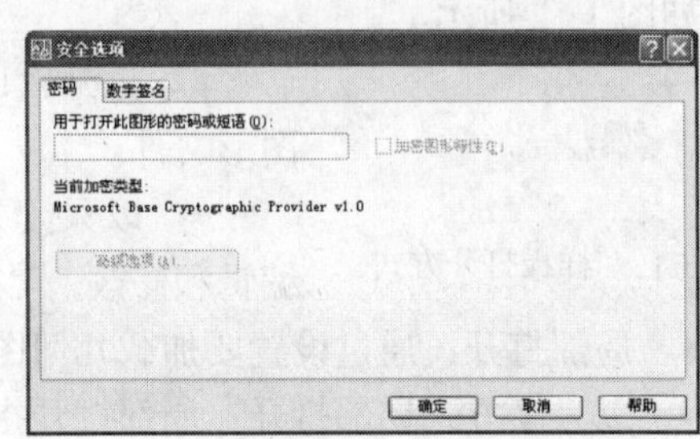

图 1.14 【安全选项】对话框

4. 参数说明

为文件设置密码后，用户在打开文件时系统将打开“口令”对话框，要求用户输入正确的密码，否则无法打开文件。

进行加密设置时，用户可以选择 40 位、128 位等多种加密长度。可在密码选项卡中单击“高级选项”按钮，在打开的【高级选项】对话框中进行设置。

1.3.5 关闭图形文件

1. 功能

关闭当前的图形文件。

2. 执行命令方式

菜单：选择【文件】→【关闭】命令。

快捷键：按组合键 Ctrl + W。

命令行：输入 CLOSE。

工具栏：单击绘图窗口右上角的关闭按钮 ×。

3. 操作步骤

选择【文件】→【关闭】命令，关闭当前图形文件。

4. 参数说明

执行关闭命令后，对没有保存的文件，系统将弹出提示对话框，询问是否保存文件，如图 1.15 所示。在该对话框中单击 是(Y) 按钮或按 Enter 键，表示将当前的图形文件存盘后再关闭它；单击 否(N) 按钮或按 N 键，则表示关闭图形但不存盘；单击 取消 按钮，表示取消关闭当前图形文件的操作，既不保存也不关闭当前图形。

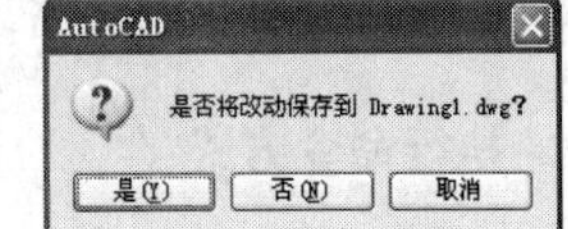

图 1.15 关闭文件信息提示对话框

1.4 绘图命令的调用

AutoCAD 命令的调用方法有多种，用户可以根据实际应用的需要进行调用。AutoCAD 将对命令作出响应，并在命令提示行显示执行状态，或给出执行命令需要进一步选择的选项。

1.4.1 命令激活方式

在 AutoCAD 中命令的激活方式有多种，用户可以通过 AutoCAD 菜单栏中的菜单、屏幕菜单、工具栏、右键快捷菜单、命令行或快捷键来启动命令。工具栏、命令行和快捷键是较常用的输入命令的方式。

有些命令只有一种输入方式，如重画（Redraw）命令就只能通过命令行输入。

菜单、工具栏、快捷键输入命令的方式和 Windows 应用程序（如 Word）基本相同。在命令行的命令提示符下输入命令全名，然后按 Enter 键或空格键就可以启动命令。这种方法也适用于命令窗口和文本窗口。

AutoCAD 还提供了常用命令的简写形式，在命令行输入这些简写命令后就可以启动相应的常规命令。表 1-1 列出了常用命令的简写形式。掌握这些键盘简写命令操作时快捷而准确，可以与鼠标相结合，使用户的绘图速度明显提高。

表 1-1 常用命令的简写

命令全名	简　写	对应操作	命令全名	简　写	对应操作
Arc	A	绘制圆弧	Move	M	移动对象
Block	B	定义块	Offset	O	偏移
Circle	C	绘制圆	Pan	P	视图平移
Dimstyle	D	标注样式	Redraw	R	重画
Erase	E	删除对象	Stretch	S	拉伸
Fillet	F	倒圆角	Mtext	T	创建多行文字
Group	G	编组	Undo	U	撤消上一次操作
Bhatch	H	快速填充	View	V	视图
Insert	I	块插入	Wblock	W	块写入
Line	L	绘制直线	Zoom	Z	缩放视图

1.4.2 命令的重复与撤销

1. 命令的重复

利用键盘或鼠标都可以重复同一命令，以提高再次输入的速度。

键盘：重复执行上一个命令，可以按 Enter 键或空格键。

鼠标：在绘图区域中单击鼠标右键，在弹出的快捷菜单中选择“重复”命令。

要多次重复执行同一命令，可以在命令提示下输入 MULTIPLE，然后在命令行的“输入要重复的命令名:”提示下输入需要重复执行的命令。

要重复执行最近的 6 个命令中的某一个命令，可在命令窗口或文本窗口中右键单击，在弹出的【近期使用的命令】菜单中选择。如图 1.16 所示。

图 1.16 【近期使用命令】选项

2. 命令的撤销

在操作过程中，如果需要撤销最近或多个操作也有多种方法，最简单的就是使用组合键 Ctrl+Z 来放弃这个操作，不断按这个组合键，将会逐步撤销命令。

用户也可以在命令提示行中输入 UNDO，然后按 Enter 键即可撤销此命令。如果需要撤销一定数量的命令，可在命令提示行中输入要放弃的操作数目。例如，要放弃最近的 5 个操作步骤，输入 5，AutoCAD 将显示放弃的命令。

在执行 UNDO 命令时，命令提示行信息如下。

```
输入要放弃的操作数目或 [自动(A)/控制(C)/开始(BE)/结束(E)/标记(M)/后退(B)] <1>:
```

此时，可使用“标记（M）”选项来标记一个操作，然后用“后退”选项放弃在标记的操作之后执行的所有操作，也可以使用“开始”选项和“结束”选项来放弃一组预先定义的操作。

1.4.3 文本窗口

AutoCAD 文本窗口是一个浮动窗口，按 F2 键可以显示或关闭 AutoCAD 文本窗口，如图 1.17 所示。用户可以在文本窗口中输入命令、查看命令提示和消息。

在文本窗口中可以查看当前图形的全部历史命令，还可以使用文本窗口查看较长的输出结果。要浏览命令文字，可使用窗口滚动条或命令窗口浏览键（例如 Page Up 键、Page Down 键、Home 键和 End 键等）实现。

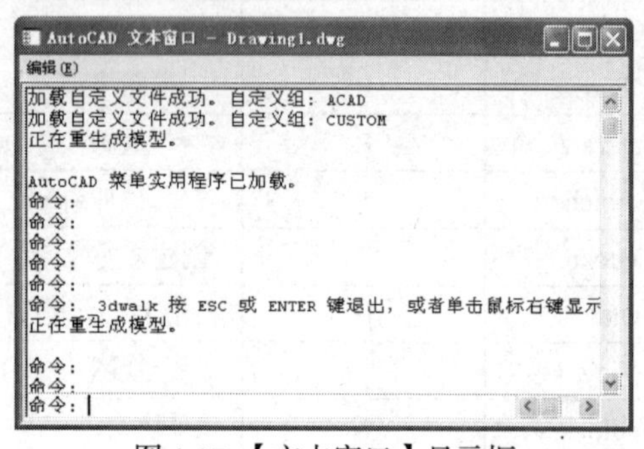

图 1.17 【文本窗口】显示框

文本窗口中的内容是只读的，但是可以将命令窗口中的文字（或其他来源的文字）复制并粘贴到命令行中，这样也可以重复前面的操作或重新输入前面已输入的值。此外，在文本窗口的底部也有一个命令行，可以输入命令。

1.5 绘图的基准——坐标系

坐标系是 AutoCAD 进行精准绘图的的重要基础和主要依据。建立合理正确的坐标系可以为绘制复杂图形提供精确位置。任何复杂的图形都可以分解成简单的点、线、面等基本图形，而这些基本图形的起始绘制点都可以用精确的坐标参数来表示，可以准确快速地绘制复杂的图形。

AutoCAD 中的坐标系包括世界坐标系（WCS）和用户坐标系（UCS）。

1.5.1 世界坐标系与用户坐标系

当用户开始绘制新的图形时，如果不建立 UCS，则 AutoCAD 默认将图形置于一个 WCS 中，即当前坐标系为世界坐标系，它包括 *X* 轴和 *Y* 轴。图样上任何一点都可以用相对原点的位移参数来表示。如图 1.18 所示。

WCS 总是存在于每一个设计的图形之中，而且原点与方向不可更改。每个图形元素相对原点都有明确的相对位置，但各图形元素间的相对关系则需要用户计算得知。

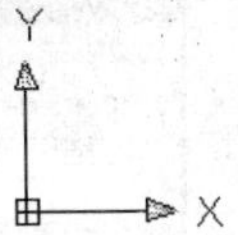

图 1.18 世界坐标系

1.5.2 使用正交用户坐标系

在 AutoCAD 中，用户可以选择相对 WCS 而预设的正交 UCS。

创建正交 UCS 命令方法如下。

选择【工具】→【命名 UCS】命令。在弹出的【UCS】对话框中选择“正交 UCS”选项卡，即可进行如俯视、仰视、主视和后视等选项设置。如图 1.19 所示。

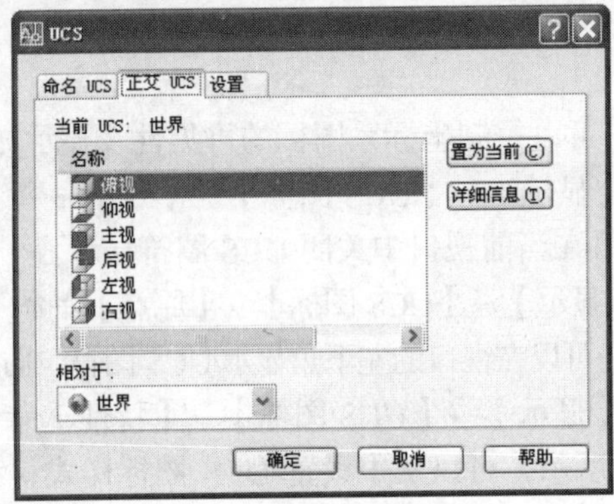

图 1.19 【UCS】对话框

1.5.3 设置当前窗口中的用户坐标系

用户可将屏幕分成多个视口。使用三维模型时，如果将屏幕分成多个视口，并在每一个视口中显示一个不同的正交方向，如俯视图、主视图和左视图。AutoCAD 可以为每一个视口定义和保存一个不同的用户坐标系，这样在使一个视口成为当前视口时，它与最后一次成为当前视口时使用的用户坐标系相同。

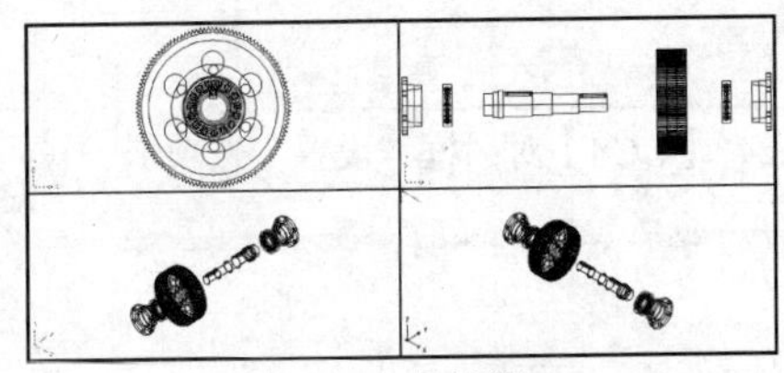

图 1.20 当前视口

如图 1.20 所示，用户可以建立 4 个视口来显示图形的俯视图、主视图、右视图和东南等轴测图，并为各个视口设置不同的 UCS。

1.5.4 命名用户坐标系

❶ 选择【工具】→【命名 UCS】命令，打开【UCS】对话框。如图 1.21 所示。

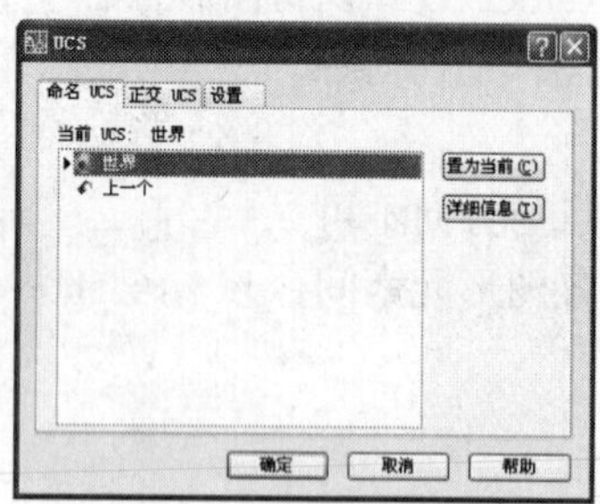

图 1.21 【UCS】对话框

❷ 单击【命名 UCS】标签打开其选项卡，并在当前 UCS 列表中选中“世界”、“上一个”或“某个 UCS”，然后单击 置为当前(C) 按钮，可将其设置为当前坐标系，这时在该 UCS 前面将显示▶标记。也可以单击 详细信息 按钮，在【UCS 详细信息】对话框中查看坐标系的详细信息。如图 1.22 所示。

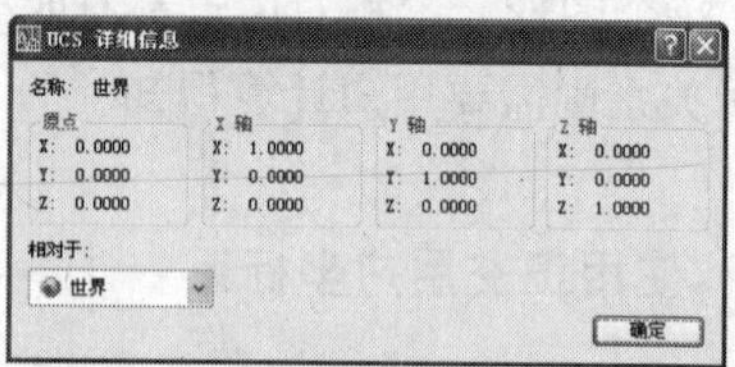

图 1.22 【UCS 详细信息】对话框

在当前 UCS 列表中的坐标系选项上右键单击，将弹出一个快捷菜单，利用它可以重命名坐标系、删除坐标系、将坐标系设置为当前坐标系。

1.5.5 动态用户坐标系

在 AutoCAD 中，用户可以控制坐标系图标的可见性及显示方式。

（1）选择【视图】→【显示】→【UCS 图标】→【开】命令，在当前视口中打开 UCS 图符显示；取消该命令，可在当前视口中关闭 UCS 图符显示。

（2）选择【视图】→【显示】→【UCS 图标】→【原点】命令，在当前坐标系的原点处显示 UCS 图符；取消该命令，可以在视口的左下角显示 UCS 图符，而不考虑当前坐标系的原点。

（3）选择【视图】→【显示】→【UCS 图标】→【特性】命令，该命令可打开【UCS 图标】对话框。如图 1.23 所示，可以从中设置 UCS 图标样式、大小、颜色及布局选项卡中的图标颜色。

用户还可以使用【UCS】对话框中“设置”选项卡，对 UCS 图标进行设置。如图 1.24 所示。

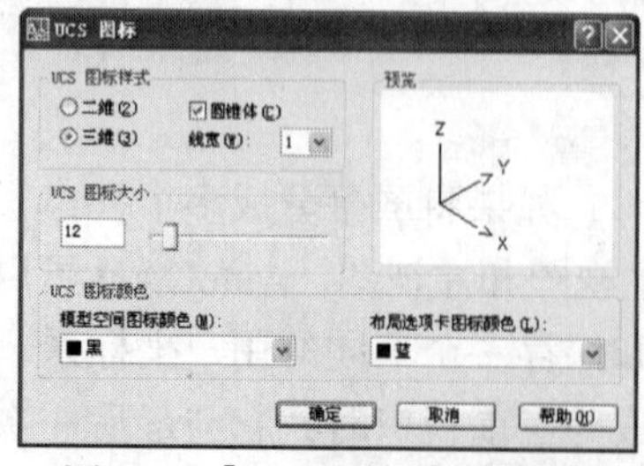

图 1.23 【UCS 图标】对话框

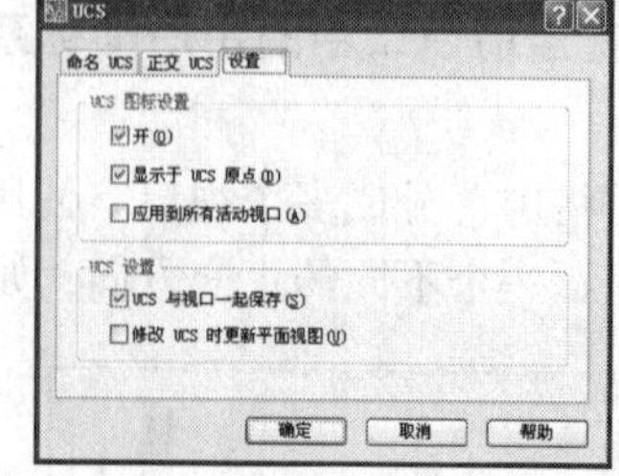

图 1.24 【UCS】对话框“设置”选项卡

练一练

以“三点”方法定义一个新的 UCS。

三点方法实际上是指定了一个新的 *XY* 平面图。

❶ 选择【工具】→【命名 UCS】→【三点】命令。

❷ 指定新的原点（1）。

❸ 指定点（2）以指示新 UCS 的 *X* 轴正方向。

❹ 指定点（3）以指示新 UCS 的 *Y* 轴正方向。

1.5.6 坐标的表示方法

在 AutoCAD 中，点的坐标可以使用绝对坐标、绝对极坐标、相对直角坐标和相对极坐标 4 种方法表示。

（1）绝对直角坐标：是从点（0，0）或（0，0，0）出发的位移，可以使用分数、小数或科学计数等形式表示点的 *X*、*Y*、*Z* 轴坐标值，坐标间用逗号隔开。例如点（7.5,6.9）、（5,6,9）。

（2）绝对极坐标：也是从点（0，0）或（0，0，0）出发的位移，但它给定的是距离和角度，其中距离和角度用“<”分开，且规定 *X* 轴正向为 0°，*Y* 轴正向为 90°。

（3）相对直角坐标和相对极坐标：相对坐标是指相对于某一点的 *X* 轴和 *Y* 轴位移，或距离和角度。它的表示方法是在绝对坐标表达方式前加上“@”号。其中极坐标中的角度是新点和上一点边线与 *X* 轴的夹角。

1.6 修图的前提——选择图中的部件

在 AutoCAD 中执行编辑操作时，首先需要对所要编辑的图形对象进行选择。正确快捷地选择目标是 AutoCAD 图形编辑、进行修图的基础，这对图形编辑的准确性是非常重要的。

AutoCAD 提供的选择方法有多种：直接拾取法、窗口选择与交叉窗口选择法、不规则窗口选择和栏选法、快速选择法等。

1.6.1 直接拾取法

在编辑过程中，当用户选择要编辑的对象时，十字光标变为一个小正方形框，这个小正方形框就叫做拾取框。将拾取框移至要编辑的目标上，单击即可选中目标。使用单击对象的选择方法，一次只能选择一个实体，被选中的目标将呈虚线显示。如图 1.25 所示。

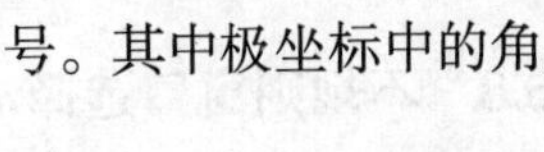

图 1.25 直接拾取选择对象

1.6.2 窗口选择与交叉窗口选择法

1. 窗口选择对象

窗口选择对象的方法是使用鼠标自左向右拉出一个矩形，将被选择的对象全部框在矩形内。使用窗口选择的方式可以快速地选择指定区域的对象。

例如，在移动对象的过程中，使用窗口选择对象的操作命令行提示如下。

```
命令: _move
选择对象: 找到 1 个
选择对象: 找到 1 个，总计 2 个
选择对象 :
指定基点或 [位移(D)] <位移>:  指定第二个点或 <使用第一个点作为位移>
```

在使用窗口选择方式选择目标时，拉出的矩形方框为实线，如图 1.26 所示。利用窗口选择对象时，只有被完全框取的对象才能被选中。若只框取对象的一部分，则无法将它选中。当选取结束后，被选择的对象呈虚线显示。

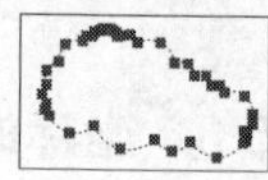

图 1.26　窗口选择拾取对象

2. 交叉选择对象

交叉选择是使用鼠标在绘图区内自右向左拉出一个矩形。通过这种选择方式，可以将矩形框内的图形对象及与矩形边线相接触的图形对象选中。

使用交叉选择方式选择目标时，拉出的矩形方框呈虚线显示。当选取结束后，被选择的对象呈虚线显示。

1.6.3　不规则窗口选择法

不规则窗口选择是指在命令行中出现“选择对象”提示时，输入“WP”后按下空格键，则可以构造一任意闭合不规则多边形，在此多边形内的对象均被选中。如图 1.27 所示。

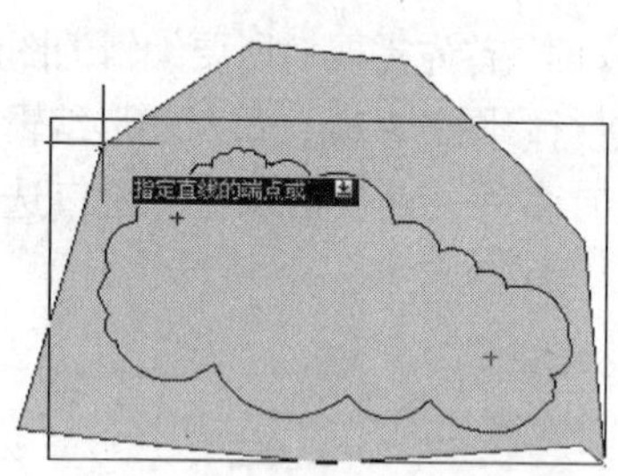

图 1.27　不规则窗口选择对象

1.6.4　栏选法

栏选是指在命令行中出现“选择对象”提示时，按下F键后再按下空格键，然后单击鼠标绘制创任意折线，与这些折线相交的对象都被选中。

1.6.5　快速选取法

在 AutoCAD 中提供了快速选择功能，运用该功能可以一次性选择绘图区中具有某一属性的所有图形对象。如图 1.28 所示。

启动快速选择命令有以下 3 种方法。

（1）选择【工具】→【快速选择】命令。

（2）在命令行中输入快速选择命令“QSELECT”，然后按下空格键。

（3）当命令行处于等待状态时，在右键菜单下选择“快速选择”。

执行以上的一种操作，将打开【快速选择】对话框，如图 1.28 所示。根据所要选择目标的属性，可以一次性选择绘图区具有该属性的所有实体。

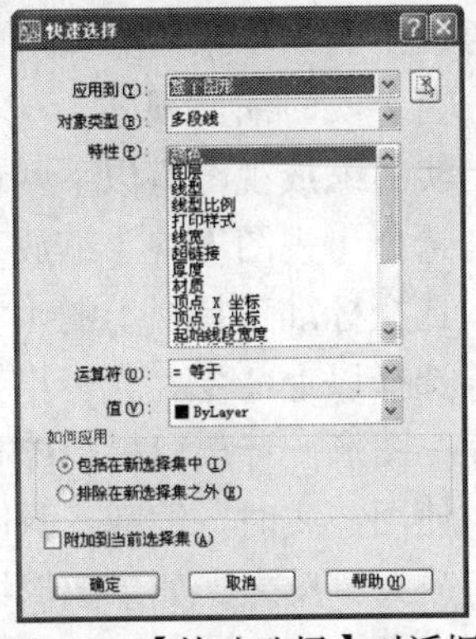

图 1.28 【快速选择】对话框

1.7 看图的利器——显示设置

AutoCAD 用户绘图时，有时需要随时调整图形的显示，即设置调整视图，它主要包括图形显示效果、图形的显示平移和使用鸟瞰视图。如图 1.29 和图 1.30 所示，分别为【视图】菜单和【缩放】工具栏。

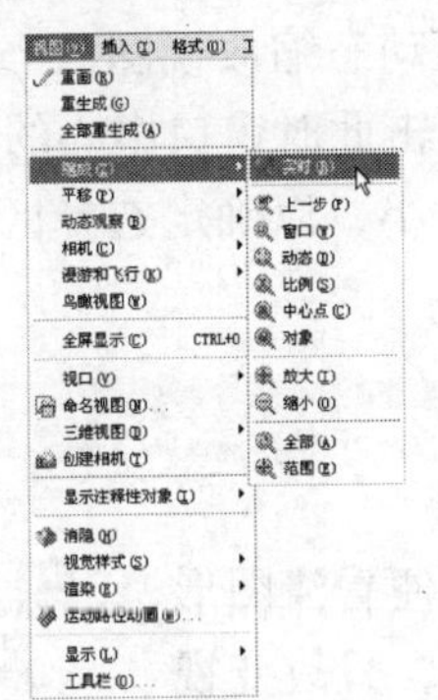

图 1.29 【视图】菜单

图 1.30 【缩放】工具栏

1.7.1 图形显示缩放

图形的显示、缩放与移动是在进行图形绘制时的必备功能，用户可以通过这些功能灵活地观察图形的整体效果或其局部细节。

1. 图形的显示

用户在绘图过程中，经常会在屏幕上留下各种痕迹。清理这些标记，可减少资源空间的占用。

选择【视图】→【重画】命令，可以使系统更新屏幕。

选择【视图】→【全部重生成】命令，可以同时更新多个窗口。

2. 图形的缩放

在绘制图形的局部细节时，需要使用缩放工具放大该绘图区域，当绘制完成后，再使用缩放工具缩小来观察图形的整体效果。常用的缩放命令介绍如下。

（1）实时缩放视图。

实时缩放视图有以下两种方法。

选择【视图】→【缩放】→【实时】命令。

选择标准工具栏上的【实时缩放】按钮。

选择以上命令，光标指针变成形状。按住鼠标左键向上拖动为放大图形，反向拖动则缩小图形。释放鼠标后停止缩放。

使用“实时”缩放工具时，如果图形放大到最大程度，光标显示为时，表示不能再进行放大；反之，如果图形缩小到最小程度，光标显示为时，表示不能再进行缩小。

（2）窗口缩放视图。

选择【视图】→【缩放】→【窗口】命令时，命令行提示如下。

```
命令: '_zoom
指定窗口的角点，输入比例因子(nX 或 nXP)，或者
[全部(A)/中心(C)/动态(D)/范围(E)/上一个(P)/比例(S)/窗口(W)/对象(O)] <实时>: .5x
```

在绘图窗口中指定另一点作为对角点，即确定一个矩形。系统会将矩形范围内的图形放大至整个屏幕。

（3）动态缩放视图。

选择【视图】→【缩放】→【动态】命令，可以动态缩放视图。当进入动态缩放模式时，绘图窗口中会显示一个带有 X 的矩形方框，单击此时窗口中心的 X 就会消失，将显示一个向右的箭头，拖动鼠标可改变选择窗口的大小，以确定选择区域大小，最后按 Enter 键缩放图形。

1.7.2 图形显示平移

使用平移视图命令，用户可以重新定位图形，以便看清图形的其他部分。此时不会改变图形中对象的位置或比例，只改变视图显示。

1. 平移菜单

平移图形有以下 3 种方法。

（1）选择【视图】→【平移】命令中的子命令。

（2）单击【标准】工具栏中的实时平移按钮。

（3）在命令行中输入“PAN”。

使用平移命令平移视图时，视图的显示比例不变，用户可以左右上下平移视图，还可以使用实时和定点命令平移视图。如图 1.31 所示。

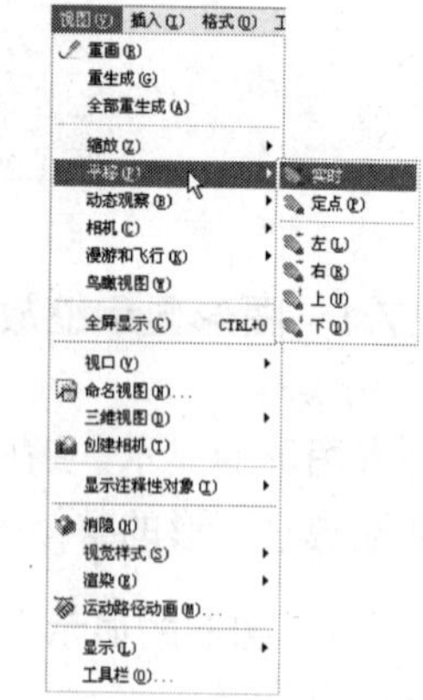

图 1.31 【平移】菜单

2. 实时平移

选择【视图】→【平移】→【实时】命令，可以实时平移视图，此时光标指针变成一只小手形状。按下鼠标左键拖动，窗口内的图形就可以按光标移动的方向移动。释放鼠标，可以回到平移等待状态。

按 Esc 键或 Enter 键，可以退出实时平移模式。

3. 定点平移

选择【视图】→【平移】→【定点】命令，可以通过指定基点和位移值来平移视图。

1.7.3 使用鸟瞰视图

【鸟瞰视图】是一种可视化平移和缩放视图的方式，它在一个独立的窗口中显示出整个图形与显示区域的位置关系，通过鼠标或键盘可快速移动到目的区域，缩放和平移的结果可以实时显示在绘图区域中。

【鸟瞰视图】可以在所有模型空间的视图下工作，可以将“鸟瞰视图”窗口拖动到其他位置，也可以通过拖动鸟瞰视图窗口的边框来调整窗口大小。

1. 打开和关闭【鸟瞰视图】窗口

选择【视图】→【鸟瞰视图】命令，可打开鸟瞰视图。

单击“鸟瞰视图”右上角的【关闭】按钮☒，关闭鸟瞰视图窗口。其命令为 DSVIEWER。

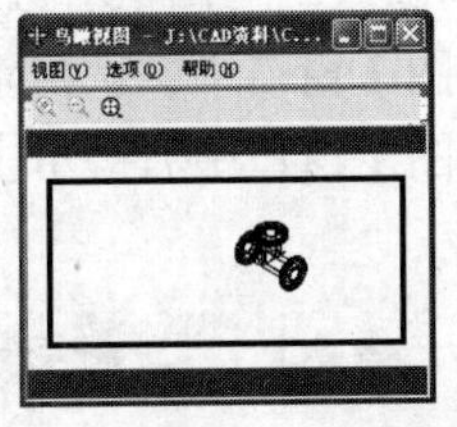

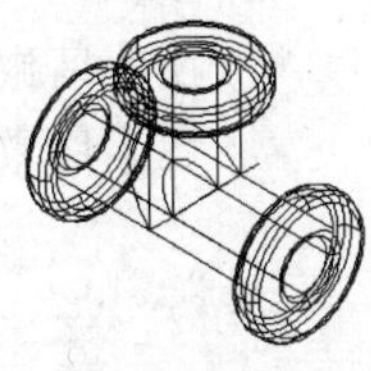

图 1.32 【鸟瞰视图】工作界面

2. 使用鸟瞰视图实时缩放

使用【鸟瞰视图】进行实时缩放也是通过视图框来改变视图，而且视图框的使用方法与动态缩放中的视图框使用方法完全一样。要放大图形，可将视图框缩小；要缩小图形，可将视图框放大。在绘图区域内会实时显示当前缩放视图的结果。

（1）打开和关闭【实时缩放】的步骤。

❶ 在【鸟瞰视图】窗口中，选择【选项】→【实时缩放】命令，打开【实时缩放】对话框。

❷ 按 Esc 键结束实时缩放。

（2）使用【鸟瞰视图】实时缩放的步骤。

❶ 在【鸟瞰视图】窗口中单击，将显示“平移视图框”。

❷ 在【鸟瞰视图】显示区域定位框。

❸ 在窗口中再次单击，从平移切换到缩放。缩放视图框就可实时缩放视图。

❹ 在窗口中再次单击，完成缩放，切换到平移视图框。

3. 使用【鸟瞰视图】进行实时平移

通过移动视图框来水平移动视图。在平移时，当前平移位置的实时视图会显示在绘图区域中。平移只改变视图的位置，而不会改变其显示比例。

❶ 选择【视图】→【鸟瞰视图】命令。

❷ 在【鸟瞰视图】窗口中单击，将显示平移视图框。

❸ 在要显示的区域上定位框。

❹ 右键单击平移到新位置，绘图区域将反映新位置。

4. 改变【鸟瞰视图】图像的大小

改变【鸟瞰视图】窗口中图像的大小不会影响到绘图区域中的视图显示。在【鸟瞰视图】窗口中显示整幅图形时，缩小选项不可能用。当前视图几乎充满【鸟瞰视图】窗口时，放大选项不可能用。

在【鸟瞰视图】窗口中显示整幅图形有以下两种方法。

- 在【鸟瞰视图】窗口中，选择【视图】→【全局】命令。
- 在【鸟瞰视图】窗口中右键单击，然后选择快捷菜单【全局】命令。

放大或缩小【鸟瞰视图】图像有以下两种方法。

- 在【鸟瞰视图】窗口中，选择【视图】→【放大】或【缩小】命令。
- 在【鸟瞰视图】窗口中右键单击，然后选快捷菜单【放大】或【缩小】命令。

1.8 本讲小结

本讲主要学习 AutoCAD 的基本功能及应用。通过本讲学习，读者应掌握 AutoCAD 的工作界面、图形文件的使用，并掌握坐标系的设置以及绘制图形中的常用选择方法。图像的选择和显示是绘制图像的操作基础，应用于每次绘图操作中，应熟练运用。

1.9 思考与练习

1. 选择题

（1）(　　) 用来显示 AutoCAD 的程序图标及当前操作图形文件的名字。

A. 标题栏　　B. 菜单栏　　C. 绘图窗口　　D. 状态栏

（2）WCS 是 (　　)。

A. 用户坐标系　B. 世界坐标系　C. 自定义坐标系　D. 对象坐标系

2. 判断题

（1）AutoCAD 可以为创建的图像进行密码保护设置。(　　)

（2）在 AutoCAD 的菜单中，如果菜单命令后面带有符号，表示该命令有快捷键。(　　)

3. 上机操作题

（1）打开 AutoCAD 并熟悉其界面组成。

（2）分别使用“直接拾取法”和“快速拾取法”完成对绘图对象的选择。

第2讲 AutoCAD 技术应用基础

本讲要点

- 了解坐标系和命令的输入方法
- 熟悉命令的基本调用方法
- 掌握图形界限的设置方法和对象捕捉等辅助功能

快速导读

本讲重点学习对象捕捉、设置图形界限、命令的调用、相对坐标值和绝对坐标值的确定方法。本讲的难点是坐标系的设置和对象捕捉等辅助功能。

2.1 AutoCAD 的启动与关闭

1. AutoCAD 的启动

启动 AutoCAD 通常有以下两种方法。

（1）双击 AutoCAD 的图标或在上右键单击，在弹出的快捷菜单中选择“打开”。如图 2.1 所示。

（2）从【开始】菜单的“所有程序”下启动 AutoCAD。如图 2.2 所示。

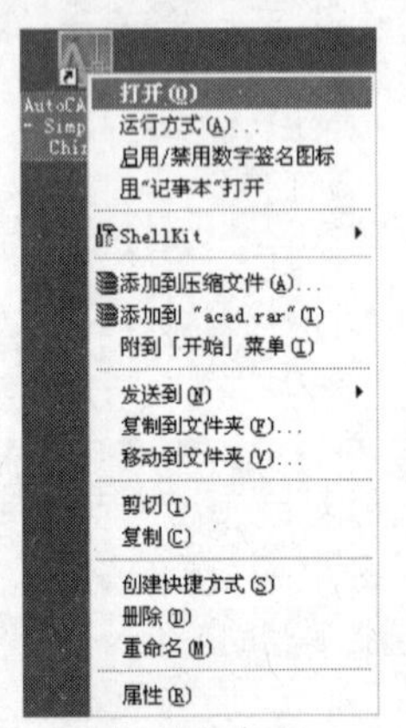

图 2.1 右键单击打开 AutoCAD

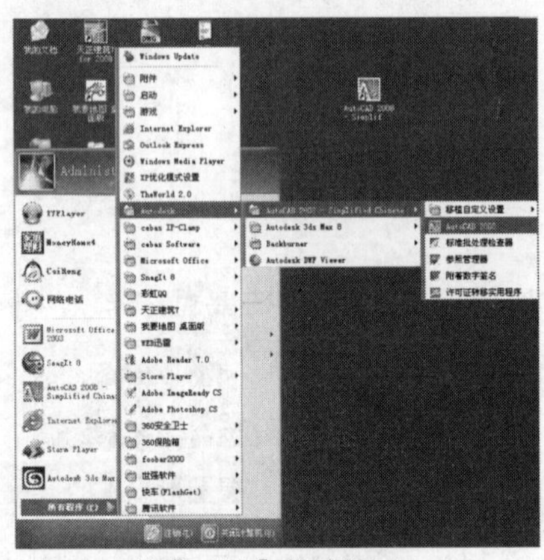

图 2.2 从【开始】菜单打开 AutoCAD

2. AutoCAD 的关闭

当保存绘制完成的图形文件后，可以退出 AutoCAD 的绘图界面。用户退出 AutoCAD 的界面一般有以下几种方法。

（1）选择【文件】→【退出】命令。

（2）单击标题栏右上角的按钮。

（3）单击标题栏左上角的按钮，弹出快捷菜单并选择“关闭”。

2.2 坐标系与坐标

AutoCAD 中的坐标系包括世界坐标系（WCS）和用户坐标系（UCS）。在绘图过程中，如果要精确定位某个对象的位置，则应以某个坐标系作为参照。掌握各种坐标系对于精确绘图十分重要。

2.2.1 世界坐标系

当开始绘制一幅新图时，AutoCAD 会自动地将当前坐标系设置为世界坐标系。它包括 X 轴和 Y 轴，如果在 3D 空间工作则还有一个 Z 轴。WCS 坐标轴的交汇处显示一个“口”

形标记，其原点位于图形窗口的左下角，所有的位移都是相对于该原点计算的，并且沿 *X* 轴向右及沿 *Y* 轴向上的位移被规定为正向。AutoCAD 2006 工作界面内的图标就是世界坐标系的图标。如图 2.3 所示。

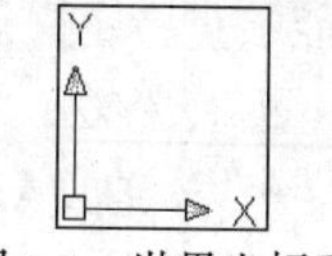

图 2.3 世界坐标系

2.2.2 用户坐标系

在 AutoCAD 中，为了能够更好地辅助绘图，用户经常需要修改坐标系的原点和方向，这时世界坐标系将变为用户坐标系，即 UCS（User Coordinate System）。

UCS 的 *X*、*Y*、*Z* 轴以及原点方向都可以移动或旋转，甚至可以依赖于图形中某个特定的对象。尽管用户坐标系中 3 个轴之间仍然互相垂直，但是在方向及位置上都有更大的灵活性。另外，UCS 没有"口"形标记。

1. 功能

利用【UCS】命令可以帮助用户定制自己需要的用户坐标系。

2. 执行命令方式

命令行：UCS。
菜单：选择【工具】→【新建 UCS】→【世界】命令。
工具栏：UCS→UCS。

3. 操作步骤

❶ 选择【工具】→【新建 UCS】→【世界】命令。

命令行提示如下。

```
命令: _ucs                                  //执行命令
当前 UCS 名称: *世界*                        //系统提示
指定 UCS 的原点或 [面(F)/命名(NA)/对象(OB)/上一个(P)/视图(V)/世界(W)/X/Y/Z/Z 轴(ZA)] <世界>: _w     //指定 UCS 的原点或输入相关参数
```

❷ 输入相关参数并按 Enter 键确定。

4. 参数说明

- 面（F）：将 UCS 与三维实体的选定面对齐。
- 命名（NA）：按名称保存并恢复通常使用的 UCS 方向。
- 对象（OB）：根据选定三维对象定义新的坐标系。新建 UCS 的拉伸方向（*Z* 轴正方向）与选定对象的拉伸方向相同。
- 上一个（P）：恢复上一个 UCS。
- 视图（V）：以垂直于观察方向（平行于屏幕）的平面为 *XY* 平面，建立新的坐标系。UCS 原点保持不变。
- 世界（W）：将当前用户坐标系设置为世界坐标系。WCS 是所有用户坐标系的基准，不能被重新定义。

- X/Y/Z：绕指定轴旋转当前 UCS。
- Z 轴（AZ）：用指定的 Z 轴正半轴定义 UCS。

2.2.3 坐标的输入

在 AutoCAD 中，点的坐标可以用绝对直角坐标、绝对极坐标、相对直角坐标和相对极坐标等表示。

1. 绝对直角坐标

绝对直角坐标是从原点出发的位移，可以使用分数、小数或科学计数等形式表示点的 *X*、*Y*、*Z* 坐标值，坐标间用逗号隔开。如“12.3,5.5”或“12.3,5.5,30.8”。

2. 相对直角坐标

相对直角坐标是指相对于某一点的 *X* 轴和 *Y* 轴位移。具体表示形式为“@12.3,5.5”或“@12.3,−5.5,30.8”。

3. 绝对极坐标

绝对极坐标是从原点出发的位移，但绝对极坐标的参数是距离和角度，其中距离和角度之间用“<”分开，而角度值是和 *X* 轴正方向之间的夹角。具体表示形式为“100,32”。

4. 相对极坐标

相对极坐标是指相对于某一点的距离和角度。具体表示方式是在绝对极坐标表达式的前面加上“@”符号，如“@100,32”。

2.3 数据的输入方法

在 AutoCAD 中，每当输入一条命令后，通常还需要为该命令的执行提供必要的附加信息。例如输入【Line】(直线）命令后，就要输入指定下一点的坐标值。

AutoCAD 在需要输入附加信息时会给出各种提示，告知用户所需要提供信息的内容（如点的坐标、角度或距离等）和相应的方法。

如果用户输入的数据与命令与所要求的数据类型不匹配，就会出现错误信息。这时多数命令会重新提示用户，直到输入正确的数据为止。但有时当前命令及输入的所有信息会被取消，而重新返回到命令输入状态。

下面介绍可供选择的各种数据输入方法。

2.3.1 数值

AutoCAD 的许多命令提示要求用户输入表示点和距离的数值，这些数值可以从键盘上输入。

输入的数值可以是实数或整数。实数可以使用科学计数法的指数形式，也可以是分数，但分子和分母必须是整数且分母要大于零。整数后面紧跟分数要以短划线“-”分隔，且其间不能有空格。分子大于分母的假分数（如 5/2）只能在不带整数的情况下出现。正数的标志“+”可以省略。相应行、列的数值必须输入整数。

2.3.2 点

在 AutoCAD 中执行命令后，系统一般会提示指定点的位置。例如在绘制直线时，执行命令后，系统会提示指定第一点，这时可以从命令行输入坐标以精确控制点的位置或利用捕捉在绘图区确定点的位置。

2.3.3 距离

AutoCAD 的许多命令提示要求用户输入某个距离的数值，这些提示有高、宽、半径、直径、列距和行距等。输入的数值要按照数值输入的规定选择，且距离只能是一个正数。

2.3.4 角度

角度值是指从起点到终点的连线与 *X* 轴正方向的夹角。在默认情况下，角度是以逆时针方向为正方向。

例如，绘制一条长度为“1000”、角度为“30”的直线，命令行提示如下。

```
命令: _line                              //执行命令
指定第一点:                              //在绘图区单击确定直线第一点
指定下一点或 [放弃(U)]: <30              //输入角度值“<30”
角度替代: 30                             //系统提示
指定下一点或 [放弃(U)]: 1000             //指定直线长度
指定下一点或 [放弃(U)]:                  //按 Esc 键退出命令
```

2.3.5 位移量

位移量是指一个点或图形从一个位置移动到另一个位置的平移量。在 AutoCAD 中，有两种方法可以精确控制位移量。

（1）命令行提示指定下一点时，输入数值即可。

（2）利用坐标值精确定位两点的坐标。

2.4 AutoCAD 命令的基本调用方法

AutoCAD 命令的调用方法有多种，用户可以根据实际应用的需要进行调用。AutoCAD 将对命令做出响应，并在命令提示行显示执行状态，或给出执行命令需要进一步选择的选项。

2.4.1 输入命令

在 AutoCAD 中输入命令的方式有多种，用户可以通过 AutoCAD 的菜单、工具栏、右键快捷菜单、命令行或快捷键来启动命令。菜单、工具栏和命令行是较常用的输入命令的方式。如图 2.4、图 2.5 和图 2.6 所示。

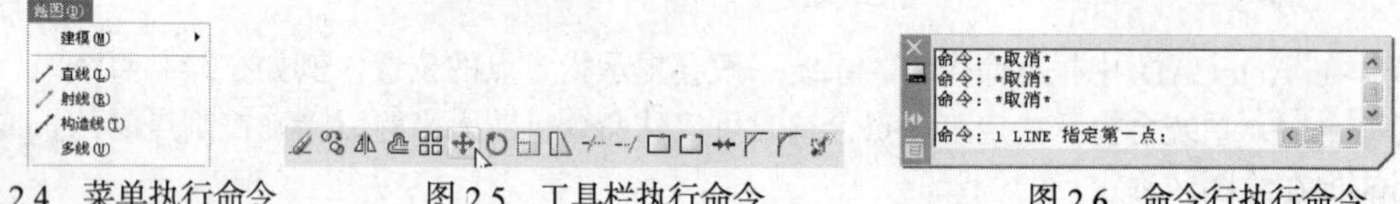

图 2.4 菜单执行命令　　图 2.5 工具栏执行命令　　图 2.6 命令行执行命令

提 示

在命令行中输入命令不分大小写。如果用户在命令行输入了错误的命令，例如输入 abc，系统则会提示用户：“未知命令‘ABC’。按 F1 键查看帮助”。如果用户输入多余的字母，例如在执行【倒角】命令时，需输入“cha”，若用户不小心输入“cham”时可直接按 Backspace 键命令消除字母“m”。

2.4.2 命令提示

无论以哪一种方法启动命令，AutoCAD 都会以同样的方式执行命令。执行命令后，AutoCAD 一般是在命令行中显示提示或显示一个对话框。

例一：在执行【圆】命令时，命令行提示如下。

```
命令: c CIRCLE                                     //输入圆的快捷键“c”，系统显示圆的全称“CIRCLE”
指定圆的圆心或 [三点(3P)/两点(2P)/相切、相切、半径(T)]: 3p //系统提示指定圆的圆心或输入相关参数，
                                                   在本例中输入三点参数“3p”
指定圆上的第一个点:                                //指定圆上的第一个点
指定圆上的第二个点:                                //指定圆上的第二个点
指定圆上的第三个点:                                //指定圆上的第三个点
```

例二：在执行【阵列】命令时，会弹出【阵列】对话框。如图 2.7 所示。

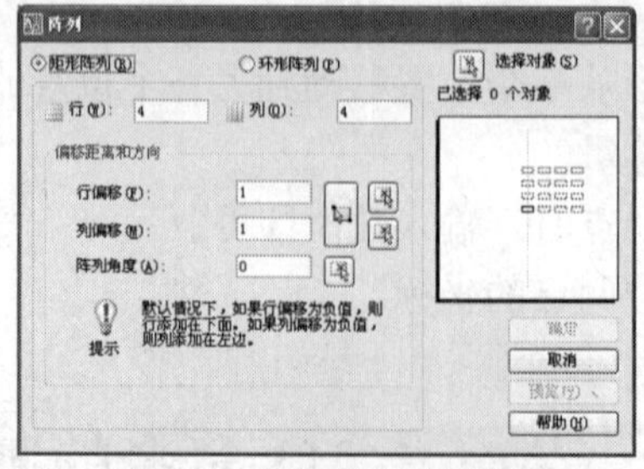

图 2.7 【阵列】对话框

2.4.3 退出命令

有的命令在完成操作后会自动结束命令，等待用户输入下一个命令，例如【圆】命令。而有

的命令则要求用户执行退出操作才能退出命令，否则一直响应用户的操作，例如【直线】命令。

在 AutoCAD 中，可以按 Esc 键、Enter 键或右键单击，在弹出的快捷菜单中选择“确认”即可。

2.4.4 透明命令

很多命令可以“透明”使用，即在运行其他命令的过程中在命令行输入并执行该命令。透明命令多为修改图形设置的命令，或是打开绘图辅助工具的命令，例如 Snap（捕捉）、Grid（栅格）或 Zoom（窗口缩放）等。

以透明方式使用命令，应在输入命令之前输入单引号“'”。在命令行中，透明命令的提示前有一个双折号“> >”。执行完成透明命令后将继续执行原命令。

```
命令: line                                    //执行直线命令
指定第一点: 'grid                              //输入透明命令
>>指定栅格间距(X) 或 [开(ON)/关(OFF)/捕捉(S)/主(M)/自适应(D)/界限(L)/跟随(F)/纵横向间距(A)]
                                              <872.1828>: 200  //透明命令提示，指定栅格的间距为“200”
正在恢复执行 LINE 命令。                        //恢复直线命令
指定第一点:
指定下一点或 [放弃(U)]:
指定下一点或 [放弃(U)]:
指定下一点或 [闭合(C)/放弃(U)]: c
```

2.4.5 重复执行命令

重复执行命令是 AutoCAD 2008 很人性化的设计。因为在绘制图形的过程中，有时需要重复地执行命令，每次都单击命令按钮或者输入命令名称都是比较麻烦的，所以使用重复执行上次命令来实现命令的重复使用。

用户可以直接按 Enter 键重复上次执行的命令，或右键单击弹出快捷菜单以重复执行上次命令。如图 2.8 所示。

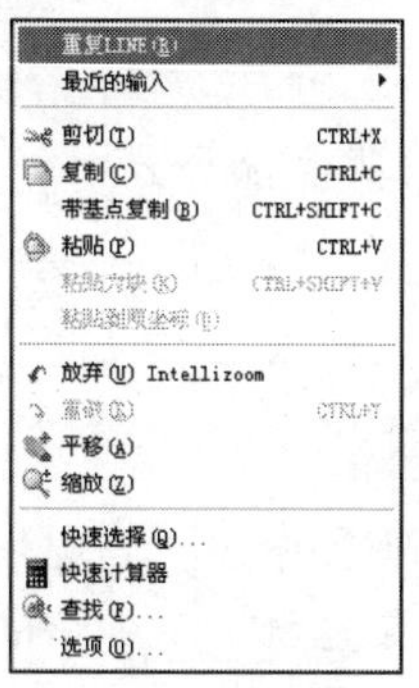

图 2.8 快捷菜单

2.4.6 AutoCAD 文本窗口

AutoCAD 文本窗口是一个浮动窗口，可以按 F2 键控制其显示与关闭。如图 2.9 所示。其功能与命令行相似，用户可以在其中输入命令、查看提示和信息。文本窗口显示当前工

作任务的完整的命令历史记录。

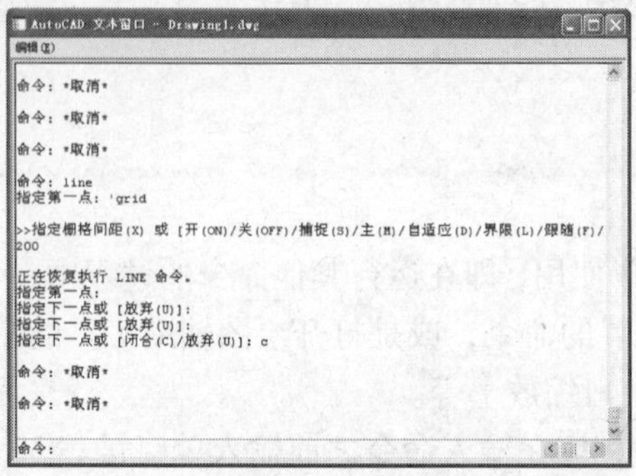

图 2.9 【AutoCAD 文本窗口】对话框

2.5 图形界限和单位

在制图过程中，用户可以利用【图形界限】命令和【单位】命令对图形的图形界限以及角度的起始方向和当前单位进行重新定义。

2.5.1 设置图形界限

设置图形界限是把 AutoCAD 默认绘图区域的边界设置为工作时所需要的区域边界，让用户在设置好的区域内绘图，以避免所绘制的图形超出该边界。

1. 功能

可根据工作需要对当前图形的图形界限重新定义。

2. 执行命令方式

命令行：输入 LIMITS。
菜单：选择【格式】→【图形界限】命令。

3. 操作步骤

❶ 选择【格式】→【图形界限】命令，按 Enter 键确定后输入右上角点坐标值“42000，29700”。

❷ 按 Enter 键确定后完成操作。

命令行提示如下。

```
命令: '_limits                    //执行命令
重新设置模型空间界限:              //系统提示
指定左下角点或 [开(ON)/关(OFF)] <0.0000,0.0000>:        //指定左下角点坐标值或按 Enter 键确定
指定右上角点 <420.0000,297.0000>:        //输入右上角点坐标值并按 Enter 键确定
```

❸ 选择【视图】→【缩放】→【全部】命令，完成操作。

4. 参数说明

- 开（ON）：打开界限检查。当界限检查打开时，将无法输入栅格界线外的点。
- 关（OFF）：关闭界限检查。

2.5.2 设置图形单位

对任何图形而言，总有其大小、精度以及所采用的单位。在 AutoCAD 中，在屏幕上显示的只是屏幕单位，但屏幕单位应该对应一个真实的单位，不同的单位其显示格式是不同的。

1. 功能

可根据工作需要对当前图形的大小、精度及采用的单位重新定义。

2. 执行命令方式

命令行：输入 UNITS（UN）。
菜单：选择【格式】→【单位】命令。

3. 操作步骤

❶ 选择【格式】→【单位】命令，弹出【图形单位】对话框。如图 2.10 所示。

❷ 设置相关参数并单击 确定 按钮完成操作。

4. 参数说明

- "长度"区：用于指定测量的当前单位及当前单位的精度。其中"类型（T）"设置测量单位的当前格式。该值包括"建筑"、"小数"、"工程"、"分数"和"科学"。"精度（P）"值设置线性测量值显示的小数位数或分数大小。
- "角度"区：用于指定当前角度格式和当前角度显示的精度。其中"类型（Y）"值设置当前角度格式。"精度（N）"值设置当前角度显示的精度。

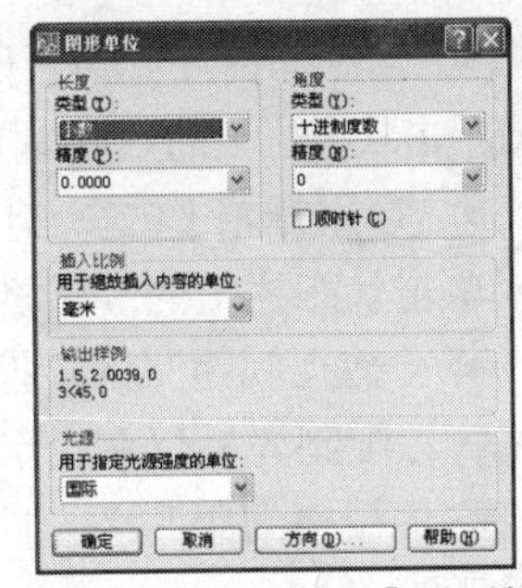

图 2.10 【图形单位】对话框

- "顺时"针（C）：以顺时针方向为正的角度值。默认的正角度方向是逆时针方向。
- 插入比例：用于控制插入到当前图形中的块和图形的测量单位。如果块或图形创建时使用的单位与该选项指定的单位不同，则在插入这些块或图形时，将对其按比例进行缩放。
- 输出样例：用于显示当前单位和角度设置的例子。

2.6 辅助功能

本节主要讲解辅助绘图工具，这类工具不能用于创建图形，但通过这类工具可以更容易地编辑和修改图形。

2.6.1 捕捉与栅格

在绘制图形时，用户往往难以使用光标准确定位，这时可以使用系统提供的捕捉和栅格功能来辅助定位。

1. 功能

设置捕捉和栅格的相关参数。

2. 执行命令方式

命令行：输入 DSETTINGS（DS）。
菜单：选择【工具】→【草图设置】命令。
快捷菜单：在状态栏上的捕捉或栅格上右键单击，选择快捷菜单中的“设置”。

3. 操作步骤

❶ 选择【工具】→【草图设置】命令，弹出【草图设置】对话框并选择捕捉和栅格选项卡。如图 2.11 所示。

❷ 设置相关参数并单击确定按钮完成操作。

4. 参数说明

- 启用捕捉（F9）：打开或关闭捕捉模式。也可以按 F9 键或单击状态栏上的“捕捉”来打开或关闭捕捉模式。
- 启用栅格（F7）：打开或关闭栅格。也可以按 F7 键或单击状态栏上的“栅格”来打开或关闭栅格模式。
- “捕捉间距”区：控制捕捉位置处的不可见矩形栅格，以限制光标仅在指定的 X 和 Y 间隔内移动。
- “栅格间距”区：控制栅格的显示，有助于形象化显示距离。
- “极轴间距”区：控制极轴捕捉的增量距离。
- “捕捉类型”区：设置捕捉样式和捕捉类型。

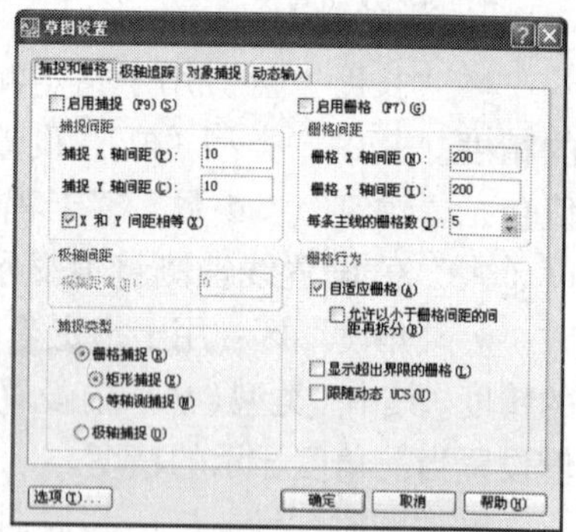

图 2.11 【捕捉和栅格】选项卡

2.6.2 对象捕捉

AutoCAD 的对象捕捉功能是在绘图过程中使用最广泛的辅助绘图工具。在制图过程中，若需要精确地确定某一个图形上的点而不知道该点坐标时即可使用系统提供的对象捕捉功能。

1. 功能

控制对象捕捉设置。

2. 执行命令方式

命令行：输入 DSETTINGS（DS）。

菜单：选择【工具】→【草图设置】命令。

快捷菜单：在状态栏上的对象捕捉上右键单击，然后选择快捷菜单中的“设置”。

3. 操作步骤

❶ 选择【工具】→【草图设置】命令，弹出【草图设置】对话框并选择对象捕捉选项卡。如图 2.12 所示。

❷ 设置对象捕捉模式并单击确定按钮完成操作。

4. 参数说明

■ 启用对象捕捉（F3）：打开或关闭对象捕捉。当对象捕捉打开时，在“对象捕捉模式”下选定的对象捕捉处于活动状态。

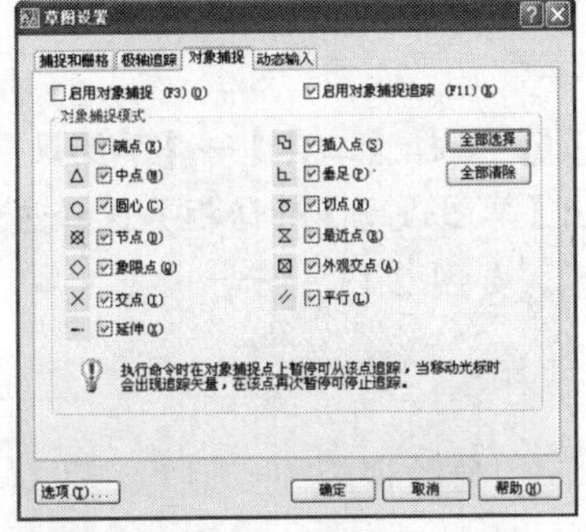

图 2.12 【对象捕捉】选项卡

■ 启用对象捕捉追踪（F11）：打开或关闭对象捕捉追踪。使用对象捕捉追踪，在命令中指定点时，光标可以沿基于其他对象捕捉点的对齐路径进行追踪。

■ 端点（E）：捕捉到圆弧、椭圆弧、直线、多线、多段线线段、样条曲线、面域或射线最近的端点。

■ 中点（M）：捕捉到圆弧、椭圆、椭圆弧、直线、多线、多段线线段、面域、实体、样条曲线或参照线的中点。

■ 圆心（C）：捕捉到圆弧、圆、椭圆或椭圆弧的圆点。

■ 节点（D）：捕捉到点对象、标注定义点或标注文字起点。

■ 象限点（Q）：捕捉到圆弧、圆、椭圆或椭圆弧的象限点。

■ 交点（I）：捕捉到圆弧、圆、椭圆、椭圆弧、直线、多线、多段线、射线、面域、样条曲线或参照线的交点。

■ 延伸（X）：当光标经过对象的端点时，显示临时延长线或圆弧，以便用户在延长线或圆弧上指定点。

■ 插入点（S）：捕捉到属性、块、圆形或文字的插入点。

■ 垂足（P）：捕捉圆弧、圆、椭圆、椭圆弧、直线、多线、多段线、面域、实体、样条曲线或参照线的垂足。

■ 切点（N）：捕捉到圆弧、圆、椭圆、椭圆弧或样条曲线的切点。

■ 最近点（R）：捕捉到圆弧、圆、椭圆、椭圆弧、直线、多线、点、多段线、射线、样条曲线或参照线的最近点。

■ 外观交点（A）：捕捉到不在同一平面但是可能看起来在当前视图中相交的两个对象的外观交点。

■ 平行（L）：将直线段、多段线线段、射线或构造线限制为与其他线性对象平行。

- 全部选择：选择所有对象捕捉模式。
- 全部取消：关闭所有对象捕捉模式。

2.6.3 极轴追踪

在 AutoCAD 中，用相对图形中的其他点来定位点的方法称为追踪。在【草图设置】对话框的【极轴追踪】选项卡中提供极轴追踪和对象捕捉追踪的相关设置。

1. 功能

控制自动追踪设置。

2. 执行命令方式

命令行：输入 DSETTINGS（DS）。

菜单：选择【工具】→【草图设置】命令。

快捷菜单：在状态栏上的极轴上右键单击，选择快捷菜单中的“设置”。

3. 操作步骤

❶ 选择【工具】→【草图设置】命令，弹出【草图设置】对话框并选择极轴追踪选项卡。如图 2.13 所示。

❷ 设置极轴追踪下的相关参数并单击确定按钮完成操作。

4. 参数说明

- 启用极轴追踪（F10）：打开或关闭极轴追踪。也可以按F10键来打开或关闭极轴追踪。
- “极轴角设置”区：设置极轴追踪的对齐角度。
- “对象捕捉追踪设置”区：设置对象捕捉追踪选项。
- “极轴角测量”区：设置测量极轴追踪对齐角度的基准。

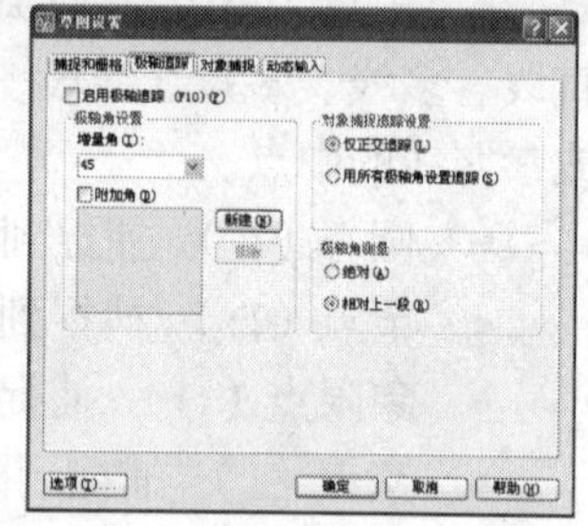

图 2.13 【极轴追踪】选项卡

2.6.4 动态输入

“动态输入”在光标附近提供了一个命令界面，以帮助用户专注于绘图区域。

启用“动态输入”时，工具栏提示将在光标附近显示信息，该信息会随着光标移动而动态更新。

1. 功能

控制指针输入、标注输入、动态提示以及绘图工具栏提示的外观。

2. 执行命令方式

命令行：输入 DSETTINGS（DS）。

菜单：选择【工具】→【草图设置】命令。

快捷菜单：在状态栏上的DYN上右键单击，然后选择快捷菜单中的“设置”。

3. 操作步骤

❶ 选择【工具】→【草图设置】命令，弹出【草图设置】对话框并选择动态输入选项卡。如图 2.14 所示。

❷ 设置动态输入下的相关参数并单击确定按钮完成操作。

4. 参数说明

■ 启用指针输入（P）：打开指针输入。如果同时打开指针输入和标注输入，则标注输入在可用时将取代指针输入。

■ 可能时启用标注输入（D）：工具栏提示中的十字光标位置的坐标值将显示在光标旁边。命令提示输入点时，可以在工具栏提示中输入坐标值，而不用在命令行上输入。

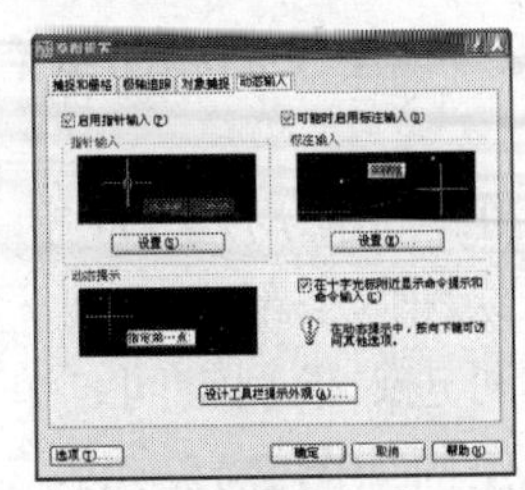

图 2.14 【动态输入】选项卡

2.7 在模型空间与图纸空间之间切换

在 AutoCAD 中绘图和编辑时，可以采用不同的工作空间，即模型空间和图纸（又称为布局）空间。在不同的工作空间可以完成不同的操作，例如绘图操作和编辑操作，安排、注释和显示控制等。

2.7.1 模型空间和图纸空间的概念

在使用 AutoCAD 绘图时，多数的设计和绘图工作都是在模型空间完成二维或三维图形。模型空间和图纸空间的区别主要在于：模型空间是针对图形实体的空间，是放置几何模型的三维坐标空间；而图纸空间则是针对图纸布局而言的，是模拟图纸的平面空间，它的所有的坐标都是二维的。需要指出的是，两者采用的坐标系是一样的。

通常在绘图工作中，无论是二维还是三维图形的绘制与编辑工作，都是在模型空间这个三维坐标空间下进行的。

模型空间就是创建工程模型的空间，它为用户提供了一个广阔的绘图区域。用户在模型空间中所需考虑的只是单个的图形是否绘出或正确与否，而不用担心绘图空间是否足够大。包含模型特定视图和注释的最终布局则位于图纸空间。也就是说，图纸空间用于创建最终的打印布局，而不用于绘图或设计工作。图纸空间侧重于图纸的布局工作，将模型空间的图形按照不同的比例搭配，再加以文字注释，最终构成一个完整的图形。在这个空间里，用户几乎不需要再对任何图形进行修改编辑，所要考虑的只是图形在整张图纸中如何布局。因此建议用户在绘图时，应先在模型空间内进行绘制和编辑，在上述工作完成之后再进入图纸空间内进行布局调整，直到最终出图。

在模型空间和图纸空间中，AutoCAD 都允许使用多个视图。但在两种绘图空间中多视图的性质与作用是不同的。在模型空间中，多视图只是为了便于观察和绘图，因此其中的各个视图与原绘图窗口类似。在图纸空间中，多视图的主要目的是为了便于进行图纸的合理布局，用户可以对其中的任何一个视图本身进行复制和移动等基本的编辑操作。

提 示

模型空间与图纸空间的概念较为抽象，初学者只需简单了解即可。它们的细微之处可以在以后的使用中逐步体会。需要注意的是，在模型空间与图纸空间中 UCS 图标是不同的，但都是三维图标。

2.7.2 模型空间和图纸空间的切换

在 AutoCAD 2006 中，模型空间与图纸空间的切换可以通过单击绘图区下部的 模型 / 布局1 / 布局2 来实现。单击“模型”标签即可进入模型空间，单击“布局”标签则可进入图纸空间。图纸空间如图 2.15 所示。

图 2.15 图纸空间界面

2.8 本讲小结

通过对本讲的学习，读者应对 AutoCAD 的坐标系统、数据的输入方法、图形界限、单位和对象捕捉等辅助功能有较为详尽的了解，为图形的设计和绘制打下坚实的基础。

2.9 思考与练习

1. 选择题

（1）设置图形界限的命令是（　　）。

A.【limit】命令　　B.【list】命令

C.【lslib】命令　　D.【limits】命令

（2）以下哪种方式不可以调用【草图设置】对话框（　　）。

A. 选择【工具】→【草图设置】命令

B. 在状态栏上的 线宽 上右键单击，然后单击“设置”

C. DSETTINGS

D. 在状态栏上的 对象捕捉 上右键单击，然后单击“设置”

2. 判断题

（1）按住 Shift 键右键单击可弹出对象捕捉快捷菜单。（　　）

（2）AutoCAD 角度值默认以逆时针为正方向，不可对其进行设置。（　　）

3. 上机操作题

新建一个文件，设置图形界限为“1000,1000”。

第3讲 绘制工程图技术

本讲要点

- 了解 AutoCAD 绘图命令
- 掌握各种绘图命令的参数及使用方法
- 掌握面域操作及图案填充的创建与编辑

快速导读

本讲重点介绍命令的调用方式及参数说明。在学习过程中，应熟练掌握各种绘图命令的用途及使用方法。本讲的难点是多线、多段线和样条曲线的创建与编辑。

3.1 AutoCAD 的基本绘图命令

AutoCAD 提供了许多种绘制图形的命令，用户可以通过【绘图】菜单或在【绘图】工具栏中调用这些绘制图形的命令，也可以如图 3.1 所示。有些命令只能在命令提示行中输入，而有些命令通过【绘图】下拉菜单或【绘图】工具栏就能够很方便地启动。

用户在绘制图形的过程中，也可以利用右键快捷菜单调用绘制图形的命令。如图 3.2 所示为绘制直线过程中的右键菜单。

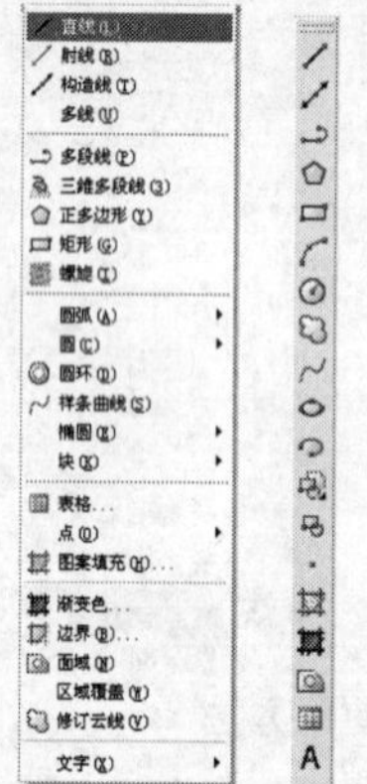

图 3.1 【绘图】菜单和【绘图】工具栏

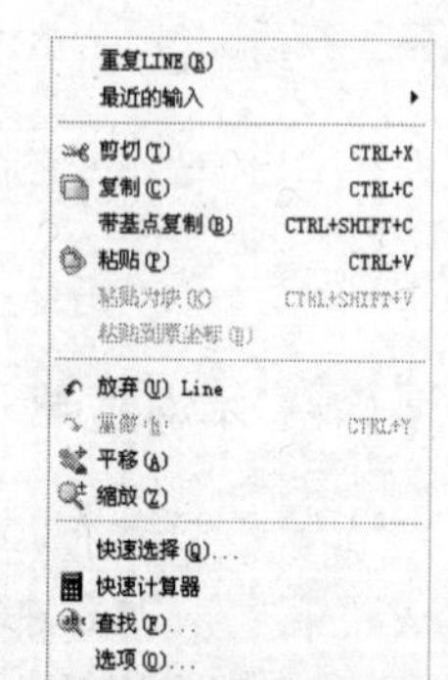

图 3.2 【绘图】右键快捷菜单

3.2 坐标点的输入方法

在利用 AutoCAD 绘图过程中，点可以像直线、圆等一样作为实体进行绘制。

1. 功能

利用【POINT】命令可以实现点的绘制。

2. 执行命令方式

命令行：输入 POINT（或 PO）。

菜单：选择【绘图】→【点】→【单点】命令或选择【绘图】→【点】→【多点】命令。

工具栏：绘图→点。

3. 操作步骤

❶ 选择【绘图】→【点】→【单点】命令。命令行提示如下。

```
命令: _point                    //执行命令
当前点模式:  PDMODE=0  PDSIZE=0.0000
```

```
        //显示当前绘制点的模式和大小
指定点:    //定义点的位置
```

❷ 在绘图区单击以指定点。结果如图 3.3 所示。

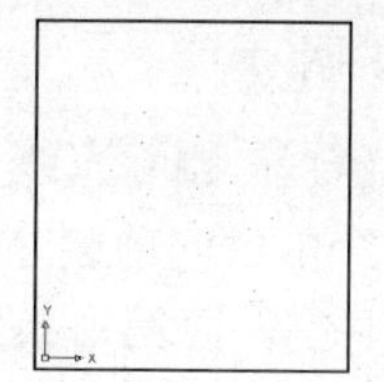

图 3.3　利用【点】命令绘制的点

3.3　绘制线

线是最常见的基本图形对象，是构成平面图形最基本的元素。在 AutoCAD 中，提供了线、构造线和射线的绘制。

3.3.1　绘制直线

直线是构成平面图最基本的对象，利用【直线】命令绘图是最基本的绘图操作。

1. 功能

利用【LINE】命令既可以绘制一条直线段，也可以绘制一系列首尾相连的直线段。

2. 执行命令方式

命令行：输入 LINE（或 L）。
菜单：选择【绘图】→【直线】命令。
工具栏：绘图→直线。

3. 操作步骤

❶ 选择【绘图】→【直线】命令。

❷ 在绘图区单击以确定 A 点位置，拖动鼠标并再次单击依次确定 B 点、C 点的位置。

❸ 输入闭合参数“C”并按 Enter 键确定，完成操作，结果如图 3.4 所示。

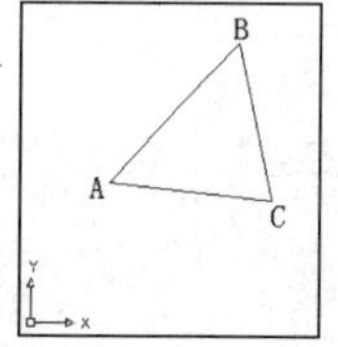

图 3.4　利用【直线】命令绘制的图形

命令行提示如下。

```
命令: _line 指定第一点:                //指定直线的起点(即 A 点)
指定下一点或 [放弃(U)]:               //指定直线的下一点(即 B 点)或输入“u”
指定下一点或 [放弃(U)]:               //指定直线的下一点(即 C 点)或输入“u”
指定下一点或 [闭合(C)/放弃(U)]: c     //输入闭合参数“c”完成操作
```

4. 参数说明

■ 放弃（U）：删除直线序列中最近绘制的线段。连续执行放弃，则按绘制顺序从最后一段直线逐个由后向前删除线段。

■ 闭合（C）：以第一条线段的起始点作为最后一条线段的端点，形成一个闭合的线段环。在绘制了一系列线段（两条或两条以上）之后，可以使用“闭合”选项。

3.3.2 绘制构造线

构造线是双向无限延长的直线，它没有起点和终点，在绘图过程中多用于绘制各种辅助线。

1. 功能

利用【XLINE】命令可以创建无限长的线，可用作创建其他对象的参照。

2. 执行命令方式

命令行：输入 XLINE（或 XL）。
菜单：选择【绘图】→【构造线】命令。
工具栏：绘图→构造线。

3. 操作步骤

❶ 选择【绘图】→【构造线】命令。

❷ 在绘图区单击以确定构造线的中点，拖动鼠标并再次单击依次确定构造线通过点 B、C、D 的位置。

❸ 按 Esc 键退出命令完成操作。命令行提示如下。结果如图 3.5 所示。

```
命令: _xline
指定点或 [水平(H)/垂直(V)/角度(A)/二等分(B)/偏移(O)]:  //在绘图区单击以确定构造线中点位置(即 A 点)
指定通过点:                    //单击指定构造线通过点(即 B 点)
指定通过点:                    //单击指定构造线通过点(即 C 点)
指定通过点:                    //单击指定构造线通过点(即 D 点)
指定通过点: *取消*              //按 Esc 键退出命令
```

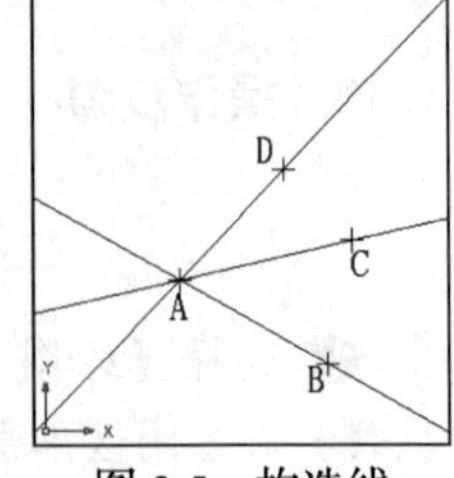

图 3.5 构造线

4. 参数说明

■ 水平（H）：创建一条通过选定点的水平构造线。执行参数命令后，命令行提示如下。

```
指定通过点:                    //指定构造线通过的点或按 Enter 键结束命令
```

■ 垂直（V）：创建一条通过选定点的垂直构造线。执行参数命令后，命令行提示如下。

```
指定通过点:                    //指定构造线通过的点或按 Enter 键结束命令
```

■ 角度（A）：以指定的角度创建一条构造线。执行参数命令后，命令行提示如下。

```
输入构造线的角度 (0) 或 [参照(R)]:  R   //指定构造线的角度或指定参数 R
选择直线对象:                           //指定作为参照的直线对象
输入构造线的角度 <0>: 60                //指定构造线和参照对象之间的角度
指定通过点:                             //指定构造线通过点
```

■　二等分（B）：创建一条构造线，它经过选定的角顶点，并且将选定的两条线之间的夹角平分。执行参数命令后，命令行提示如下。

```
指定角的顶点:                           //指定要平分角的顶点
指定角的起点:                           //指定要平分角的起点
指定角的端点:                           //指定要平分角的端点
```

■　偏移（O）：执行参数命令后，命令行提示如下。

偏移距离：

```
指定偏移距离或 [通过(T)] <通过>:        //指定要偏移的距离
选择直线对象:                           //选择要偏移的对象
指定向哪侧偏移:                         //指定要偏移的方向
```

通过：

```
指定偏移距离或 [通过(T)] <8.0000>:T     //输入通过参数 T
选择直线对象:                           //选择要偏移的对象
指定通过点:                             //指定通过点
```

3.3.3　绘制射线

射线是三维空间中起始于指定点并且无限延伸的直线。与在两个方向上延伸的构造线不同，射线仅在一个方向上延伸。

1. 功能

利用【RAY】命令可以绘制一条单向无限长的直线。起点和通过点定义了射线延伸的方向。

2. 执行命令方式

命令行：输入 RAY。
菜单：选择【绘图】→【射线】命令。

3. 操作步骤

❶ 选择【绘图】→【射线】命令。

❷ 在绘图区单击以指定射线的起点，拖动鼠标并单击依次确定射线的通过点 B、C、D 的位置。

❸ 按 Esc 键退出命令完成操作。命令行提示如下。结果如图 3.6 所示。

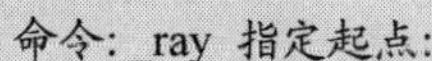

```
命令: _ray 指定起点:          //在绘图区单击确定射线的起点(即 A 点)
```

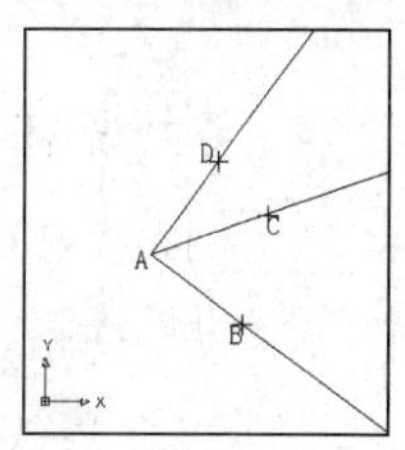

图 3.6　射线

```
指定通过点:                    //在绘图区单击确定射线的通过点(即 B 点)
指定通过点:                    //在绘图区单击确定射线的通过点(即 C 点)
指定通过点:                    //在绘图区单击确定射线的通过点(即 D 点)
指定通过点: *取消*             //按 Esc 键退出命令
```

3.4 绘制矩形

矩形是组成复杂图形的基本元素之一。在 AutoCAD 中，利用【矩形】命令可以绘制直角矩形、圆角矩形和倒角矩形，也可以根据矩形的面积和一边的长度绘制矩形，并可以绘制带有倾斜角度的矩形。

1. 功能

利用【RECTANG】命令可创建矩形形状的闭合多段线。可以指定长度、宽度、面积和旋转参数，还可以控制矩形上角点的类型。

2. 执行命令方式

命令行：输入 RECTANG 或 REC 命令简写。
菜单：选择【绘图】→【矩形】命令。
工具栏：绘图→矩形。

3. 操作步骤

❶ 选择【绘图】→【矩形】命令。
❷ 在绘图区单击确定矩形的第一点。
❸ 在命令行输入矩形的另一角点相对坐标值“@300,−100”并按 Enter 键确定完成绘制。命令行提示如下。结果如图 3.7 所示。

```
命令: _rectang                                  //执行命令
指定第一个角点或 [倒角(C)/标高(E)/圆角(F)/厚度(T)/宽度(W)]:
            //在绘图区单击指定矩形的第一个角点(即 A 点)
指定另一个角点或 [面积(A)/尺寸(D)/旋转(R)]: @300,-100
            //输入矩形的另一个角点相对于第一个角点的坐标值(即 B 点)
```

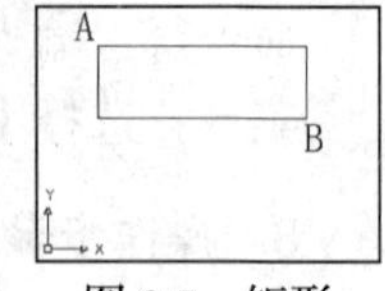

图 3.7 矩形

4. 参数说明

- 倒角（C）：指定矩形的倒角距离。执行参数命令后，命令行提示如下。

```
指定矩形的第一个倒角距离 <0.0000>:             //指定距离或按 Enter 键
指定矩形的第二个倒角距离 <0.0000>:             //指定距离或按 Enter 键
```

- 标高（E）：指定矩形的标高。执行参数命令后，命令行提示如下。

```
指定矩形的标高 <0.0000>:                                   //指定距离或按 Enter 键
```

■ 圆角（F）：指定矩形的圆角半径。执行参数命令后，命令行提示如下。

```
指定矩形的圆角半径 <0.0000>:                               //指定距离或按 Enter 键
```

■ 厚度（T）：指定矩形的厚度。执行参数命令后，命令行提示如下。

```
指定矩形的厚度 <0.0000>:                                   //指定距离或按 Enter 键
```

■ 宽度（W）：指定矩形多段线的宽度。执行参数命令后，命令行提示如下。

```
指定矩形的线宽 <0.0000>:                                   //指定距离或按 Enter 键
```

■ 面积（A）：使用面积与长度或宽度创建矩形。执行参数命令后，命令行提示如下。

```
输入以当前单位计算的矩形面积 <100.0000>:                   //指定矩形的面积
计算矩形标注时依据 [长度(L)/宽度(W)] <长度>:               //指定长度或宽度参数
输入矩形长度 <10.0000>:                                    //指定矩形的长度
```

■ 尺寸（D）：指定长和宽创建矩形。执行参数命令后，命令行提示如下。

```
指定矩形的长度 <10.0000>:                                  //指定距离或按 Enter 键
指定矩形的宽度 <10.0000>:                                  //指定距离或按 Enter 键
```

■ 旋转（R）：按指定的旋转角度创建矩形。执行参数命令后，命令行提示如下。

```
指定旋转角度或 [拾取点(P)] <0>:           //通过输入值、指定点或输入 P 并指定两个点来指定角度
```

5. 练一练

绘制如图 3.8 所示的圆角矩形。

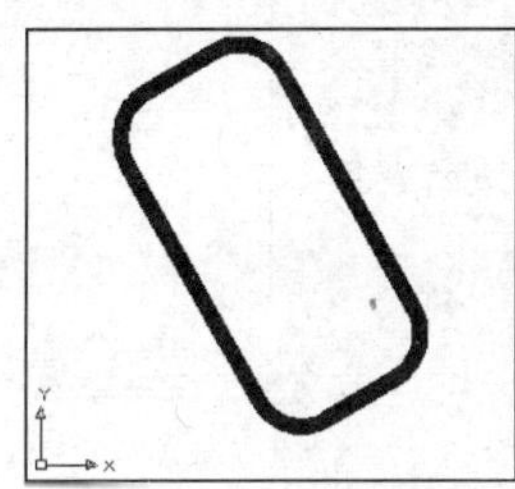

图 3.8　圆角矩形

具体操作步骤如下。

```
命令: rec
指定第一个角点或 [倒角(C)/标高(E)/圆角(F)/厚度(T)/宽度(W)]: f  //输入圆角参数“f”并按 Enter 键确定
指定矩形的圆角半径 <0.0000>: 100                    //输入圆角半径“100”并按 Enter 键确定
指定第一个角点或 [倒角(C)/标高(E)/圆角(F)/厚度(T)/宽度(W)]: w  //输入宽度参数“w”并按 Enter 键确定
指定矩形的线宽 <0.0000>: 30                         //输入宽度值“30”并按 Enter 键确定
指定第一个角点或 [倒角(C)/标高(E)/圆角(F)/厚度(T)/宽度(W)]:  //在绘图区单击指定矩形的第一个角点
指定另一个角点或 [面积(A)/尺寸(D)/旋转(R)]: r        //输入旋转参数“r”并按 Enter 键确定
指定旋转角度或 [拾取点(P)] <0>:  30                  //输入旋转角度“30”并按 Enter 键确定
指定另一个角点或 [面积(A)/尺寸(D)/旋转(R)]:          //在绘图区单击指定矩形的另一个角点
```

3.5　绘制正多边形

正多边形即闭合的等边多段线，边数可选择的范围为 3～1024 的整数。

1. 功能

利用【POLYGON】命令可创建圆的内接正多边形和外切正多边形，也可以根据指定的一条边绘制正多边形。

2. 执行命令方式

命令行：输入 POLYGON 或 POL 命令简写。
菜单：选择【绘图】→【正多边形】命令。
工具栏：绘图→正多边形。

3. 操作步骤

❶ 选择【绘图】→【正多边形】命令。

❷ 输入正多边形的边数并按 Enter 键确定，在绘图区单击确定正多边形的中心点后在命令行输入选项并按 Enter 键确定。

❸ 输入圆的半径“130”并按 Enter 键结束。命令行提示如下。结果如图 3.9 所示。

```
命令: _polygon          //执行命令
输入边的数目 <4>: 6
                        //输入正多边形边的数目
指定正多边形的中心点或 [边(E)]:
                        //指定正多边形的中心点或输入“e”
输入选项 [内接于圆(I)/外切于圆(C)] <I>: i
                        //输入选项“i”或“c”
指定圆的半径: 130        //输入圆的半径
```

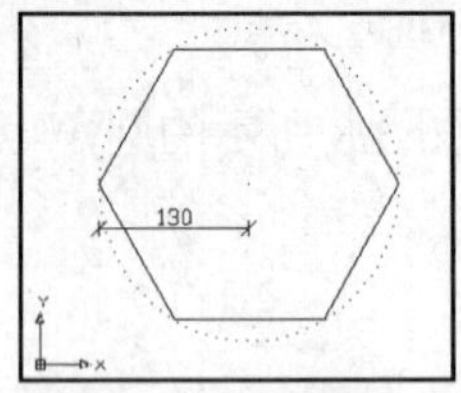

图 3.9 正六边形

4. 参数说明

■ 边（E）：指定第一条边的端点来定义多边形。执行参数命令后，命令行提示如下。

```
指定正多边形的中心点或 [边(E)]: e        //输入边的参数“e”并按 Enter 键确定
指定边的第一个端点:                      //在绘图区单击指定边的第一个端点
指定边的第二个端点:                      //在绘图区单击指定边的第二个端点
```

■ 内接于圆（I）：指定外接圆的半径，正多边形的所有顶点都在此圆周上。执行参数命令后，命令行提示如下。

```
输入选项 [内接于圆(I)/外切于圆(C)] <I>: i   //输入内接于圆的参数“i”并按 Enter 键确定
指定圆的半径:                              //输入圆的半径
```

■ 外切于圆（C）：指定从正多边形中心点到各边中点的距离。执行参数命令后，命令行提示如下。

```
输入选项 [内接于圆(I)/外切于圆(C)] <I>: c   //输入外切于圆的参数“c”并按 Enter 键确定
指定圆的半径:                              //输入圆的半径
```

5. 练一练

绘制如图 3.10 所示的正七边形（无需绘制标注）。

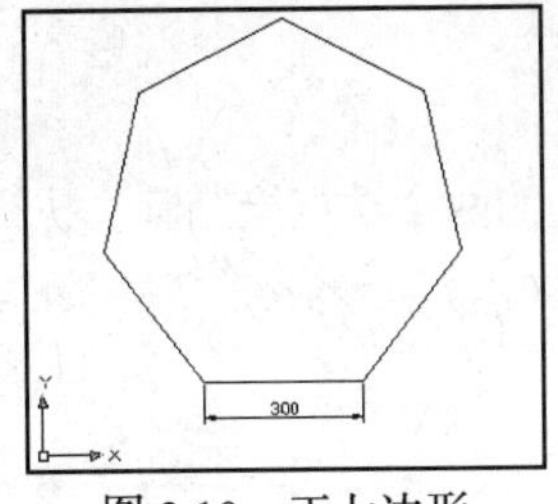

图 3.10 正七边形

3.6 绘制圆

圆是组成复杂图形的基本元素，它在绘图过程中使用的频率相当高。

1. 功能

利用【CIRCLE】命令可创建圆，可以指定圆心、半径、直径、圆周上的点和其他对象上的点等不同组合。

2. 执行命令方式

命令行：输入 CIRCLE（或 C）。
菜单：选择【绘图】→【圆】→【圆心、半径】命令。
工具栏：绘图→圆。

3. 操作步骤

❶ 选择【绘图】→【圆】→【圆心、半径】命令。

❷ 在绘图区单击确定圆的圆心。

❸ 在命令行输入圆的半径“1000”并按 Enter 键确定完成绘制。命令行提示如下。结果如图 3.11 所示。

命令: _circle　　//执行命令
指定圆的圆心或 [三点(3P)/两点(2P)/相切、相切、半径(T)]:　　//在绘图区单击指定圆心或输入相关参数
指定圆的半径或 [直径(D)] <1000.0000>: 1000　　//输入圆的半径

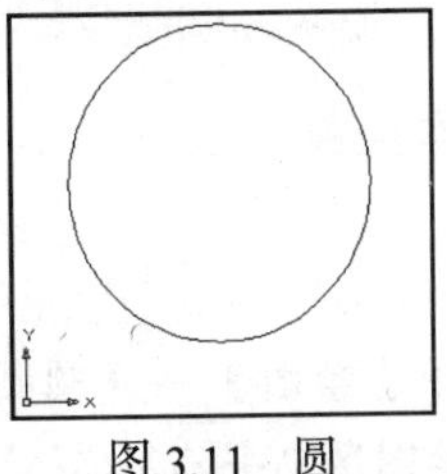

图 3.11 圆

4. 参数说明

■ 三点（3P）：基于圆周上的三点绘制圆。执行参数命令后，命令行提示如下。

指定圆的圆心或 [三点(3P)/两点(2P)/相切、相切、半径(T)]: 3p　//输入参数“3p”并按 Enter 键确认
指定圆上的第一个点:　　//在绘图区单击确定圆的第一点

```
指定圆上的第二个点:                                    //在绘图区单击确定圆的第二点
指定圆上的第三个点:                                    //在绘图区单击确定圆的第三点
```

■ 两点（2P）：基于圆直径上的两个端点绘制圆。执行参数命令后，命令行提示如下。

```
指定圆的圆心或 [三点(3P)/两点(2P)/相切、相切、半径(T)]: 2p  //输入参数“2p”并按Enter键确认
指定圆直径的第一个端点:                                //在绘图区单击确定圆直径的第一点
指定圆直径的第二个端点:                                //在绘图区单击确定圆直径的第二点
```

■ 相切、相切、半径（T）：基于指定半径和两个相切对象绘制圆。执行参数命令后，命令行提示如下。

```
指定圆的圆心或 [三点(3P)/两点(2P)/相切、相切、半径(T)]: t   //输入参数“t”并按Enter键确定
指定对象与圆的第一个切点:                              //指定对象与圆的第一个切点
指定对象与圆的第二个切点:                              //指定对象与圆的第二个切点
指定圆的半径 <1565.6655>:                              //输入圆的半径
```

■ 直径（D）：使用中心点和指定的直径长度绘制圆。执行参数命令后，命令行提示如下。

```
指定圆的半径或 [直径(D)] <1600.0000>: d                //输入参数“d”并按Enter键确定
指定圆的直径 <3200.0000>:                              //输入圆的直径
```

3.7 绘制圆弧

要绘制圆弧，可以指定圆心、端点、起点、半径、角度、弦长和方向值的各种组合形式。

1. 功能

利用【ARC】命令可以根据多种方式来绘制圆弧。

2. 执行命令方式

命令行：输入 ARC（或 A）。
菜单：选择【绘图】→【圆弧】→【三点】命令。
工具栏：绘图→圆弧。

3. 操作步骤

❶ 选择【绘图】→【圆弧】→【三点】命令。

❷ 在绘图区单击确定圆弧的第一点（即 A 点），拖动鼠标并依次单击，确定圆弧上的 B 点和 C 点。命令行提示如下。结果如图 3.12 所示。

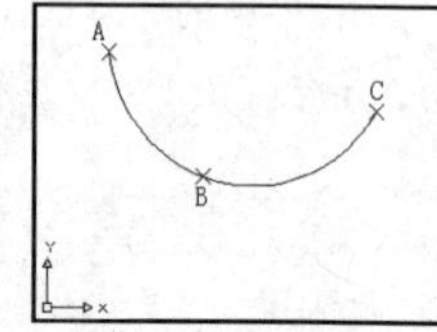

图 3.12 圆弧

```
命令: _arc                                  //执行命令
指定圆弧的起点或 [圆心(C)]:  //在绘图区单击指定圆弧的起点(即 A 点)
指定圆弧的第二个点或 [圆心(C)/端点(E)]:   //在绘图区单击指定圆弧的第二点(即 B 点)
指定圆弧的端点:                             //在绘图区单击指定圆弧的端点(即 C 点)
```

4. 参数说明

■ 圆心（C）：指定圆弧所在圆的圆心。

■ 端点（E）：使用圆心（2），从起点（1）向端点逆时针绘制圆弧。端点将落在从第三点（3）到圆心的一条假想射线上。结果如图 3.13 所示。

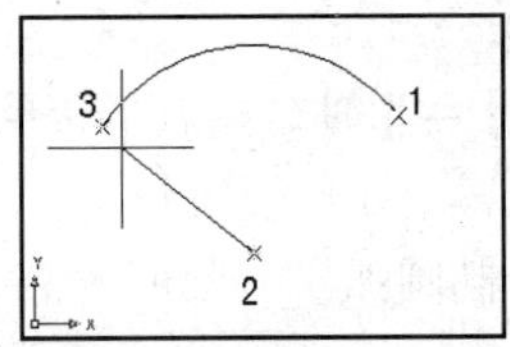

图 3.13　以端点绘制圆弧

3.8 绘制圆环

圆环是填充环或实体填充圆，即带有宽度的闭合多段线。

1. 功能

利用【DONUT】命令可创建填充的圆和环。

2. 执行命令方式

命令行：输入 DONUT（或 DO）。
菜单：选择【绘图】→【圆环】命令。

3. 操作步骤

❶ 选择【绘图】→【圆环】命令。

❷ 在命令行输入圆环的内径“100”并按 Enter 键确定，输入圆环的外径“150”并按 Enter 键确定。

❸ 在绘图区单击后按 Esc 键退出并完成绘制。命令行提示如下。结果如图 3.14 所示。

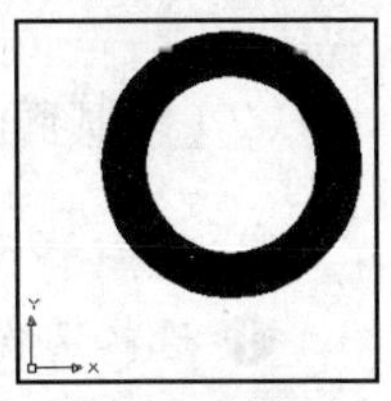

图 3.14　圆环

```
命令: _donut                              //执行命令
指定圆环的内径 <0.5000>: 100              //输入圆环的内径“100”
指定圆环的外径 <1.0000>: 150              //输入圆环的外径“150”
指定圆环的中心点或 <退出>:                //按 Esc 键退出命令
```

3.9 绘制椭圆和椭圆弧

椭圆是由定义其长度和宽度的两条轴决定。较长的轴称为长轴，较短的轴称为短轴。椭圆弧为椭圆上某一角度到另一角度的一段，在绘制椭圆弧前必须先绘制一个椭圆。

1. 功能

利用【ELLIPSE】命令可创建椭圆或椭圆弧。

2. 执行命令方式

命令行：输入 ELLIPSE（或 EL）。

菜单：选择【绘图】→【椭圆】→【轴、端点】命令或选择【绘图】→【椭圆】→【圆弧】命令。

工具栏：绘图→椭圆或绘图→椭圆弧。

3. 操作步骤

（1）绘制椭圆。

❶ 选择【绘图】→【椭圆】→【轴、端点】命令。

❷ 在绘图区单击确定椭圆的轴端点（即 A 点），拖动鼠标并单击依次确定轴的另一个端点（即 B 点）和另一条半轴端点（即 C 点）。命令行提示如下。结果如图 3.15 所示。

```
命令: _ellipse                                   //执行命令
指定椭圆的轴端点或 [圆弧(A)/中心点(C)]:
                                 //在绘图区单击指定椭圆的轴端点
指定轴的另一个端点:
                                 //指定椭圆轴的另一个端点
指定另一条半轴端点或[旋转(R)]:
                                 //指定椭圆的另一条半轴端点
```

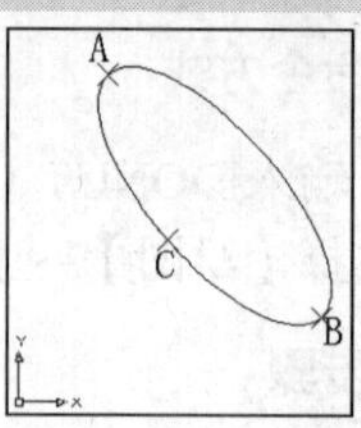

图 3.15　椭圆

（2）绘制椭圆弧。

❶ 选择【绘图】→【椭圆】→【圆弧】命令。

❷ 在绘图区单击确定椭圆的轴端点（即 A 点），拖动鼠标并单击依次确定轴的另一个端点（即 B 点）和另一条半轴端点（即 C 点）。

❸ 在命令行输入椭圆弧的起始角度“0”和终止角度“240”并分别按 Enter 键确定。结果如图 3.16 所示。命令行提示如下。

```
命令:_ellipse
指定椭圆的轴端点或 [圆弧(A)/中心点(C)]: _a
指定椭圆弧的轴端点或 [中心点(C)]:
指定轴的另一个端点:
指定另一条半轴长度或 [旋转(R)]:
指定起始角度或[参数(P)]:0
                                 //输入椭圆弧的起始角度
指定终止角度或[参数(P)/包含角度(I)]: 240
                                 //输入椭圆弧的终止角度
```

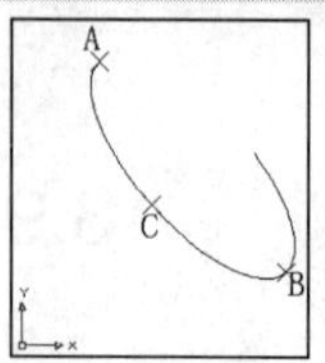

图 3.16　椭圆弧

4. 参数说明

■ 圆弧（A）：创建一段椭圆弧。第一条轴的角度确定了椭圆弧的角度。第一条轴既可定义椭圆弧长轴也可以定义椭圆弧短轴。

■ 中心点（C）：用指定的中心点创建椭圆弧。

■ 旋转（R）：通过绕第一条轴旋转定义椭圆的长轴短轴比例。该值越大，短轴对长轴的比例就越大。输入 0 则定义一个圆。

■ 参数（P）：需要输入数值作为“起始角度”。可以通过以下矢量参数方程式创建椭圆弧：$P(u) = c + a \times \cos(u) + b \times \sin(u)$。其中 c 是椭圆的中心点，a 和 b 分别是椭圆的长轴和短轴。

■ 包含角度（I）：定义从起始角度开始的夹角。

3.10 绘制与编辑多线

多线由 1～16 条平行线组成，这些平行线称为元素。在绘制建筑施工图时，【多线】命令是绘制墙体和路线图等平行结构的有力工具，它不但可以绘制由多条直线组成的平行线，还可以根据绘图需要为每条多线元素设置不同的颜色和线型。

3.10.1 绘制多线

在绘制多线时首先应当选择多线的样式，也可以指定一个比例因子和对正的方式。

1. 功能

利用【MLINE】命令可创建多条平行线。

2. 执行命令方式

命令行：输入 MLINE（或 ML）。
菜单：选择【绘图】→【多线】命令。

3. 操作步骤

❶ 选择【绘图】→【多线】命令。

❷ 设置多线的对正方式为“无”，比例因子为“120”。

❸ 在绘图区单击以指定多线的起点 A，在命令行分别输入“1200”和“1500”以确定多线 AB 和 BC 的长度。

❹ 按闭合参数“C”最终完成绘制。命令行提示如下。结果如图 3.17 所示。

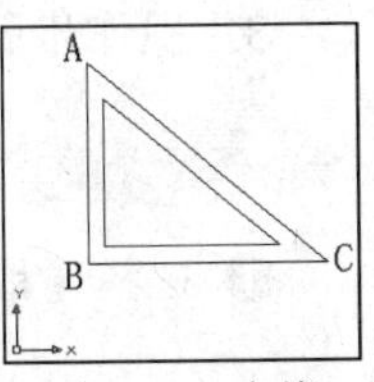

图 3.17 多线

```
命令: _mline                                              //执行命令
当前设置: 对正 = 下, 比例 = 20.00, 样式 = STANDARD          //显示当前多线设置样式
指定起点或 [对正(J)/比例(S)/样式(ST)]: j                    //输入参数“j”
输入对正类型 [上(T)/无(Z)/下(B)] <下>: z                    //输入参数“z”以确定对正类型
当前设置: 对正 = 无, 比例 = 20.00, 样式 = STANDARD          //显示当前多线设置样式
指定起点或 [对正(J)/比例(S)/样式(ST)]: s                    //输入参数“s”
```

```
输入多线比例 <20.00>:  120                                    //输入多线的比例即多线的宽度
当前设置：对正 = 无，比例 = 120.00，样式 = STANDAR             //显示当前多线设置样式
指定起点或 [对正(J)/比例(S)/样式(ST)]:                        //在绘图区单击以指定多线的起点(即 A 点)
指定下一点:  <正交 开> 1200                                  //输入距离“1200”以确定多线的下一点
指定下一点或 [放弃(U)]:  1500                                 //输入距离“1500”以确定多线的下一点
指定下一点或 [闭合(C)/放弃(U)]:  c                            //输入闭合参数“c”以完成操作
```

4. 参数说明

■ 对正（J）：确定如何在指定的点之间绘制多线。执行参数命令后，命令行提示如下。

```
输入对正类型 [上(T)/无(Z)/下(B)] <上>:                        //输入对正类型或按 Enter 键
```

■ 比例（S）：控制多线的全局宽度。该比例不影响线型比例。执行参数命令后，命令行提示如下。

```
输入多线比例 <20.00>:                                         //输入多线比例或按 Enter 键
```

■ 样式（ST）：指定多线的样式。执行参数命令后，命令行提示如下。

```
输入多线样式名或 [?]:                                         //输入多线样式名称或输入“？”
```

■ 放弃（U）：放弃多线上的上一个顶点。

■ 闭合（C）：通过将最后一条线段与第一条线段相接合来闭合多线。

3.10.2 设置多线样式

在 AutoCAD 中，可以创建多线的命名样式以控制元素的数量、背景填充、封口以及每个元素的特性。

1. 功能

利用【MLSTYLE】命令可创建、修改和管理多线样式。

2. 执行命令方式

命令行：输入 MLSTYLE。

菜单：选择【格式】→【多线样式】命令。

3. 操作步骤

❶ 选择【格式】→【多线样式】命令，将弹出【多线样式】对话框。如图 3.18 所示。

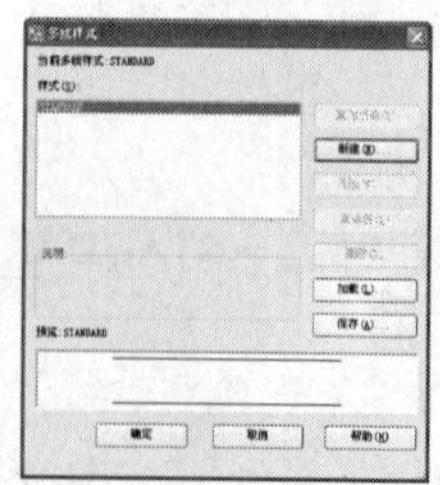

图 3.18 【多线样式】对话框

❷ 单击新建按钮，弹出【创建新的多线样式】对话框。如图 3.19 所示。

❸ 单击继续按钮，弹出【新建多线样式：新样式】对话框。如图 3.20 所示。

❹ 修改相关参数并单击确定按钮完成操作。

图 3.19 【创建新的多线样式】对话框

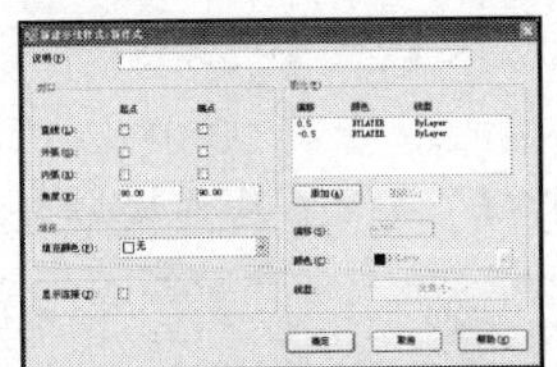

图 3.20 【新建多线样式：新样式】对话框

4. **参数说明**

■ 置为当前（U）：设置用于后续创建的多线的当前多线样式。从“样式”列表中选择一个名称，然后选择“置为当前”。

注意：不能将外部参照中的多线样式设置为当前样式。

■ 新建（N）：显示【创建新的多线样式】对话框，从中可以创建新的多线样式。

■ 修改（M）：显示【修改多线样式】对话框，从中可以修改选定的多线样式。

注意：不能修改默认的“STANDARD”多线样式或图形中正在使用的任何多线样式的元素和多线特性。要编辑现有多线样式，必须在使用该样式绘制任何多线之前进行。

■ 重命名（R）：重命名当前选定的多线样式。不能重命名“STANDARD”多线样式。

■ 删除（D）：从“样式”列表中删除当前选定的多线样式。

注意：不能删除“STANDARD”多线样式、当前多线样式或正在使用的多线样式。

■ 加载（L）：显示【加载多线样式】对话框，从中可以从指定的 MLN 文件加载多线样式。

■ 保存（A）：将多线样式保存或复制到多线库（MLN）文件。

■ 说明（P）：为多线样式添加说明。最多可以输入 255 个字符（包括空格）。

■ 封口：控制多线起点和端点封口。

■ 填充（F）：控制多线的背景填充。

■ 显示连接（J）：控制每条多线线段顶点处连接的显示。接头也称为斜接。

■ 元素（E）：设置新的和现有的多线元素的元素特性。例如偏移、颜色和线型。

3.10.3 编辑多线

在 AutoCAD 中，要编辑多线主要是通过【多线编辑工具】对话框实现的。该对话框将显示编辑工具，并以四列显示样例图像。第一列控制交叉的多线，第二列控制 T 形相交的多线，第三列控制角点结合和顶点，第四列控制多线中的打断。

1. **功能**

利用【MLEDIT】命令可编辑多线交点、打断和顶点。

2. **执行命令方式**

命令行：输入 MLEDIT。

菜单：选择【修改】→【对象】→【多线】命令。

3. 操作步骤

❶ 选择【修改】→【对象】→【多线】命令，将弹出【多线编辑工具】对话框。如图 3.21 所示。

❷ 选择相应的编辑工具并按命令提示完成操作。

4. 参数说明

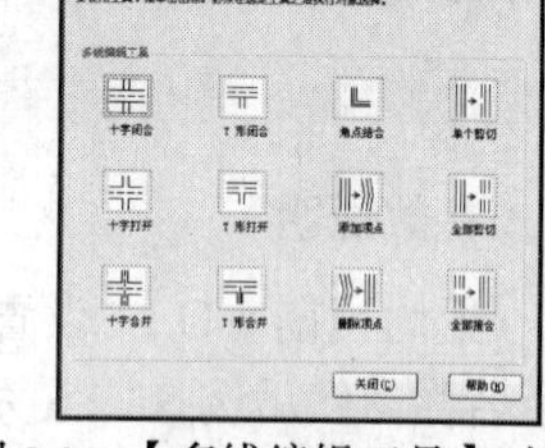

图 3.21 【多线编辑工具】对话框

■ 十字闭合：在两条多线之间创建闭合的十字交点。执行命令后，命令行提示如下。

```
选择第一条多线:                //在第一条多线上单击
选择第二条多线:                //在相交的多线上单击
```

完成闭合的十字交点并显示以下提示：

```
选择第一条多线 或 [放弃(U)]:          //继续编辑其他多线或输入“U”或按Enter键结束
```

■ 十字打开：在两条多线之间创建打开的十字交点。打断将插入第一条多线的所有元素和第二条多线的外部元素。

```
选择第一条多线:                //在第一条多线上单击
选择第二条多线:                //在相交的多线上单击
```

完成打开的十字交点并显示以下提示：

```
选择第一条多线 或 [放弃(U)]:          //继续编辑其他多线或输入“U”或按Enter键结束
```

■ 十字合并：在两条多线之间创建合并的十字交点。选择多线的次序并不重要。

```
选择第一条多线:                //在第一条多线上单击
选择第二条多线:                //在相交的多线上单击
```

完成合并的十字交点并显示以下提示：

```
选择第一条多线或[放弃(U)]:          //继续编辑其他多线或输入“U”或按Enter键结束
```

■ T 形闭合：在两条多线之间创建闭合的 T 形交点。将第一条多线修剪或延伸到与第二条多线的交点处。

```
选择第一条多线:                //在第一条多线上单击
选择第二条多线:                //在相交的多线上单击
```

完成闭合的 T 形交点并显示以下提示：

```
选择第一条多线 或 [放弃(U)]:          //继续编辑其他多线或输入“U”或按Enter键结束
```

■ T 形打开：在两条多线之间创建打开的 T 形交点。将第一条多线修剪或延伸到与第二条多线的交点处。

```
选择第一条多线:                //在第一条多线上单击
选择第二条多线:                //在相交的多线上单击
```

完成打开的 T 形交点并显示以下提示：

```
选择第一条多线 或 [放弃(U)]:          //继续编辑其他多线或输入“U”或按Enter键结束
```

■ T 形合并：在两条多线之间创建合并的 T 形交点。将多线修剪或延伸到与另一条多线的交点处。

```
选择第一条多线:                        //在第一条多线上单击
选择第二条多线:                        //在相交的多线上单击
```

完成合并的 T 形交点并显示以下提示：

```
选择第一条多线 或 [放弃(U)]:            //继续编辑其他多线或输入“U”或按 Enter 键结束
```

- 角点结合：在多线之间创建角点结合。将多线修剪或延伸到它们的交点处。

```
选择第一条多线:                        //在第一条多线上单击
选择第二条多线:                        //在相交的多线上单击
```

完成角点结合并显示以下提示：

```
选择第一条多线 或 [放弃(U)]:            //继续编辑其他多线或输入“U”或按 Enter 键结束
```

- 添加顶点：向多线上添加一个顶点。

```
选择第一条多线:                        //在第一条多线上单击
选择第二条多线:                        //在相交的多线上单击
```

将在选定点处添加顶点并显示以下提示：

```
选择第一条多线 或 [放弃(U)]:            //继续编辑其他多线或输入“U”或按 Enter 键结束
```

- 删除顶点：从多线上删除一个顶点。

```
选择第一条多线:                        //在第一条多线上单击
选择第二条多线:                        //在相交的多线上单击
```

将删除最靠近选定点的顶点并显示以下提示：

```
选择第一条多线 或 [放弃(U)]:            //继续编辑其他多线或输入“U”或按 Enter 键结束
```

- 单个剪切：在选定多线元素中创建可见打断。

```
选择第一条多线:                        //在第一条多线上单击
选择第二条多线:                        //在相交的多线上单击
```

将剪切元素并显示以下提示：

```
选择第一条多线 或 [放弃(U)]:            //继续编辑其他多线或输入“U”或按 Enter 键结束
```

- 全部剪切：创建穿过整条多线的可见打断。

```
选择第一条多线:                        //在第一条多线上单击
选择第二条多线:                        //在相交的多线上单击
```

将剪切多线的所有元素并显示以下提示：

```
选择第一条多线 或 [放弃(U)]:            //继续编辑其他多线或输入“U”或按 Enter 键结束
```

- 全部结合：将已被剪切的多线线段重新接合起来。

```
选择第一条多线:                        //在第一条多线上单击
选择第二条多线:                        //在相交的多线上单击
```

将接合多线并显示以下提示：

```
选择第一条多线 或 [放弃(U)]:            //继续编辑其他多线或输入“U”或按 Enter 键结束
```

3.11 绘制与编辑多段线

多段线是作为单个对象创建的相互连接的序列线段。可以创建直线段、弧线段或两者的组合线段。

3.11.1 绘制多段线

多段线提供单个直线所不具备的编辑功能。例如，可以调整多段线的宽度和曲率。创建多段线之后，可以使用相关命令对其进行编辑。

1. 功能

利用【PLINE】命令可创建二维多段线。

2. 执行命令方式

命令行：输入 PLINE（或 PL）。
菜单：选择【绘图】→【多段线】命令。
工具栏：绘图→多段线。

3. 操作步骤

❶ 选择【绘图】→【多段线】命令，在绘图区单击指定多段线的起点并设置其参数。命令行提示如下。结果如图 3.22 所示。

```
命令:_pline                                              //执行命令
指定起点:                                                //在绘图区单击指定多段线的起点
当前线宽为 0.0000                                        //显示当前多段线的宽度
指定下一个点或[圆弧(A)/半宽(H)/长度(L)/放弃(U)/宽度(W)]:w
                                                         //输入多段线的宽度参数"w"并按 Enter 键确定
指定起点宽度<0.0000>:                                    //按 Enter 键确定
指定端点宽度<0.0000>:30                                  //输入多段线的宽度值"30"并按 Enter 键确定
指定下一个点或[圆弧(A)/半宽(H)/长度(L)/放弃(U)/宽度(W)]:a    //输入参数"a"并按 Enter 键确定
```

❷ 在命令行输入圆弧的端点距离"360"并按 Enter 键确认，其后在命令行设置多段线的参数。命令行提示如下。结果如图 3.23 所示。

❸ 输入多段线的端点距离"360"并按 Enter 键确定，按 Esc 键退出命令完成绘制。命令行提示如下。结果如图 3.24 所示。

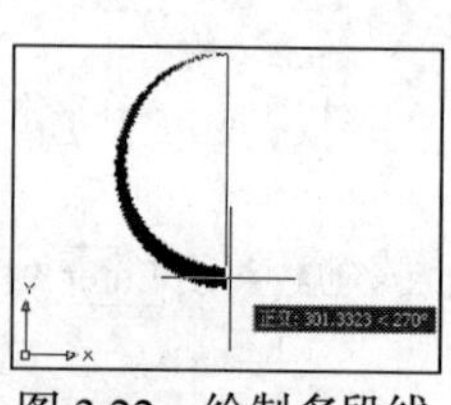

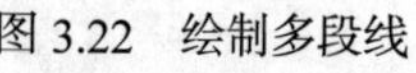
图 3.22 绘制多段线

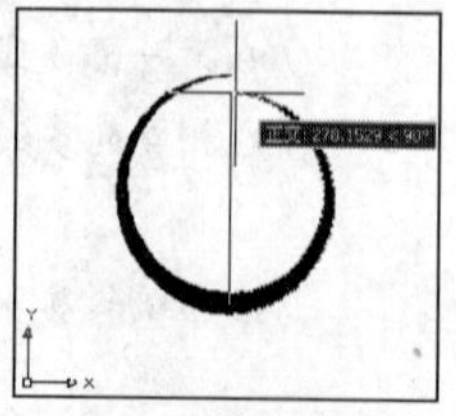
图 3.23 绘制多段线

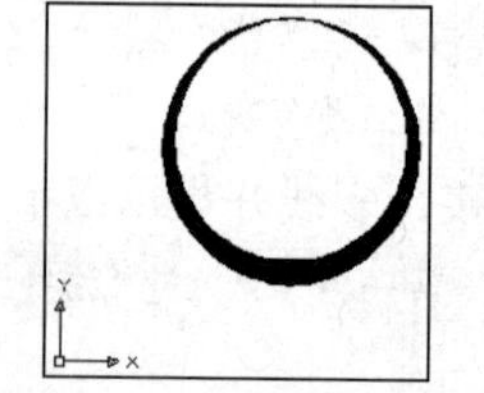
图 3.24 完成后的多段线

❹ 按 Esc 键退出命令完成操作。

```
指定圆弧的端点或                                          //在绘图区单击指定其端点
[角度(A)/圆心(CE)/方向(D)/半宽(H)/直线(L)/半径(R)/第二个点(S)/放弃(U)/宽度(W)]: 360
```

```
                                   //输入圆弧的端点距离并按Enter键确定
指定圆弧的端点或
[角度(A)/圆心(CE)/闭合(CL)/方向(D)/半宽(H)/直线(L)/半径(R)/第二个点(S)/放弃(U)/宽度(W)]: w
                                   //输入多段线的宽度参数“w”并按Enter键确定
指定起点宽度 <30.0000>:              //按Enter键确定
指定端点宽度 <30.0000>: 0            //输入多段线的宽度值“0”并按Enter键确定
指定圆弧的端点或
[角度(A)/圆心(CE)/闭合(CL)/方向(D)/半宽(H)/直线(L)/半径(R)/第二个点(S)/放弃(U)/宽度(W)]: 360
                                   //输入圆弧的端点距离并按Enter键确定
```

4. 参数说明

- 圆弧（A）：将弧线段添加到多段线中。
- 半宽（H）：指定从宽多段线线段的中心到其一边的宽度。

```
指定起点半宽 <0.0000>:               //输入多段线起点的半宽
指定端点半宽 <10.0000>:              //输入多段线端点的半宽
```

- 长度（L）：在与上一线段相同的角度方向上绘制指定长度的直线段。如果上一线段是圆弧，程序将绘制与该弧线段相切的新直线段。

```
指定直线的长度:                      //输入长度
```

- 放弃（U）：删除最近一次添加到多段线上的直线段。
- 宽度（W）：指定下一条直线段的宽度。

```
指定起点宽度 <0.0000>:               //输入多段线起点的宽度
指定端点宽度 <0.0000>:               //输入多段线端点的宽度
```

3.11.2 根据已有对象生成多段线

在 AutoCAD 中，可以根据相邻的或重叠的对象生成多段线。其中，所选对象的边必须形成完全封闭的区域。

3.11.3 编辑多段线

通过闭合和打开多段线，以及移动、添加或删除单个顶点来编辑多段线。可以在任何两个顶点之间拉直多段线，也可以切换线型以便在每个顶点前或后显示虚线。可以为整个多段线设置统一的宽度，也可以分别控制各个线段的宽度，还可以通过多段线创建线性近似样条曲线。

1. 功能

利用【PEDIT】命令可编辑多段线。

2. 执行命令方式

命令行：输入 PEDIT（或 PE）。

菜单：选择【修改】→【对象】→【多段线】命令。

工具栏：修改Ⅱ→编辑多段线。

3. 操作步骤

❶ 选择【修改】→【对象】→【多段线】命令。

❷ 在绘图区单击要选择的多段线。命令行提示如下。结果如图 3.25 所示。

```
命令: pedit
选择多段线或 [多条(M)]:
输入选项 [闭合(C)/合并(J)/宽度(W)/编辑顶点(E)/拟合(F)/样条曲线(S)/非曲线化(D)/线型生成(L)/放弃(U)]:
```

❸ 分别输入参数“w”、“s”和“f”编辑多段线。命令行提示如下。结果如图 3.26～图 3.28 所示。

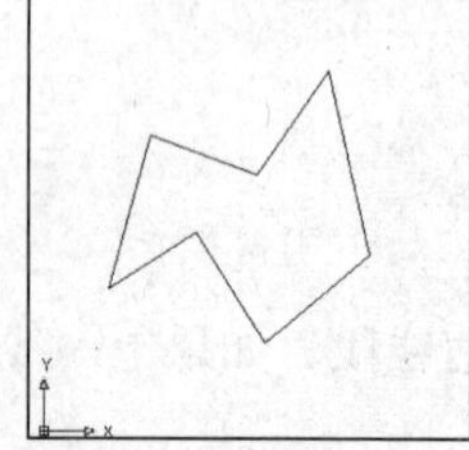
图 3.25 编辑多段线

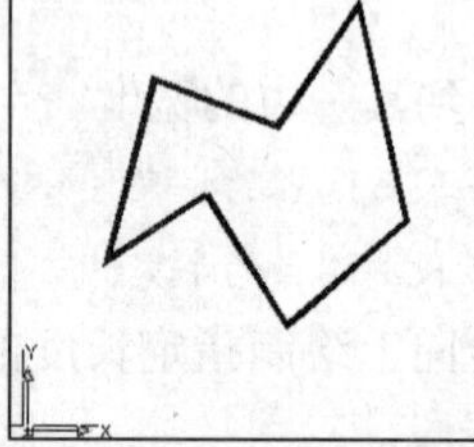
图 3.26 指定多段线的宽度

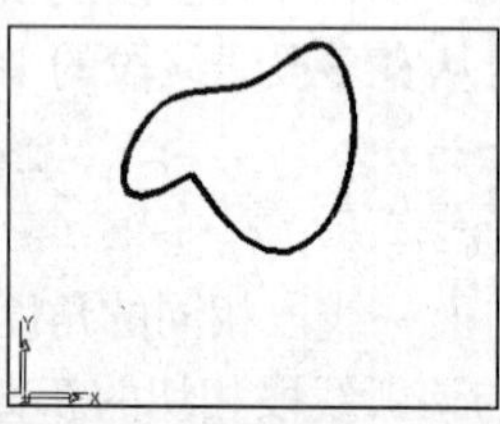
图 3.27 “样条曲线”选项

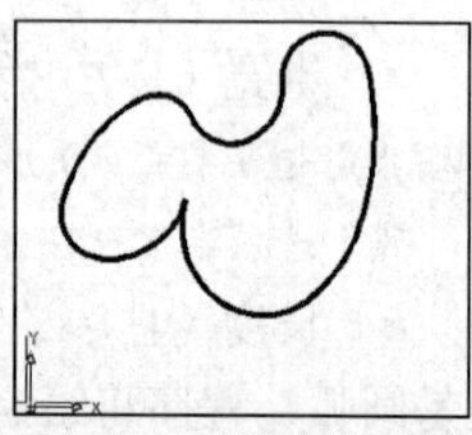
图 3.28 “拟合”选项

```
输入选项 [闭合(C)/合并(J)/宽度(W)/编辑顶点(E)/拟合(F)/样条曲线(S)/非曲线化(D)/线型生成(L)/放弃(U)]: w        //输入多段线的宽度参数“w”并按 Enter 键确定
指定所有线段的新宽度: 30        //输入多段线的宽度“30”并按 Enter 键确定
输入选项 [闭合(C)/合并(J)/宽度(W)/编辑顶点(E)/拟合(F)/样条曲线(S)/非曲线化(D)/线型生成(L)/放弃(U)]: s
                                //输入多段线的参数“s”并按 Enter 键确定
输入选项 [闭合(C)/合并(J)/宽度(W)/编辑顶点(E)/拟合(F)/样条曲线(S)/非曲线化(D)/线型生成(L)/放弃(U)]: f
                                //输入多段线的参数“f”并按 Enter 键确定
输入选项 [闭合(C)/合并(J)/宽度(W)/编辑顶点(E)/拟合(F)/样条曲线(S)/非曲线化(D)/线型生成(L)/放弃(U)]:
                                //按 Esc 键退出命令
```

4. 参数说明

- 闭合（C）：创建多段线的闭合线，将首尾连接。
- 合并（J）：在开放的多段线的尾端点添加直线、圆弧或多段线和从曲线拟合多段线中删除曲线拟合。
- 宽度（W）：为整个多段线指定新的统一宽度。
- 编辑顶点（E）：在屏幕上绘制 X 标记多段线的第一个顶点。如果已指定此顶点的切线方向，则在此方向上绘制箭头。
- 拟合（F）：创建圆弧拟合多段线（由圆弧连接每对顶点的平滑曲线）。曲线经过多段线的所有顶点并使用任何指定的切线方向。

■ 样条曲线（S）：使用选定多段线的顶点作为近似 B 样条曲线的曲线控制点或控制框架。

■ 非曲线化（D）：删除由拟合曲线或样条曲线插入的多余顶点，拉直多段线的所有线段。

■ 线型生成（L）：生成经过多段线顶点的连续图案线型。关闭此选项，将在每个顶点处以点划线开始和结束生成线型。

■ 放弃（U）：还原操作，可一直返回 PEDIT 任务开始时的状态。

3.12 绘制与编辑样条曲线

在 AutoCAD 中，样条曲线是非均匀有理数的样条曲线（NURBS），它是通过拟合数据点绘制而成的光滑曲线。

3.12.1 平滑多段线与样条曲线的区别

在 AutoCAD 中，可以通过编辑多段线生成平滑多段线，它近似于样条曲线，但与之相比，真正的样条曲线有以下 3 个优点。

（1）通过对曲线路径上的一系列点进行平滑拟合，可以创建样条曲线。在进行二维制图或三维建模时，使用这种方法创建的曲线边界比多段线精确。

（2）使用 SPLINEDIT 命令或夹点可以很容易地编辑样条曲线，并保留样条曲线定义。如果使用 PEDIT 命令编辑就会丢失这些定义，而成为平滑多段线。

（3）带有样条曲线的图形比带有平滑多段线的图形占据的磁盘空间和内存要小。

3.12.2 创建样条曲线

样条曲线是经过或接近一系列给定点的光滑曲线。可以控制曲线与点的拟合程度。

1. 功能

利用【SPLINE】命令可创建样条曲线。

2. 执行命令方式

命令行：输入 SPLINE（或 SPL）。
菜单：选择【绘图】→【样条曲线】命令。
工具栏：绘图→样条曲线。

3. 操作步骤

❶ 选择【绘图】→【样条曲线】命令。

❷ 在绘图区单击确定样条曲线的第一点（即 A 点），拖动鼠标并单击依次确定样条曲线的 B、C 和 D 点。

❸ 在命令行输入闭合参数“c”并按Enter键确定。

❹ 按Enter键指定切向并完成绘制。命令行提示如下。结果如图 3.29 所示。

```
命令: _spline                                         //执行命令
指定第一个点或 [对象(O)]:                             //单击指定第一点(即 A 点)
指定下一点:                                           //单击指定下一点(即 B 点)
指定下一点或 [闭合(C)/拟合公差(F)] <起点切向>:  //单击指定下一点(即 C 点)
指定下一点或 [闭合(C)/拟合公差(F)] <起点切向>:  //单击指定下一点(即 D 点)
指定下一点或 [闭合(C)/拟合公差(F)] <起点切向>: c  //输入闭合参数“c”并按Enter键确定
指定切向:                                             //按Enter键确定完成操作
```

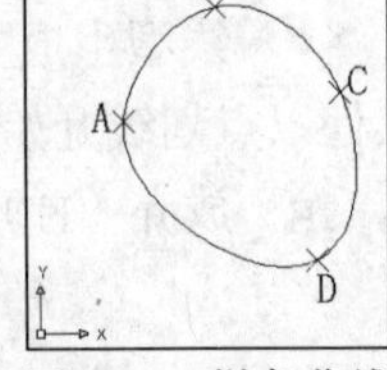

图 3.29　样条曲线

4. **参数说明**

■ 对象（A）：二维或三维的二次或三次样条拟合多段线转换成等价的样条曲线并删除多段线。

■ 闭合（C）：将最后一点定义为与第一点一致并使它在连接处相切，这样可以闭合样条曲线。

■ 拟合公差（R）：修改拟合当前样条曲线的公差。根据新公差以现有点重新定义样条曲线。可以重复更改拟合公差，但这样做会更改所有控制点的公差，不管选定的是哪个控制点。

3.13　创建与编辑面域

面域是具有物理特性（例如形心或质量中心）的二维封闭区域，可以将现有面域组合成单个、复杂的面域来计算面积。

面域是使用形成闭合环的对象创建的二维闭合区域。环可以是直线、多段线、圆、圆弧、椭圆、椭圆弧和样条曲线的组合。组成环的对象必须闭合或通过与其他对象共享端点而形成闭合的区域。

3.13.1　创建面域的方法

在 AutoCAD 中，可以通过 BOUNDARY 命令创建面域，也可通过 REGION 命令来创建面域。

1. **功能**

利用【REGION】或【BOUNDARY】命令可以将包含封闭区域的对象转换为面域对象。

2. **执行命令方式**

命令行：输入 REGION（或 REG）或 BOUNDARY（或 BO）。

菜单：选择【绘图】→【面域】命令或选择【绘图】→【边界】命令。

工具栏：绘图→面域。

3. 操作步骤

（1）利用 BOUNDARY 命令创建面域。

❶ 选择【绘图】→【边界】命令，弹出【边界创建】对话框。如图 3.30 所示。

❷ 在“对象类型”中选择“面域”后单击“拾取点”前面的按钮。

❸ 在绘图区要创建面域的对象内部单击后按 Enter 键确定，完成操作。

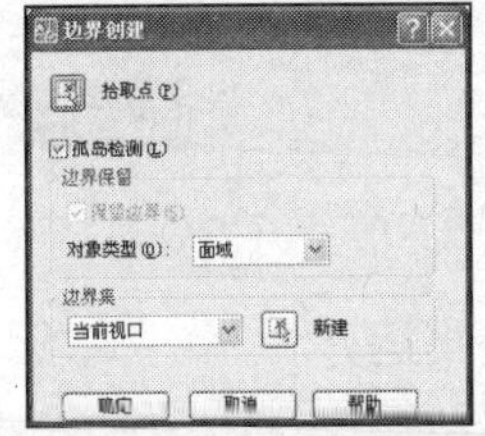

图 3.30 【边界创建】对话框

（2）利用 REGION 命令创建面域。

❶ 选择【绘图】→【面域】命令。

❷ 在绘图区选择要组成面域的对象。

❸ 按 Enter 键确定后完成操作。命令行提示如下。

```
命令: _region              //执行命令
选择对象: 指定对角点: 找到 12 个
                           //显示找到的对象
选择对象:                  //在绘图区选择对象
已提取 2 个环。            //提示提取的环
已创建 2 个面域。          //提示创建的面域
```

3.13.2 面域操作

在 AutoCAD 中可以对面域进行并集、差集和交集的运算。

1. 功能

利用【UNION】命令或【SUBTRACT】命令或【INTERSECT】命令可对面域进行并集、差集或交集运算。

2. 执行命令方式

命令行：输入 UNION 或 SUBTRACT 或 INTERSECT。

菜单：选择【修改】→【实体编辑】→【并集】命令或选择【修改】→【实体编辑】→【差集】命令或选择【修改】→【实体编辑】→【交集】命令。

工具栏：建模→并集或建模→差集或建模→交集。

3. 操作步骤

（1）并集运算。

❶ 选择【修改】→【实体编辑】→【并集】命令。

❷ 在绘图区单击要选择的对象，按 Enter 键确定后完成操作。命令行提示如下。

结果如图 3.31 所示。

```
命令: _union                      //执行命令
选择对象: 找到 1 个               //选择对象
选择对象: 找到 1 个，总计 2 个
                                  //选择对象
选择对象:           //按 Enter 键确定完成操作
```

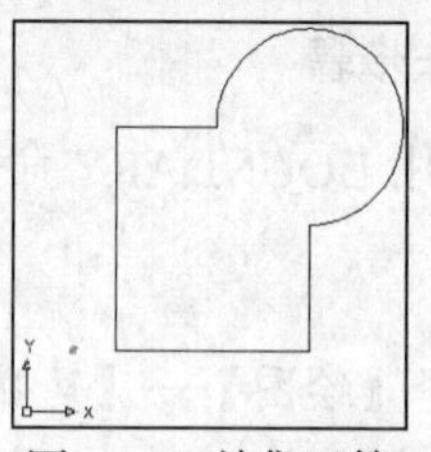

图 3.31 并集运算

（2）差集运算。

❶ 选择【修改】→【实体编辑】→【差集】命令。

❷ 在绘图区单击要从中减去的实体或面域并按 Enter 键确定。

❸ 在绘图区单击要减去的实体或面域并按 Enter 键确定后完成操作。命令行提示如下。结果如图 3.32 所示。

```
命令: _subtract                //执行命令
选择要从中减去的实体或面域...
                               //选择对象(正方形)
选择对象: 找到 1 个   //按 Enter 键确定
选择对象:  选择要减去的实体或面域...
                    //选择对象(圆形)
选择对象: 找到 1 个
              //按 Enter 键确定并完成操作。
```

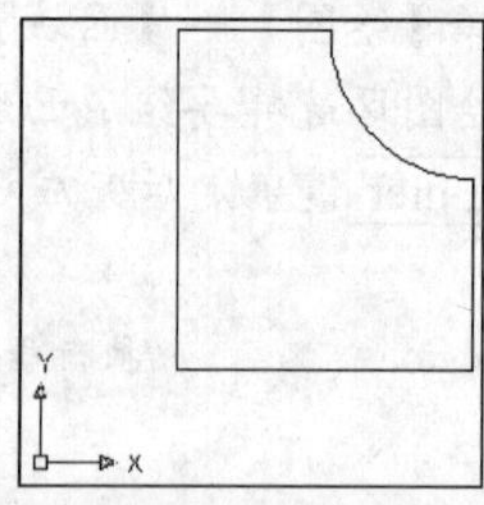

图 3.32 差集运算

（3）交集运算。

❶ 选择【修改】→【实体编辑】→【交集】命令。

❷ 在绘图区单击要选择的对象，按 Enter 键确定后完成操作。命令行提示如下。结果如图 3.33 所示。

```
命令: _intersect                   //执行命令
选择对象: 找到 1 个                //选择对象
选择对象: 找到 1 个，总计 2 个
                                   //选择对象
选择对象:            //按 Enter 键确定完成操作
```

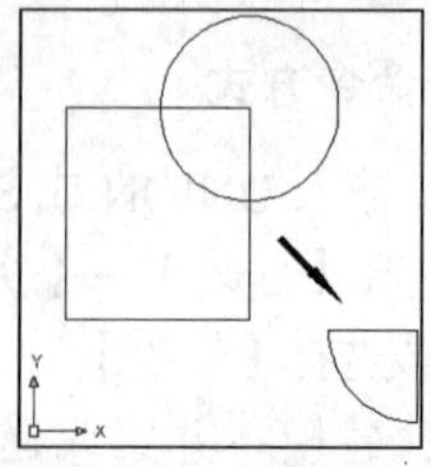

图 3.33 交集运算

3.13.3 从面域中获取数据

由于面域是实体对象，所以它比对应的线框模型含有更多的信息。在 AutoCAD 中可以查看面域模型的质量信息。

1. 功能

利用【MASSPROP】命令可计算面域的质量特性。

2. 执行命令方式

命令行：输入 MASSPROP。
菜单：选择【工具】→【查询】→【面域/质量特性】命令。
工具栏：查询→面域/质量特性。

3. 操作步骤

❶ 选择【工具】→【查询】→【面域/质量特性】命令。

❷ 在绘图区单击要选择的对象。如图 3.34 所示。

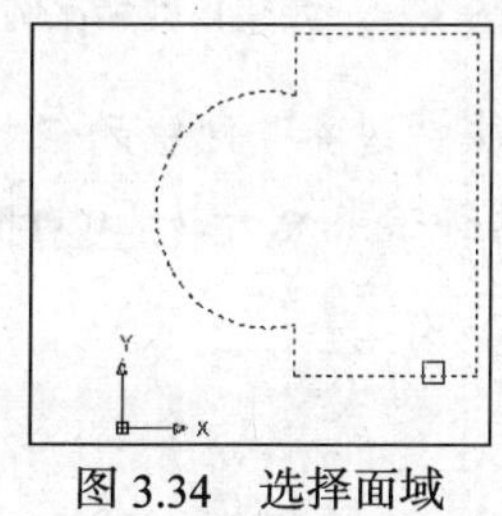

图 3.34　选择面域

❸ 按 Enter 键确定后弹出【AutoCAD 文本窗口-Drawing.dwg】对话框。如图 3.35 所示。

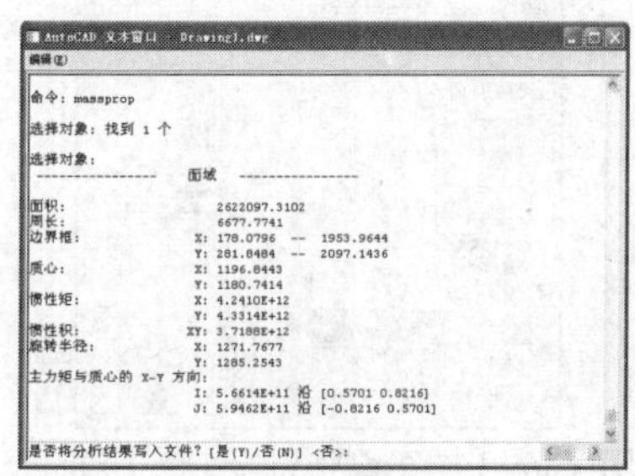

图 3.35 【AutoCAD 文本窗口-Drawing.dwg】对话框

❹ 按 Enter 键关闭该对话框并完成操作。

3.14　创建与编辑图案填充

在建筑、工程或机械制图时，经常需要对指定的区域进行图案填充。在 AutoCAD 中，系统提供了多种不同的符号供用户选择，并提供专门的命令和面板用于填充各种图案和渐变颜色。

3.14.1　创建图案填充

要想实现图案的填充，必须要有一个可被充满的区域。有限大的区域必有边界，能够被定义为图案填充边界的对象可以是直线、圆、圆弧、2D 多段线、样条曲线、椭圆和视口的图纸空间。作为边界的图形对象至少应有一部分可在当前屏幕上看到，否则无法实现图案的填充。

1. 功能

利用【HATCH】命令可用图案、实体或渐变填充封闭区域或选定对象。

2. 执行命令方式

命令行：输入 HATCH（或 H）。
菜单：选择【绘图】→【图案填充】命令。
工具栏：绘图→图案填充。

3. 操作步骤

❶ 选择【绘图】→【图案填充】命令，弹出【图案填充和渐变色】对话框。如图 3.36 所示。

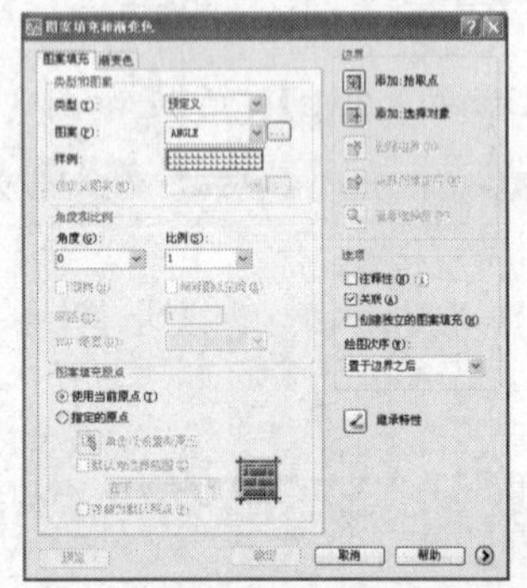

图 3.36 【图案填充和渐变色】对话框

❷ 单击“图案”下拉列表右侧的…按钮，弹出【填充图案选项板】对话框。如图 3.37 所示。

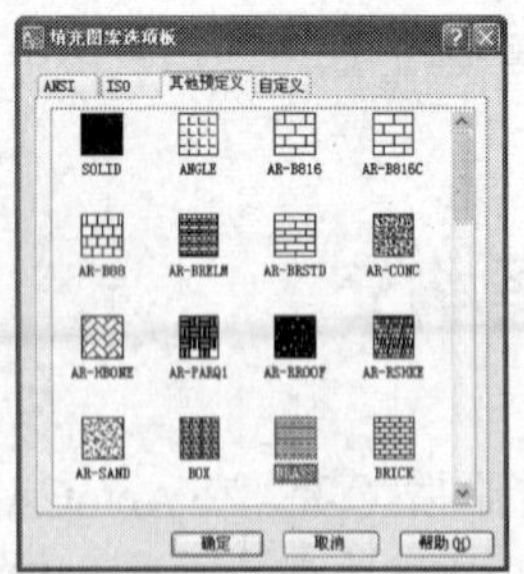

图 3.37 【填充图案选项板】对话框

❸ 选择需要填充的图案并单击【确定】按钮返回【图案填充和渐变色】对话框。

❹ 设置填充图案的角度和比例。如图 3.38 所示。

图 3.38 调整角度和比例

❺ 单击“边界”区中的按钮，在绘图区单击选择拾取点并按 Enter 键确定。如图 3.39 所示。

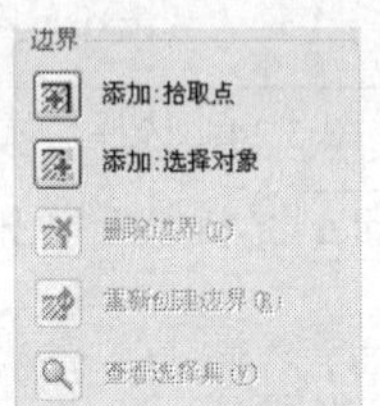

图 3.39 选择拾取点

❻ 按 Enter 键确定后弹出【图案填充和渐变色】对话框并单击【确定】按钮完成操作。

4. 参数说明

（1）“图案填充”选项卡。

该选项卡如图 3.40 所示，它为用户提供了控制填充图案外观的功能，其中包括以下控件。

- “类型和图案”区：指定图案填充的类型和图案以及显示样例。
- “角度和比例”区：指定选定填充图案的角度和比例。
- “图案填充原点”区：控制填充图案生成的起始位置。某些图案填充（例如砖块图案）需要与图案填充边界上的一点对齐。默认情况下，所有图案填充原点都对应于当前的 UCS 原点。

（2）“渐变色”选项卡。

该选项卡如图 3.41 所示，它为用户提供了控制渐变填充外观的功能，其中包括以下控件。

- “颜色”区：指定图案填充为单色或渐变色以及图案填充的颜色。
- “方向”区：指定渐变色的角度以及其是否对称。

（3）“命令按钮”功能。

该选项卡如图 3.42 所示，它为用户提供了控制渐变填充外观的功能，其中包括以下控件。

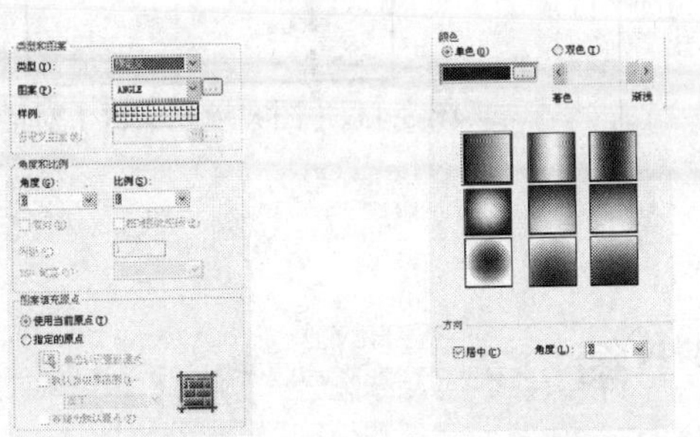

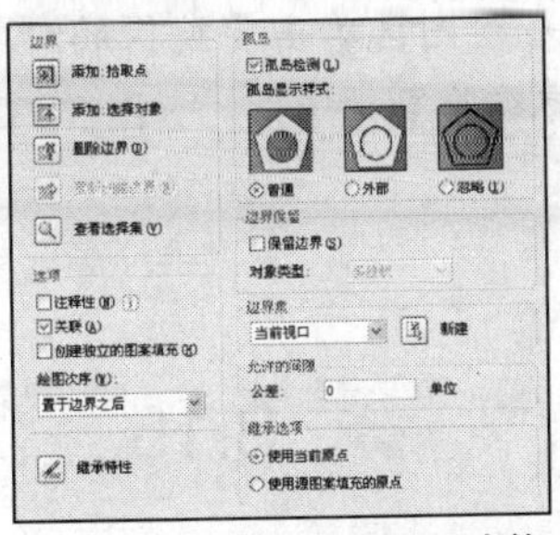

图 3.40　“图案填充”选项卡　图 3.41　“渐变色”选项卡　图 3.42　“命令按钮”功能

- “边界”区：定义图案填充和渐变填充对象的边界。
- “选项”区：控制几个常用的图案填充或填充选项。
- “孤岛”区：指定在最外层边界内填充对象的方法。如果不存在内部边界，则指定孤岛检测样式没有意义。
- “边界保留”区：指定是否将边界保留为对象，并确定应用于这些对象的对象类型。
- “边界集”区：定义当从指定点定义边界时要分析的对象集。当使用“选择对象”定义边界时，选定的边界集无效。
- “允许的空隙”区：设置将对象用作图案填充边界时可以忽略的最大间隙。默认值为 0，此值指定对象必须封闭区域而没有间隙。
- “继承选项”区：使用“继承特性”创建图案填充时，这些设置将控制图案填充原点的位置。

3.14.2　编辑图案填充

在利用 AutoCAD 绘制工程图纸时，会经常需要修改已经填充的图案或图案填充区域的边界。AutoCAD 提供了专门的图案填充编辑工具。

1. 功能

利用【HATCHEDIT】命令可修改现有的图案填充或填充。

2. 执行命令方式

命令行：输入 HATCHEDIT。

菜单：选择【修改】→【对象】→【图案填充】命令。

工具栏：修改 II →编辑图案填充。

3. 操作步骤

❶ 选择【修改】→【对象】→【图案填充】命令。命令行提示如下。

```
命令: _hatchedit
                //执行命令
选择图案填充对象:
                //在绘图区选择要编辑的对象
```

❷ 在绘图区单击要编辑的对象，弹出【图案填充编辑】对话框。如图 3.43 所示。

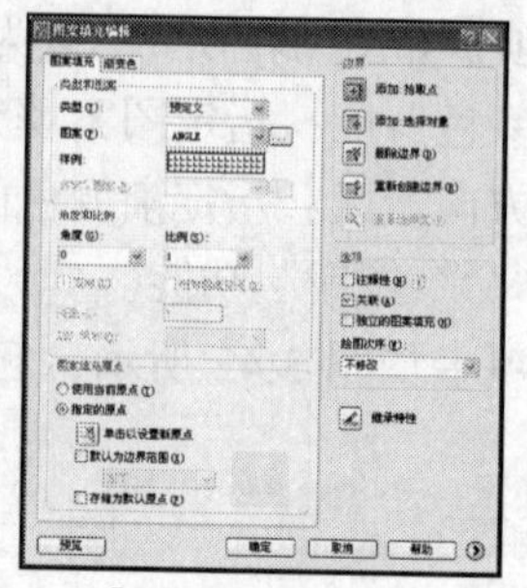

图 3.43 【图案填充编辑】对话框

3.15 本讲小结

本讲主要讲述 AutoCAD 的基础绘图命令的调用及使用方法，这些绘图命令是利用 AutoCAD 绘图的基础，很多复杂的图形都是由直线、矩形、圆或圆弧等基本图形组合或修改而成的。通过本讲的学习，希望读者能够准确、熟练地绘制各种基本图形，为以后绘制复杂的工程图纸做好准备。

3.16 思考与练习

1. 选择题

（1）使用“LINE”绘图命令时，不可能出现的命令提示为（　　）。

A. 指定第一点：　　B. 指定下一点或[放弃（U）]:

C. 指定下一点或[闭合（C）]:　　D. 指定下一点或[闭合（C）/放弃（U）]

（2）用下面哪种方式不能绘制圆（　　）。

A. 切点、半径　　B. 2P　　C. 3P　　D. 相切、相切、相切

2. 判断题

（1）在 AutoCAD 2008 中，有 8 种方式绘制圆，其中【圆心、半径】为默认绘制方式。（　　）

（2）在 AutoCAD 2008 中，构造线是无限延长的。（　　）

3. 上机操作题

按照实际尺寸绘制如图 3.44 所示的图形（无需标注尺寸）。

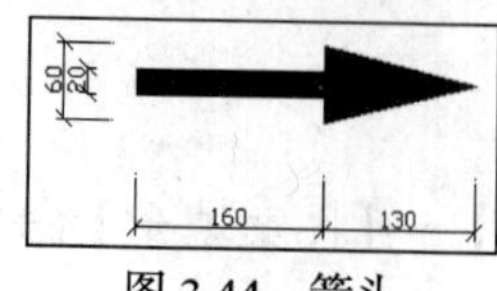

图 3.44 箭头

第4讲 工程图的选择与编辑

本讲要点

- 了解 AutoCAD 编辑命令
- 熟悉夹点的使用方法用
- 掌握各种编辑命令的参数及使用方法

快速导读

本讲重点学习二维图形的编辑和修改方法，包括复制对象、调整对象大小、改变对象位置以及圆角、倒角和夹点的使用。本讲的难点是阵列、拉伸和缩放。

4.1 选择对象

选择对象进行编辑时，用户可以有以下多种选择。

（1）逐个地选择对象。

在“选择对象”提示下，用户可以选择一个对象，也可以逐个地选择多个对象。

（2）选择多个对象。

在“选择对象”提示下，可以同时选择多个对象。

（3）防止对象被选中。

可以通过锁定图层来防止指定图层上的对象被选中和修改。

（4）过滤选择集。

用户可以使用对象特性或对象类型来将对象包含在选择集中或排除对象。

（5）自定义对象选择。

可以控制选择对象的几个方面（例如是先输入命令还是先选择对象、拾取框光标的大小以及选定对象的显示方式等）。

（6）编组对象。

编组是保存的对象集，可以根据需要同时选择和编辑这些对象，也可以分别进行。编组提供了以组为单位操作图形元素的简单方法。

4.1.1 选择对象模式

利用 AutoCAD 编辑对象时，当执行命令后，命令行会提示“选择对象”，这时在命令行输入“？”并按Enter键确定。命令行提示如下。

需要点或窗口(W)/上一个(L)/窗交(C)/框(BOX)/全部(ALL)/栏选(F)/圈围(WP)/圈交(CP)/编组(G)/添加(A)/删除(R)/多个(M)/前一个(P)/放弃(U)/自动(AU)/单个(SI)/子对象/对象

选择对象：

根据命令行的提示，输入相关命令可执行其操作。

- 窗口（W）：选择矩形（由两点定义）中的所有对象。从左到右指定角点创建窗口选择。
- 上一个（L）：选择最近一次创建的可见对象。对象必须在当前空间（模型空间或图纸空间）中，并且一定不要将对象的图层设置为冻结或关闭状态。
- 窗交（C）：选择区域（由两点确定）内部或与之相交的所有对象。
- 框（BOX）：选择矩形（由两点确定）内部或与之相交的所有对象。
- 全部（ALL）：选择解冻的图层上的所有对象。
- 栏选（F）：选择与选择栏相交的所有对象。栏选方法与圈交方法相似，只是栏选不闭合，并且栏选可以与自己相交。
- 圈围（WP）：选择多边形（通过待选对象周围的点定义）中的所有对象。该多边形可以为任意形状，但不能与自身相交或相切。
- 圈交（CP）：选择多边形（通过在待选对象周围指定点来定义）内部或与之相交的所有对象。该多边形可以为任意形状，但不能与自身相交或相切。

- 编组（G）：选择指定组中的全部对象。
- 添加（A）：切换到添加模式。可以使用任何对象选择方法将选定对象添加到选择集。
- 删除（R）：切换到删除模式。可以使用任何对象选择方法从当前选择集中删除对象。
- 多个（M）：指定多次选择而不高亮显示对象，从而加快对复杂对象的选择过程。
- 前一个（P）：选择最近创建的选择集。
- 放弃（U）：放弃选择最近加到选择集中的对象。
- 自动（AU）：切换到自动选择。指向一个对象即可选择该对象。指向对象内部或外部的空白区，将形成框选方法定义的选择框的第一个角点。
- 单个（SI）：切换到单选模式。选择指定的第一个或第一组对象而不继续提示进一步选择。
- 子对象：使用户可以逐个选择原始形状，这些形状是复合实体的一部分或三维实体上的顶点、边和面。
- 对象：结束选择子对象的功能。使用户可以使用对象选择方法。

4.1.2 快速选择对象

在 AutoCAD 中，当用户需要选择具有某些共性的对象时，可利用“快速选择”对话框根据对象的图层、线型、颜色和图案填充等特性创建选择集。

1. 功能

利用【QSELECT】命令可调出【快速选择】对话框。

2. 执行命令方式

命令行：输入 QSELECT。
菜单：选择【工具】→【快速选择】命令。

3. 操作步骤

❶ 选择【工具】→【快速选择】命令，弹出【快速选择】对话框。如图 4.1 所示。
❷ 选择相关特性以快速选择对象。

4. 参数说明

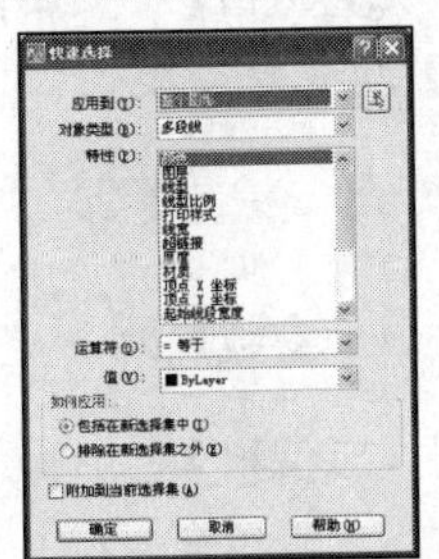
图 4.1 【快速选择】对话框

- 应用到（Y）：将过滤条件应用到整个图形或当前选择集。
- 对象类型（B）：指定要包含在过滤条件中的对象类型。
- 特性（P）：指定过滤器的对象特性。此列表包括选定对象类型的所有可搜索特性。
- 运算符（O）：控制过滤的范围。
- 值（V）：指定过滤器的特性值。

■ 如何应用：指定是将符合给定过滤条件的对象包括在新选择集内或是排除在新选择集之外。

■ 附加到当前选择集（A）：指定是由“QSELECT”命令创建的选择集替换还是附加到当前选择集。

4.1.3 密集或重叠对象的选择

要在重叠的对象之间循环选择，可以将鼠标置于最前面的对象上，然后按住 Shift 键并反复按空格键。

要在三维实体上的重叠子对象（面、边和顶点）之间循环，可以将鼠标置于最前面的子对象之上，然后按住 Ctrl 键并反复按空格键。

4.1.4 对象编组

编组是已命名的对象选择集，它随图形一起保存。在 AutoCAD 中，一个对象可以作为多个编组的成员，可以使用“对象编组”对话框来创建编组。

1. 功能

利用【GROUP】命令可创建和管理已保存的对象集。

2. 执行命令方式

命令行：输入 GROUP（或 G）。

3. 操作步骤

❶ 在命令行输入“GROUP”并按 Enter 键确定，弹出【对象编组】对话框。如图 4.2 所示。

❷ 输入编组名称和说明。

❸ 单击【新建】按钮选择返回绘图区选择对象并按 Enter 键确定。

❹ 返回【对象编组】对话框并单击【确定】按钮完成操作。

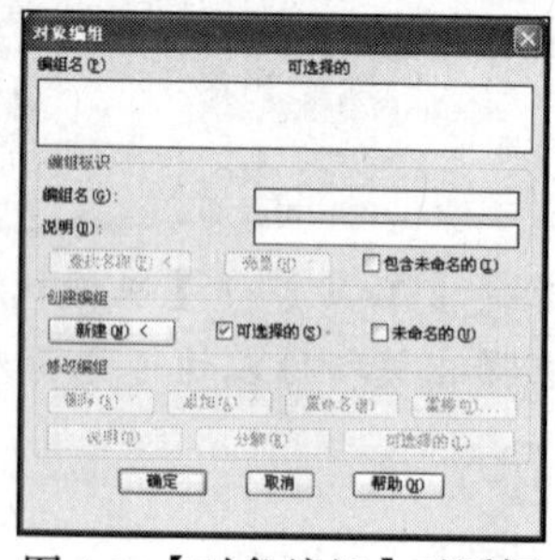

图 4.2 【对象编组】对话框

4. 参数说明

■ 编组名（P）：显示现有编组的名称。

■ 编组名（G）：指定编组名。编组名最多可以包含 31 个字符。

■ 说明（J）：显示选定编组的说明（如果有）。

■ 新建（J）：通过选定对象，使用“编组名”和“说明”下的名称和说明创建新编组。

4.2　复制图形对象

在进行工程制图时，如果图形中存在多个相同结构或对称结构，用户即可利用 AutoCAD 提供的图形复制功能进行绘制，包括复制对象、镜像对象、阵列对象和偏移对象等。

4.2.1　复制对象

【复制】命令可以将指定对象复制到指定位置，并可连续复制多个相同的副本。

1. 功能

利用【COPY】命令可创建对象的副本。

2. 执行命令方式

命令行：输入 COPY（或 CO）。
菜单：选择【修改】→【复制】命令。
工具栏：修改→复制。

3. 操作步骤

❶ 打开“samples\ch04\复制.dwg”文件。如图 4.3 所示。

❷ 选择【修改】→【复制】命令，在绘图区选择要复制的对象并按 Enter 键确定。命令行提示如下。

```
命令: _copy                          //执行命令
选择对象: 找到 1 个                   //提示选择对象的数量
选择对象: 找到 1 个, 总计 2 个         //提示选择对象的数量
选择对象:                            //按 Enter 键确定
当前设置: 复制模式 = 多个              //显示当前设置模式
```

❸ 在绘图区单击指定基点，在命令行分别输入复制位移“600”和“1200”并按 Enter 键确定，按 Esc 键退出命令。命令行提示如下。结果如图 4.4 所示。

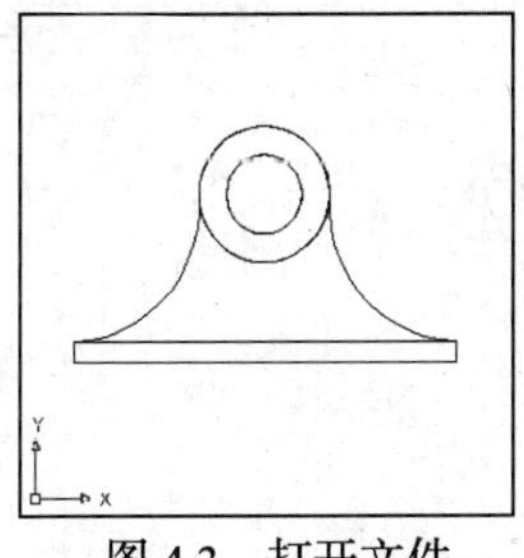

图 4.3　打开文件

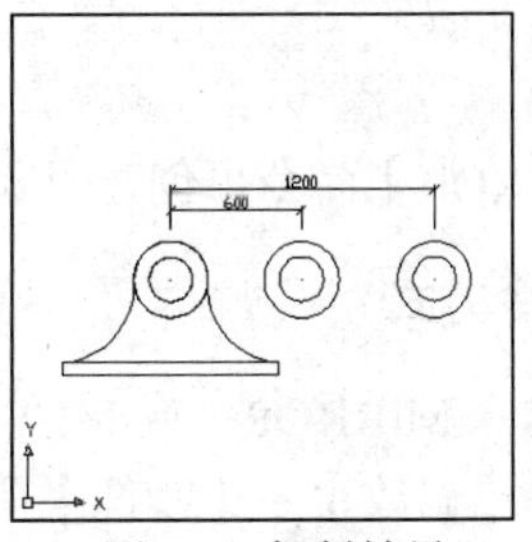

图 4.4　复制结果

```
指定基点或 [位移(D)/模式(O)] <位移>:                    //指定复制的基点
指定第二个点或 <使用第一个点作为位移>: 600               //输入复制位移的距离
指定第二个点或 [退出(E)/放弃(U)] <退出>:  1200          //输入复制位移的距离
指定第二个点或 [退出(E)/放弃(U)] <退出>:                //按 Esc 键退出
```

4. 参数说明

- 位移（D）：使用坐标指定相对距离和方向。
- 模式（D）：控制是否自动重复该命令。
- 单个（S）：替代“多个”模式设置。在命令执行期间，将 COPY 命令设置为单一模式。
- 多个（M）：替代“单个”模式设置。在命令执行期间，将 COPY 命令设置为自动重复。
- 退出（E）：退出命令。
- 放弃（U）：删除复制序列中最近复制的线段。连续执行放弃，则按复制顺序从最后的对象逐个由后向前删除对象。

5. 练一练

使用【复制】命令将图 4.5 所示的图形复制，结果如图 4.6 所示。

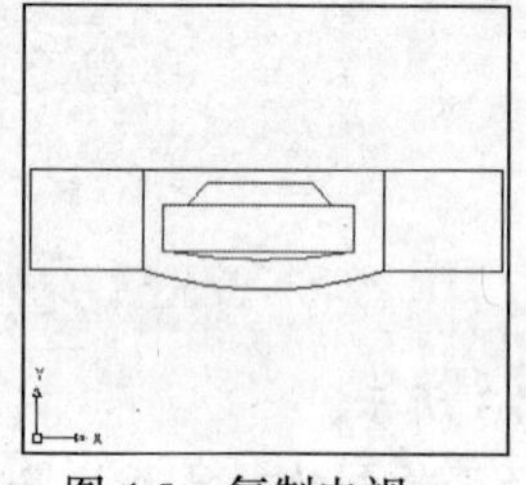

图 4.5　复制电视

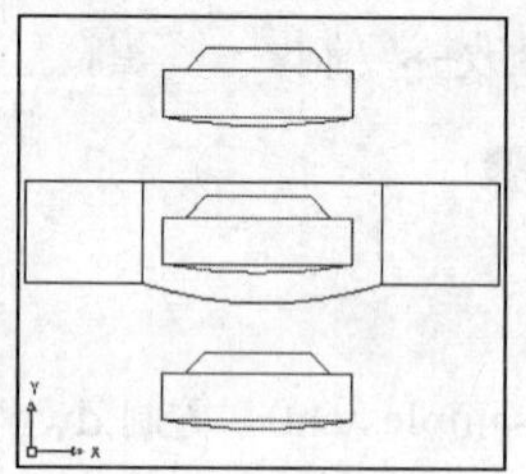

图 4.6　复制电视结果

提　示

在本案例中，选择复制的对象时仅选择电视机即可。在实际工作中，可以利用这种方法提取一组对象中的个别元素。

4.2.2　镜像对象

【镜像】命令可以方便地绘制对称结构，从而减少大量的工作量，提高工作效率。

1. 功能

利用【MIRROR】命令可创建对象的镜像图像副本。

2. 执行命令方式

命令行：输入 MIRROR（或 MI）。
菜单：选择【修改】→【镜像】命令。
工具栏：修改→镜像。

3. 操作步骤

❶ 打开“samples\ch04\镜像.dwg”文件。如图 4.7 所示。

❷ 选择【修改】→【镜像】命令，在绘图区选择要镜像的对象并按 Enter 键确定。命令行提示如下。

```
命令: _mirror                              //执行命令
选择对象: 指定对角点: 找到 7 个              //提示选择对象的数量
```

❸ 在绘图区单击指定镜像线的第一点（即 A 点），拖动鼠标并单击指定镜像线的第二点（即 B 点）。按 Enter 键确定结束命令。命令行提示如下。结果如图 4.8 所示。

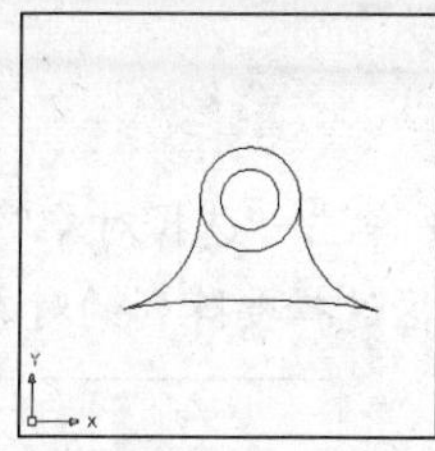

图 4.7　镜像

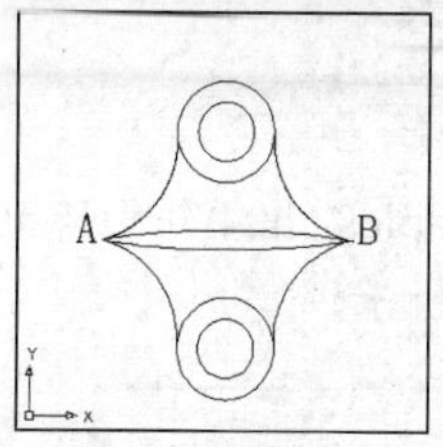

图 4.8　镜像结果

```
选择对象: 指定镜像线的第一点:              //指定镜像线的第一点（即 A 点）
指定镜像线的第二点:                        //指定镜像线的第二点（即 B 点）
要删除源对象吗? [是(Y)/否(N)] <N>:         //按 Enter 键确定不删除源对象。若需要删除
                                           源对象则输入“y”并按 Enter 键确定
```

4. 练一练

使用【镜像】命令将图 4.9 所示的图形中的椅子添加完整，结果如图 4.10 所示。

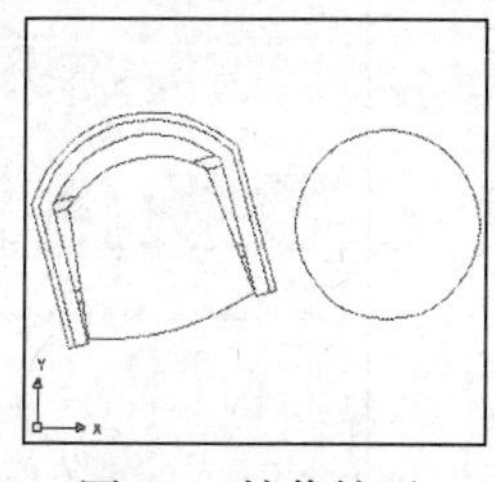

图 4.9　镜像椅子

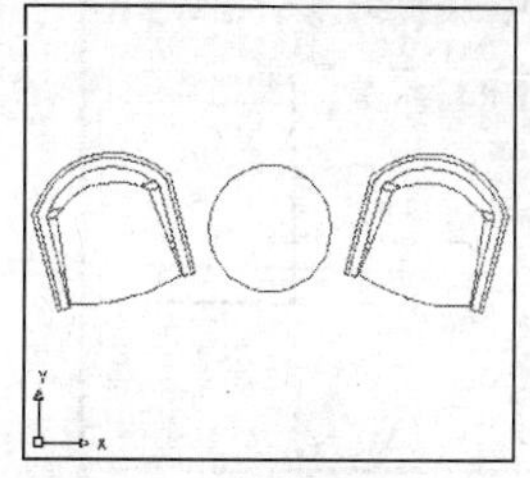

图 4.10　镜像椅子结果

提 示

在本案例中，镜像线的位置应当是经过圆桌中心点的一根垂直的直线。

4.2.3　阵列对象

【阵列】命令用于将所选择的对象按照矩形或环形方式进行多重复制。

1. 功能

利用【ARRAY】命令可以方便地绘制大量相同结构的对象。

2. 执行命令方式

命令行：输入 ARRAY（或 AR）。
菜单：选择【修改】→【阵列】命令。
工具栏：修改→阵列。

3. 操作步骤

（1）矩形阵列。

❶ 打开“samples\ch04\矩形阵列.dwg”文件。如图 4.11 所示。

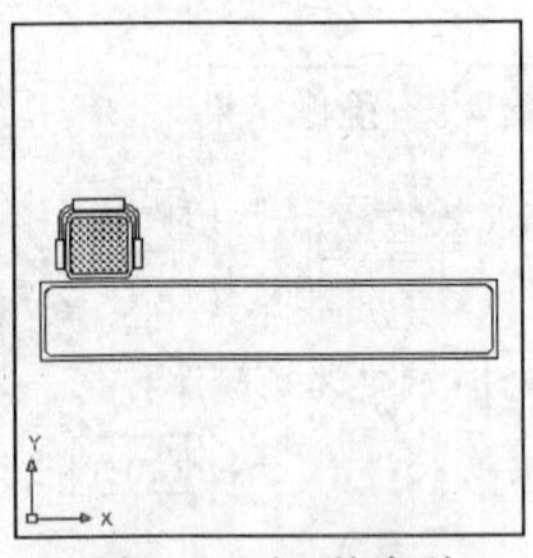

图 4.11　矩形阵列

❷ 选择【修改】→【阵列】命令，弹出【阵列】对话框，设置其参数。如图 4.12 所示。

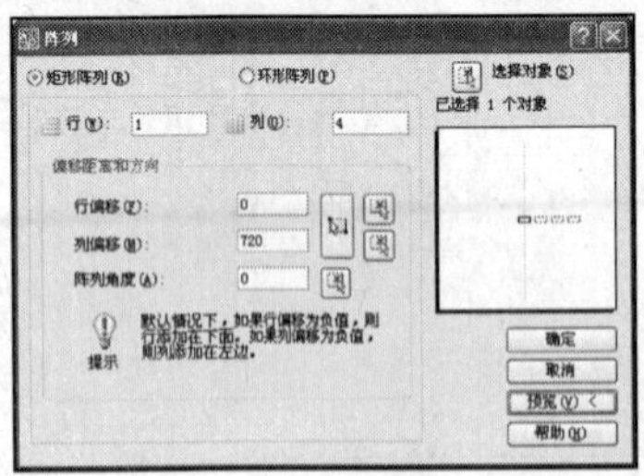

图 4.12 【阵列】对话框

❸ 单击“选择对象”前面的按钮，在绘图区选择要阵列的对象。如图 4.13 所示。

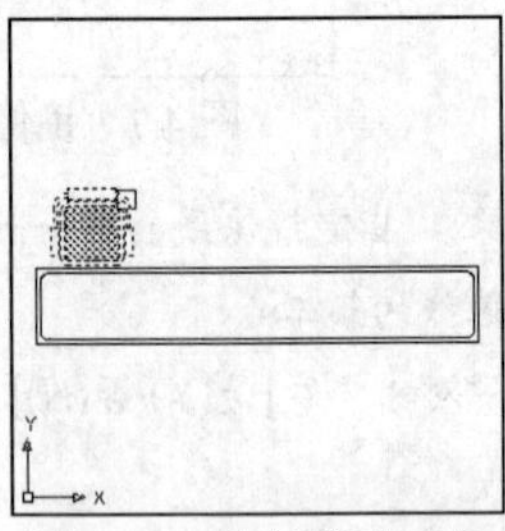

图 4.13　选择阵列对象

❹ 按 Enter 键确定，返回【阵列】对话框，单击【确定】按钮完成操作。结果如图 4.14 所示。

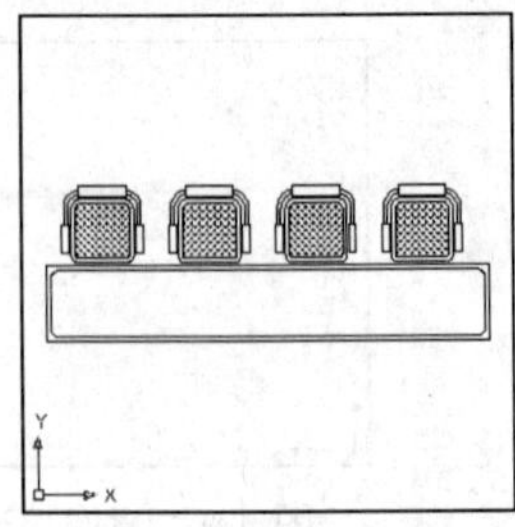

图 4.14　阵列结果

（2）环形阵列。

❶ 打开“samples\ch04\环形阵列.dwg”文件。如图 4.15 所示。
❷ 选择【修改】→【阵列】命令，弹出【阵列】对话框，设置其参数。如图 4.16 所示。
❸ 单击“选择对象”前面的按钮，在绘图区选择要阵列的对象。如图 4.17 所示。

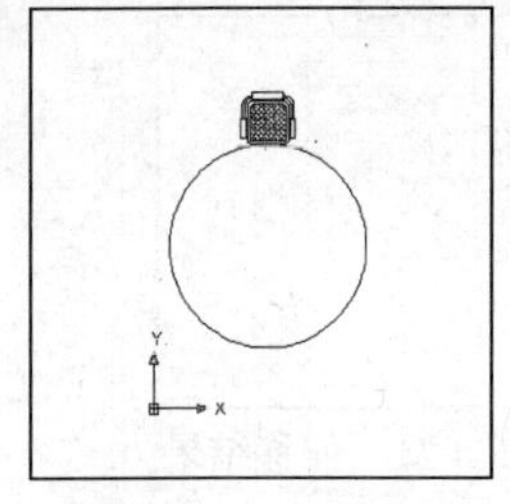
图 4.15 环形阵列

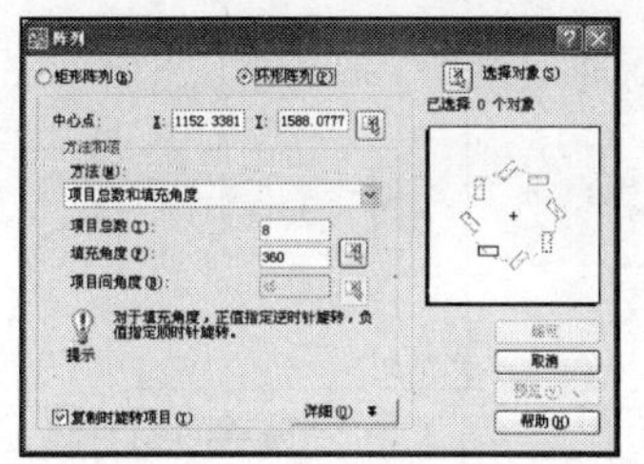
图 4.16 【阵列】对话框

❹ 按 Enter 键确定返回【阵列】对话框，单击“中心点”后面的按钮，返回绘图区选择阵列的中心点。结果如图 4.18 所示。

❺ 按 Enter 键确定，返回【阵列】对话框，单击【确定】按钮完成操作。结果如图 4.19 所示。

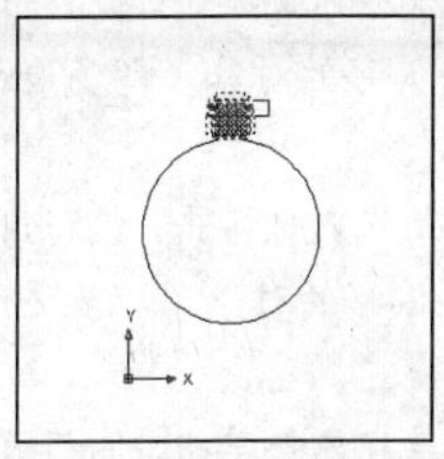
图 4.17 选择对象

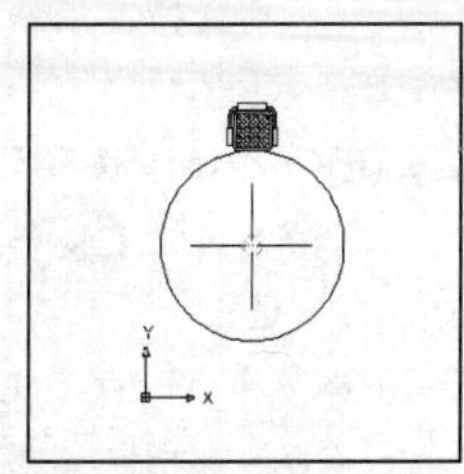
图 4.18 指定阵列中心点

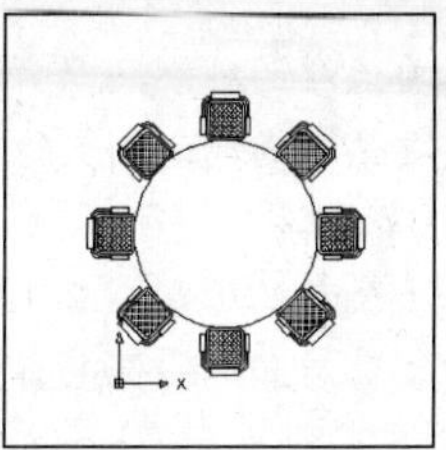
图 4.19 阵列结果

4.2.4 偏移对象

【偏移】命令可以按照一定的距离复制对象。如果偏移对象是直线或样条曲线，则偏移的结果是与该对象相同的平行线或样条曲线。如果偏移的对象是圆或圆弧，则偏移的结果是同心圆或同心圆弧。如果偏移对象是矩形、多边形，则偏移的结果是该对象的相仿图形。

1. 功能

利用【OFFSET】命令可以在指定距离内绘制直线、多段线、圆或矩形等图形的平行线或同心结构。

2. 执行命令方式

命令行：输入 OFFSET（或 O）。
菜单：选择【修改】→【偏移】命令。
工具栏：修改→偏移。

3. 操作步骤

❶ 打开“samples\ch04\偏移.dwg”文件。如图 4.20 所示。

❷ 选择【修改】→【偏移】命令，输入偏移距离“50”，在绘图区选择偏移对象并指定偏移方向。命令行提示如下。结果如图 4.21 所示。

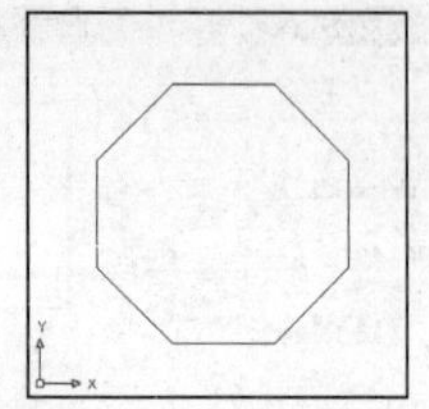
图 4.20 “偏移”文件

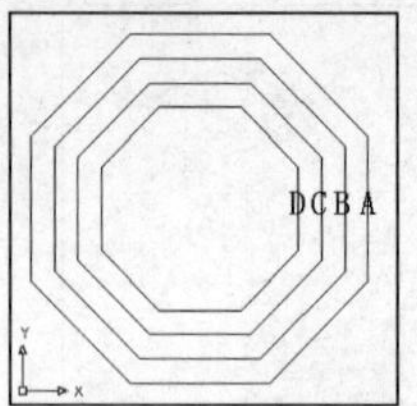

图 4.21 偏移结果

```
命令: _offset                                                             //执行命令
当前设置: 删除源=否  图层=源  OFFSETGAPTYPE=0                               //显示当前设置
指定偏移距离或 [通过(T)/删除(E)/图层(L)] <100.0000>:  100                   //输入偏移距离
选择要偏移的对象，或 [退出(E)/放弃(U)]  <退出>:              //选择要偏移的对象（即外面的多边形 A）
指定要偏移的那一侧上的点，或 [退出(E)/多个(M)/放弃(U)] <退出>:
                                       //单击指定偏移点（本例是在内侧单击，偏移出多边形 B）
选择要偏移的对象，或 [退出(E)/放弃(U)] <退出>:                //选择要偏移的对象（即多边形 B）
指定要偏移的那一侧上的点，或 [退出(E)/多个(M)/放弃(U)] <退出>:
                                       //单击指定偏移点（本例是在内侧单击，偏移出多边形 C）
选择要偏移的对象，或 [退出(E)/放弃(U)] <退出>:                //选择要偏移的对象（即多边形 C）
指定要偏移的那一侧上的点，或 [退出(E)/多个(M)/放弃(U)] <退出>:
                                       //单击指定偏移点（本例是在内侧单击，偏移出多边形 D）
```

❸ 按 Esc 键退出命令。

4. 参数说明

- 通过（T）：创建通过指定点的对象。
- 删除（E）：偏移源对象后将其删除。
- 图层（L）：确定将偏移对象创建在当前图层上还是源对象所在的图层上。
- 多个（M）：输入“多个”偏移模式，这将使用当前偏移距离重复进行偏移操作。
- 退出（E）：退出偏移命令。
- 放弃（U）：恢复前一个偏移。

5. 练一练

使用【偏移】命令将图 4.22 所示的图形偏移出一个同心圆，结果如图 4.23 所示。

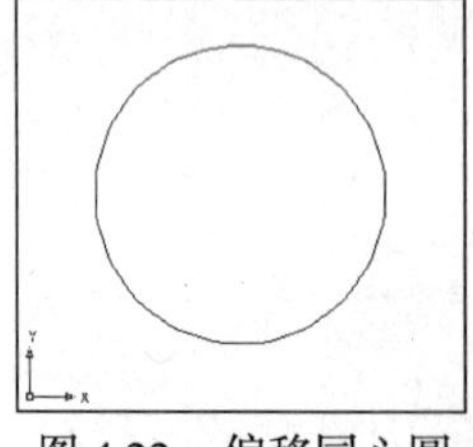
图 4.22 偏移同心圆

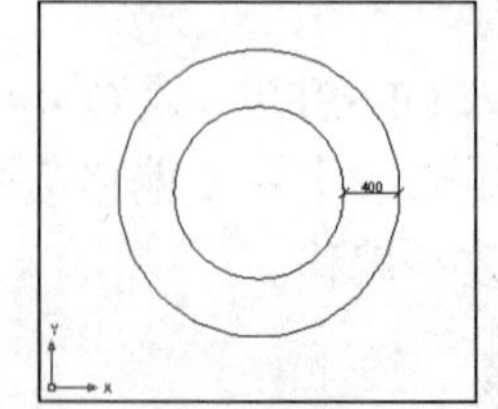

图 4.23 偏移同心圆结果

提 示

在偏移时，可指定偏移距离为“400”，然后向内侧偏移。

4.3 改变图形对象的位置

在进行工程制图时，经常需要对一些图形对象进行位置或角度方向上的改变，AutoCAD 提供【移动】命令和【旋转】命令来改变图形对象的位置和方向。

4.3.1 移动对象

【移动】命令可以将图形从一个位置移动到另一个位置，两个位置之间的距离称为位移，位移的第一点称为基点，位移的第二点称为第 2 点。

1. 功能

利用【MOVE】命令可以在指定方向上按指定距离移动对象。

2. 执行命令方式

命令行：输入 MOVE（或 M）。

菜单：选择【修改】→【移动】命令。

工具栏：修改→移动。

3. 操作步骤

❶ 打开"samples\ch04\移动.dwg"文件。如图 4.24 所示。

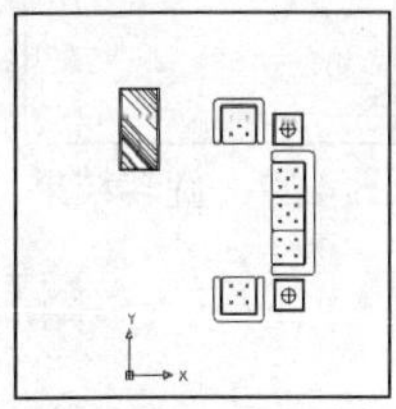

图 4.24 移动

❷ 选择【修改】→【移动】命令，选择要移动的对象并按 Enter 键确定。

❸ 在绘图区单击指定基点，拖动鼠标并单击指定第二点。命令行提示如下。结果如图 4.25 所示。

```
命令: _move                          //执行命令
选择对象: 指定对角点: 找到 1 个
                              //选择对象
选择对象:                      //按 Enter 键确定
指定基点或 [位移(D)] <位移>:
        //在绘图区单击指定基点
指定第二个点或 <使用第一个点作为位移>:
        //在绘图区单击指定移动的第二点
```

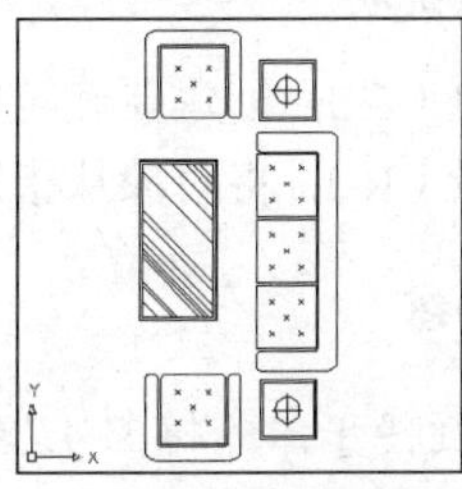

图 4.25 移动结果

4.3.2 旋转对象

当在 AutoCAD 中绘制具有一定角度的图形对象时，可以先用正交工具在水平或垂直方向上绘制，然后再利用【旋转】命令对其进行旋转。

1. 功能

利用【ROTATE】命令可以在指定方向上绕基点旋转对象。

2. 执行命令方式

命令行：输入 ROTATE（或 RO）。
菜单：选择【修改】→【旋转】命令。
工具栏：修改→旋转。

3. 操作步骤

❶ 打开 "samples\ch04\旋转.dwg" 文件。如图 4.26 所示。

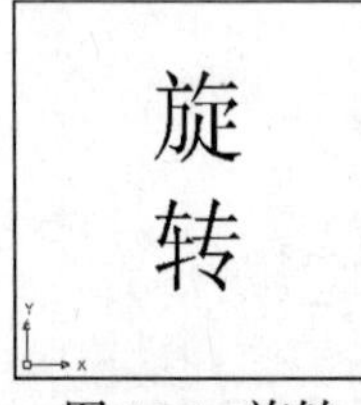

图 4.26　旋转

❷ 选择【修改】→【旋转】命令，选择要旋转的对象并按 Enter 键确定。

❸ 在绘图区单击指定基点后输入旋转角度 "90" 并按 Enter 键确定。命令行提示如下。结果如图 4.27 所示。

```
命令: _rotate    //执行命令
UCS 当前的正角方向:  ANGDIR=逆时针  ANGBASE=0    //显示当前设置
选择对象: 指定对角点: 找到 1 个
                //选择对象
选择对象:       //按 Enter 键确定
指定基点:       //在绘图区单击指定旋转基点
指定旋转角度，或[复制(C)/参照(R)] <0>:  90
                //输入旋转角度并按 Enter 键确定
```

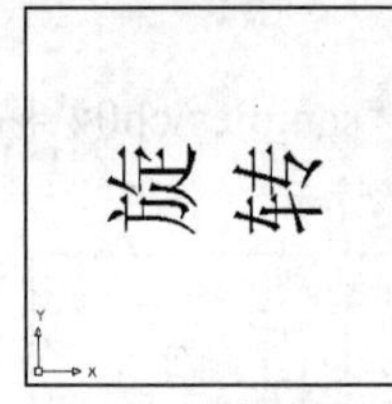

图 4.27　旋转结果

4. 参数说明

- 复制（C）：创建要旋转的选定对象的副本。
- 参照（R）：将对象从指定的角度旋转到新的绝对角度。

5. 练一练

使用【旋转】命令将图 4.28 所示的三角形旋转，结果如图 4.29 所示。

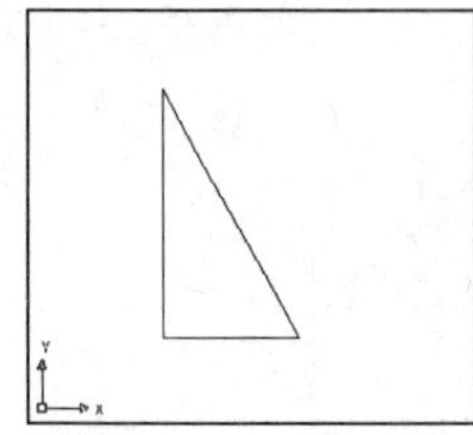

图 4.28　旋转三角形

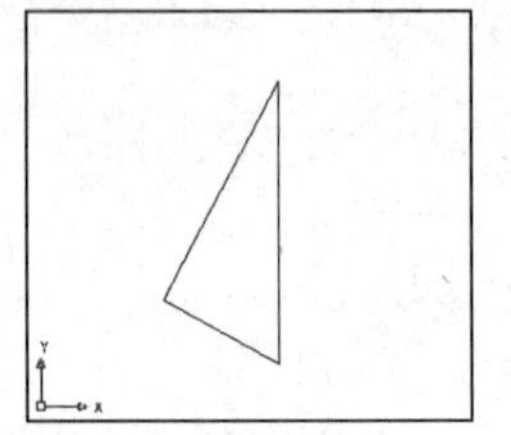

图 4.29　旋转三角形结果

提 示

在本案例中，可使用“参照角度”对三角形进行精确旋转。

4.4 截取图形对象

在图形对象的绘制过程中，有时需要将一个实体从某一点折断和分解，甚至需要删除该实体的一部分。为此，AutoCAD 提供打断、删除、修剪以及分解等命令。

4.4.1 删除对象

在 AutoCAD 中，系统提供有专门的删除命令，以对一些临时性对象或不必要的对象进行删除处理。

1. 功能

利用【ERASE】命令可以在图形中删除对象。

2. 执行命令方式

命令行：输入 ERASE（或 E）。
菜单：选择【修改】→【删除】命令。
工具栏：修改→删除。

3. 操作步骤

❶ 打开“samples\ch04\删除.dwg”文件。如图 4.30 所示。

❷ 选择【修改】→【删除】命令，在绘图区单击要删除的对象并按 Enter 键确定。命令行提示如下。结果如图 4.31 所示。

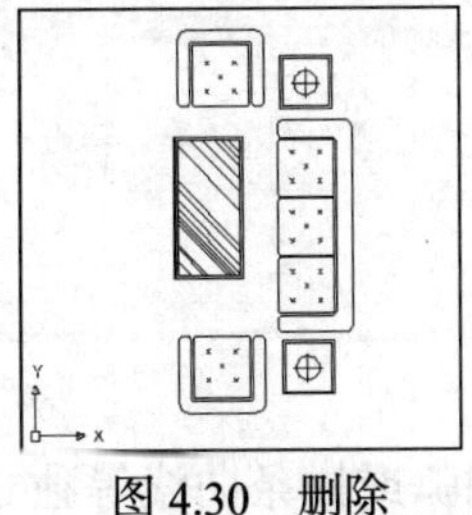

图 4.30 删除

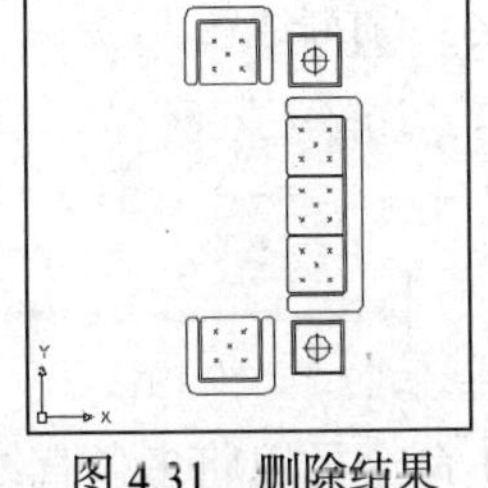

图 4.31 删除结果

```
命令: _erase                    //执行命令
选择对象: 找到 1 个              //选择对象
选择对象:                        //按 Enter 键确定完成操作
```

提 示

在选中对象的情况下，也可以直接按 Delete 键进行删除。

4.4.2 打断对象

使用【打断】命令可以将直一个对象打断为两个对象，对象之间可以具有间隙，也可以没有间隙。

1. 功能

利用【BREAK】命令可以在两点之间打断选定对象。

2. 执行命令方式

命令行：输入 BREAK（或 BR）。
菜单：选择【修改】→【打断】命令。
工具栏：修改→打断。

3. 操作步骤

❶ 打开"samples\ch04\打断.dwg"文件。如图 4.32 所示。

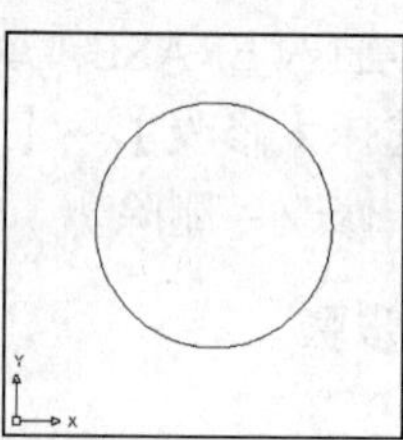

图 4.32 打断

❷ 选择【修改】→【打断】命令，在圆上要打断的点处单击（即分别在点 A、B 处单击）。命令行提示如下。结果如图 4.33 所示。

```
命令: _break                    //执行命令
选择对象:                       //在 A 点处单击
指定第二个打断点 或 [第一点(F)]:
                                //在 B 点处单击
```

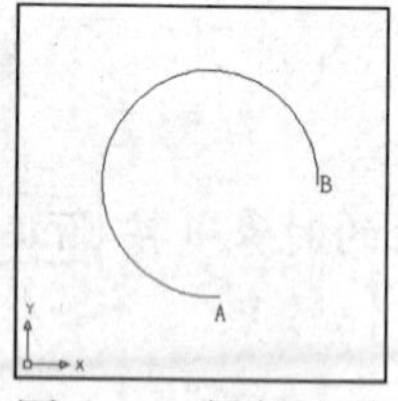

图 4.33 打断结果

4.4.3 合并对象

使用【合并】命令可以将多条直线、圆弧、椭圆弧或样条曲线等独立的对象合并为一个对象。当利用【合并】命令合并直线段或弧线段时，被合并的直线段必须属于同一直线，圆弧必须位于同一假想圆上。

1. 功能

利用【JOIN】命令可以将对象合并以形成一个完整的对象。

2. 执行命令方式

命令行：输入 JOIN（或 J）。

菜单：选择【修改】→【合并】命令。

工具栏：修改→合并。

3. 操作步骤

❶ 打开“samples\ch04\合并.dwg”文件。如图 4.34 所示。

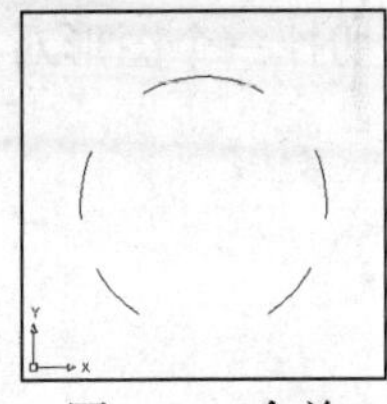

图 4.34　合并

❷ 选择【修改】→【合并】命令，在绘图区依次单击选择弧线段并按 Enter 键确定。命令行提示如下。结果如图 4.35 所示。

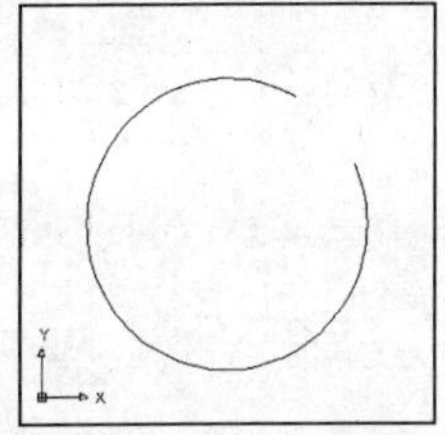

图 4.35　合并结果

命令: _join　//执行命令

选择源对象:　//在绘图区选择第一条弧线段

选择圆弧，以合并到源或进行[闭合(L)]:

//在绘图区选择第二条弧线段

选择要合并到源的圆弧:　找到 1 个

//在绘图区选择第三条弧线段

选择要合并到源的圆弧:　找到 1 个第，共 2

//在绘图区选择第四条弧线段

选择要合并到源的圆弧:　找到 1 个第，共 3

//在绘图区选择第五条弧线段

选择要合并到源的圆弧:　找到 1 个第，共 4

//按 Enter 键确定

已将 4 个圆弧合并到源　//系统提示

❸ 重复执行【合并】命令，输入闭合参数“L”并按 Enter 键确定。命令行提示如下。结果如图 4.36 所示。

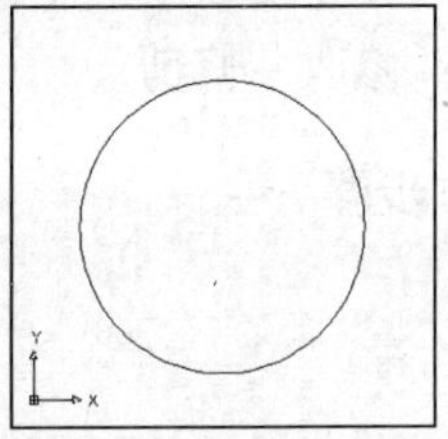

图 4.36　闭合后结果

命令: _join 选择源对象:　//执行命令

选择圆弧，以合并到源或进行 [闭合(L)]:　l

//输入闭合参数“l”并按 Enter 键确定

已将圆弧转换为圆　//系统提示

4. 参数说明

- 闭合（L）：可将源圆弧转换成圆。

5. 练一练

使用【合并】命令将如图 4.37 所示的多条线段合并为一条线段。

提　示

（1）打开“samples\ch04\合并直线.dwg”文件。

（2）执行【合并】命令。

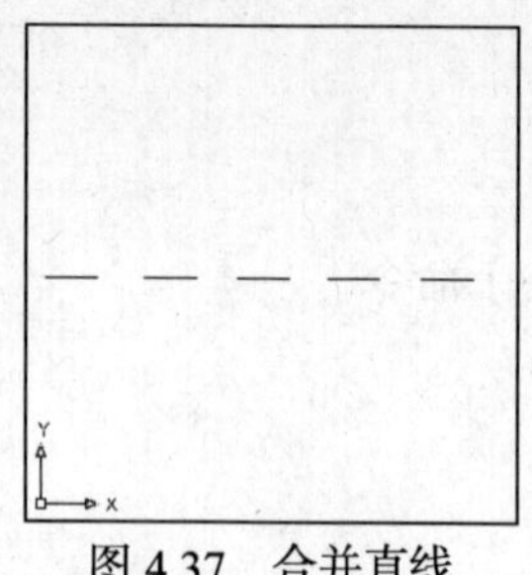

图 4.37　合并直线

4.4.4　修剪对象

在使用 AutoCAD 绘制工程图时，可利用【修剪】命令剪切掉一个图形对象的一部分，但这个图形对象必须有其他图形对象定义的边界。

1. 功能

利用【TRIM】命令可以按其他对象定义的边界修剪对象。

2. 执行命令方式

命令行：输入 TRIM（或 TR）。
菜单：选择【修改】→【修剪】命令。
工具栏：修改→修剪。

3. 操作步骤

❶ 打开"samples\ch04\修剪.dwg"文件。如图 4.38 所示。
❷ 选择【修改】→【修剪】命令并按 Enter 键确定。
❸ 在绘图区单击要修剪的对象并按 Enter 键确定完成操作。命令行提示如下。结果如图 4.39 所示。

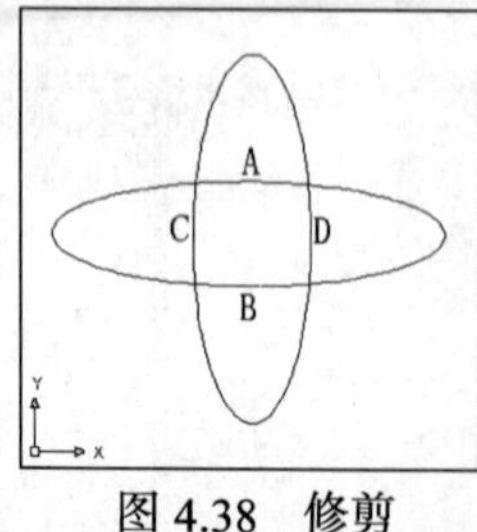

图 4.38　修剪

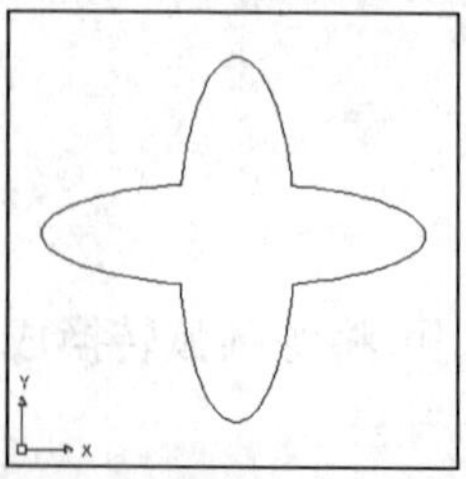

图 4.39　修剪结果

```
命令: _trim                                  //执行命令
当前设置:投影=UCS，边=无                      //显示当前设置
选择剪切边...
选择对象或 <全部选择>:                        //按 Enter 键确定
选择要修剪的对象，或按住 Shift 键选择要延伸的对象，或
```

[栏选(F)/窗交(C)/投影(P)/边(E)/删除(R)/放弃(U)]: //在绘图区单击要修剪的对象（即线段 A）

选择要修剪的对象，或按住 Shift 键选择要延伸的对象，或

[栏选(F)/窗交(C)/投影(P)/边(E)/删除(R)/放弃(U)]: //在绘图区单击要修剪的对象（即线段 B）

选择要修剪的对象，或按住 Shift 键选择要延伸的对象，或[栏选(F)/窗交(C)/投影(P)/边(E)/删除(R)/放弃(U)]: //在绘图区单击要修剪的对象（即线段 C）

选择要修剪的对象，或按住 Shift 键选择要延伸的对象，或[栏选(F)/窗交(C)/投影(P)/边(E)/删除(R)/放弃(U)]: //在绘图区单击要修剪的对象（即线段 D）

选择要修剪的对象，或按住 Shift 键选择要延伸的对象，或[栏选(F)/窗交(C)/投影(P)/边(E)/删除(R)/放弃(U)]: *取消* //按 Esc 键退出命令

4. 参数说明

- 栏选（F）：选择与选择栏相交的所有对象。选择栏是一系列临时线段，它们是用两个或多个栏选点指定的。选择栏不构成闭合环。
- 窗交（C）：选择矩形区域（由两点确定）内部或与之相交的对象。
- 投影（P）：指定修剪对象时使用的投影方式。
- 边（E）：确定对象是在另一对象的延长边处进行修剪，还是仅在三维空间中与该对象相交的对象处进行修剪。
- 删除（R）：删除选定的对象。此选项提供了一种用来删除不需要的对象的简便方式，而无需退出 TRIM 命令。
- 放弃（U）：撤消由 TRIM 命令所做的最近一次修改。

4.4.5 分解对象

在 AutoCAD 中，系统将多边形、多线、矩形、图块和标注等对象作为一个图元来处理。但在实际工作当中，有时会需要对其进行单独编辑处理，这时就需要利用【分解】命令对其分解后再进行编辑。

1. 功能

利用【EXPLODE】命令可以将合成对象分解为其部件对象。

2. 执行命令方式

命令行：输入 EXPLODE（或 X）。
菜单：选择【修改】→【分解】命令。
工具栏：修改→分解。

3. 操作步骤

❶ 打开“samples\ch04\分解.dwg”文件。如图 4.40 所示。

❷ 选择【修改】→【分解】命令，在绘图区选择要分解的对象并按 Enter 键确定。命令行提示如下。结果如图 4.41 所示。

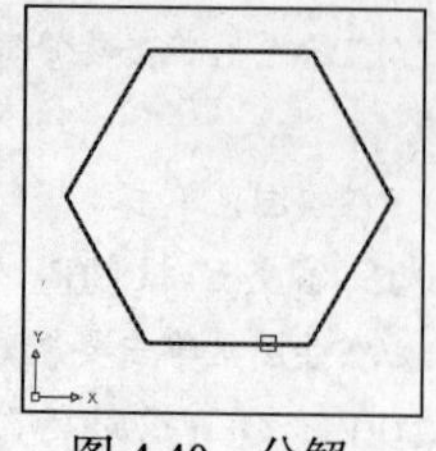

图 4.40　分解

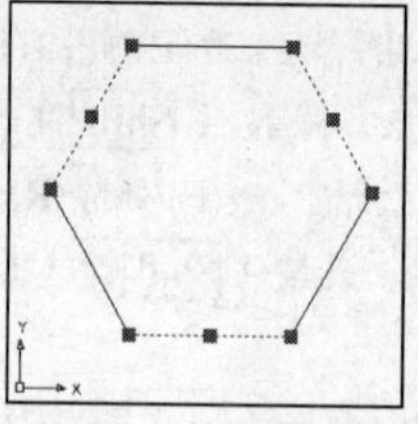

图 4.41　分解结果

```
命令: _explode                                  //执行命令
选择对象: 指定对角点: 找到 1 个                   //选择对象
选择对象:                                        //按 Enter 键确定完成操作
```

4.5　调整图形对象大小

在图形对象的绘制过程中，有时根据需要要将一个实体调整到合适的大小，以便于观察和应用。AutoCAD 为用户提供有缩放、拉伸以及延伸等命令。

4.5.1　缩放对象

缩放对象即将指定对象按照指定的比例相对于基点进行放大或缩小操作。

1. 功能

利用【SCALE】命令可以在 *X*、*Y* 和 *Z* 方向按比例放大或缩小对象。

2. 执行命令方式

命令行：输入 SCALE（或 SC）。
菜单：选择【修改】→【缩放】命令。
工具栏：修改→缩放。

3. 操作步骤

❶ 打开“samples\ch04\缩放.dwg”文件。如图 4.42 所示。

❷ 选择【修改】→【缩放】命令，在绘图区选择要缩放的对象并按 Enter 键确定。如图 4.43 所示。

❸ 在绘图区单击指定基点后输入比例因子“2”并按 Enter 键确定。命令行提示如下。结果如图 4.44 所示。

```
命令: _scale                                           //执行命令
选择对象: 找到 1 个                                      //选择对象
选择对象:                                               //按 Enter 键确定
指定基点:                                               //指定基点
指定比例因子或 [复制(C)/参照(R)] <1.0000>:  2             //输入比例因子
```

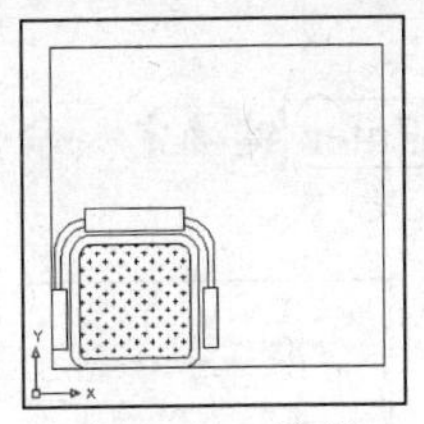
图 4.42 缩放

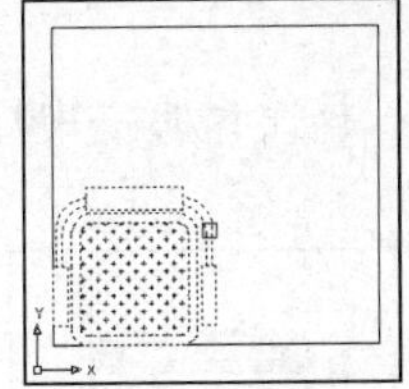
图 4.43 选择对象

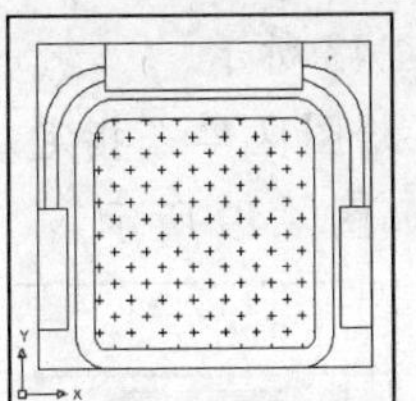
图 4.44 缩放结果

4. 参数说明

- 复制（C）：创建要缩放的选定对象的副本。
- 参照（R）：按参照长度和指定的新长度缩放所选对象。

5. 练一练

使用【缩放】命令将图 4.45 所示的床的宽度放大，结果如图 4.46 所示。

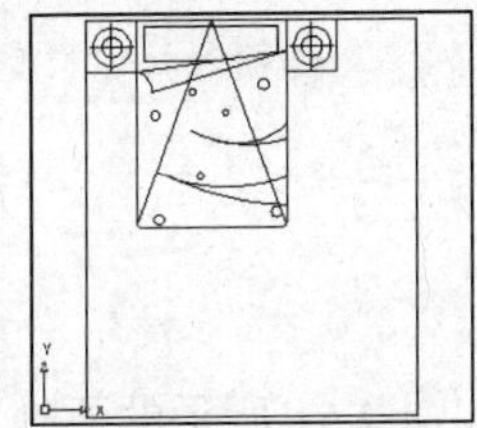
图 4.45 缩放床

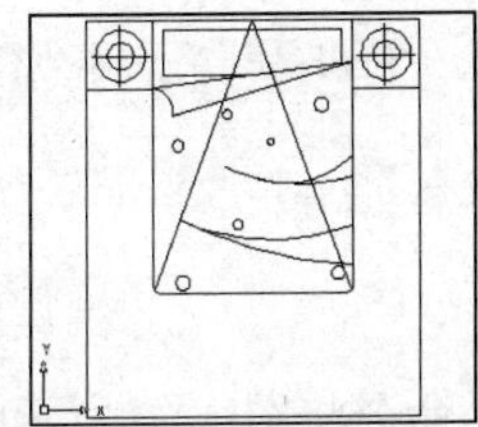
图 4.46 缩放床的结果

提 示

在本案例中，可利用“参照长度”进行放大操作。

4.5.2 拉伸对象

通过【拉伸】命令可改变对象的形状。在 AutoCAD 中，【拉伸】命令主要用于非等比缩放。

1. 功能

利用【STRETCH】命令可以拉伸对象。

2. 执行命令方式

命令行：输入 STRETCH（或 S）。
菜单：选择【修改】→【拉伸】命令。
工具栏：修改→拉伸。

3. 操作步骤

❶ 打开“samples\ch04\拉伸.dwg”文件。如图 4.47 所示。

❷ 选择【修改】→【拉伸】命令，在绘图区以交叉选择形式选择对象并按 Enter 键确

定。如图 4.48 所示。

❸ 在绘图区单击指定基点后输入拉伸长度“400”并按 Enter 键确定。命令行提示如下。结果如图 4.49 所示。

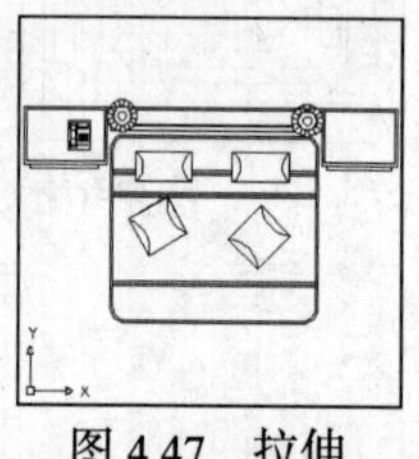
图 4.47　拉伸

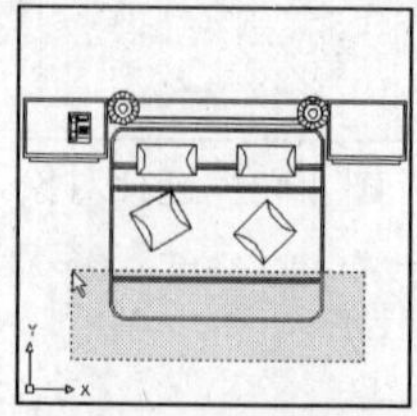
图 4.48　选择对象

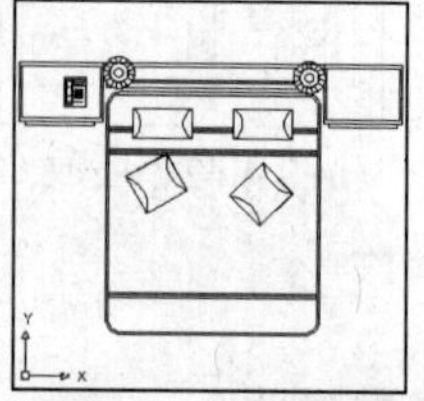
图 4.49　拉伸结果

```
命令: _stretch                                          //执行命令
以交叉窗口或交叉多边形选择要拉伸的对象...                    //系统提示
选择对象: 指定对角点: 找到 13 个                             //选择对象
选择对象:                                               //按 Enter 键确定
指定基点或 [位移(D)] <位移>:                                //在绘图区单击指定基点
指定第二个点或 <使用第一个点作为位移>: 400                    //输入拉伸长度并按 Enter 键确定
```

4. 练一练

使用【拉伸】命令将图 4.50 所示的矩形拉伸成如图 4.51 所示的不规则形状。

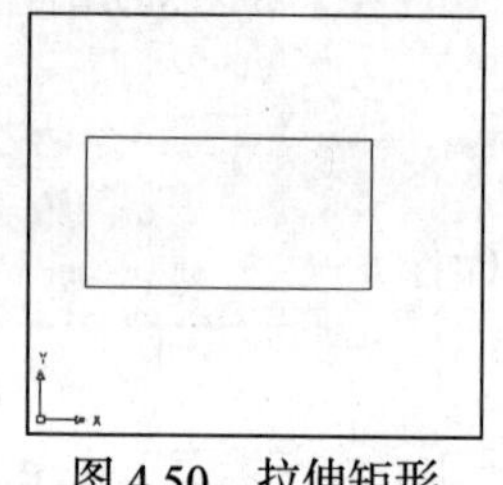
图 4.50　拉伸矩形

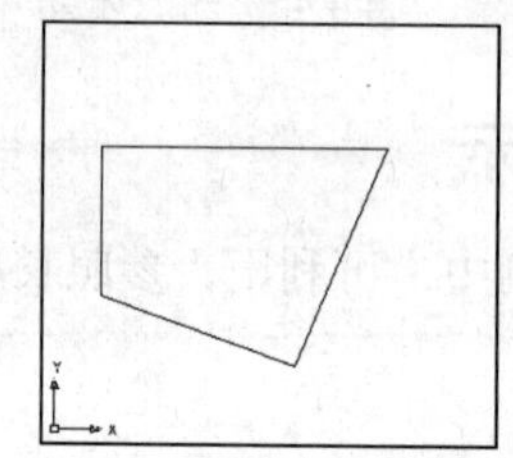
图 4.51　拉伸矩形结果

提 示

在使用【拉伸】命令时，一般用交叉选择的方法选择图形。

4.5.3 延伸对象

在使用 AutoCAD 绘制工程图时，可利用【延伸】命令把一个对象延长使该对象与其他对象定义的边界相连接。

1. 功能

利用【EXTEND】命令可以将对象延伸到另一对象。

2. 执行命令方式

命令行：输入 EXTEND（或 EX）。

菜单：选择【修改】→【延伸】命令。

工具栏：修改→延伸。

3. 操作步骤

❶ 打开“samples\ch04\延伸.dwg”文件。如图 4.52 所示。

❷ 选择【修改】→【延伸】命令并按 Enter 键确定。

❸ 在绘图区以交叉选择形式选择对象。如图 4.53 所示。

❹ 单击后结果如图 4.54 所示。

❺ 重复步骤❸和步骤❹。命令行提示如下。最终结果如图 4.55 所示。

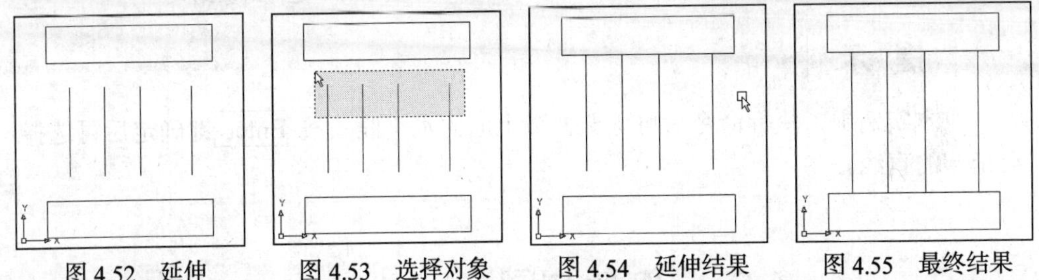

图 4.52 延伸　　图 4.53 选择对象　　图 4.54 延伸结果　　图 4.55 最终结果

```
命令: _extend                                          //执行命令
当前设置:投影=UCS，边=无                                //系统提示
选择边界的边...                                         //按 Enter 键确定
选择对象或 <全部选择>:                                  //选择要延伸的对象
选择要延伸的对象，或按住 Shift 键选择要修剪的对象，或
[栏选(F)/窗交(C)/投影(P)/边(E)/放弃(U)]:                //在绘图区单击指定交叉选择第一点
指定对角点:                                             //指定对角点
选择要延伸的对象，或按住 Shift 键选择要修剪的对象，或
[栏选(F)/窗交(C)/投影(P)/边(E)/放弃(U)]:                //在绘图区单击指定交叉选择第一点
指定对角点:                                             //指定对角点
选择要延伸的对象，或按住 Shift 键选择要修剪的对象，或
[栏选(F)/窗交(C)/投影(P)/边(E)/放弃(U)]:  *取消*        //按 Esc 键退出命令
```

4. 参数说明

■ 栏选（F）：选择与选择栏相交的所有对象。选择栏是一系列临时线段，它们是用两个或多个栏选点指定的。选择栏不构成闭合环。

■ 窗交（C）：选择矩形区域（由两点确定）内部或与之相交的对象。

■ 投影（P）：指定延伸对象时使用的投影方法。

■ 边（E）：将对象延伸到另一个对象的隐含边，或仅延伸到三维空间中与其实际相交的对象。

■ 放弃（U）：放弃最近由 EXTEND 所做的更改。

5. 练一练

使用【延伸】命令将图 4.56 所示的图形延伸，结果如图 4.57 所示。

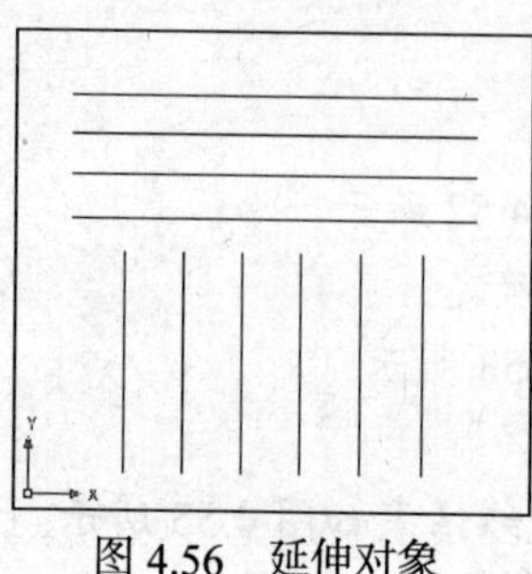

图 4.56　延伸对象

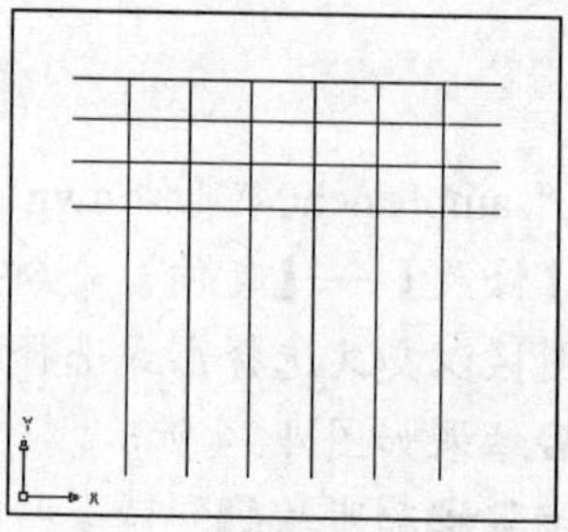

图 4.57　延伸对象结果

提　示

在本实例中，执行命令后可先选择最上面的水平线，按 Enter 键确定后再选择要延伸的直线。

4.6　倒角与圆角

在工程绘图中经常要绘制倒角和圆角，AutoCAD 提供有倒角和圆角命令，可以分别完成这两类操作。

4.6.1　倒角

使用【倒角】命令可以连接两个对象，使它们以平角或倒角相接。

1. 功能

利用【CHAMFER】命令可以给对象添加倒角。

2. 执行命令方式

命令行：输入 CHAMFER（或 CHA）。
菜单：选择【修改】→【倒角】命令。
工具栏：修改→倒角。

3. 操作步骤

❶ 打开 “samples\ch04\倒角.dwg” 文件。如图 4.58 所示。
❷ 选择【修改】→【倒角】命令，选择要旋转的对象并按 Enter 键确定。
❸ 在绘图区单击指定基点后输入旋转角度 “90” 并按 Enter 键确定。命令行提示如下。

结果如图 4.59 所示。

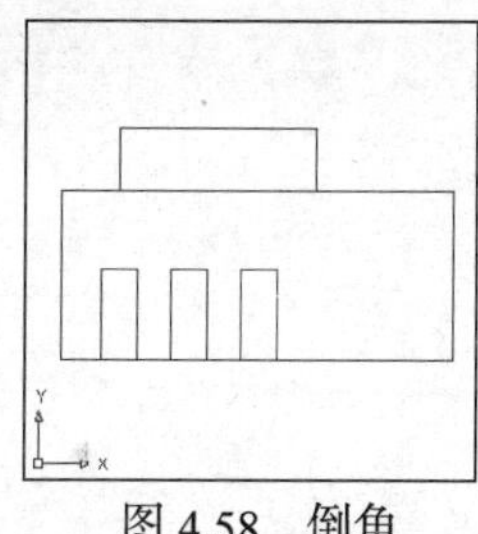

图 4.58　倒角

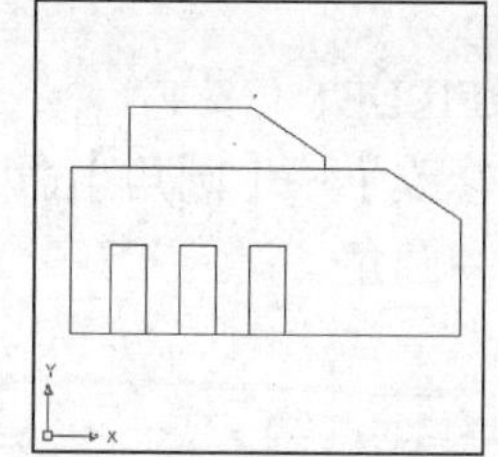

图 4.59　倒角结果

```
命令: _chamfer                                          //执行命令
("修剪"模式) 当前倒角距离 1 = 0.0000，距离 2 = 0.0000            //系统提示当前设置
选择第一条直线或 [放弃(U)/多段线(P)/距离(D)/角度(A)/修剪(T)/方式(E)/多个(M)]:  d
                                                        //输入距离参数"d"并按 Enter 键确定
指定第一个倒角距离 <0.0000>: 260                          //输入第一个倒角距离"260"并按 Enter 键确定
指定第二个倒角距离 <260.0000>: 400                        //输入第一个倒角距离"400"并按 Enter 键确定
选择第一条直线或 [放弃(U)/多段线(P)/距离(D)/角度(A)/修剪(T)/方式(E)/多个(M)]:
                                                        //在绘图区单击第一条直线
选择第二条直线，或按住 Shift 键选择要应用角点的直线:             //在绘图区单击第二条直线
命令: _chamfer                                          //重复执行命令
("修剪"模式) 当前倒角距离 1 = 260.0000，距离 2 = 400.0000       //系统提示当前设置
选择第一条直线或 [放弃(U)/多段线(P)/距离(D)/角度(A)/修剪(T)/方式(E)/多个(M)]:
                                                        //在绘图区单击第一条直线
选择第二条直线，或按住 Shift 键选择要应用角点的直线:             //在绘图区单击第二条直线
```

4. 参数说明

- 放弃（U）：恢复在命令中执行的上一个操作。
- 多段线（P）：对整个二维多段线倒角。
- 距离（D）：设置倒角至选定边端点的距离。
- 角度（A）：用第一条线的倒角距离和第二条线的角度设置倒角距离。
- 修剪（T）：控制"CHAMFER"是否将选定的边修剪到倒角直线的端点。
- 方式（E）：控制"CHAMFER"使用两个距离还是一个距离和一个角度来创建倒角。
- 多个（M）：为多组对象的边倒角。

4.6.2 圆角

圆角使用与对象相切并且具有指定半径的圆弧连接两个对象。

1. 功能

利用【FILLET】命令可以给对象加圆角。

2. 执行命令方式

命令行：输入 FILLET（或 F）。
菜单：选择【修改】→【圆角】命令。
工具栏：修改→圆角。

3. 操作步骤

❶ 打开“samples\ch04\圆角.dwg”文件。如图 4.60 所示。

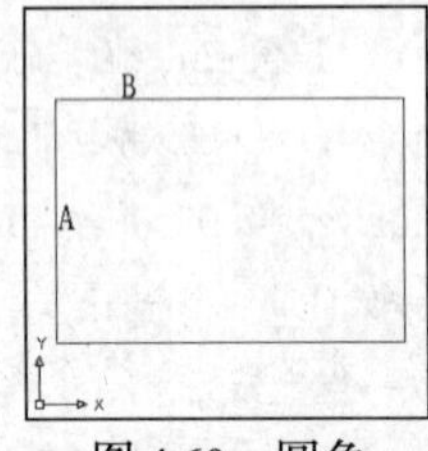

图 4.60　圆角

❷ 选择【修改】→【圆角】命令，在命令行输入“R”并按 Enter 键确定。

❸ 在绘图区单击指定基点后输入旋转角度“90”并按 Enter 键确定。命令行提示如下。结果如图 4.61 所示。

```
命令: _fillet                          //执行命令
当前设置: 模式=修剪，半径 = 0.0000
                                       //显示当前设置
选择第一个对象或 [放弃(U)/多段线(P)/半径(R)/修剪(T)/多个(M)]: r          //输入"r"
指定圆角半径 <0.0000>: 200
                                       //输入圆角半径
选择第一个对象或 [放弃(U)/多段线(P)/半径(R)/修剪(T)/多个(M)]:  //单击选择第一个对象(即直线 A)
选择第二个对象，或按住 Shift 键选择要应用角点的对象:    //单击选择第二个对象(即直线 B)
```

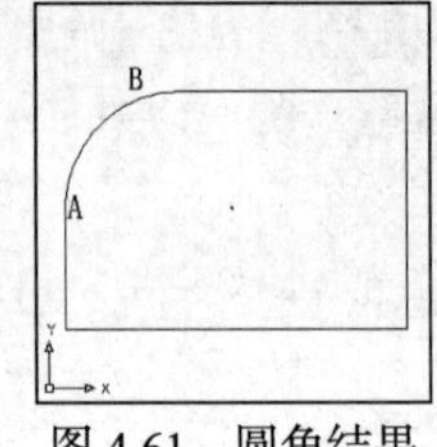

图 4.61　圆角结果

4. 参数说明

- 放弃（U）：恢复在命令中执行的上一个操作。
- 多段线（P）：在二维多段线中两条线段相交的每个顶点处插入圆角弧。
- 半径（R）：定义圆角弧的半径。
- 修剪（T）：控制“FILLET”命令是否将选定的边修剪到圆角弧的端点。
- 多个（M）：给多个对象集加圆角。

4.7　夹点编辑的使用

夹点实际上就是对象上的控制点。在 AutoCAD 中，夹点是一种集成的编辑模式。利用 AutoCA 的夹点功能，可以对对象进行拉伸、移动、复制、缩放以及镜像等编辑操作。

利用夹点功能编辑对象的步骤如下。

❶ 首先单击要进行编辑的对象，单击后在这些对象上会出现若干个小方格（默认为蓝色），这些小方格称为对象的特征点。然后选择其中的一个特征点作为编辑操作的基点。方法是将光标移到希望成为基点的特征点上单击，那么该特征点就会以另一种颜色显示（默认为红色），表示已成为基点。

❷ 选取基点后，就可以用 AutoCAD 的夹点功能对相应的对象进行编辑操作。

4.7.1 拉伸对象

利用夹点拉伸对象，其规则与拉伸命令相同。

1. 操作步骤

❶ 打开“samples\ch04\夹点拉伸.dwg”文件。如图 4.62 所示。

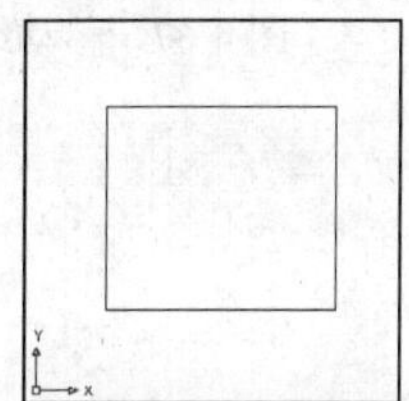

图 4.62　夹点拉伸

❷ 单击选择对象，把鼠标移动到要拉伸的夹点上并单击。命令行提示如下。结果如图 4.63 所示。

```
** 拉伸 **
指定拉伸点或 [基点(B)/复制(C)/放弃(U)/退出(X)]:
```

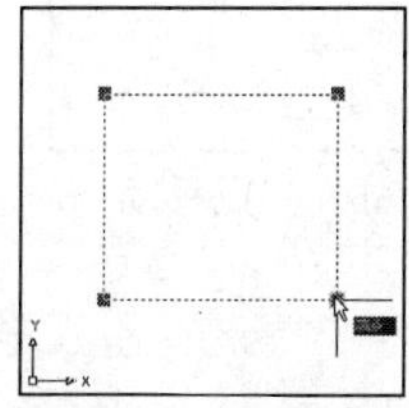

图 4.63　选择夹点

❸ 拖动鼠标并单击完成操作。结果如图 4.64 所示。

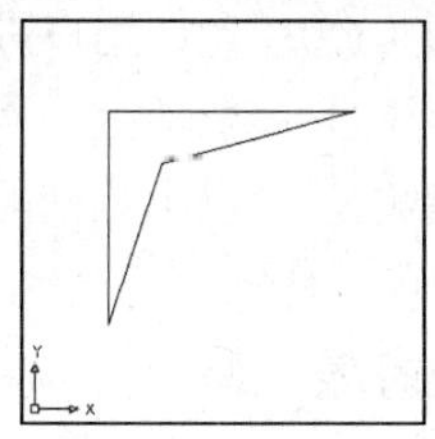

图 4.64　拉伸结果

2. 参数说明

- 基点（B）：重新确定拉伸基点。
- 复制（C）：允许用户进行多次拉伸操作。
- 放弃（U）：取消上一次的操作。
- 退出（X）：退出当前的操作。

4.7.2 移动对象

利用夹点移动对象，其规则与移动命令相同。

1. 操作步骤

❶ 打开"samples\ch04\夹点移动.dwg"文件。如图 4.65 所示。

❷ 单击选择对象，将鼠标移动到要移动的夹点上并单击。按 Enter 键直到命令行提示如下。结果如图 4.66 所示。

```
** 移动 **
指定移动点或 [基点(B)/复制(C)/放弃(U)/退出(X)]:
```

❸ 拖动鼠标并单击完成操作。结果如图 4.67 所示。

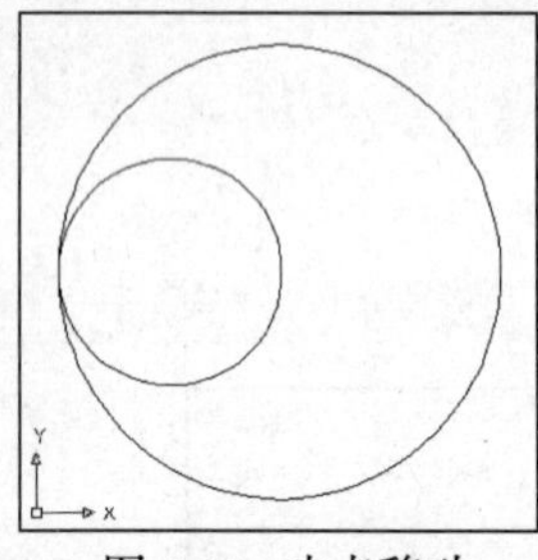

图 4.65　夹点移动

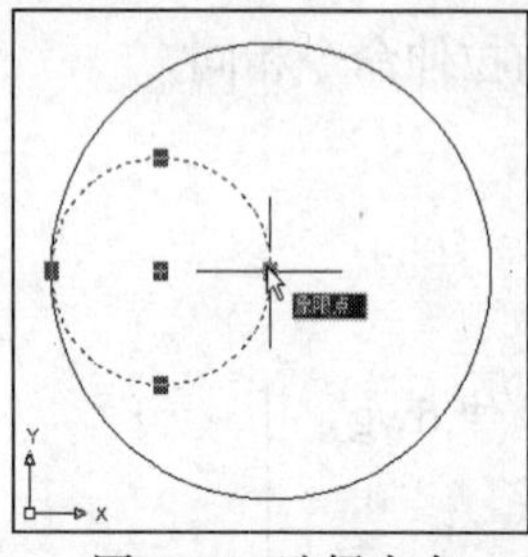

图 4.66　选择夹点

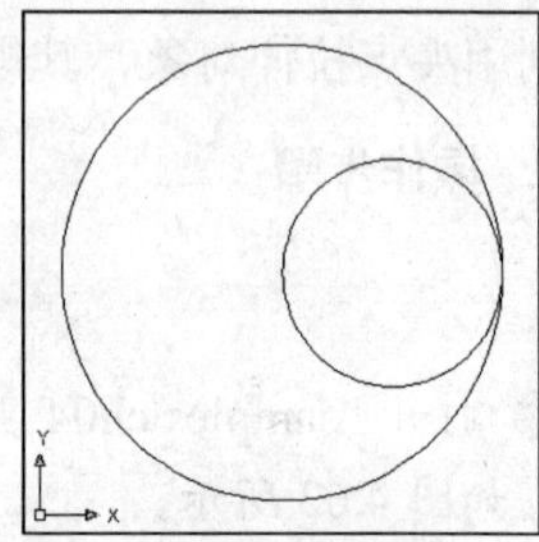

图 4.67　移动结果

2. 参数说明

- 基点（B）：重新确定拉伸基点。
- 复制（C）：允许用户进行多次拉伸操作。
- 放弃（U）：取消上一次的操作。
- 退出（X）：退出当前的操作。

4.7.3 旋转对象

利用夹点旋转对象，其规则与旋转命令相同。

1. 操作步骤

❶ 打开"samples\ch04\夹点旋转.dwg"文件。如图 4.68 所示。

❷ 单击选择对象，将鼠标移动到要旋转的夹点上并单击。按 Enter 键直到命令行提示如下。结果如图 4.69 所示。

```
** 旋转 **
指定旋转角度或 [基点(B)/复制(C)/放弃(U)/参照(R)/退出(X)]:
```

❸ 拖动鼠标并单击完成操作。结果如图 4.70 所示。

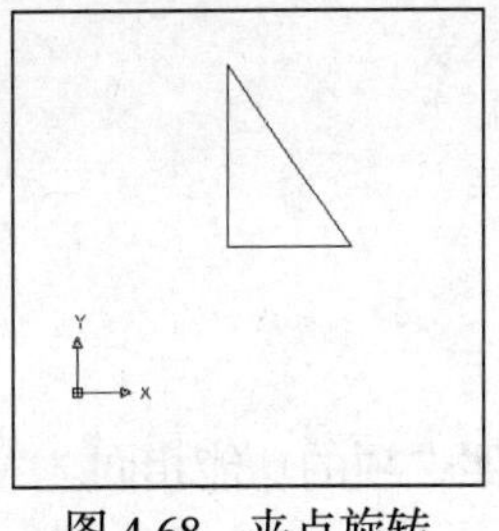
图 4.68　夹点旋转

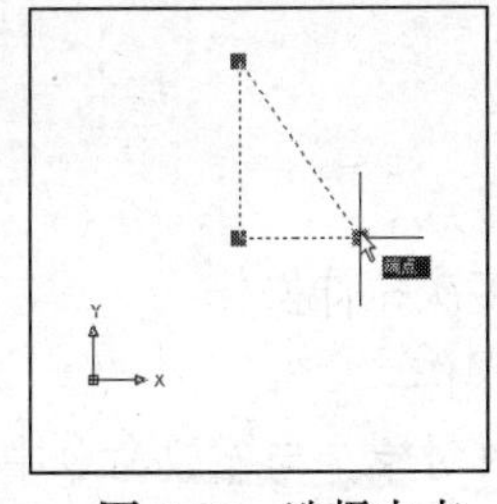
图 4.69　选择夹点

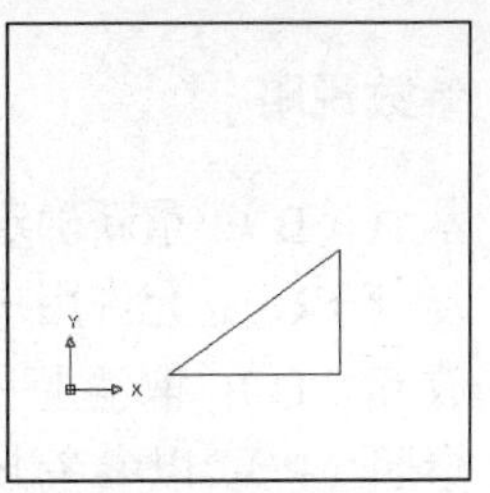
图 4.70　旋转结果

2. 参数说明

- 基点（B）：重新确定拉伸基点。
- 复制（C）：允许用户进行多次拉伸操作。
- 放弃（U）：取消上一次的操作。
- 参照（R）：以参考方式旋转对象，与旋转命令中的参照选项的功能相同。
- 退出（X）：退出当前的操作。

4.7.4 缩放对象

利用夹点缩放对象，其规则与缩放命令相同。

1. 操作步骤

❶ 打开“samples\ch04\夹点缩放.dwg”文件。如图 4.71 所示。

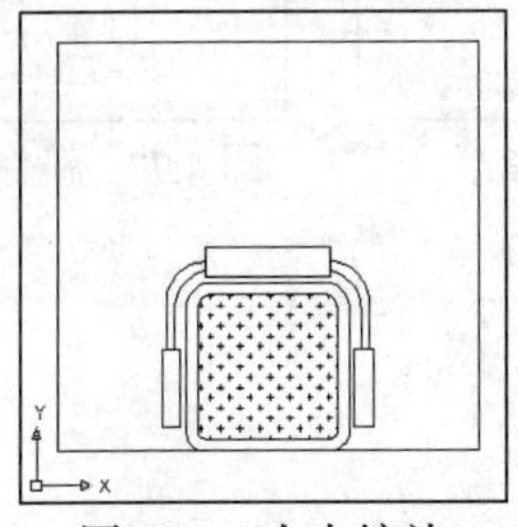
图 4.71　夹点缩放

❷ 单击选择对象，把鼠标移动到要缩放的夹点上并单击。按 Enter 键直到命令行提示如下。结果如图 4.72 所示。

** 比例缩放 **

指定比例因子或 [基点(B)/复制(C)/放弃(U)/参照(R)/退出(X)]:

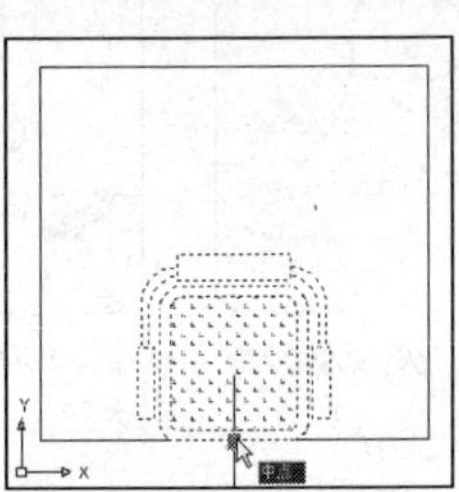
图 4.72　选择夹点

❸ 在命令行输入比例因子“2”并按 Enter 键确定。结果如图 4.73 所示。

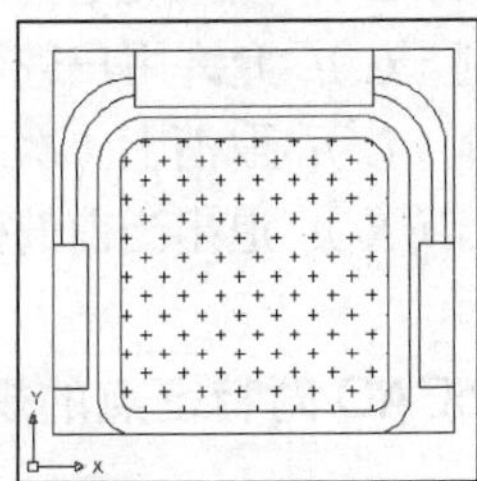
图 4.73　缩放结果

2. 参数说明

- 基点（B）：重新确定拉伸基点。
- 复制（C）：允许用户进行多次拉伸操作。
- 放弃（U）：取消上一次的操作。
- 参照（R）：以参考方式缩放对象，与缩放命令中的参照选项的功能相同。
- 退出（X）：退出当前的操作。

4.7.5 镜像对象

利用夹点拉伸对象，其规则与拉伸命令相同。

1. 操作步骤

❶ 打开“samples\ch04\夹点镜像.dwg”文件。如图 4.74 所示。

❷ 单击选择对象，将鼠标移动到要镜像的夹点上并单击。按 Enter 键直到命令行提示如下。结果如图 4.75 所示。

```
** 拉伸 **
指定拉伸点或 [基点(B)/复制(C)/放弃(U)/退出(X)]:
```

❸ 拖动鼠标以指定镜像线的第二点。结果如图 4.76 所示。

❹ 单击完成操作结果如图 4.77 所示。

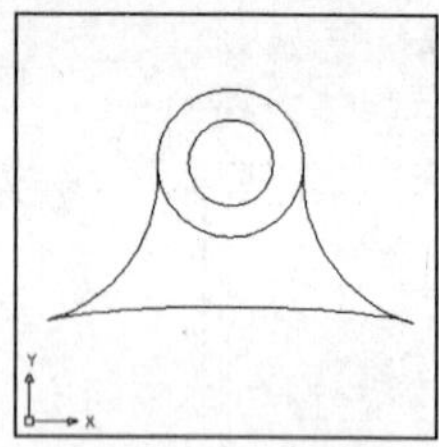
图 4.74 夹点镜像

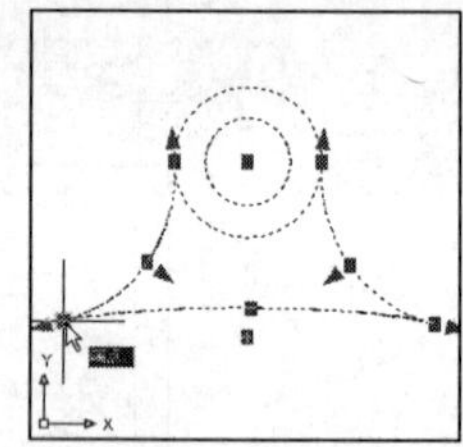
图 4.75 选择夹点

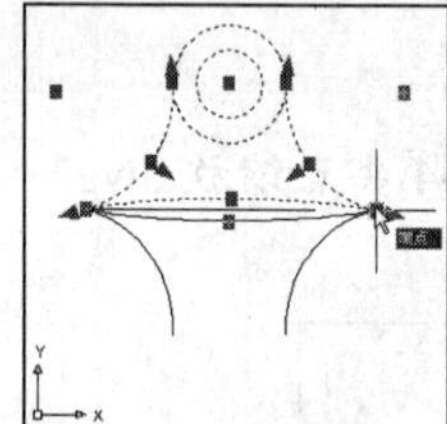
图 4.76 选择第二点

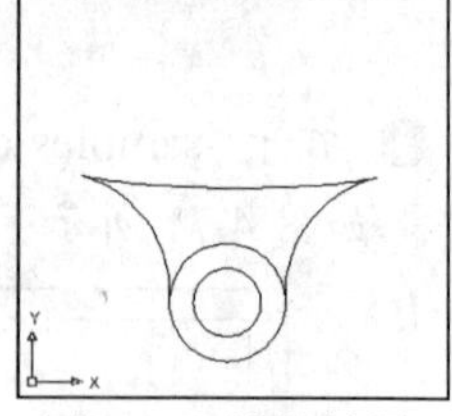
图 4.77 镜像结果

2. 参数说明

- 基点（B）：重新确定拉伸基点。
- 复制（C）：允许用户进行多次拉伸操作。
- 放弃（U）：取消上一次的操作。
- 退出（X）：退出当前的操作。

4.7.6 AutoCAD 对特征点的规定

对不同的对象执行夹点操作时，对象上的特征点的位置和数量亦不相同。表 4-1 给出了 AutoCAD 对特征点的规定。

表 4-1　　AutoCAD 对特征点的规定

对 象 类 型	特征点的位置
线段（LINE）	两端点和中点
多段线（PLINE）	直线段的两端点、圆弧段的中点和两端点
射线（RAY）	起始点和构造线上的一个点
构造线（XLINE）	控制点和线上邻近两点
多线（MLINE）	控制线上的两个端点
圆弧（ARC）	两端点和中点
圆（CIRCLE）	各象限点和圆心
椭圆（ELLIPSE）	4 个顶点和中心点
椭圆弧（ELLIPSE）	端点、中点和中心点
文字（TEXT）	插入点和第二个对齐点（如果有的话）
多行文字（MTEXT）	各顶点
属性（ATTRIBUTE）	插入点
形（SHAPE）	插入点
三维网络（3DMESH）	网格上的各顶点
三维面（3DFACE）	周边顶点
线性尺寸标注（DIMLINEAR）	尺寸线端点和尺寸界线的起始点、尺寸文字的中心点
对齐尺寸标注（DIMALIGNED）	尺寸线端点和尺寸界线的起始点、尺寸文字的中心点
半径标注（DIMRADIUS）	尺寸线端点、尺寸文字的中心点
直径标注（DIMDIAMETER）	尺寸线端点、尺寸文字的中心点
坐标标注（DIMORDINATE）	被标注点、引出线端点和尺寸文字的中心点

图 4.78 是一些图形的夹点显示效果。

可以通过【工具】→【选项】命令打开【选项】对话框，然后在“选择”选项卡的“夹点”选项组中进行是否启用夹点功能的设置，如图 4.79 所示。

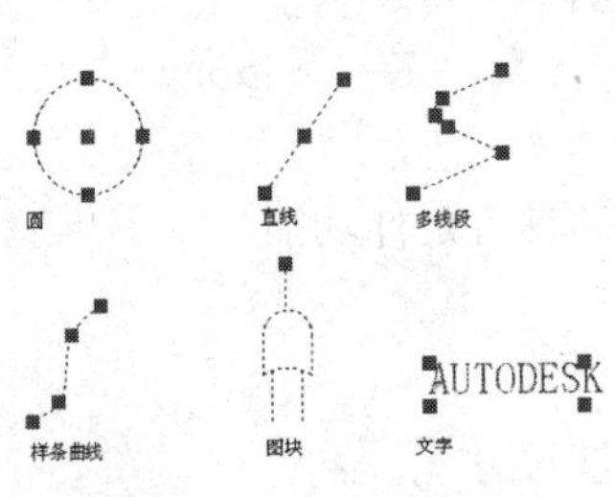

图 4.78　夹点的显示效果

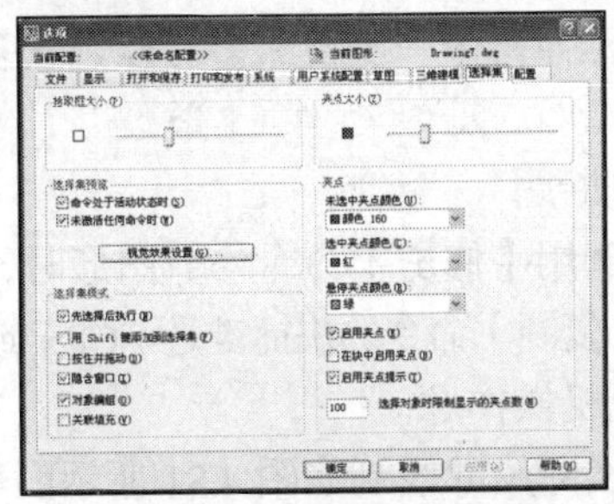

图 4.79 【选项】对话框

4.8　使用“特性”窗口编辑对象

选择【修改】→【特性】命令，或选择【工具】→【特性】命令，或在标准工具栏中单击按钮都将打开【特性】窗口。

如果当前已选中一个对象，在【特性】窗口中将显示该对象的详细属性；如果已选中多个对象，在特性窗口中将显示它们的共同属性。例如在只选择圆和同时选中圆与直线时，【特性】窗口显示的内容是不同的，如图 4.80 所示。

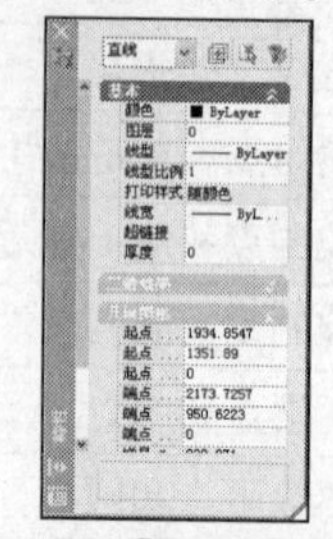

图 4.80 【特性】面板

4.9 本讲小结

当需要对已绘制的图形进行修改时，首先是选择对象，只有选中的对象才可以对其进行修改。本讲对如何选择对象和修改对象作了比较详细的讲解，主要学习了二维图形的编辑方法，包括对象的选择，图形的删除、复制、镜像、移动、缩放、旋转、阵列、倒角、圆角和分解等编辑功能，并且对图形的夹点编辑进行了简单介绍。在 AutoCAD 中，这些命令统称为二维编辑命令，灵活运用各种编辑命令可以简化绘图操作，提高制图效率。

4.10 思考与练习

1. 选择题

（1）下列编辑命令中，具备复制功能的有（　　）。

A.【偏移】命令　　B.【拉伸】命令

C.【缩放】命令　　D.【镜像】命令

（2）延伸命令一次性最多可以延长多少条线段（　　）。

A. 0 条　　B. 1 条　　C. 2 条　　D. 无数条

2. 判断题

（1）利用【修剪】命令修剪图形时，按住 Ctrl 键具有延伸功能。（　　）

（2）【复制】命令的快捷键是“CP”或“CO”。（　　）

3. 上机操作题

按照实际尺寸绘制如图 4.81 所示图形（无需标注尺寸）。

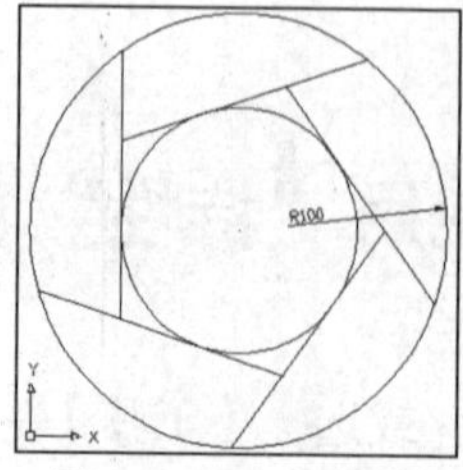

图 4.81　上机操作

第5讲 创建与编辑文字和表格

本讲要点

- 了解创建文字样式的方法
- 掌握创建与编辑单行文字、多行文字
- 掌握表格的创建与应用

快速导读

本讲重点介绍文字样式的创建与编辑、表格的创建与应用。通过本讲的学习，读者应熟练掌握各种创建与编辑文字的用途及使用方法。本讲的难点是多行文字的编辑与表格样式的设定。

AutoCAD 所绘制的工程图主要由图形和文字两部分组成。图形用于表达对象的形状，而文字和表格则用于对图形对象的信息进行必要说明和注释，如尺寸标注、图纸说明、注释和标题栏等，文字和表格是其不可缺少的组成部分。

AutoCAD 提供非常强大的文字处理能力，足以满足不同用户对文字标注的各种需求，它可以支持 Windows 系统字体，包括 TrueType 字体和扩展的字符格式等。另外 AutoCAD 还提供拼写检查（Spelling Check）的功能，可以找出拼写错误的单词，帮助用户书写正确的文字。

5.1 创建文字样式

1. 功能

文字样式可用来创建、修改或设置符合标准规范或用户要求的文字样式，包括图形中所使用的字体、高度和宽度系数等。

2. 执行命令方式

命令行：输入 STYLE 或命令别名 ST，或 DDSTYLE。

菜单：选择【格式】→【文字样式】命令。

工具栏：选择【样式】→【文字样式】命令工具，弹出样式属性栏。如图 5.1 所示。

图 5.1 样式属性栏

3. 操作步骤

❶ 选择【格式】→【文字样式】命令，弹出【文字样式】对话框。如图 5.2 所示。

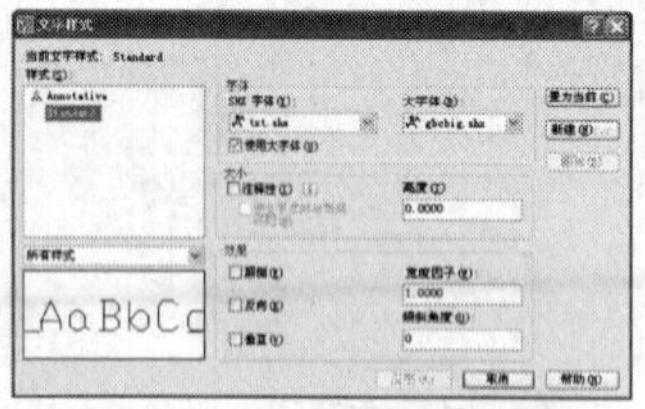

图 5.2 【文字样式】对话框

❷ 在默认情况下，文字样式为 Standard，字体为 txt.shx，高度为 0，宽度比例为 1。

❸ 如果需要新建文字样式，需在该对话框中单击「新建(N)...」按钮，打开【新建文字样式】对话框，在“样式名”编辑框中输入文字样式名称，如图 5.3 所示。单击「确定」按钮，将返回【文字样式】对话框。可以在“字体”等属性中设置字体名、字体样式和高度。

图 5.3 【新建文字样式】对话框

4. 对话框说明

- 当前文字样式：显示当前的文字样式。用户只能以当前的文字样式进行标注。
- 样式：在列表框中，显示当前图形中所有已定义的文字样式名称，并默认显示当前文字样式。

■ 样式列表过滤器：在样式列表框的下方，用于控制在样式列表框中显示所有样式或是仅显示使用中的样式。

■ 预览：显示在【文字样式】对话框中所进行的各项设置的效果。

■ 字体：用来设置文字样式所用的字体。

■ 字体名：该列表列出了所有的 Windows 标准的 TrueType 字体，以及由 AutoCAD 专用文件定义的扩展名为“.SHX”的向量字体。按国家标准规定，工程设计图形中的字体应为仿宋体。由于仿宋体不能标注特殊符号，又可选用斜体（gbeitc.shx）和 gbenor.shx 字体，它们既能够标注符合国家标准的字体，又能标注特殊符号。

■ 大字体；大字体是 AutoCAD 专为亚洲国家用户使用而设计的字体。

■ 大小：用于更改文字的大小。

■ 注释性：选择该复选框，可使用设置的样式标注注释性文字。

■ 使文字方向与布局匹配：选择该复选框，可使图纸空间视口中的文字方向与布局方向匹配。

■ 高度：设置文字高度或要在图纸空间中显示的文字高度。

■ 效果：用于修改字体的特性。

■ 颠倒、方向、垂直：使字体上下颠倒、左右颠倒和垂直排列的显示。

■ 宽度因子：设置字符的间距。该值小于 1.0 时，字符将变窄；该值大于 1.0 时，字符将变宽。仿宋体字通常数值设置为 0.7。

■ 倾斜角度：设置文字的倾斜角。用户可以输入−85～85 的角度值使文字倾斜，正值使字符向右倾斜，负值向左倾斜。

5.2 创建与编辑单行文字

单行文字通常用于创建单行或行数不多的简短文字内容。

5.2.1 创建单行文字

1. 功能

用于创建单行文字对象，常用于创建标注文字、标题块文字等内容。

2. 执行命令方式

菜单：选择【绘图】→【文字】→【单行文字】命令。

工具栏：选择【多行文字】工具A|。

3. 操作步骤

❶ 选择【绘图】→【文字】→【单行文字】命令。

❷ 在绘图区域中单击鼠标，确定文字的起点。

❸ 指定文字的高度。在命令行输入字高，或用鼠标拖动光标至插入点的距离即为字高。

❹ 指定文字的旋转角度。在命令行输入角度值，或用鼠标拖动光标至插入点的边线角度即为文字的旋转角度。

❺ 输入文字，按 Enter 键换行。结束文字输入，则可再次按 Enter 键结束操作。

4. 练一练

使用单行文字命令并输入文字，使显示结果如图 5.4 所示。

TEXT

图 5.4　单行文字样式

5.2.2　设置单行文字的对齐方式

在创建单行文字时，系统将提示用户指定文字的起点、选择“对正”或“样式”选项。选择“对正（J）”选项可以设置文字的对齐方式；选择“样式（S）”选项可以设置文字使用的样式。设置文字对齐方式时各选项功能介绍如下。

- 对齐（A）：选择该选项后，系统将提示用户确定文字串的起点和终点。输入结束后，系统将自动调整各行文字高度以使文字适于放在两点之间。
- 调整（F）：确定文字串的起点和终点。在不改变文字高度的情况下，系统将调整宽度系数以使文字适于放在两点之间。
- 中心（C）：确定文字串基线的水平中点。
- 中间（M）：确定文字串基线的水平和竖直中点。
- 右（R）：确定文字串基线的右端点。
- 左上（TL）：文字对齐在第一个字条文字单元的左上角。
- 中上（TC）：文字对齐在文字单元串的顶部，文字串向中间对齐。
- 右上（TR）：文字对齐在文字串最后一个文字单元的右上角。
- 左中（ML）：文字对齐在第一个文字单元左侧的垂直中点。
- 正中（MC）：文字对齐在文字串的垂直中点和水平中点。
- 右中（MR）：文字对齐在文字单元的垂直中点。
- 左下（BL）：文字对齐在第一个文字单元的左角点。
- 中下（BC）：文字对齐在基线的中点。
- 右下（BR）：文字对齐在基线的最右侧。

5.2.3　编辑单行文字

用户在图形中创建了单行文字对象后，如果需要对其进行修改，可以使用基本的编辑操作和 DDEDIT 等命令进行编辑。编辑单行文字包括修改文字的内容、对正方式和缩放比例。

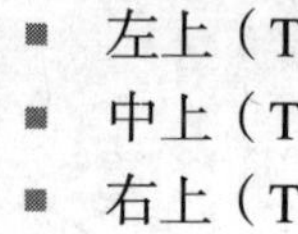

数字符号

图 5.5　修改文字内容

如果需要修改文字内容，可以直接双击文字，此时即可直接在绘图区域修改文字的内容。如图 5.5 所示。

修改文字特性的方法有两种。一种是通过修改“样式”，来修改文字的颠倒、反向和垂直效果；另一种是选中文字后单击标准工具栏中的特性按钮，或者右键单击待修改的文字，选择“特性”命令打开文字的“特性”选项框，如图 5.6 所示。

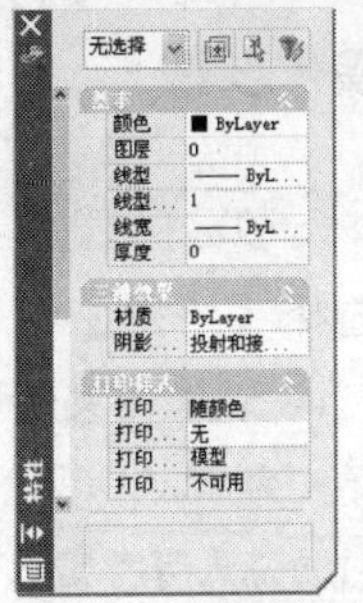

图 5.6　利用文字【特性】对话框修改文字特性

绘图时，用户除了输入普通文字和英文字符之外，经常会需要标注一些特殊字符，例如给文字加下划线和上划线等之类的特殊符号，这些字符不能直接通过键盘输入。AutoCAD 提供了两种输入方法：一种是使用字符串和控制代码来输入；另一种是通过中文输入法的软键盘来输入特殊字符。

操作步骤如下。

❶ 选择某种汉字输入法（如极品五笔输入法），打开输入法提示条。

❷ 右键单击输入法提示条中的模拟键盘图标，打开模拟键盘类型列表。如图 5.7 所示。

图 5.7　输入法提示条

❸ 单击选中某种模拟键盘打开模拟键盘，然后单击选定希望输入的符号即可。如图 5.8 所示。

图 5.8　利用模拟键盘输入特殊符号

5.3　创建与编辑多行文字

多行文字又称段落文字，是一种易于管理的文字对象，它由任意数目的文字行或段落组成，并布满指定矩形的宽度。每行文字都是作为一个整体处理。

5.3.1　创建多行文字

1. 功能

用于创建较长、较为复杂的多行或段落文字内容。

2. 执行命令方式

菜单：选择【绘图】→【文字】→【多行文字】命令。

工具栏：选择【多行文字】工具 A 。

3. 操作步骤

❶ 选择【绘图】→【文字】→【多行文字】命令。命令行提示于如下。

```
命令: _mtext 当前文字样式: "Standard"  文字高度: 2.5  注释性: 否
指定第一角点:
指定对角点或 [高度(H)/对正(J)/行距(L)/旋转(R)/样式(S)/宽度(W)/栏(C)]:
```

❷ 在绘图区域中单击鼠标并拖动，屏幕上将显示一个矩形，创建一个用来放置多行文字的区域。如图 5.9 所示。

❸ 在样式下拉列表中选择文字样式，输入文字高度为 2。

❹ 在文字输入窗口中输入需要创建的多行文字内容。如图 5.10 所示。

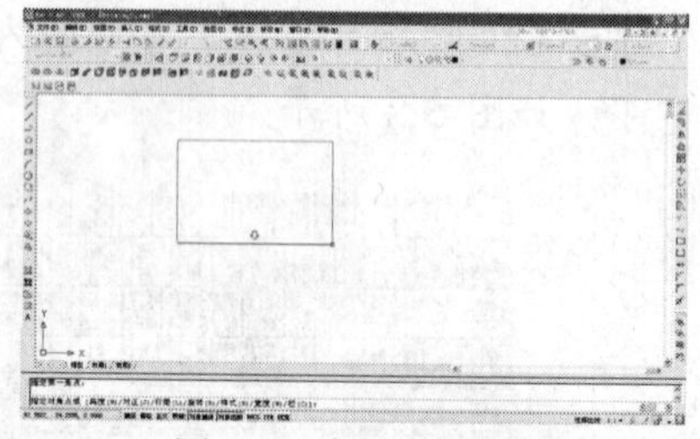

图 5.9 多行文字区域

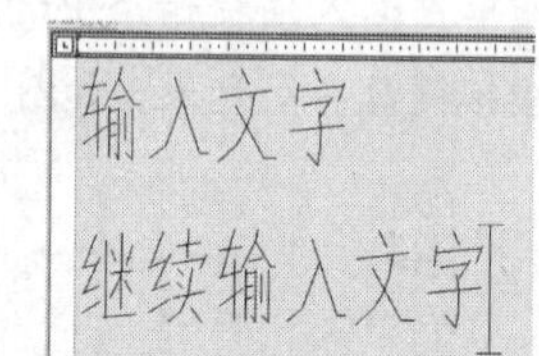

图 5.10 多行文字的文本编辑窗口

5.3.2 编辑多行文字

编辑创建的多行文字，可选择【修改】→【对象】→【文字】→【编辑】命令，单击创建的多行文字，打开多行文字编辑窗口，即可进行多行文字的编辑。

用户还可以利用“特性”选项板编辑文字的内容、图层、颜色、文字样式等特性。使用“特性”选项板编辑文字时，既可以先选择要编辑的文字，再打开“特性”选项板，也可以先打开“特性”选项板，再选择要编辑的文字。“特性”选项板内容如图 5.11 所示。

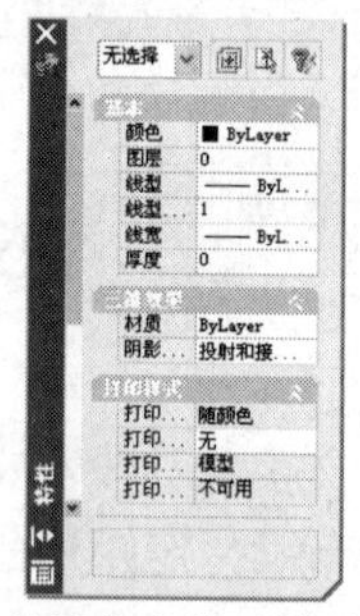

图 5.11 多行文字的“特性”选项板

5.4 创建表格

表格是由包含注释（以文字为主，也包含多个块）的单元格构成的矩形阵列，是在行和列中包含数据的对象。AutoCAD 加强了与其他程序的合作使用，用户可以在 Microsoft Excel 中直接复制表格，并将其作为 AutoCAD 表格对象粘贴到图形中，也可以输出来自 AutoCAD 的表格数据，供在 Microsoft Excel 或其他应用程序中使用。

表格的创建步骤如下。

❶ 选择【绘图】→【表格】命令。

❷ 在弹出的【插入表格】对话框中，从列表中选择一个表格样式，或单击按钮打开【插入表格】对话框。在“表格样式”下拉列表框，选择系统提供的或用户已经创建好的表格样式。如图 5.12 所示。

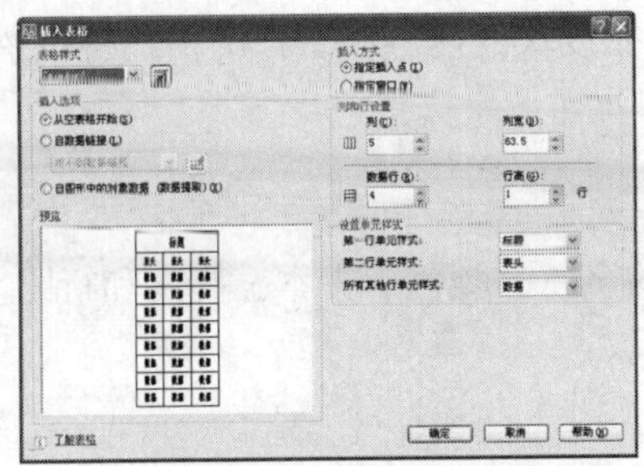

图 5.12 【插入表格】对话框

❸ 选择插入方法。

指定插入点，可以在绘图窗口中的某点插入固定大小的表格。

指定表格的插入窗口，可以在绘图窗口中通过拖动表格边框来创建所需大小的表格。

❹ 设置列数和列宽。

如果使用窗口插入方法，用户可以选择列数或列宽，但是不能同时选择两者。

❺ 设置行数和行高。

如果使用窗口插入方法，行数由用户指定的窗口尺寸和行高决定。本例中设置为 5 列 7 行，列宽和行高分别为 63.5 和 2。“设置单元样式”选项均设置为“数据”。如图 5.13 所示。

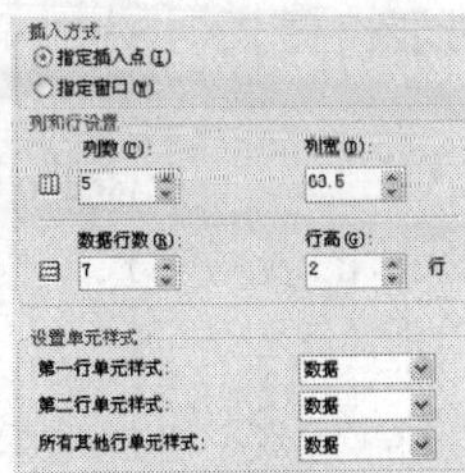

图 5.13 列和行的设置

❻ 单击 确定 按钮完成表格的创建。如图 5.14 所示。

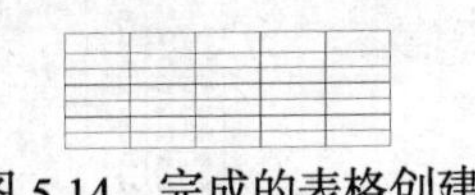

图 5.14 完成的表格创建

5.4.1 修改表格

表格创建完成后，用户可以单击表格上的任意网格线以选中该表格，然后通过使用“特性”选项板或夹点来修改该表格。如图 5.15 所示。

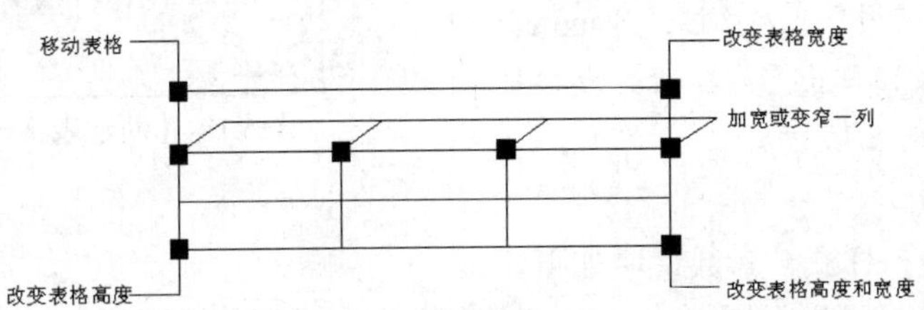

图 5.15 修改表格的方法

改变表格的高度或宽度时，行或列将按比例变化。修改列的宽度时，表格将加宽或变窄以适应列宽的变化。要想维持表格宽度不变，可在使用列夹点时按住 Ctrl 键。

1. 修改表格单元

在单元内单击以选中表格单元，单元边框的中央将显示夹点。在另一个单元内单击可以将选中的内容移到该单元。拖曳单元上的夹点可以使单元及其列或行更宽或更窄。

要选择多个单元，应单击并在多个单元上拖曳。按住Shift键并在另一个单元内单击，可以同时选中这两个单元以及它们之间的所有单元。

对于一个选中的单元可以单击鼠标右键，然后使用快捷菜单上的选项来插入/删除列和行、合并相邻单元或进行其他的修改。选中单元后，可以使用Ctrl+ Y组合键来重复上一个操作，其中包括在“特性”选项板中所作的修改。

2. 将表格添加到工具选项板

将表格添加到工具选项板时，表格特性（例如表格样式和行/列的编号）和单元特性替代（例如对齐和边框线宽）将存储在工具定义中，文字或块的内容和字符的格式将被忽略。

5.4.2 使用表格样式

表格样式控制一个表格的外观，用来设置表格的字体、颜色、文本、高度和行距。用户可以使用默认的表格样式，也可以自定义表格样式。

❶ 表格创建完成，可以选择【格式】→【表格样式】命令，弹出【表格样式】对话框。如图 5.16 所示。

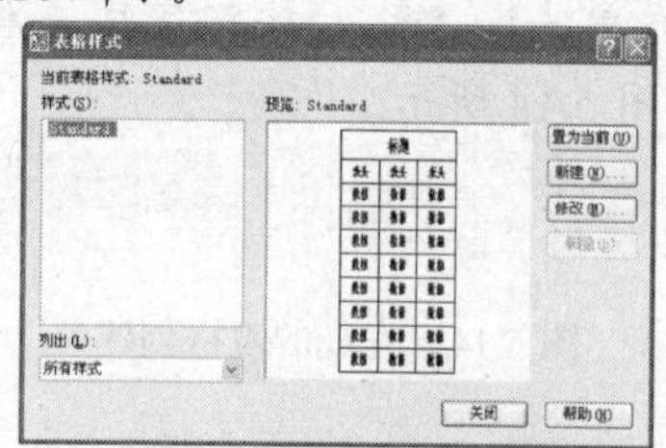

图 5.16 【表格样式】对话框

“样式”列表框：该列表显示当前图形中已有的表格样式，并且当前样式被亮显。

“列出”列表框：确定在样式列表框中的显示情况。

❷ 用户可以使用默认表格样式 Standard，或单击新建(N)...按钮弹出【创建新的表格样式】对话框。如图 5.17 所示。

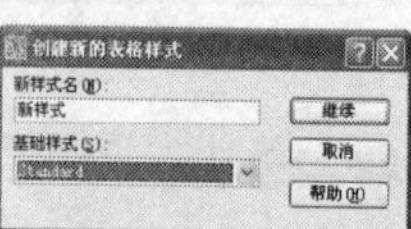

图 5.17 【创建新的表格样式】对话框

❸ 在“新样式名”文本框中输入样式名，选择“基础样式”后单击继续按钮，弹出【新建表格样式】对话框，即可继续设置表格样式。如图 5.18 所示。

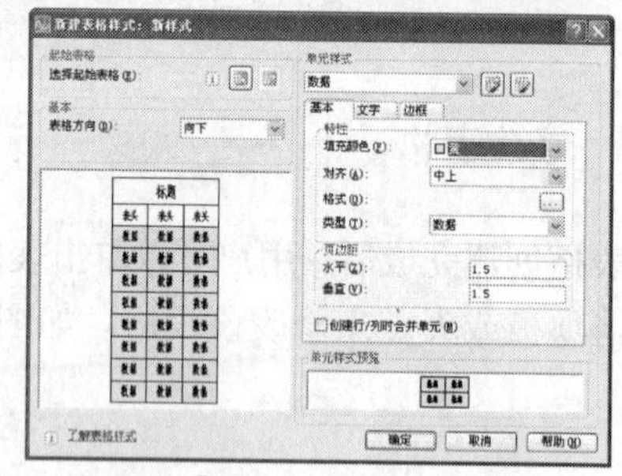

图 5.18 【新建表格样式】对话框

“创建新的表格样式”参数说明如下。

■ 起始表格：可以在图形中选定一个表格作为样例来设置新表格样式的格式，也可以将所选表格从当前指定的表格样式中删除。

■ “基本”选项区：用于更改表格的方向。

向下：该方式是默认方式。选择该项将创建由上而下读取的表，即标题行和列标题行位于表的顶部。单击“插入行”并单击“下”时，将在当前行的下面插入新行。

向上：选择该项将创建由下而上读取的表，即标题行和列标题行位于表的底部。单击“插入行”并单击“上”时，将在当前行的上面插入新行。

■ “单元样式”选项区：用于设置表中各种数据单元所用的文字外观。“数据”、“标题”、“表头”3 个选项分别设置表格的数据、标题、表头对应的格式。

■ 单元样式预览：用于显示当前表格样式设置后的效果图例。

5.4.3 向表格中添加内容

用户创建的表格是一个空表，因此需要在表格中插入文字和字段。

创建表格后，文字定位符自动定位在第一个单元格，并显示“文字格式”工具栏，这时用户可以开始输入文字。单元的行高会加大以适应输入文字的行数。要移动到下一个单元可按 Tab 键，或使用方向键左右上下移动单元格。

在表格单元中插入字段时，字段可以自动适应表格单元的大小，或者可以调整表格单元以适应字段的大小。

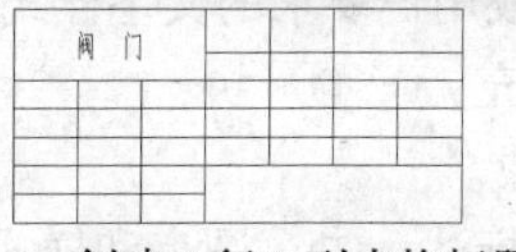

图 5.19 创建 5 行 7 列表格标题块

在表格单元中可以用方向键移动光标。使用工具栏和快捷菜单可以在单元中格式化文字、输入文字或对文字进行其他的修改。

练一练：绘制如图 5.19 所示的标题块。

❶ 选择【绘图】→【表格】命令，弹出【插入表格】对话框。

❷ 在“插入选项”选择中“从空表开始”，在“插入方式”选项中选择“指定插入点”，在“列”和“数据行”中设置列为 7，行为 5，列宽为 35，行高为 2。设置完毕单击 确定 按钮，在绘图窗口中即插入一个 5 行 7 列的表格。如图 5.20 所示。

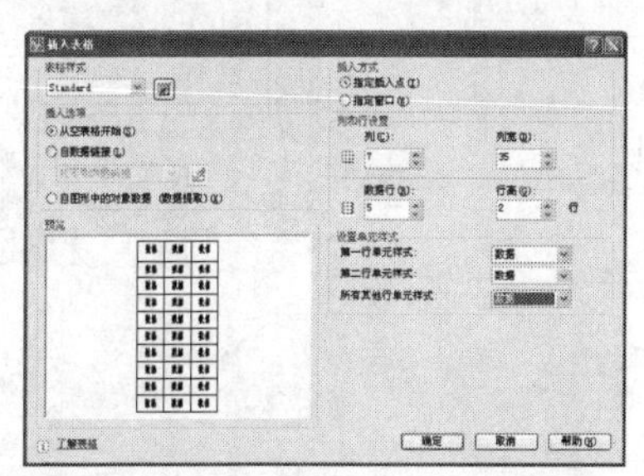
图 5.20 【插入表格】对话框设置

❸ 选择第 1、2 行的前 3 个表单元，然后右键单击，在弹出的快捷菜单中选择“合并”→“全部”命令，将其合并为一个表单元。使用同样的操作方法，将第 6、7 行的后 4 个表单元合并为一个表单元。

❹ 选择 1、2 行的后两个表单元，右键单击，选择“合并”→“按行”命令，将其合并为两个表单元。如图 5.21 所示。

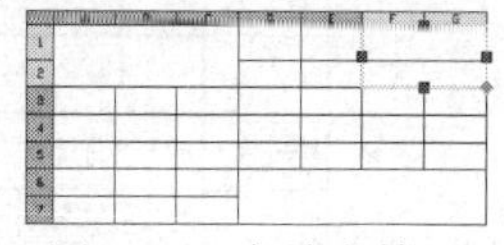
图 5.21 合并表单元

❺ 右键单击合并后的表单元，输入文字，绘制出表格。如图 5.22 所示。

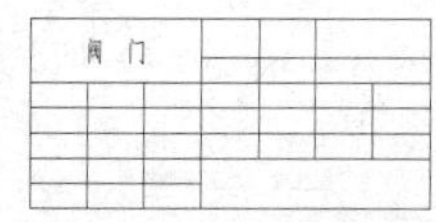

图 5.22 绘制表格

5.5 本讲小结

本讲主要讲述 AutoCAD 的创建与编辑单行文字、创建编辑多行文字、创建及修改文字样式以及创建和管理表格。这些绘图命令是 AutoCAD 绘图常用的技术。

AutoCAD 图形文字的外观由文字样式来控制。用户可以通过创建新的文字样式，来确定文字的字体、高度、宽度和倾斜角度等特性，通过修改某些设定就能快速地改变文字的外观。

AutoCAD 提供了更易于管理的多行文字，并可以插入特殊字符，如建立下划线文字、在段落文字内部使用不同的字体以及创建层叠文字等。

5.6 思考与练习

1. 选择题

（1）（　　）命令可用来创建、修改或设置符合标准规范或用户要求的文字样式。

A. 文字样式　B. 表格样式　C. 图案填充　D. 块

（2）AutoCAD 所绘制的工程图主要由（　　）两部分组成。

A. 图形和文字　B. 图形和表格　C. 图形和标注　D. 图表和样式

2. 判断题

（1）文字样式可用来创建文字的颠倒、方向、垂直。　（　　）

（2）修改表格时用户可以对夹点进行拖移。　（　　）

3. 上机操作题

绘制如图 5.23 所示的表格。

5	FD-00-05	螺母M12	3		
4	FD-00-04	顶尖	1	45	
3	FD-00-03	螺杆M12	1	30	
2	FD-00-02	垫块	1	Q235-A	
1	FD-00-01	架座	3	HT250	
序号	代号	名称	数量	材料	附注

图 5.23　绘制表格

第6讲 图层与线型比例

本讲要点

- 了解图层的概念
- 掌握图层在工作当中的使用方法
- 掌握编辑图层属性的方法

快速导读

本讲重点介绍图层的创建与编辑。读者通过学习，应掌握图层属性的编辑与改变对象所在图层的方法。

6.1 创建图层

AutoCAD 的图层相当于一个存放图形各个部件的透明胶片。可以把图层想象成现实生活中非常透明的玻璃纸，在这些玻璃纸上分别画出图层的各个部件，而整幅图形是由这些玻璃纸拼合而成。

AutoCAD 的图层功能非常强大。在利用 AutoCAD 制图之前应设置不同的图层，例如门窗层、家具层和标注层等，这样便于对整个图形文件的管理操作。

6.1.1 创建新图层

在利用 AutoCAD 制图之前，可根据工作需要创建新的图层，而每个图层可以控制相同属性的对象。

1. 功能

利用【LAYER】命令可以打开【图层特性管理器】对话框以创建和编辑图层。

2. 执行命令方式

命令行：输入 LAYER（或 LA）。

菜单：选择【格式】→【图层】命令。

工具栏：图层→图层特性管理器。

3. 操作步骤

❶ 选择【格式】→【图层】命令，弹出【图层特性管理器】对话框。如图 6.1 所示。

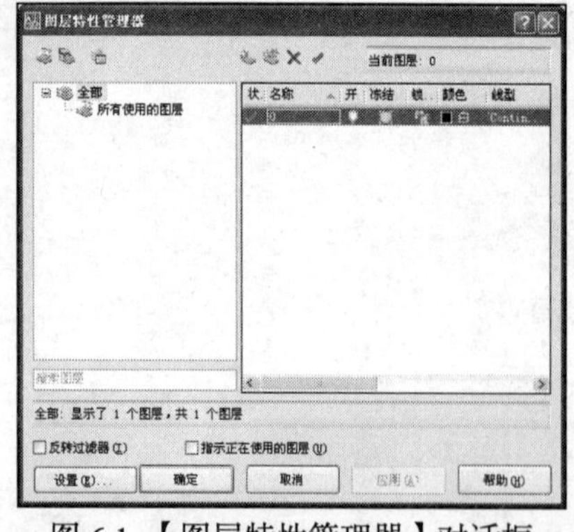

图 6.1 【图层特性管理器】对话框

❷ 单击按钮创建新图层。如图 6.2 所示。

图 6.2 创建的新图层

4.【图层特性管理器】参数说明

新特性过滤器：显示【图层过滤器特性】对话框，从中可以根据图层的一个或多个特性创建图层过滤器。

新组过滤器：创建图层过滤器，其中包含选择并添加到该过滤器的图层。

图层状态管理器：显示【图层状态管理器】对话框，从中可以将图层当前特性的设置保存到一个命名图层状态中，以后可以再恢复这些设置。

新建图层：创建新图层。

在所有视口中都被冻结的新图层视口：创建新图层，然后在所有现有布局视口中将其冻结。

删除图层×：将选定图层标记为要删除的图层。单击 确定 时，将删除这些图层。

置为当前：将选定图层设置为当前图层。

6.1.2 设置图层颜色

为了能清楚醒目地区分不同的图形对象，可以设定不同的图层为不同的颜色。可以通过图层指定对象的颜色，从而在图形中就能轻易识别每个图层；也可以不依赖图层而明确地指定颜色，从而使同一图层的对象之间产生一些差别。

1. 功能

设置图层颜色能醒目区分不同类型的图形对象。

2. 执行命令方式

命令行：输入 LAYER（或 LA）。
菜单：选择【格式】→【图层】命令。
工具栏：图层→图层特性管理器。

3. 操作步骤

❶ 选择【格式】→【图层】命令，弹出【图层特性管理器】对话框（可参考图 6.1）。

❷ 单击图层对应的颜色小方块 白，弹出【选择颜色】对话框。如图 6.3 所示。

图 6.3 【选择颜色】对话框

❸ 选择需要的颜色并单击 确定 按钮完成操作。结果如图 6.4 所示。

图 6.4 改变后图层颜色

4. 练一练

新建一个图层并更改其颜色为红色。如图 6.5 所示。

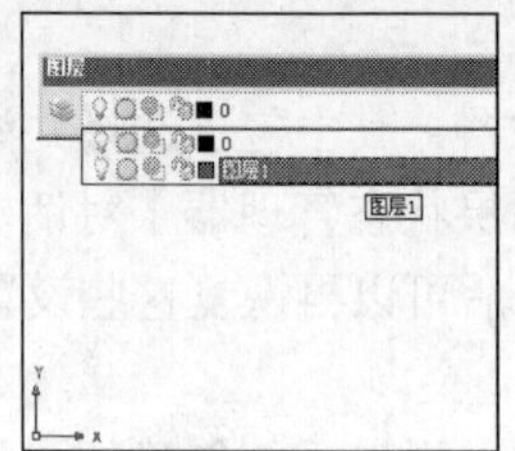

图 6.5 更改图层颜色

6.1.3 设置图层线型

在工程制图中，线型是区分不同图形对象的标准之一，设置图层线型是制作标准图形的基本步骤。例如中轴线一般用虚线表示，而墙体一般用实线表示。

1. 功能

设置图层线型是以区分不同类型的图形对象。

2. 执行命令方式

命令行：输入 LAYER（或 LA）。
菜单：选择【格式】→【图层】命令。
工具栏：图层→图层特性管理器。

3. 操作步骤

❶ 选择【格式】→【图层】命令，弹出【图层特性管理器】对话框（可参考图 6.1）。

❷ 单击图层对应的线型 Continuous，弹出【选择线型】对话框。如图 6.6 所示。

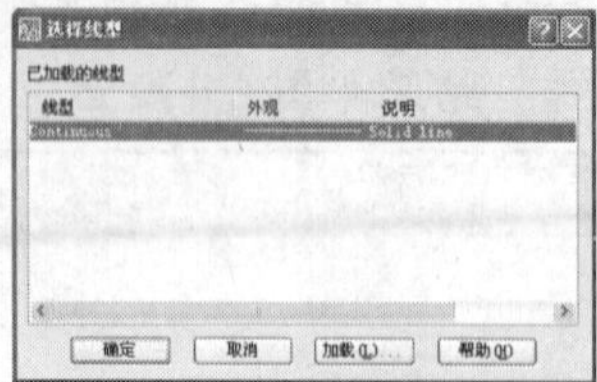

图 6.6 【选择线型】对话框

❸ 单击【加载】按钮，弹出【加载或重载线型】对话框。结果如图 6.7 所示。

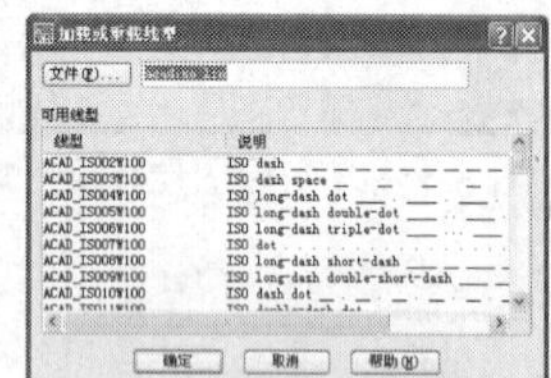

图 6.7 【加载或重载线型】对话框

❹ 选择“ACAD_ISOO7W100”并单击 确定 按钮，返回【选择线型】对话框。如图 6.8 所示。

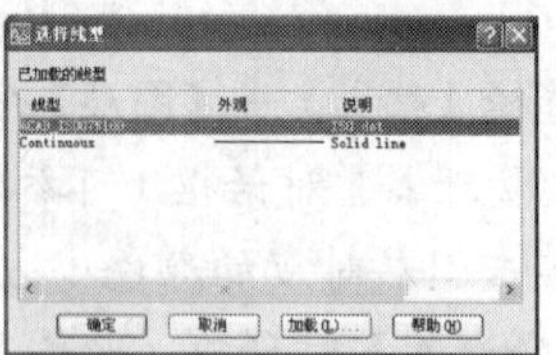

图 6.8 【选择线型】对话框

❺ 选择新添加的线型并单击 确定 按钮完成操作。结果如图 6.9 所示。

图 6.9 改变后的线型

提 示

设置图层线型后，若不能显示出来，可在命令行输入“LTSCALE”命令，然后更改其显示比例即可。

4. 练一练

新建一个图层并设置其线型为“ZIGZAG”。如图6.10所示。

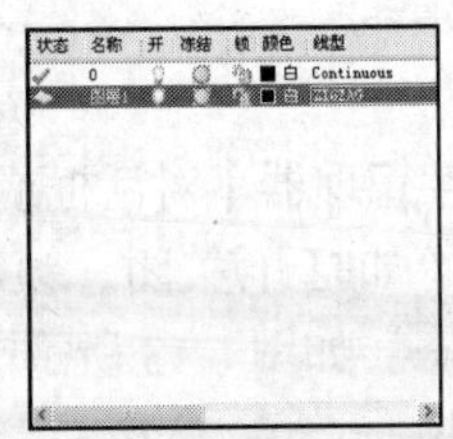

图6.10 设置图层线型

6.1.4 设置图层线宽

线宽是给图形对象和某些类型的文字指定宽度，设置图层线宽度也是制作标准图纸的基本步骤之一。

1. 功能

设置图层线宽是给图形对象或某些类型的文字指定宽度。

2. 执行命令方式

命令行：输入LAYER（或LA）。
菜单：选择【格式】→【图层】命令。
工具栏：图层→图层特性管理器。

3. 操作步骤

❶ 选择【格式】→【图层】命令，弹出【图层特性管理器】对话框（可参考图6.1）。

❷ 单击图层对应的线宽 —— 默认，弹出【线宽】对话框。如图6.11所示。

图6.11 【线宽】对话框

❸ 选择需要的线宽并单击 确定 按钮完成操作。结果如图6.12所示。

图6.12 改变后图层线宽

提 示

TrueType 字体、光栅图像、点和实体填充（二维实体）无法显示线宽。多段线仅在平面视图外部显示时才显示线宽。可以将图形输出到其他应用程序，或者将对象剪切到剪贴板上并保留线宽信息。

6.1.5 设置图层状态

在 AutoCAD 中，在【图层特性管理器】对话框或【图层】工具栏的“图层控制”下拉列表中，单击列表中的特征图标（如打开/关闭、锁定/解锁和冻结/解冻等）可控制图层的状态。如图 6.13 所示。

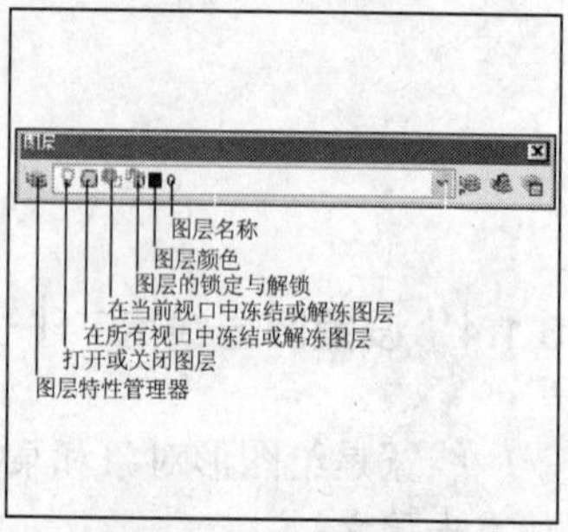

设置图层状态时要注意以下几点。

- 打开/关闭图层：图层打开时，可显示和编辑图层上的内容；图层关闭时，图层上的内容被全部隐藏，且不可被编辑或打印。切换图层的打开/关闭状态时不会重新生成图形。
- 冻结/解冻图层：冻结图层时，图层上的内容全部隐藏，且不可被编辑或打印，从而可减少复杂图形的重生成时间。已冻结图层上的对象不可见，并且不会遮盖其他对象。解冻一个或多个图层将导致重新生成图形。冻结和解冻图层比打开和关闭图层需要更多的时间。
- 锁定/解锁：锁定图层时，图层上的内容仍然可见，并且能够捕捉或添加新对象，但不能被编辑和修改。

图层名称
图层颜色
图层的锁定与解锁
在当前视口中冻结或解冻图层
在所有视口中冻结或解冻图层
打开或关闭图层
图层特性管理器

图 6.13 【图层】工具栏

6.2 管理图层

使用【图层特性管理器】对话框可以对图层进行更多的设置与管理，如图层的切换、重命名和删除等操作。

6.2.1 切换当前图层

用户只能在当前图层中绘制图形，而且所绘制实体的属性将继承当前图层的属性。当前图层的层名和属性状态都会显示在【图层】工具栏中。

1. 功能

利用【CLAYER】命令可以切换当前图层。

2. 执行命令方式

命令行：输入 CLAYER。

工具栏：图层→应用的过滤器。

3. 操作步骤

❶ 打开"samples\ch06\切换图层.dwg"文件。如图 6.14 所示。

图 6.14 切换图层

❷ 在命令行输入"CLAYER"并按 Enter 键确定，输入图层名称"layer2"并按 Enter 键确定完成操作。命令行提示如下。结果如图 6.15 所示。

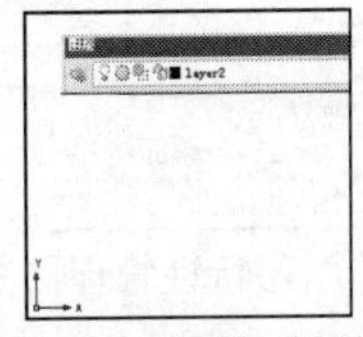

图 6.15 切换后图层

命令: CLAYER //执行命令

输入CLAYER 的新值<"layer1">: layer2 //输入要切换的图层名称

6.2.2 显示图层组

可以控制图层特性管理器中列出的图层名，并且可以按图层名或图层特性（例如颜色或可见性）进行排序。

利用图层组过滤器可限制图层特性管理器和【图层】工具栏中显示的图层名。在大型图形中，利用图层组过滤器可以仅显示要处理的图层。

显示图层组的操作步骤如下。

❶ 打开"samples\ch06\图层组.dwg"文件。如图 6.16 所示。

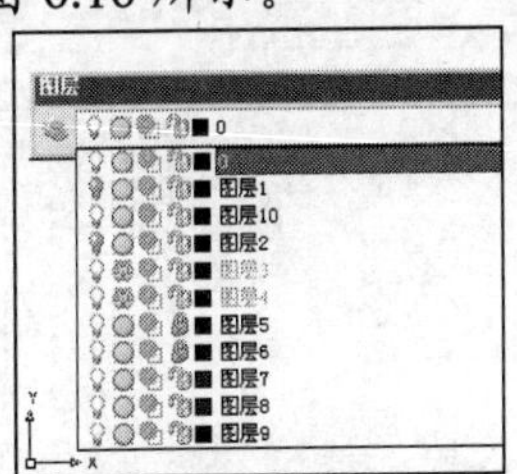

图 6.16 图层组

❷ 选择【格式】→【图层】命令，弹出【图层特性管理器】对话框。如图 6.17 所示。

❸ 单击"新特性过滤器"按钮，弹出【图层过滤器特性】对话框，更改过滤器名称为"开关及冻结"，设置过滤器定义。如图 6.18 所示。

❹ 单击 确定 按钮返回【图层特性管理器】对话框，在左侧选择新定义的特性管理器"开关及冻结"后，右侧列表中仅显示符合当前定义条件的图层。结果如图 6.19 所示。

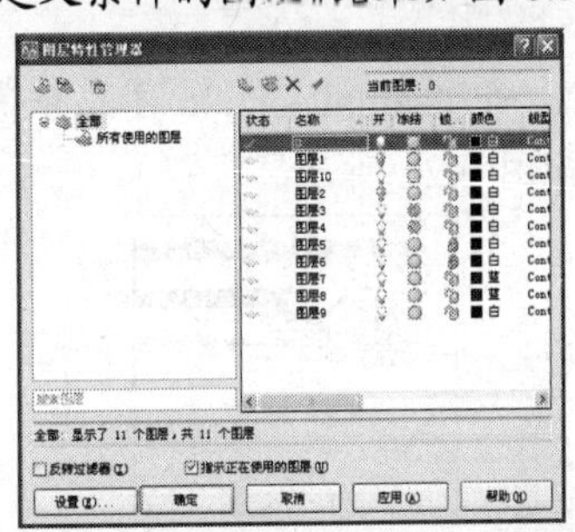

图 6.17 【图层特性管理器】对话框

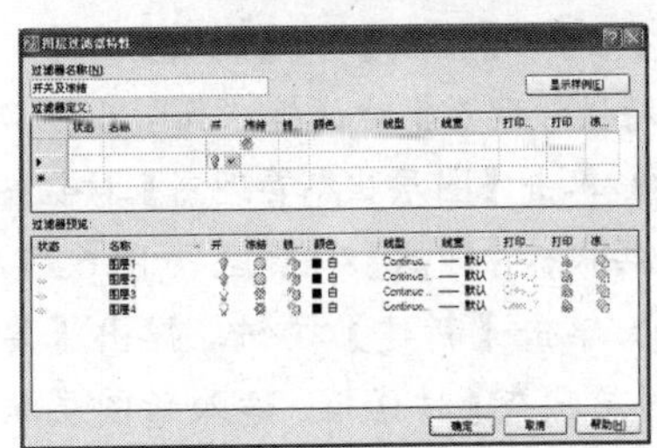

图 6.18 【图层过滤器特性】对话框

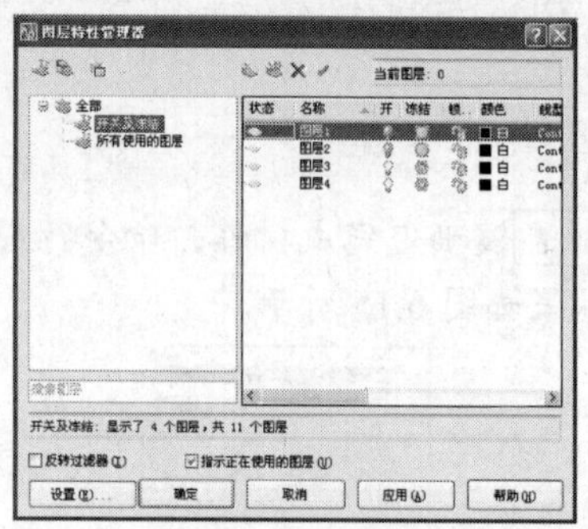

图 6.19 【图层特性管理器】对话框

❺ 单击 确定 按钮完成操作，在【图层】工具栏单击"应用的过滤器"按钮，仅显示当前图层和当前应用的过滤器图层。如图 6.20 所示。

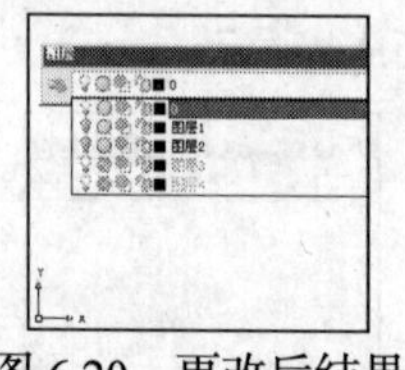

图 6.20 更改后结果

6.2.3 保存与恢复图层状态

可以将图形的当前图层设置保存为命名图层状态，以后再恢复这些设置。如果在绘图的不同阶段或打印的过程中需要恢复所有图层的特定设置，保存图形设置会带来很大的方便。

1. 功能

在绘图的不同阶段对图层状态进行保存或恢复。

2. 执行命令方式

命令行：输入 LAYER（或 LA）。

菜单：选择【格式】→【图层】命令。

工具栏：图层→图层特性管理器。

3. 操作步骤

❶ 打开"samples\ch06\图层状态.dwg"文件。如图 6.21 所示。

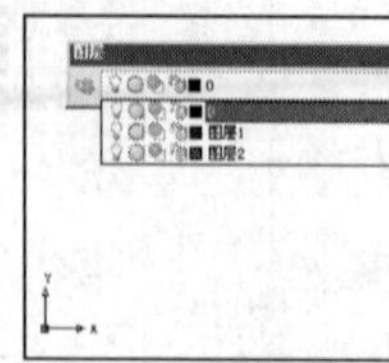

图 6.21 图层状态

❷ 选择【格式】→【图层】命令，弹出【图层特性管理器】对话框。如图 6.22 所示。

❸ 单击【图层状态管理器】按钮，弹出【图层状态管理器】对话框。如图 6.23 所示。

❹ 单击【新建】按钮，弹出【要保存的新图层状态】对话框，输入新图层状态名称。结果如图 6.24 所示。

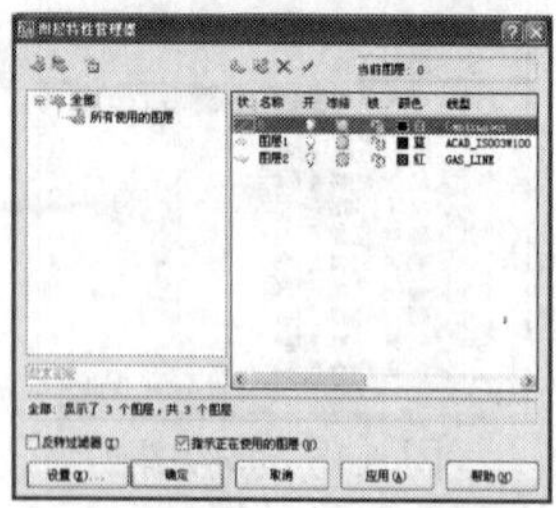

图 6.22 【图层特性管理器】对话框

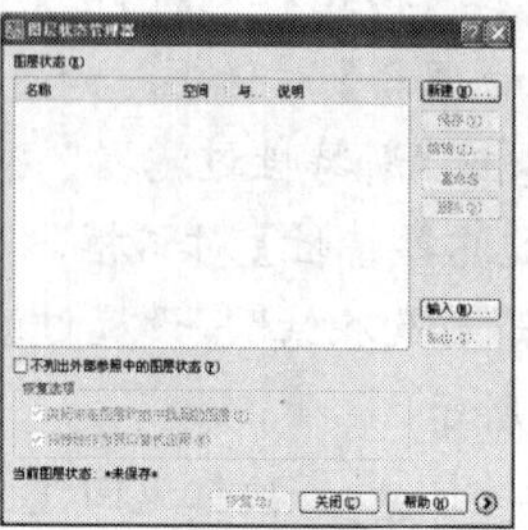

图 6.23 【图层状态管理器】对话框

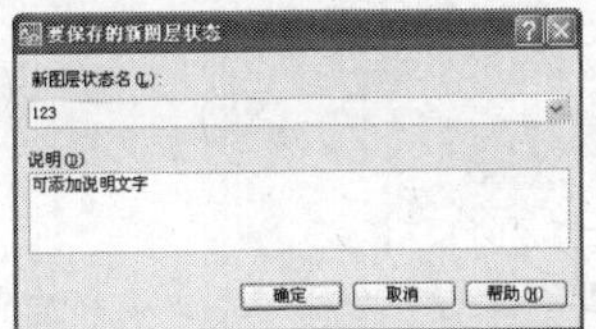

图 6.24 【要保存的新图层状态】对话框

❺ 单击 确定 按钮后返回【图层状态管理器】对话框,单击“保存”按钮弹出【AutoCAD】询问对话框，单击 是(Y) 按钮完成操作。如图 6.25 所示。

图 6.25 【AutoCAD】询问对话框

❻ 若需要恢复图层状态可打开【图层状态管理器】对话框，单击下面的【恢复】按钮即可。

6.2.4 重命名图层

若要重命名图层，可以在【图层特性管理器】对话框的图层显示栏内选中图层，然后右击选择快捷菜单中的“重命名图层”(也可以选中图层后按 F2 键)。

1. 功能

重命名图层有助于对新建图层进行区分。

2. 执行命令方式

命令行：输入 LAYER（或 LA）。
菜单：选择【格式】→【图层】命令。
工具栏：图层→图层特性管理器。

3. 操作步骤

❶ 打开“samples\ch06\重命名图层.dwg”文件。如图 6.26 所示。

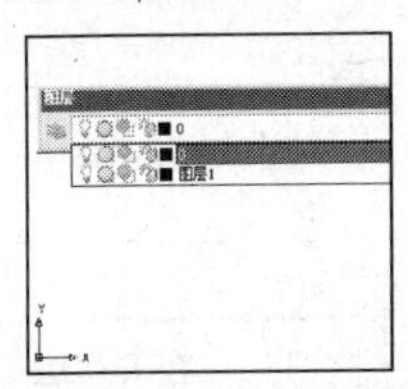
图 6.26 重命名图层

❷ 选择【格式】→【图层】命令，弹出【图层特性管理器】对话框。如图 6.27 所示。

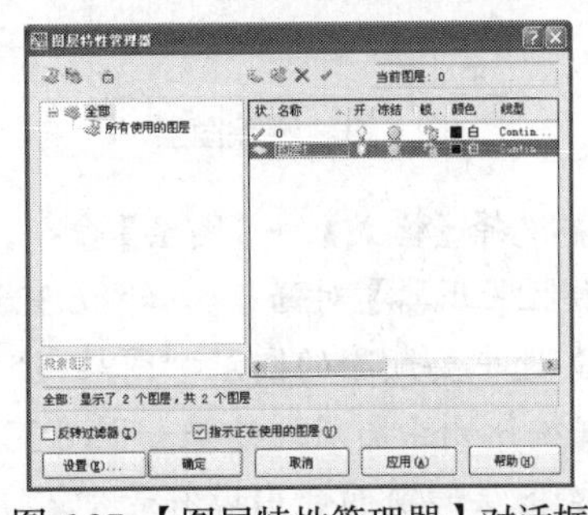
图 6.27 【图层特性管理器】对话框

❸ 在要命名的图层上右击弹出快捷菜单，单击选择“重命名图层”。如图 6.28 所示。

❹ 输入新图层的名称“新图层”后单击空白处。结果如图 6.29 所示。

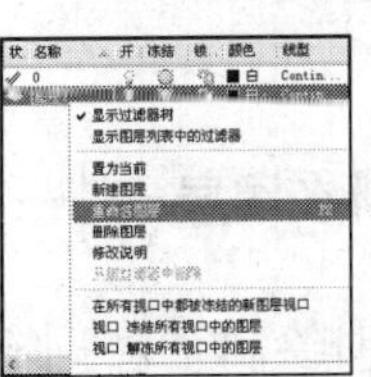
图 6.28 右键快捷菜单

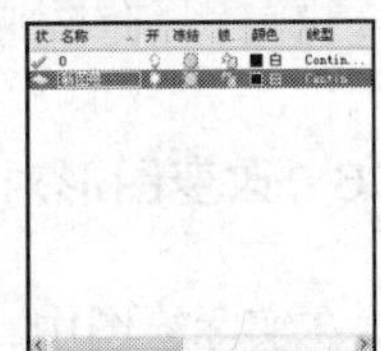
图 6.29 改变后图层名称

4. 练一练

新建一个图层并命名为“标注层”。如图 6.30 所示。

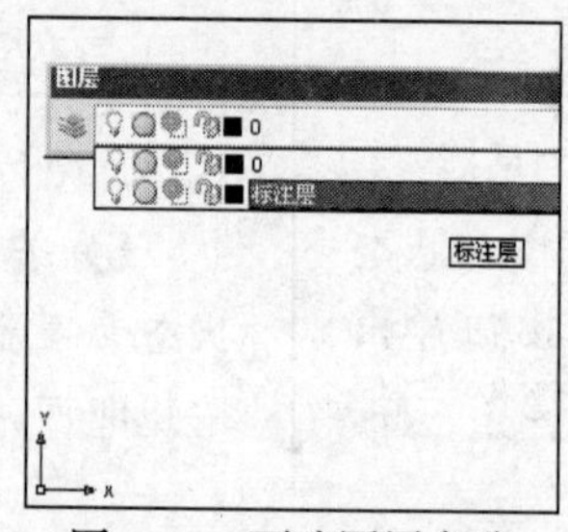

图 6.30　更改图层名称

6.2.5　删除图层

选中图层后，单击“图层特性管理器”对话框中的删除按钮（或按 Delete 键）可以删除该图层，单击 确定 按钮可将图层清除。但是当前图层、含有实体的图层、0 层和 Defpoint 图层、依赖于外部参照的图层等不能被删除。删除图层的具体操作步骤如下。

❶ 打开“samples\ch06\删除图层.dwg”文件。如图 6.31 所示。

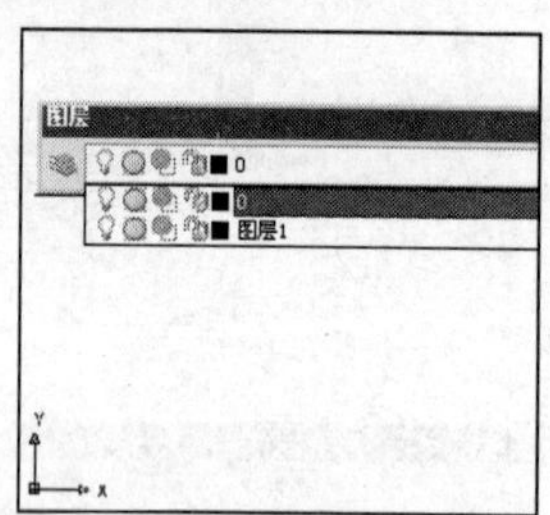

图 6.31　删除图层

❷ 选择【格式】→【图层】命令，弹出【图层特性管理器】对话框。如图 6.32 所示。

❸ 选中要删除的图层“图层 1”后，单击按钮删除图层。结果如图 6.33 所示（被删除图层的前面会出现符号“×”）。

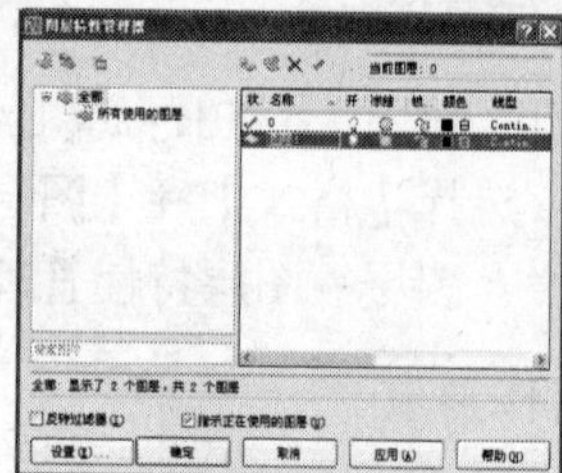

图 6.32 【图层特性管理器】对话框

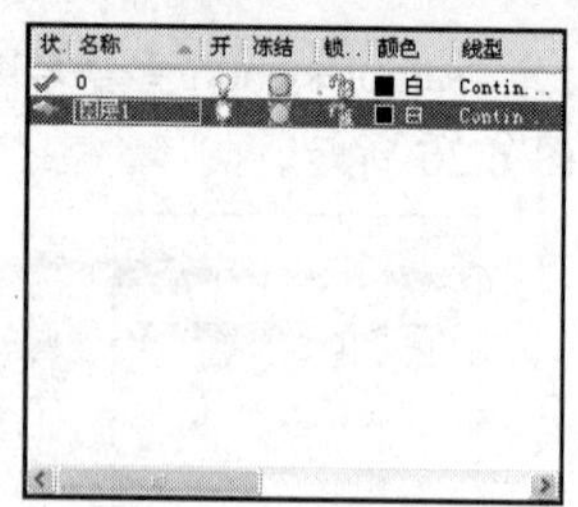

图 6.33　删除图层

❹ 单击 确定 按钮后完成操作。

6.2.6　改变图形对象所在图层

在实际绘图中，有时绘制完某一图形元素后，会发现该元素并没有绘制在预先设置的图层上。这时可先选中图形对象再单击【图层】工具栏上的按钮，在其下拉列表中选择新的图层。改变图形对象所在图层的具体操作步骤如下。

❶ 打开 "samples\ch06\改变图层.dwg" 文件。如图 6.34 所示。

❷ 选择原始图层对象。结果如图 6.35 所示。

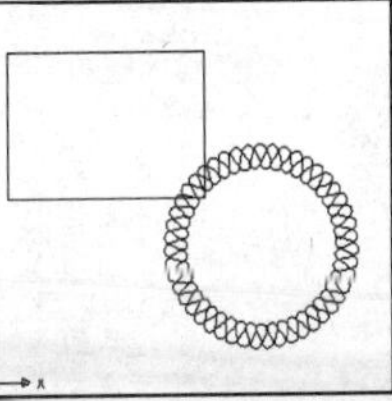

图 6.34　改变图层

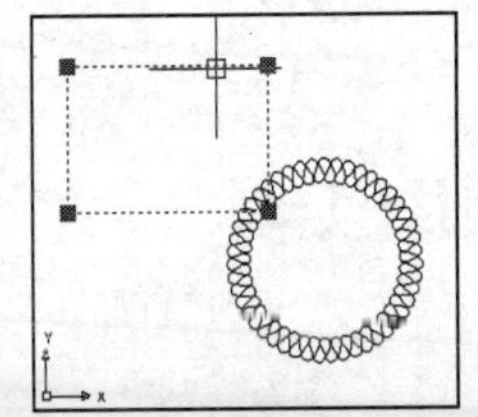

图 6.35　选择原始图层对象

❸ 单击【图层】工具栏上的按钮，在其下拉列表中选择 "图层 1"。如图 6.36 所示。

❹ 结果如图 6.37 所示。

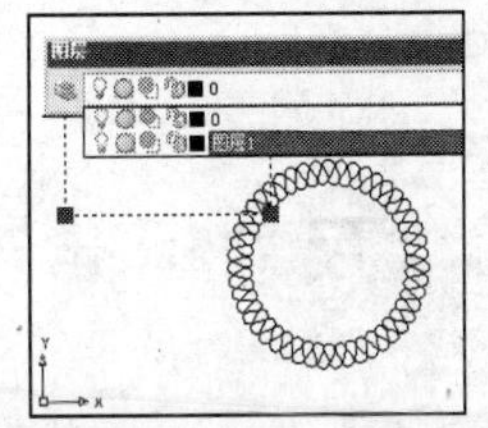

图 6.36　选择 "图层 1"

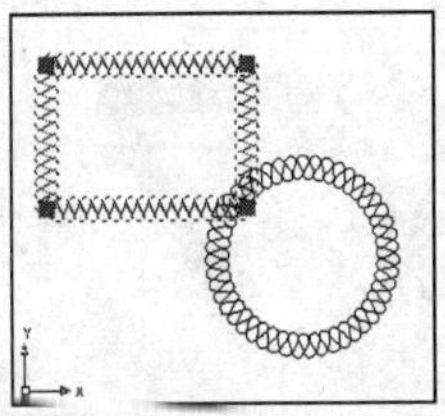

图 6.37　改变图层后的对象

6.3　本讲小结

图层是 AutoCAD 提供的管理图形的一种方法，利用图层对图形进行分组管理，例如将轮廓线、中心线、尺寸、技术要求和剖面线等分别放置于不同的图层之中。可以根据需要随时打开/关闭或锁定/解锁相应的图层。已关闭的图层不再显示在屏幕上，这样可以简化显示，分而治之。被锁定的图层仍然显示在屏幕上，可以避免被删除或移动位置，还可以在被锁定的图层上绘制新图形和捕捉目标点等。

6.4　思考与练习

1. 选择题

（1）设置某一图层为当前图层，不可以使用的工具或命令是（　　）。

A. 线型管理器　　B.【图层】工具栏

C. 图层特性管理器　　D. "CLAYER" 命令

（2）下列哪 3 种图层可以删除（　　）。

A. 图层 0　　B. 当前图层　　C. 包含对象的图层　　D. 空图层

2. 判断题

（1）依赖外部参照的图层可以被删除。（　　）

（2）新建图层默认的线型为 Continuous。（　　）

3. 上机操作题

新建一个图形并建立 3 个图层，按照下述条件对其属性进行编辑。

图层名称	颜色	线型	线宽
填充层	250		0.00
家具层	蓝		0.05
绿化层	82		0.00

第7讲 尺寸标准与辅助工具

本讲要点

- 了解尺寸标注的组成和设定规则
- 掌握尺寸标注的编辑
- 掌握设计中心的应用

快速导读

本讲重点讲述尺寸标注的组成、各种尺寸标注的基本方法以及尺寸标注的编辑。通过本讲的学习，读者应掌握如何进行尺寸的标注和编辑，并学习通过设计中心的应用，提高图形管理和图形设计的效率，从而完成工程图的绘制。

尺寸标注是工程设计与制图工作的一项重要内容。图形的绘制是反映对象的形状，尺寸标注用于表达设计对象的真实大小和彼此之间的相互位置，同时标注也是进行施工和加工的依据。

7.1 尺寸标注的组成和标注规则

在 AutoCAD 中，AutoCAD 提供了 10 余种具有强大功能的标注工具用以标注图形对象，可以利用“标注”工具栏和“标注”菜单进行图形尺寸标注。如图 7.1 所示。

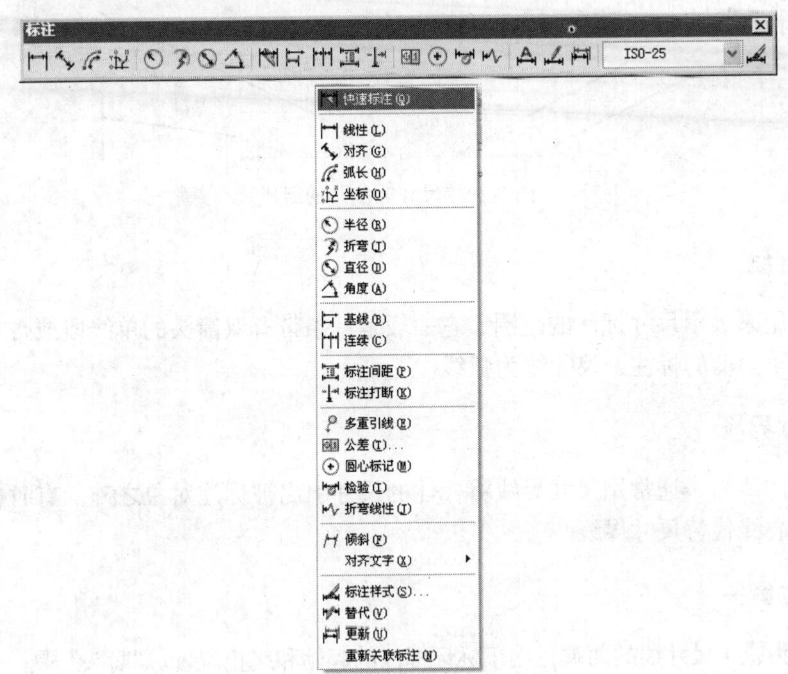

图 7.1 “标注”工具栏和“标注”菜单

AutoCAD 的标注工具可以用来标注线性尺寸，也可以标注直径、半径、角度等尺寸，并可以进行引线标注、快速标注和公差标注等。完成标注后，还可以对标注的尺寸进行各种编辑操作。

7.1.1 尺寸标注的规则

在 AutoCAD 中，对绘制的图形进行尺寸标注时应遵循以下规则。

（1）对象的真实大小应以图样上所标注的尺寸数值为依据，与图形的大小及绘图的准确度无关。AutoCAD 通常是以真实尺寸绘图的，因此绘制对象的真实大小与图形的大小及图样上标注的尺寸数据是一致的。图形输出时通常不是以 1：1 的比例进行，并且存在打印误差，但对象的真实大小仍以图样上标注的尺寸数值为依据。

（2）图形中的尺寸以毫米（mm）为单位时，不需要标明计量单位的代号或名称。如采用其他单位，则必须注明相应计量单位的代号或名称，如 30°（度）、30cm（厘米）或 20m（米）等。

（3）图形中所标注的尺寸应为该图形所表示的对象的最后完工尺寸，否则应另加说明。

（4）绘制对象的每一尺寸，一般只标注一次，并应标注在最后反映结构最清晰的图形上。

7.1.2 尺寸的组成

在机械制图或其他工程绘图中，尺寸标注有多种类型和外观，但其基本构成元素一样，都是由尺寸线、尺寸界线、尺寸箭头和尺寸文字（即尺寸值）等 4 部分内容组成。如图 7.2 所示。

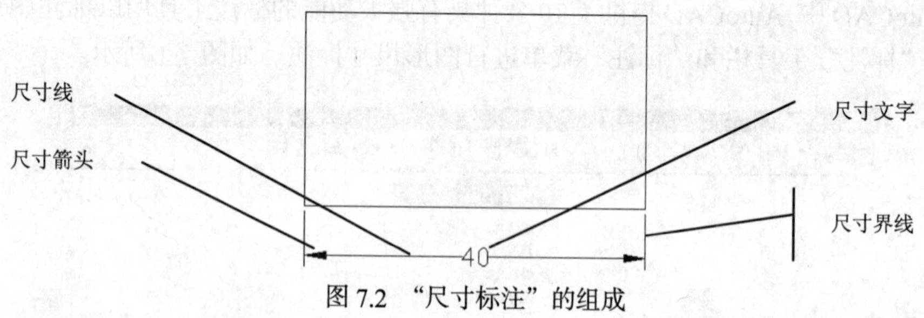

图 7.2 “尺寸标注”的组成

1. 尺寸线

尺寸线用来表示尺寸标注的范围，它一般是一条带有双箭头的单线段或带有单箭头的双线段。对于角度的标注，尺寸线为弧线。

2. 尺寸界线

为了标注清晰，通常用尺寸界线将标注的尺寸引出被标注对象之外。有时也用对象的轮廓线或中心线代替尺寸界线。

3. 尺寸箭头

尺寸箭头位于尺寸线的两端，用于标记标注的起始和终止位置。“箭头”是一个广义的概念，AutoCAD 提供有各种箭头供用户选择，也可以用短划线、点或其他标记代替尺寸箭头。

4. 尺寸文字

尺寸文字用来标记尺寸的具体值。尺寸文字可以只反映基本尺寸，可以带尺寸公差，还可以按极限尺寸形式标注。如果尺寸界线内放不下尺寸文字，AutoCAD 会自动地将其放到外部。

7.1.3 创建尺寸标注

在 AutoCAD 中对图形进行尺寸标注的具体步骤如下。

❶ 选择【格式】→【图层】命令，打开【图层特性管理器】对话框，选择“颜色”列下方的颜色按钮，在打开的【选择颜色】对话框进行颜色设置，用于尺寸标注。如图 7.3 和图 7.4 所示。

❷ 选择【格式】→【文字样式】命令，使用打开的【文字样式】对话框创建一种文字样式，用于尺寸标注。

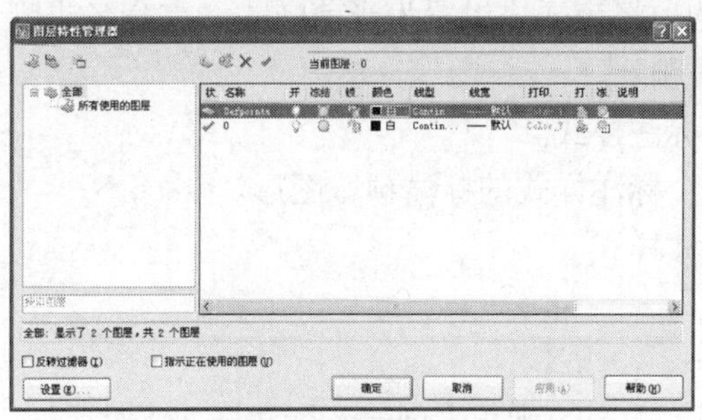

图 7.3 【图层特性管理器】对话框

❸ 选择【格式】→【标注样式】命令，使用打开的【标注样式管理器】对话框，进行标注样式设置。

图 7.4 【选择颜色】对话框

❹ 使用“对象捕捉”等功能对图形中的元素进行标注。

7.2 尺寸标注的样式设定

使用标注样式可以控制尺寸标注的格式和外观，建立和强制执行图形的绘图标准，这样有利于对标注格式及用途进行修改。在 AutoCAD 中，系统总是使用当前的标注样式创建标注，如以公制为样板创建新的图形，则默认的当前样式是国际标准化组织的 ISO-25 样式，用户也可以创建其他样式并将其设置为当前样式。

用户可以选择【格式】→【标注样式】命令，在【标注样式管理器】对话框创建和设置标注样式。

7.2.1 新建标注样式

1. 新建标注样式的方法

（1）选择【格式】→【标注样式】命令或选择【标注】→【样式】命令。

（2）在命令行输入 Dimstyle（或 D、DDIM、DIMSTY 等）。

（3）选择工具栏中的标注样式按钮。

选择以上命令，即可打开【标注样式管理器】对话框。如图 7.5 所示。

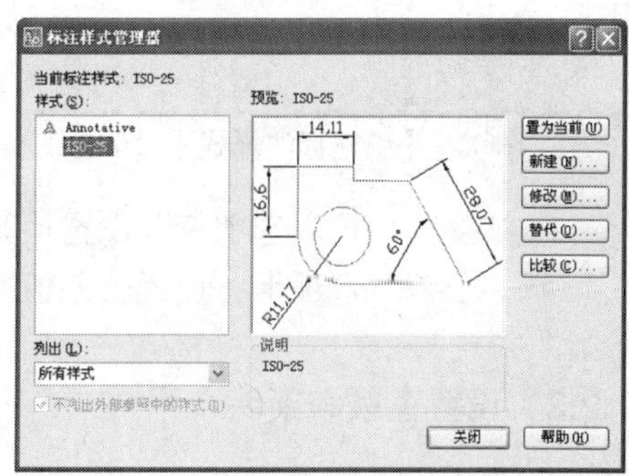

图 7.5 【标注样式管理器】对话框

2.【标注样式管理器】对话框说明

- 当前标注样式：显示当前标注样式的名称。当前样式将应用于所创建的标注。
- 样式：该列表框显示了图形中的所有标注样式。选择的当前样式将被亮显。在某标注样式上右键单击，可以利用快捷菜单中的选项将该样式设置为当前样式、重命名或删除该样式。但是当前正在使用的标注样式不能被删除。

- 列出：控制“样式”列表框中显示哪些标注样式。
- 预览：显示“样式”列表框中选择的某个标注样式的标注预览图形。
- 说明：说明“样式”列表框中选择的标注样式。

3. 操作步骤

选择【标注样式管理器】对话框中的 新建(N)... 按钮，弹出【创建新标注样式】对话框，利用该对话框即可新建标注样式。如图 7.6 所示。

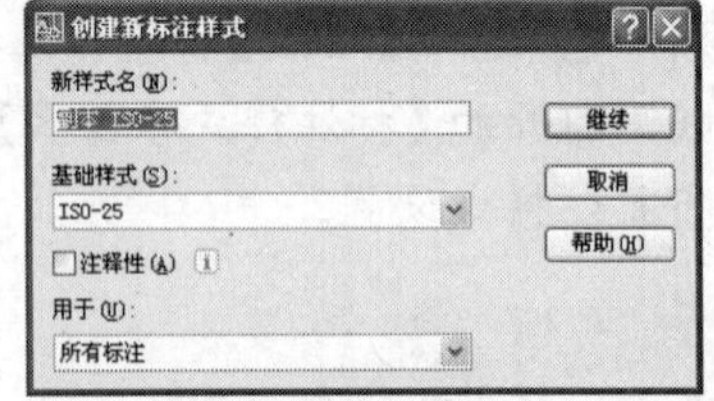

图 7.6 【创建新标注样式】对话框

【创建新标注样式】对话框中各个选项的含义如下。

- “新样式名”文本框：用于输入新标注样式的名称。
- “基础样式”下拉列表框：用于选择一种基础样式，新样式将在该基础样式上进行修改。如果没有创建过新样式，系统将使用 ISO-25 作为基础样式。基础样式和新样式之间没有联系。
- “注释性”：注释性通常用于对图形对象的特性加以注释。该特性使用户可以自动完成注释缩放过程。
- “用于”下拉列表框：指定新建标注样式的适用范围，可适用的范围有“所有标注”、“线性标注”、“角度标注”、“半径标注”、“直径标注”、“坐标标注”以及“引线和公差”等。

设置了新标注样式的名称、基础样式和适用范围后，单击对话框中的 继续 按钮将打开【新建标注样式】对话框，如图 7.7 所示。利用该对话框用户可以对新建的标注样式进行具体的设置。创建标注样式包括以下内容。

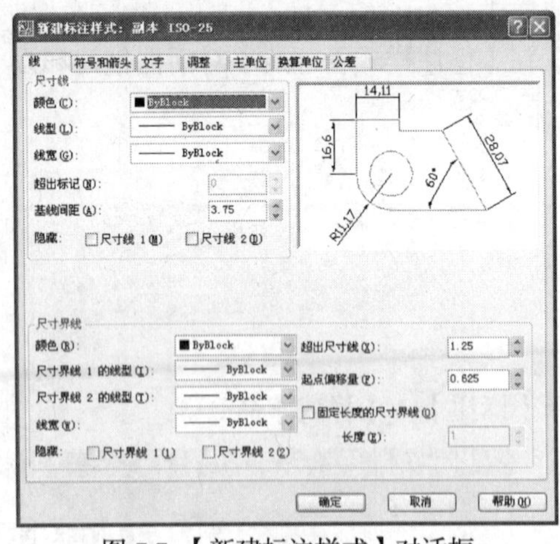

图 7.7 【新建标注样式】对话框

- “线”选项卡：设置尺寸线、尺寸界线的格式与位置。
- “符号和箭头”选项卡：设置箭头的样式和圆心标记的格式与位置。
- “文字”选项卡：设置标注文字的外观、位置和对齐方式。
- “调整”选项卡：设置文字与尺寸线的管理规则以及标注特征比例。
- “主单位”选项卡：设置主单位的格式和精度。
- “换算单位”选项卡：设置换算单位的格式和精度。
- “公差”选项卡：设置公差值的格式和精度。

7.2.2 设置直线和箭头

在【新建标注样式】对话框中使用“线”和“符号和箭头”选项卡，可以设置尺寸标注的尺寸线、尺寸界线、符号和箭头、中心标记的尺寸、方式、颜色、圆心标记的格式和位置等。

1. 线

在“线”选项区域中，可以设置尺寸线的“颜色”、“线型”、“线宽”、“超出标记”、“基线间距”以及“隐藏”等属性。

■ “颜色”下拉列表框：用于设置尺寸线的颜色。默认情况下尺寸线的颜色为 ByBlock，即随块，也可以使用变量 DIMCLRD 进行尺寸线颜色的设置。

■ “线型”下拉列表框：用于设置尺寸线的线型。该选项没有对应的变量。

■ “线宽”下拉列表框：用于设置尺寸线的宽度。默认情况下尺寸线的线宽也是随块。也可以使用变量 DIMLWD 进行设置。

■ “超出标记”文本框：当尺寸线的箭头采用“倾斜”、“建筑标记”、“小点”、“积分”或“无标记”等样式时，使用该文本框可以设置尺寸线超出尺寸界线的长度。

■ “基线间距”文本框：进行基线尺寸标注，也就是可以设置各尺寸线之间的距离。

■ “隐藏”选项区域。通过复选项“尺寸线 1”或“尺寸线 2”，可以隐藏第 1 段或第 2 段尺寸线及其相应的箭头。

2. 尺寸界线

在“尺寸界线”选项区域中，可以设置尺寸界线的“颜色”、“线宽”、“超出尺寸线”的长度、“起点偏移量”以及“隐藏”控制等属性。

■【颜色】下拉列表框：用于设置尺寸界线的颜色，也可以用变量 DIMCLRE 设置。

■【线宽】下拉列表框：用于设置尺寸界线的宽度，也可以用变量 DIMLWE 设置。

■【超出尺寸线】文本框：用于设置尺寸界线超出尺寸线的距离，也可以用变量 DIMEXE 设置。

■【起点偏移量】文本框：用于设置尺寸界线的起点与标注定义点的距离，也可以用变量 DIMEXO 控制。

■【隐藏】选项区域：通过选中复选项“尺寸界线 1”或“尺寸界线 2”可以隐藏尺寸界线，也可以用变量 DIMSE1 和 DIMSE2 设置。

3. 符号和箭头

在“符号和箭头”选项区域中，可以设置“箭头”、“圆心标记”、“弧长符号”和“半径标注折弯标注”的格式与位置，如图 7.8 所示。通常情况下尺寸线的两个箭头应一致。

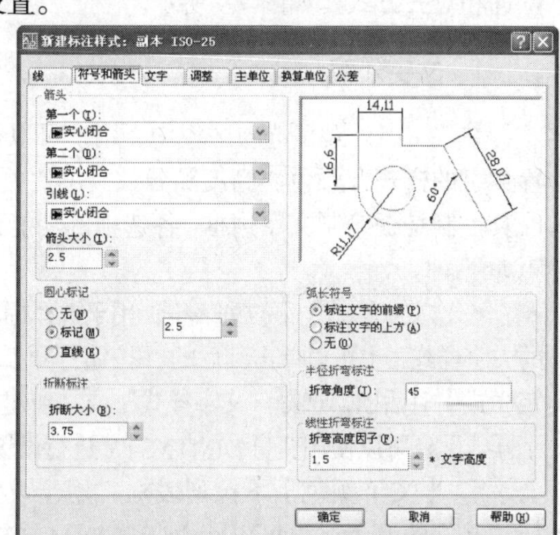

图 7.8 “符号和箭头”选项卡

为了满足不同类型的图形标注的需要，AutoCAD 设置了 20 多种箭头样式。可以从对应的下拉列表框中选择箭头，并在“箭头大小”文本框中设置它们的大小（也可以用变量 DIMASZ 设置）。

用户也可以使用自定义箭头。此时可在选择箭头的下拉列表框中选择“用户箭头”选项，打开【选择自定义箭头块】对话框，在“从图形块中选择”文本框中输入当前图形中已有的块名，然后单击 确定 按钮，AutoCAD 将以该块作为尺寸线的箭头样式，此时块的插入基点与尺寸线的端点重合。

4. 圆心标记

在“圆心标记”选项区域中，用户可以设置圆心标记的类型和大小。

■ 用于设置圆和圆弧的圆心标记的类型，如“标记”、“直线”和“无”。其中，选择“标记”选项可对圆或圆弧绘制圆心标记；选择“直线”选项可对圆或圆弧绘制中心线；选择“无”选项则不作任何标记。此外，用户也可以利用变量 DIMCEN 进行设置，如图 7.7 所示。

■ 【大小】文本框。用于设置圆心标记的大小。

5. 弧长符号

在“弧长符号”选项区域中，可以设置弧长符号显示的位置，包括“标注文字的前缀”、“标注文字的上方”和“无”3 种方式。

6. 半径折弯标注

在“半径折弯标注”选项区域的“折弯角度”文本框中，可以设置标注圆弧半径时标注线的折弯角度大小。

7. 线性折弯标注

在“线性折弯标注”选项区域的“折弯高度因子”文本框中，可以设置折弯标注打断时折弯线的高度大小。

7.2.3 设置文字

在【新建标注样式】对话框中使用“文字”选项卡，用户可以设置标注文字的外观、位置和对齐方式。如图 7.9 所示。

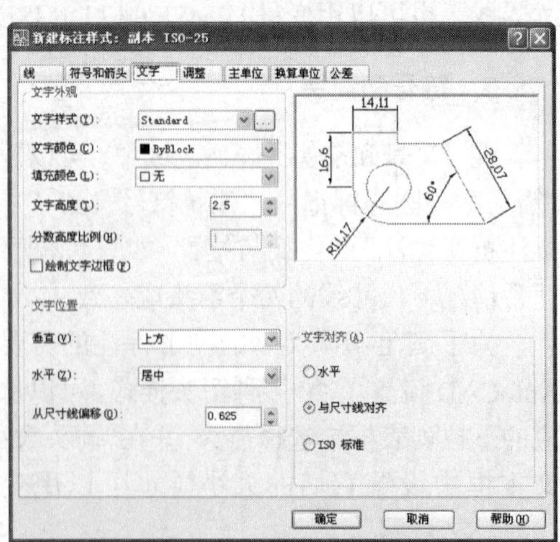

图 7.9 “文字”选项卡

1. 文字外观

在“文字外观”选项区域中，用户可以设置文字的样式、颜色、高度和分数高度比例，以及控制是否绘制文字边框。各选项的功能说明如下。

■ “文字样式”下拉列表框：用于选择标注的文字样式，也可以单击其后的 ... 按钮打开【文字样式】对话框，选择“文字样式”或“新建文字样式”。还可以使用变量 DIMTXSTY 进行设置。

■ 【文字颜色】下拉列表框：用于设置标注文字的颜色。也可以使用变量 DIMCLRT 进行设置。

■ 【文字高度】文本框：用于设置标注文字的高度。也可以使用变量 DIMTXT 进行设置。

■【分数高度比例】文本框：用于设置标注文字中的分数相对于其他标注文字的比例。AutoCAD 会将该比例值与标注文字高度的乘积作为分数的高度。

■【绘制文字边框】复选框：用于设置是否给标注文字加边框。

2. 文字位置

在“文字位置”选项区域中，用户可以设置文字的垂直、水平位置以及距尺寸线的偏移量。

■“垂直”下拉列表框：用于设置标注文字相对于尺寸线在垂直方向的位置。其中选择“置中”选项，可以把标注文字放在尺寸线中间；选择“上方”选项，可以把标注文字放在尺寸线的上方；选择“外部”选项，可以把标注文字放在远离第一定义点的尺寸线一侧；选择“JIS”选项，则按 JIS 规则放置标注文字。此外，用户也可以使用变量 DIMTAD 进行设置，其对应值分别为 0、1、2、3。如图 7.10 所示。

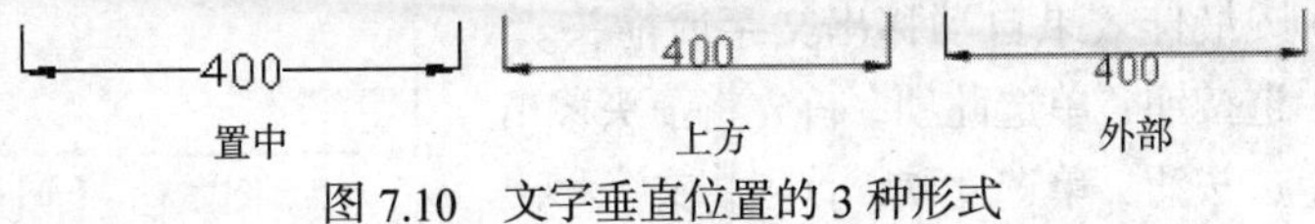

图 7.10 文字垂直位置的 3 种形式

■【水平】下拉列表框：用于设置标注文字相对于尺寸线和尺寸界线在水平方向的位置，其中有“居中”、“第一条尺寸界线”、“第二条尺寸界线”、“第一条尺寸界线上方”及“第二条尺寸界线上方”等选项。图 7.11 显示了上述各位置的情况。此外，用户也可使用变量 DIMJUST 进行设置，其对应值分别为 0、1、2、3、4。

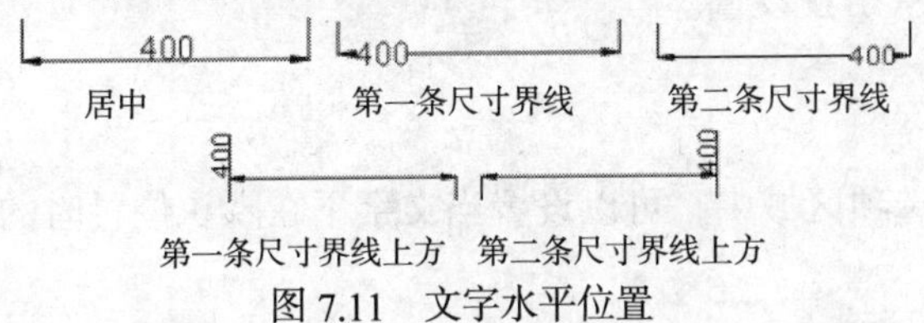

图 7.11 文字水平位置

■【从尺寸线偏移】文本框：用于设置标注文字与尺寸线之间的距离。如果标注文字位于尺寸线的中间，则表示尺寸线断开处的端点与尺寸文字的间距；若标注文字带有边框，则可控制文字边框与其中文字的距离。

3. 文字对齐

在“文字对齐”选项区域中，可以设置标注文字是保持水平还是与尺寸线平行。其中 3 个选项的含义如下。

■“水平”单选按钮：使标注文字水平放置。如图 7.12 所示。

■“与尺寸线对齐”单选按钮：使标注文字方向与尺寸线方向一致。如图 7.13 所示。

■“ISO 标准”单选按钮：使标注文字按 ISO 标准放置。当标注文字在尺寸界线之内时文字的方向与尺寸线方向一致，而在尺寸界线之外时则水平放置。如图 7.14 所示。

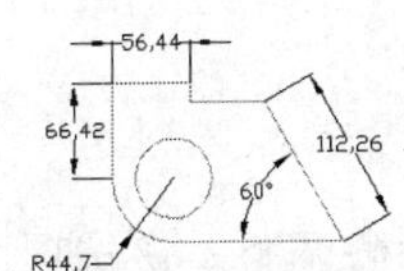

图 7.12 “文字对齐”选中之“水平”

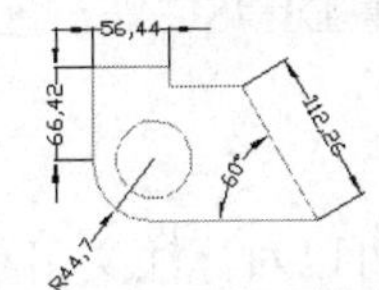

图 7.13 与尺寸线对齐

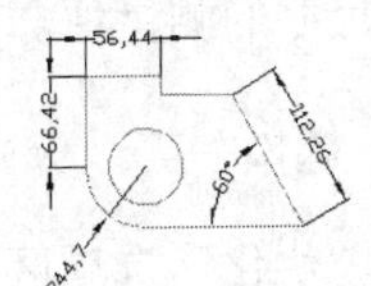

图 7.14 ISO 标准

7.2.4 设置调整

在【新建标注样式】对话框中使用“调整”选项卡，用户可以设置标注文字、尺寸线和尺寸箭头的位置。如图 7.15 所示。

1. 调整选项

在“调整选项”选项区域中，用户可以确定当尺寸界线之间没有足够的空间来同时放置标注文字和箭头时，应首先从尺寸界线之间移出对象。该选项区域中各选项的含义如下。

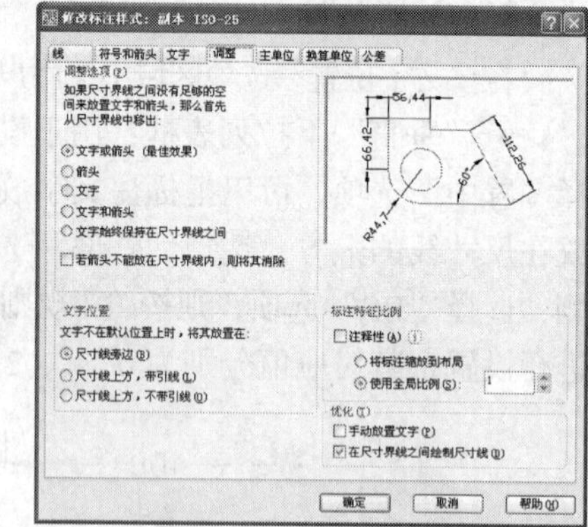

图 7.15 【调整】选项卡

- “文字或箭头（最佳效果）”单选按钮：单选此项，由 AutoCAD 按最佳效果自动移出文字或箭头。
- “箭头”单选按钮：单选此项，首先将箭头移出。
- “文字”单选按钮：单选此项，首先将文字移出。
- “文字和箭头”单选按钮：单选此项，将文字和箭头都移出。
- “文字始终保持在尺寸界线之间”单选按钮：单选此项，可将文字始终保持在尺寸界线之内，相关的标注变量为 DIMTIX。
- 【若箭头不能放在尺寸界线内，则将其消除】复选框：该复选项可以抑制箭头显示。也可以使用变量 DIMSOXD 设置。

2. 文字位置

在“文字位置”选项区域中，可以设置当文字不在默认位置时的位置。其中各个选项的含义如下。

- 【尺寸线旁边】单选按钮：单选此项，可将文字放在尺寸线旁边。
- 【尺寸线上方，带引线】单选按钮：单选此项，可将文字放在尺寸线的上方，并加上引线。
- 【尺寸线上方，不带引线】单选按钮：单选此项，可将文字放在尺寸线的上方，但不加引线。

3. 标注特征比例

在“标注特征比例”选项区域中，用户可以设置标注尺寸的特征比例，以便设置全局比例因子来增加或减少各标注的大小。其中各选项的含义如下。

- “将标注缩放到布局”单选按钮：单选此项，根据当前模型空间视口与图纸空间之间的缩放关系设置比例。
- “使用全局比例”单选按钮：单选此项，可对全部尺寸标注设置缩放比例，该比例不改变尺寸的测量值。也可使用变量 DIMSCALE 进行设置。

4. 优化

在“优化”选项区域中，用户可以对标注文字和尺寸线进行细微调整。该选项区域包括以下两个复选框。

■ “手动放置文字”复选框：复选此项，则忽略标注文字的水平设置，在标注时将标注文字放置在用户指定的位置。

■ “在尺寸界线之间绘制尺寸线”复选框：复选此项，当尺寸箭头放置在尺寸界线之外时，也在尺寸界线之内绘制出尺寸线。

7.2.5 设置主单位

在【新建标注样式】对话框中，用户可以选择“主单位”选项卡设置主单位的格式与精度等属性。如图 7.16 所示。

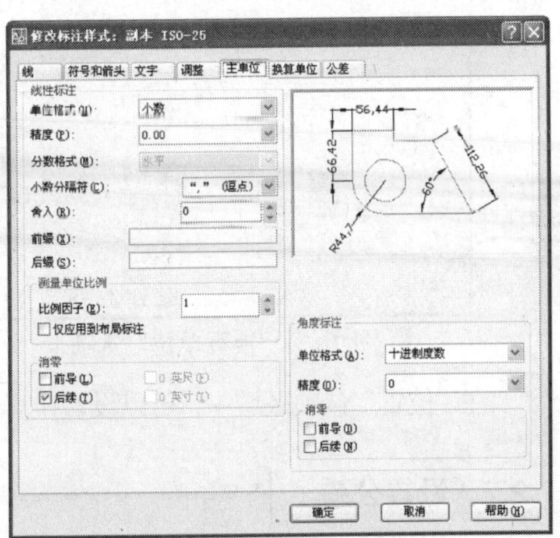

图 7.16 “主单位”选项卡

“主单位”选项卡中各选项的含义如下。

1. 线性标注

在“线性标注”选项区域中可以设置线性标注的单位格式与精度。主要选项功能如下。

■ “单位格式”下拉列表框：设置除角度标注之外的其余各标注类型的尺寸单位，包括“科学”、“小数”、“工程”、“建筑”、“分数”等选项。

■ “精度”下拉列表框：用于设置除角度标注之外的其他标注的尺寸精度。

■ “分数格式”下拉列表框：当单位格式是分数时，可以设置分数的格式，包括“水平”、“对角”和“非堆叠”3 种方式。

■【小数分隔符】下拉列表框：用于设置小数的分隔符，包括“逗点”、“句点”和“空格”3 种方式。

■【舍入】文本框：用于设置除角度标注外的尺寸测量值的舍入值。

■【前缀】和【后缀】文本框：用于设置标注文字的前缀和后缀，在相应的文本框中输入字符即可。

■【测量单位比例】选项区域：使用“比例因子”文本框可以设置测量尺寸的缩放比例，AutoCAD 的实际标注值为测量值与该比例的积；选中“仅应用到布局标注”复选框，可以设置该比例关系是否适用于布局。

■【消零】选项区域：可以设置是否显示尺寸标注中的“前导”零和“后续”零。

2. 角度标注

在“角度标注”选项区域中，用户可以选择“单位格式”下拉列表框中的选项来设置标注角度时的单位。使用“精度”下拉列表框可以设置标注角度的尺寸精度；使用“消零”选项区域可以设置是否消除角度尺寸的“前导”零和“后续”零。

7.2.6 设置单位换算

在【新建标注样式】对话框中，可以使用“换算单位”选项卡设置换算单位的格式。如图 7.17 所示。

在 AutoCAD 中，通过换算标注单位可以转换使用不同测量单位制的标注。通常是显示英制标注的等效公制标注，或显示公制标注的等效英制标注。在标注文字中，换算标注单位显示在主单位旁边的方括号“[ ]”中。如图 7.18 所示。

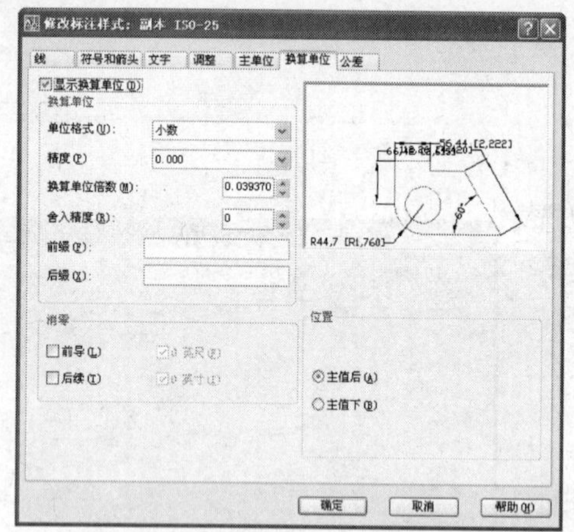

图 7.17 “换算单位”选项卡

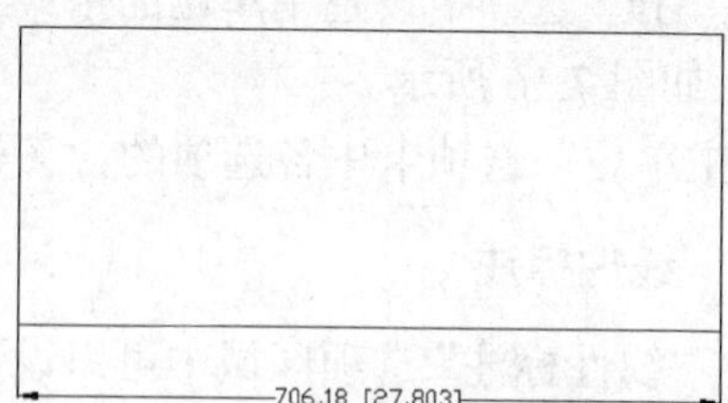

图 7.18 使用换算单位

在“位置”选项区域中，可以设置换算单位的位置，包括“主值后”和“主值下”两种方式。

7.2.7 设置公差

在【新建标注样式】对话框中，可以使用“公差”选项卡设置是否在尺寸标注中标注公差，以及以何种方式进行标注。如图 7.19 所示。

图 7.19 “公差”选项卡

在“公差”选项区域中可以设置公差的标注格式。部分选项功能的含义如下。

■ “方式”下拉列表框：确定以何种方式标注公差，包括“无”、“对称”、“极限偏差”、“极限尺寸”和“基本尺寸”等选项。如图 7.20 所示。

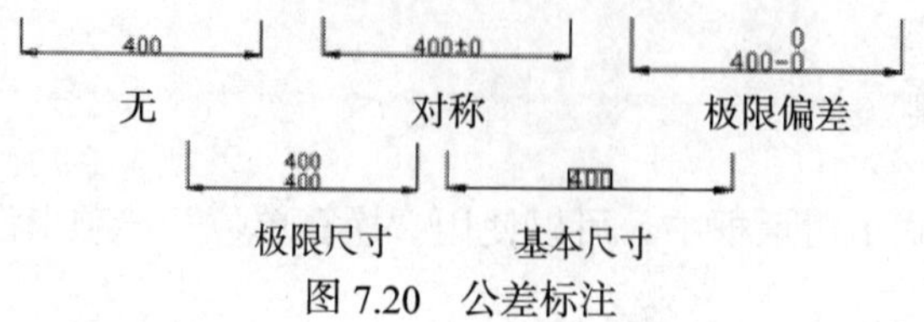

图 7.20 公差标注

■ "精度"下拉列表框：用于设置尺寸公差的精度。

■ "上偏差"、"下偏差"文本框：用于设置尺寸的上偏差和下偏差。相应的系统变量分别为 DIMTP 和 DIMTM。

■ "高度比例"文本框：用于确定公差文字的高度比例因子，AutoCAD 会将该比例因子与尺寸文字高度之积作为公差文字的高度。AutoCAD 会将高度比例因子储存在系统变量 DIMTFAC 中。

■ "垂直位置"下拉列表框：用于控制公差文字相对于尺寸文字的位置，包括"下"、"中"和"上"3 种方式。

■ "消零"选项区域：用于设置是否消除公差值的"前导"零或"后续"零。

■ "换算单位公差"选项区域：当标注换算单位时，可以设置换算单位的精度和是否消零。

7.3 尺寸标注

用户可以为绘制对象沿各个方向创建标注。基本的标注类型包括线性、径向（半径和直径）、角度、坐标、弧长等。

如图 7.21 所示列出了几种标注示例。

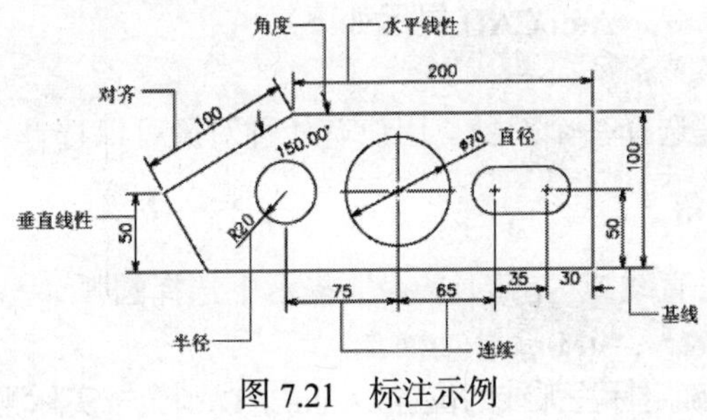

图 7.21 标注示例

7.3.1 线性标注

线性标注用于标注水平、垂直和旋转尺寸。可以采用以下几种方法执行线性标注命令。

（1）选择【标注】→【线性】命令。

（2）在命令行输入"DIMLINEAR"。

（3）在【标注】工具栏中单击标注工具栏中的"线性"按钮即可对对象进行线性标注。

练一练：对如图所示图形进行线性标注。

操作步骤如下。

❶ 打开"sample\ch07\线性标注.dwg"文件。如图 7.22 所示。

❷ 选择【标注】→【线性】命令，AutoCAD 的操作和提示如下。

```
指定第一条尺寸界线原点或<选择对象>:
```

在此提示下用户有两种选择，即指定第一条尺寸界线的起点或按 Enter 键选择要标注的对象。选择 A 点。

```
指定第二条尺寸线原点:
```

即要求用户确定另一条尺寸界线的原点位置。选择 B 点。

```
[多行文字(M)/文字(T)/角度(A)/水平(H)/垂直(V)/旋转(R)]:
标注文字 =27.57
```

在该提示下系统自动输入标注文字。如图 7.23 所示。

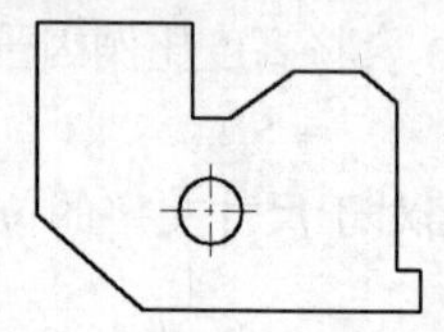
图 7.22 “线性标注”素材图

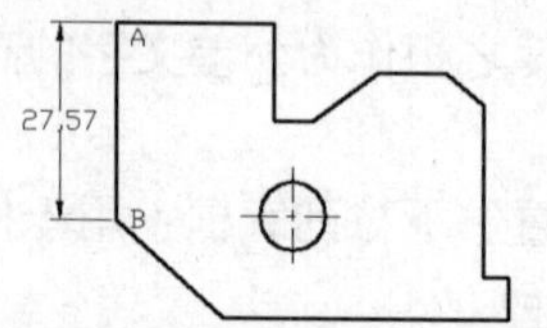

图 7.23 “线性标注”完成效果

7.3.2 角度标注

角度标注用于对两条不垂直的直线进行角度标注。可以采用以下方法执行角度标注命令。

（1）选择【标注】→【角度】命令。

（2）在命令行输入“DIMANGULAR”。

（3）在【标注】工具栏上单击【角度标注】按钮即可对对象进行角度尺寸标注。

选择【角度】标注命令，AutoCAD 提示如下。

```
选择圆弧、圆、直线或<指定顶点>:
```

角度标注默认方式是选择一个对象。用户有 4 种对象可以选择：圆弧、圆、直线和点。

1. 标注圆弧的包含角

在“选择圆弧、圆、直线或<指定顶点>:”提示下选择圆弧，AutoCAD 提示如下。

```
指定标注弧线位置或[多行文字(M)/文字(T)/角度(A)]:
```

如果在该提示下直接确定标注弧线的位置，AutoCAD 则会按实际测量值标注出角度。另外，还可以通过“多行文字(M)”、“文字(T)”以及“角度(A)”等选项确定尺寸文字及其旋转角度。

2. 标注圆上某段圆弧的包含角

在“选择圆弧、圆，直线或<指定顶点>:”提示下选择圆，AutoCAD 提示如下。

```
指定角的第二个端点：(确定另一点作为角的第二个端点，该点可以在圆上，也可以不在圆上)
指定标注弧线位置或 [ 多行文字(M)/文字(T)/角度(A) ]：
```

如果在此提示下直接确定标注弧线的位置，AutoCAD 则标注出角度值。该角度的顶点为圆心，尺寸界线（或延伸线）通过选择圆时的拾取点和指定的第二个端点。

3. 标注两条不平行直线之间的夹角

在“选择圆弧、圆、直线或<指定顶点>:”提示下选择直线，AutoCAD 提示如下。

```
选择第二条直线：(选择第二条直线)
指定标注弧线位置或 [ 多行文字(M)/文字(T)/角度(A) ]：
```

如果在此提示下直接确定标注的位置，AutoCAD 则标注出这两条直线的夹角。

4. 根据 3 个点标注角度

在“选择圆弧、圆、直线或<指定顶点>:”提示下按 Enter 键，AutoCAD 提示如下。

指定角的顶点：(确定角的顶点)

指定角的第一个端点：(确定角的第一个端点)

指定角的第二个端点：(确定角的第二个端点)

指定标注弧线位置或［多行文字(M)/文字(T)/角度(A)］:

如果在此提示下直接确定标注弧线的位置，AutoCAD 则根据给定的 3 个点标注出角度。

练一练：绘制如 7.24 图所示的角度标注。

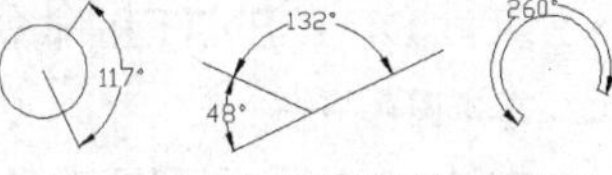

图 7.24 "角度标注"示意图

7.3.3 直径标注

直径标注用于标注圆和圆弧的直径尺寸。可以采用以下方法执行直径标注命令。

（1）选择【标注】→【直径】命令。

（2）在命令行输入"DIMDIAMETER"。

（3）单击【标注】工具栏中的"直径标注"按钮，即可标注出圆或圆弧的直径尺寸。

执行 DIMDIAMETER 命令，AutoCAD 提示如下。

选择圆弧或圆：(选择要标注直径的圆或圆弧)

指定尺寸线位置或［多行文字(M)/文字(T)/角度(A)］:

若此时用户直接确定尺寸线的位置，AutoCAD 则按实际测量值标注出圆或圆弧的直径。用户也可以通过"多行文字(M)"、"文字(T)"以及"角度(A)"等选项确定尺寸文字和文字的旋转角度。

7.3.4 半径标注

半径标注用于标注圆和圆弧的半径尺寸。可以采用以下方法执行半径标注命令。

（1）选择实现半径尺寸标注的命令是 DIMRADIUS。

（2）选择【标注】工具栏上的按钮（半径标注）。

（3）选择【标注】→【半径】命令。

执行 DIMRADIUS 命令，AutoCAD 依次提示如下。

选择圆弧或圆：(选择要标注半径的圆弧或圆)

指定尺寸线位置或［多行文字(M)/文字(T)/角度(A)］:

若用户此时直接确定尺寸线的位置，AutoCAD 则按实际测量值标注出圆或圆弧的半径。另外，用户也可以利用"多行文字(M)"、"文字(T)"以及"角度(A)"等选项确定尺寸文字及其旋转角度。

半径标注使用可选的中心线或中心标记测量圆弧和圆的半径和直径。如果"文字位置"设置为"在尺寸线之上"并带有引线，则同时应用标注与引线。

7.3.5 绘制圆心标记

绘制圆心标记指绘制圆、圆弧的圆心标记或中心线。如图 7.25 所示。

可以采用如下方法执行圆心标记命令。

（1）选择【标注】→【圆心标记】命令。

（2）在命令行中输入“DIMCENTER”。

（3）单击“标注”工具栏中的“圆心标记”按钮，即可绘制圆心标记或中心线。

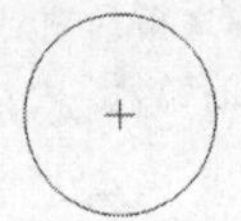

给圆绘制圆心标记

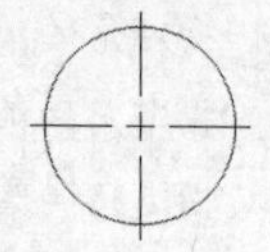

给圆绘制中心线

图 7.25　圆心标记与中心线

执行 DIMCENTER 命令，AutoCAD 提示如下。

选择圆弧或圆:

在该提示下选择圆弧或圆即可。

7.3.6　引线标注

引线标注常用于在图形中添加注释或特殊标记。用该命令可以标注公差，标注零配件图纸中的零部件序号，对某部分添加注释文字，标注斜度和锥度，标注建筑中的定位轴线等。

引线对象通常包含箭头、可选的水平基线、引线或曲线和多行文字对象或块。引线可以是直线段或平滑的样条曲线。

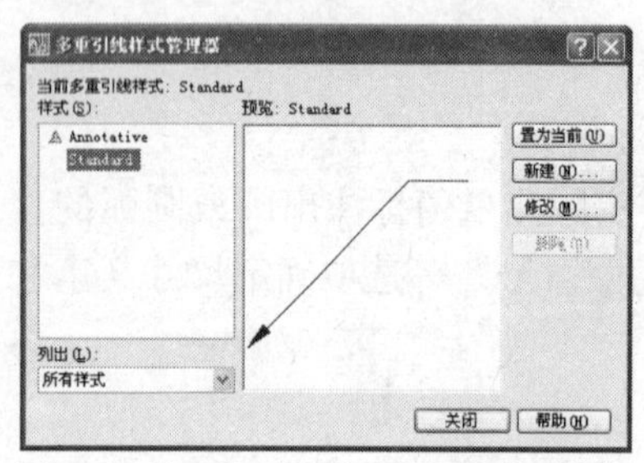

图 7.26 【多重引线样式管理器】对话框

选择【标注】→【多重引线】命令，或在命令行输入“QLEADER”，即可对对象进行引线标注。

执行 QLEADER 命令后 AutoCAD 提示如下。

指定引线箭头的位置或[引线基线优先(L)/内容优先(C)/选项(O)]<选项>:

用户可通过选择【格式】→【多重引线样式】命令，打开【多重引线样式管理器】对话框，如图 7.26 所示，通过该对话框来设置多重引线的格式、结构和内容。

7.3.7　坐标标注

坐标标注测量原点（称为基准）到标注特征（例如部件上的一个孔）的垂直距离。这种标注保持特征点与基准点的精确偏移量，从而可避免增大误差。可以采用如下方法执行坐标标注命令。

（1）用户可通过 UCS 命令改变坐标系的原点位置。选择【标注】→【坐标】命令，在命令行输入“DIMORDINATE”。

（2）选择【标注】工具栏上的【坐标标注】按钮，即可实现坐标标注。

执行 DIMORDINATE 命令，AutoCAD 提示如下。

指定点坐标:

在该提示下确定要标注坐标的点后 AutoCAD 提示如下。

指定引线端点或［X 基准(X)/Y 基准(Y)/多行文字(M)/文字(T)/角度(A)］:

在此提示中，“指定引线端点”默认项用于确定引线的端点位置。如果在此提示下相对于标注点上下移动光标，将标注点的 X 坐标；若相对于标注点左右移动光标，则标注点的 Y 坐标。确定点的位置后，AutoCAD 就会在该点标注出指定点的坐标。

“指定引线端点或［X 基准(X)/Y 基准(Y)/多行文字(M)/文字(T)/角度(A)］:”提示中的“X 基准(X)”、“Y 基准(Y)”选项分别用来标注指定点的 X、Y 坐标，“多行文字(M)”选项将通过【多行文字编辑器】

对话框输入标注的内容，“文字（T）”选项将直接要求用户输入标注的内容，“角度（A）”选项则用于确定标注内容的旋转角度。

7.3.8 快速标注

选择【标注】→【快速标注】命令，或选择【标注】工具栏中的【快速标注】按钮，可以快速创建成组的基线、连续、阶梯和坐标标注，以及快速标注多个圆、圆弧和编辑现有标注的布局。

执行【快速标注】命令，AutoCAD 提示如下。

选择要标注的几何图形：

用户在该提示下选择需要标注尺寸的各图形对象并按 Enter 键后，AutoCAD 提示：

指定尺寸线位置或［连续(C)/并列(S)/基线(B)/坐标(O)/半径(R)/直径(D)/基准点(P)/编辑(E)/设置(T)］<连续>:

在该提示下通过选择相应的选项，用户就可以进行“连续”、“并列”、“基线”、“坐标”、“半径”以及“直径”等一系列标注。

7.4 标注形位公差

形位公差包括“形状公差”和“位置公差”两种，是指导生产、检验产品和控制质量的技术依据。本节介绍形位公差的符号含义和使用形位公差进行尺寸标注的方法。

7.4.1 形位公差的符号表示

在 AutoCAD 中，形位公差信息是通过特征控制框来显示的，如图形的形状、轮廓、方向、位置和跳动的偏差等。公差符号的含义如图 7.27 所示。

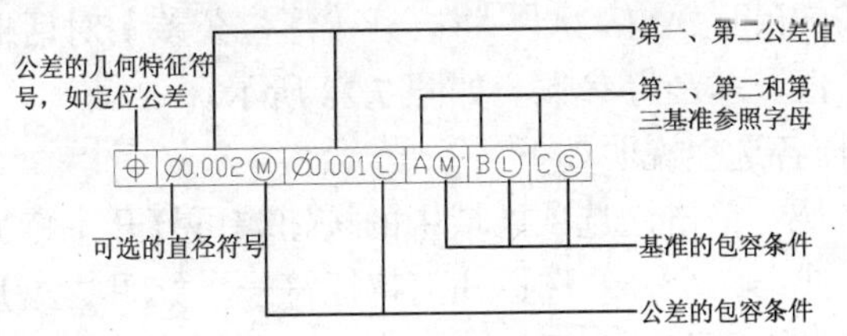

图 7.27 特征控制框架

公差的符号及其含义列于表 7-1。

表 7-1 公差符号及其含义

符 号	含 义	符 号	含 义
⌖	定位	⌓	平面轮廓
◎	同心/同轴	⌒	直线轮廓
⌯	对称	↗	圆跳动
//	平行	⌰	全跳动
⊥	垂直	Ø	直径
∠	角	Ⓜ	最大附加符号（MMC）
⌭	柱面性	Ⓛ	最小附加符号（LMC）

续表

符　　号	含　　义	符　　号	含　　义
▱	平坦度	Ⓢ	不考虑特征尺寸（RFS）
○	圆或圆度	Ⓟ	投影公差
—	直线度		

在形位公差中，特征控制框至少包含几何特征符号和公差值两部分。各个组成部分的含义如下。

- 几何特征符号：用于表明位置、同心度，或共轴性、对称性、平行性、垂直性、角度、圆柱度、平直度、圆度、直度、面剖、线剖、环形偏心度及总体偏心等。
- 直径：用于指定一个图形的公差带，并放于公差值前。
- 公差值：用于指定特征的整体公差的数值。
- 附加符号：用于表示大小可变的几何特征，有Ⓜ、Ⓛ、Ⓢ和空白 4 个选择。其中，Ⓜ表示最大附加符号，几何特征包含规定极限尺寸内的最大包容量，在Ⓜ中孔应具有最小直径，而轴应具有最大直径；Ⓛ表示最小附加符号，几何特征包含规定极限尺寸内的最小包容量，在Ⓛ中孔应具有最大直径，而轴应具有最小直径；Ⓢ表示不考虑特征尺寸，这时几何特征可以是规定极限尺寸内的任意大小。
- 基准：特征控制框中的公差值最多可跟随 3 个可选的基准参照字母及其修饰符号，基准用来测量和验证标注在理论上精确的点、轴或平面。通常有两个或 3 个相互垂直的平面效果最佳，它们共同称做基准参照边框。
- 投影公差带：除指定位置公差外，还可以指定投影公差以使公差更加明确。

7.4.2　使用对话框标注形位公差

选择【标注】→【公差】命令，或在命令行中输入“TOLERANCE”，或在【标注】工具栏中单击“公差”按钮，AutoCAD 将打开【形位公差】对话框。利用该对话框用户可以设置公差的符号、值及基准等参数。如图 7.28 所示。

【形位公差】对话框各选项说明如下。

- “符号”选项区域：单击该选项区域中的按钮■可打开【特征符号】对话框，在该对话框中可以为第一个或第二个公差选择几何特征符号。如图 7.29 所示。
- “公差 1”和“公差 2”选项区域：单击该选项区域中前列的■框将插入一个直径符号；在中间的文本框中可以输入公差值；单击该选项区域中后列的■框可打开【附加符号】对话框，从中可为公差选择附加符号。如图 7.30 所示。

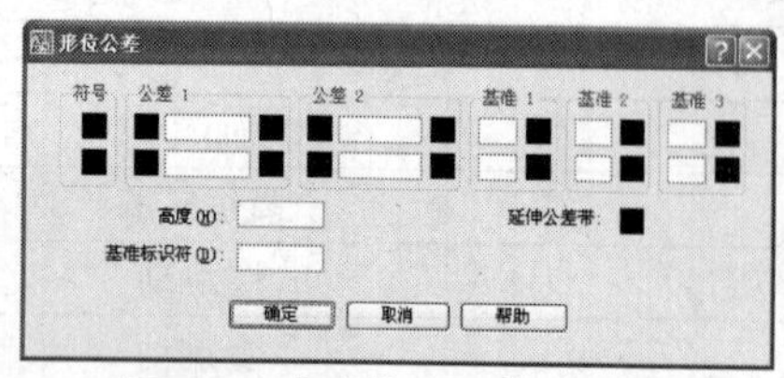

图 7.28 【形位公差】对话框

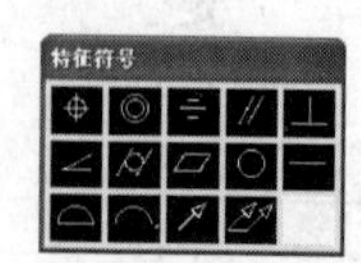

图 7.29　公差特征符号

图 7.30　附加符号

- “基准 1”、“基准 2”和“基准 3”选项区域：用于设置公差基准和相应的附加符号。
- “高度”文本框。用于设置延伸公差带的值。延伸公差带控制固定垂直部分延伸区的高度变化，并以位置公差控制公差精度。

- “延伸公差带”选项：单击该选项按钮■可在延伸公差带值的后面插入延伸公差带符号。
- “基准标识符”文本框：用于创建由参照字母组成的基准标识符号。

7.5 尺寸标注的编辑

AutoCAD 提供有多种方法用于编辑尺寸标注，下面介绍这些方法和命令。

7.5.1 用 DIMRIT 命令编辑尺寸标注

在命令行输入“DIMEDIT”，或单击“标注”工具栏中的“编辑标注”按钮A即可编辑尺寸标注。执行 DIMEDIT 命令，AutoCAD 提示如下。

```
输入标注编辑类型 [默认(H)/新建(N)/旋转(R)/倾斜(O)] <默认>:
```

该提示中各选项的含义如下。

- 默认(H)：按默认的位置和方向放置尺寸文字。执行该选项，AutoCAD 提示如下。

```
选择对象:
```

在此提示下选择尺寸标注对象，然后按 Enter 键即可。

- 新建(N)：重新输入尺寸标注文字。执行该选项后 AutoCAD 会弹出“文字格式”工具栏和文字输入窗口。在文字输入窗口中输入尺寸标注文字并单击“文字格式”工具栏中的 确定 按钮，AutoCAD 提示如下。

```
选择对象:
```

在此提示下选择尺寸标注对象，然后按 Enter 键即可。

- 旋转(R)：将尺寸标注文字旋转指定的角度。执行该选项，AutoCAD 提示如下。

```
指定标注文字的角度: (输入角度值)
选择对象: (选择尺寸对象)
```

- 倾斜(O)：使非角度标注的尺寸界线旋转一个角度。执行该选项，AutoCAD 提示如下。

```
选择对象: (选择尺寸对象)
选择对象:↙
输入倾斜角度(按 ENTER 表示无):
```

在该提示下输入角度值后按 Enter 键即可，若直接按 Enter 键则可取消操作。

7.5.2 替代

选择【标注】→【替代】命令，或在命令行输入“DIMOVERRIDE”，可以临时修改尺寸标注的系统变量设置，并按该设置修改尺寸标注。该操作只对指定的尺寸对象作修改，修改后不影响原系统变量设置。

执行 DIMOVERRIDE 命令，AutoCAD 提示如下。

```
输入要替代的标注变量名或 [清除替代(C)]:
```

在该提示下输入要修改的系统变量名，AutoCAD 依次提示如下。

```
输入标注变量的新值:(输入新值)
输入要替代的标注变量名:↙(也可以继续输入另一个系统变量名，重复上面的操作)
选择对象:(选择尺寸对象)
选择对象:↙(也可以继续选择)
```

按提示执行操作后，指定的尺寸标注对象将按新的变量设置作更改。

当在“输入要替代的标注变量名或［清除替代(C)］:”提示下输入“C”，即执行“清除替代”选项，则可取消用户已作出的修改，此时 AutoCAD 提示如下。

```
选择对象:(选择尺寸标注对象)
选择对象:↙(也可以继续选择)
```

选择尺寸标注对象后按 Enter 键，AutoCAD 就会将尺寸标注对象恢复成在当前系统变量设置下的标注形式。

7.5.3 更新

选择【标注】→【更新】命令，或在命令行输入“DIMSTYLE”，或单击【标注】工具栏中的【标注更新】按钮即可更新已有的尺寸标注，使其采用当前的标注样式。

执行 DIMSTYLE 命令，AutoCAD 提示如下。

```
输入标注样式选项
[保存(S)/恢复(R)/状态(ST)/变量(V)/应用(A)/? ] <恢复>:
```

7.6 精确绘图辅助工具

在绘图中，灵活运用 AutoCAD 所提供的精确绘图辅助工具，可以有效提高绘图的精确性和效率。AutoCAD 设计中心提供了一个直观且高效的工具，它与 Windows 资源管理器类似。利用此设计中心不仅可以浏览、查找、预览和管理 AutoCAD 图形、块、外部参照及光栅图像等不同的资源文件，还可以通过简单的拖放操作，将位于本地计算机、局域网或国际互联网上的块、图层及外部参照等内容插入到当前图形中。

7.6.1 AutoCAD 设计中心

在设计中心，可以重复使用图形中的块、图层定义、尺寸样式和文字样式、外部参照、布局、光栅图像以及用户自定义的内容等。

利用设计中心，可以直接打开图形和浏览图形，将图形作为块插入到当前图形文件中，将图形附着为外部参照或直接复制等。一般通过快捷菜单可以完成以上功能，但插入成块或附着为外部参照等操作也可以利用拖放来完成。

1. 快捷菜单

在控制板中选中某图形文件后右键单击，就会弹出如图 7.31 所示的快捷菜单。

在该快捷菜单中，“浏览”指在控制板中显示该图形包含的对象；“添加到收藏夹”指将该图形添加到收藏夹中；“组织收藏夹”指进入收藏夹以便于重新整理；“附着为外部参照”相当于执行 XREF 命令；“复制”则指将该图形复制到剪贴板；“在应用程序窗口中打开”相当于打开文件；“插入为块”相当于执行 INSERT 命令，其插入的文件即是选中的文件；“创建工具选项板”相当于将该图形所包含的图元添加到工具选项板；“设置为主页”指将该图形设置为主页。

如果在图形中的对象上右键单击，则会弹出如图 7.32 所示的快捷菜单。

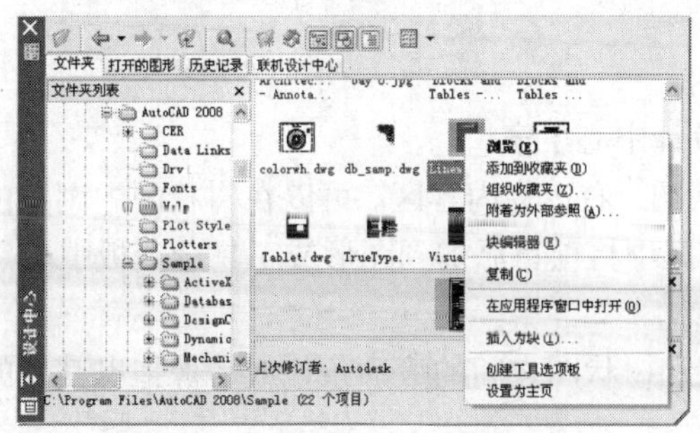

图 7.31　“设计中心”图形快捷菜单

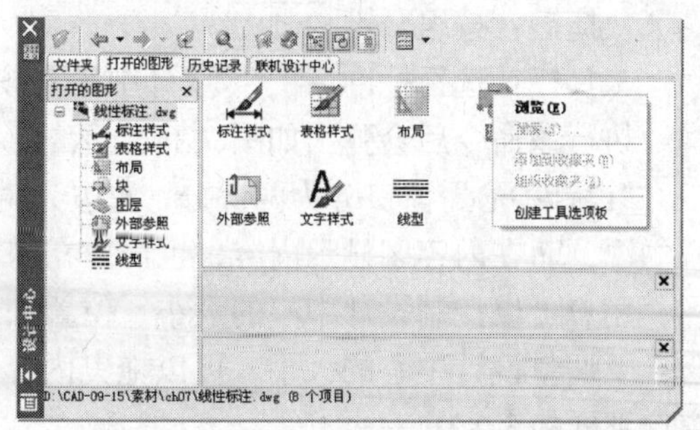

图 7.32　“设计中心”图形对象快捷菜单

2. 拖放

如果拖曳图标放置于绘图区域的空白处，则相当于打开了该文件，与选择快捷菜单中的“在应用程序窗口中打开”的效果相同。如果将图形文件直接拖曳至绘图区并放下，则相当于插入成块。拖曳图标到绘图区的适当位置后则会弹出另一个快捷菜单，然后可以选择“插入成块”、“附着成外部参照”或“取消”等选项。

3. 搜索

选择“搜索”项，将弹出如图 7.33 所示的【搜索】对话框。

【搜索】对话框中各选项说明如下。

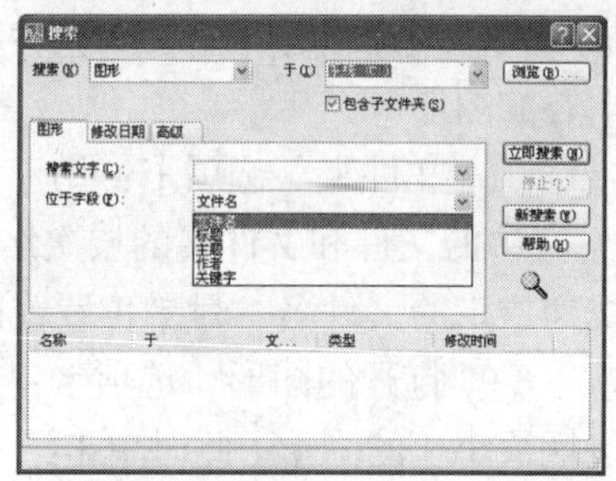

图 7.33 【搜索】对话框

- “搜索”：用于指定搜索对象的类型，可选择图形、块、文字样式、外部参照、图层或线型等类型中的一种。
- “于”：用于选择搜索的路径。还可以通过 浏览(B)... 按钮来选择路径，同时可以确定是否包含子文件夹。
- “图形”选项卡：用于设定搜索图形的文字和位于字段（文件名、标题、主题、作者、关键字）。
- “修改日期”选项卡：用于设定搜索的时间条件。
- “高级”选项卡：用于设定是否包含块、图形说明、属性标记和属性值等，并可以设置图形的大小范围。
- 立即搜索(N) 按钮：用于按照设定的条件开始搜索，搜索到符合要求的文件后将在下方显示结果。
- 停止(P) 按钮：单击此按钮即可停止搜索。
- 新搜索(W) 按钮：单击此按钮即可重新搜索。

7.6.2　工具选项面板

使用设计中心时，几乎全在“设计中心”窗口中进行。所以要使用设计中心，就必须首先了解设计中心窗口中各部分的功能和使用的方法。执行命令方式有以下几种。

命令行: ADCENTER

命令: ADCENTER(打开设计中心)

ADCCLOSE(关闭设计中心)

菜单：选择【工具】→【设计中心】。

快捷键：按组合键 Ctrl+2。

工具栏：选择标准→ （设计中心）按钮。

执行该命令后会弹出如图 7.34 所示的【设计中心】窗口。

“设计中心”窗口分为两部分，左边为树状图，右边为内容区。可以在树状图中浏览内容的源，而在内容区显示内容，也可以在内容区中将项目添加到图形或工具选项板中。

用户可以控制设计中心的大小、位置和外观。

要调整设计中心的大小，可以拖曳内容区和树状图之间的滚动条，或者像拖曳其他的窗口那样拖曳它的一边。

要固定设计中心，可以将其拖至 AutoCAD 的窗口右侧或左侧的固定区域上，直至捕捉到固定位置，也可以通过双击“设计中心”窗口标题栏将其固定。

要浮动设计中心，可以拖曳工具栏上方的区域，使设计中心远离固定区域。拖曳时按住 Ctrl 键可以防止窗口固定。

要更改设计中心的自动滚动行为，可以单击设计中心标题栏上的“自动隐藏”按钮 。

如果打开了“设计中心”的滚动选项，那么当鼠标指针移出“设计中心”窗口时，设计中心树状图和内容区将消失，只留下标题栏。将鼠标指针移动到标题栏上时，“设计中心”窗口将恢复。

在“设计中心”标题栏上右键单击将显示一个快捷菜单，其中有几个选项可供选择。

在“设计中心”窗口中包含有一组工具按钮和选项卡，利用它们可以选择和观察设计中心的图形。

- “文件夹”选项卡：用于显示计算机或网络驱动器（包括“我的电脑”和“网上邻居”）中的文件和文件夹的层次结构。也可以使用 ADCNAVIGATE 在设计中心的树状图中找到指定的文件名、目录位置或网络路径。
- “打开的图形”选项卡：用于显示在当前 AutoCAD 环境中打开的所有图形，其中包括最小化的图形。此时单击某个文件图标就可以看到该图形的相关设置，如图层、线型、文字样式、块及尺寸样式等。如图 7.35 所示。

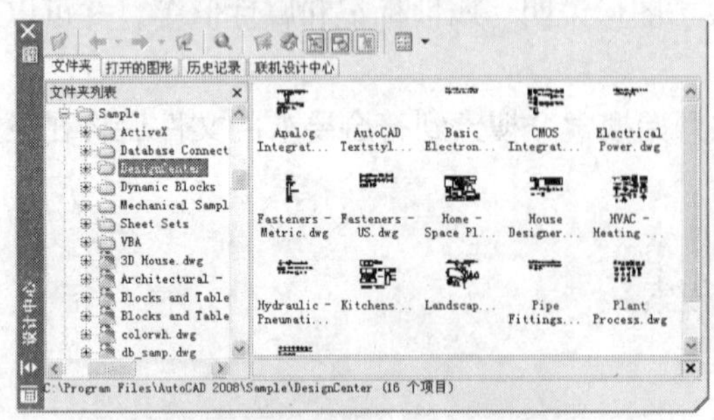

图 7.34 “设计中心”窗口

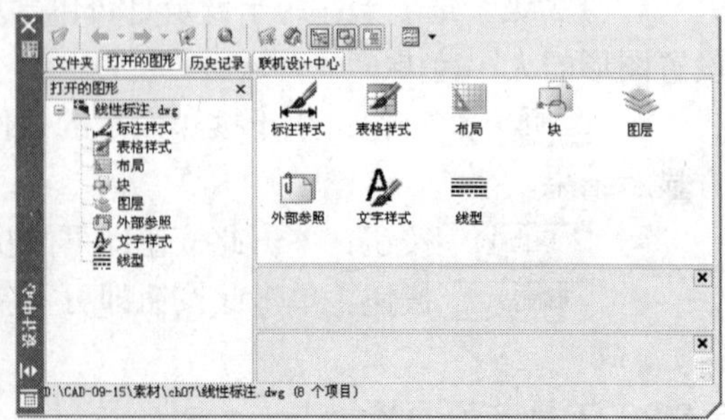

图 7.35 【打开的图形】选项卡

- “历史记录”选项卡：用于显示最近在设计中心打开的文件的列表。显示历史记录后，在一个文件上右键单击可以显示此文件信息或从“历史记录”列表中删除此文件。如图 7.36 所示。

■ “联机设计中心”选项卡：用于访问联机设计中心网页。建立网络连接时，“欢迎”页面中将显示两个窗格。左边窗格显示包含符号库、制造商站点和其他内容库的文件夹。当选定某个符号时，它会显示在右窗格中，并且可以下载到用户的图形中。如图 7.37 所示。

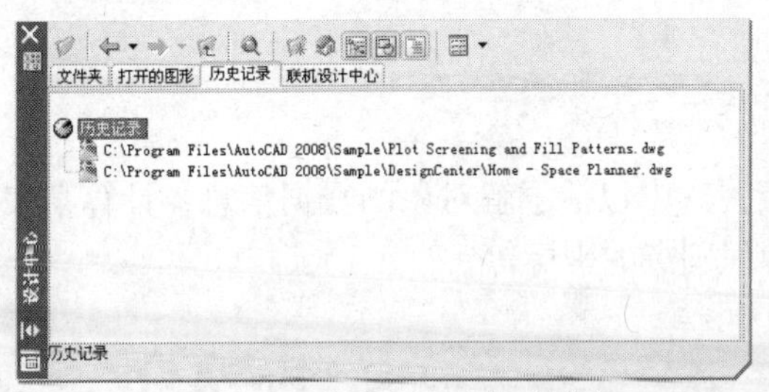

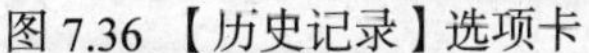
图 7.36 【历史记录】选项卡

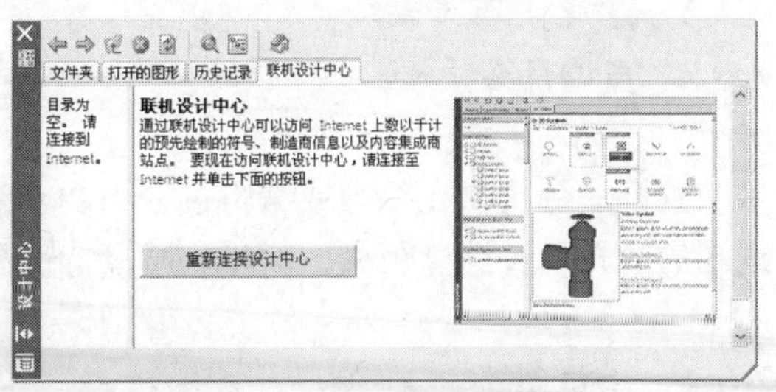

图 7.37 【联机设计中心】选项卡

■ “树状视图切换”按钮：用于显示和隐藏树状视图。如果在绘图区域中需要有更多的空间，则可隐藏树状视图。可以使用控制板控制定位容器并加载内容。如果正在使用“历史”模式，“树状视图切换”按钮则不可用。

■ “收藏夹”按钮：单击该按钮，可以在“文件夹列表”中显示 Favorites/Autodesk 文件夹（在此称为收藏夹）中的内容，同时在树状视图中反向显示该文件夹。用户可以通过收藏夹来标记本地硬盘、网络驱动器或 Internet 网页上常用的文件。如图 7.38 所示。

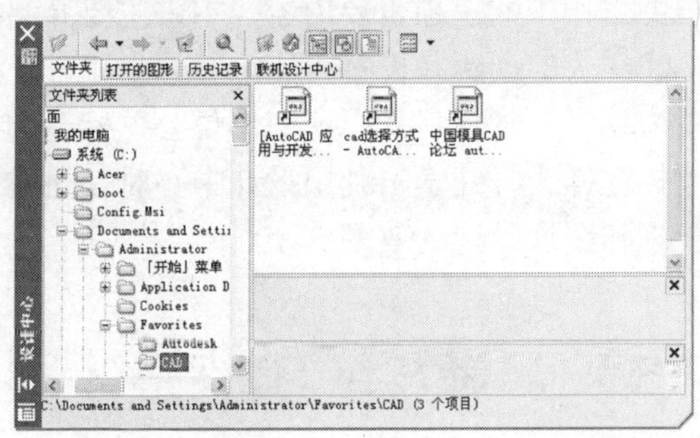

图 7.38 AutoCAD“设计中心”的收藏夹

■ “加载”按钮：单击此按钮可显示“加载设计中心控制板”对话框。使用该对话框可以加载控制板，同时显示来自 Windows 桌面、Autodesk Favorites 文件夹和 Internet 上的内容。

■ “搜索”按钮：单击该按钮将打开“搜索”对话框。使用该对话框可以指定搜索条件，定位图形、块以及图形中的非图形对象，并可以自定义保存在桌面上的内容。

■ “预览”按钮：预览显示控制板底部选定项目的预览图像。打开预览窗格后，单击控制板中的图形文件，如果该图形文件包含预览图形，则在预览窗格中显示该图形；如果选定项目没有保存预览图像，“预览”区域则是空的。

■ “说明”按钮：用于显示控制板底部选定项目的文字说明。打开说明窗格后，打开控制板中的图形文件，如果该图形文件包含有文字描述信息，文字说明将位于预览图像的下面。

■ “视图”按钮：用于为加载到内容区域中的内容提供不同的显示格式。可以从“视图”列表中选择一种视图，或者重复单击“视图”按钮在各种显示格式之间循环切换。默认视图根据内容区域中当前加载的内容类型的不同而有所不同。

■ 大图标：指以大图标格式显示加载内容的名称。

- 小图标：指以小图标格式显示加载内容的名称。
- 列表图：指以列表的形式显示加载内容的名称。
- 详细信息：用于显示加载内容的详细信息。根据内容区域中加载的内容类型，可以将项目按名称、大小、类型或其他特性进行排序。

7.6.3 查询命令

查询命令提供在绘图或编辑过程中的功能，其中包括了解对象的数据信息，计算某表达式的值，以及计算距离、面积、质量特性和识别点的坐标等。

7.6.4 辅助功能

为了方便设计和绘图，AutoCAD 提供有一些辅助功能，如计算器、重命名、修复图形数据、核查，以及清理图形中不需要的图层、文字样式和线型等工具（或应用程序）。

7.7 本讲小结

尺寸标注是绘制工程图工作中的一项重要内容。本讲主要介绍了尺寸标注的组成、类型和规则，重点学习了标注样式的创建和设置方法。

通过本讲学习，读者应该掌握常用尺寸标注与形位公差标注的方法与技巧，能够根据图纸要求创建特定的尺寸标注样式，并学习利用设计中心对 AutoCAD 图形、块等资源文件进行管理，提高图形管理和图形设计的效率。

7.8 思考与练习

1. 选择题

（1）选择文字样式可以利用（　　）命令进行设置。

A. DDSTYLE　　B. DIMSTYLE　　C. DTEXT　　D. MTEXT

（2）打开【新建标注样式】对话框后，在（　　）选项卡中，可以设置尺寸线和尺寸界线的颜色、线型和线宽等。

A. 符号和箭头　　B. 文字　　C. 线　　D. 调整

2. 判断题

（1）在【新建标注样式】对话框中使用“文字”选项卡，用户可以设置标注文字的位置和对齐方式，但不能更改文字的颜色。（　　）

（2）尺寸标注是由尺寸线、尺寸图标、尺寸箭头和尺寸文字（即尺寸值）等 4 部分内容组成。（　　）

3. 上机操作题

打开“sample\ch07\添加标注.dwg”文件并添加标注。如图 7.39 所示。

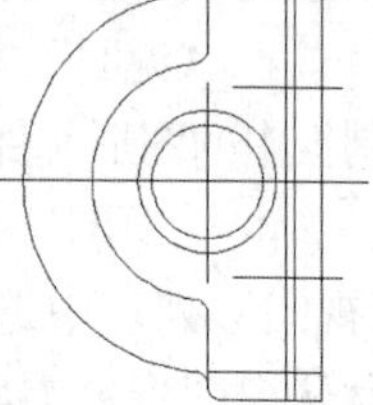

图 7.39　标注图形

第8讲 属性、图块与外部参照

本讲要点

- 掌握属性的概念与操作运用
- 动态块的创建与使用
- 掌握外部参照的应用

快速导读

本讲重点介绍 AutoCAD 中属性的概念与运用、动态块的使用以及外部参照的用法。在绘图时，如果图形中有大量相同或相似内容，可以把要重复绘制的图形创建成块，并根据需要为块创建属性，在需要时直接插入块，从而提高绘图效率。

图块，也称为块，是 AutoCAD 图形设计中的一个重要概念。绘制的图形如果有大量或相似内容，可以把要重复的图形创建成块。用户可以根据需要为块创建属性，用来指定块的名称、用途及设计信息等。用户还可以使用外部参照功能，将已有的图形文件以参照的形式插入到当前图形中。

8.1 属性的概念与运用

AutoCAD 中，属性是将数据附着到块上的标签或标记。块属性是附属于块的非图形信息，是块的组成部分，可以用于在块上附着标签或标记文字，属性必须是预先定义而后被选定，当插入带有可变属性的块时，AutoCAD 就会提示输入与块一同存储的数据，例如零件的编号、价格、注释和制造商的名称等。在对图块存储时，属性也随着图块一起被存储在图块中，并且随着图块的插入而一起插入到图形中。

如果需要在块中定义多个属性，那么块中的每一个属性标记必须是唯一的。

8.2 属性操作的基本步骤

属性操作通常由创建属性定义、编辑属性定义、将属性附着到块上、编辑附着到块上的属性和提取属性信息等 5 个基本步骤组成。

8.2.1 创建属性定义

1. 功能

创建属性定义，即指定属性的特性，以及插入带有属性的块时所显示的提示信息。

2. 执行命令方式

菜单命令：选择【绘图】→【块】→【定义属性】命令。

命令行：输入 ATTDEF 或 ATT。

3. 操作步骤

❶ 打开“samples\ch08\图块.dwg”文件，重命名为“块属性.dwg”，保存到 samples/ch08 文件夹中，如图 8.1 所示。

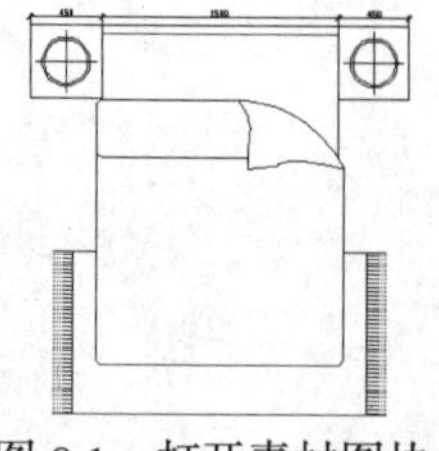

图 8.1 打开素材图块

❷ 选择【绘图】→【块】→【定义属性】命令，弹出【属性定义】对话框，并进行参数设置。如图 8.2 所示。

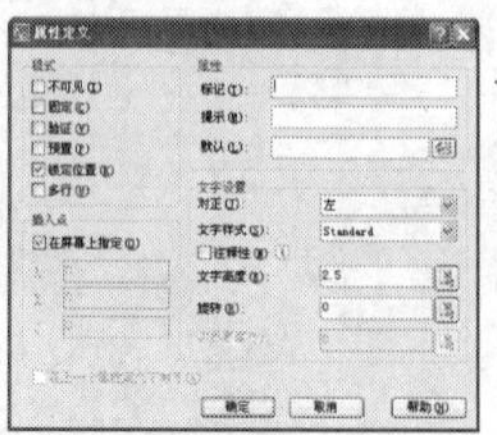

图 8.2 【属性定义】对话框

8.2.2 将属性附着到块上

1. 功能

附着属性，就是将属性与某个特定的块联系起来，使之成为特定块的属性。

2. 执行命令方式

菜单命令：选择【绘图】→【块】→【创建】命令。

命令行：输入 BLOCK。

选择以上命令，弹出【块定义】对话框。如图 8.3 所示。

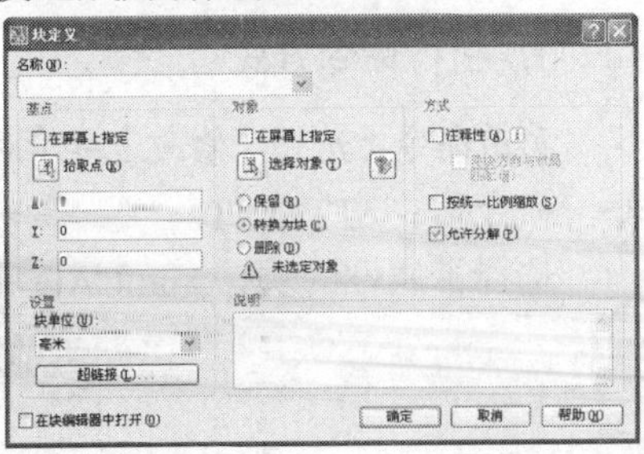

图 8.3 【块定义】对话框

提 示

在定义或重定义图块时需要将属性附着到图块上。

当 AutoCAD 提示选择要包含到图块定义中的对象时，应将需要的属性包含到选择集中。

选择属性的顺序决定了插入图块时提示属性信息的顺序。

8.2.3 在图中插入带属性的块

一旦用户给块附加了属性或者在图形中定义了属性，用户就可以插入带属性的块。用户插入带有属性的块或者图形文件时的提示和插入一个不带属性的块完全相同，只是在提示的后面增加了属性输入提示。

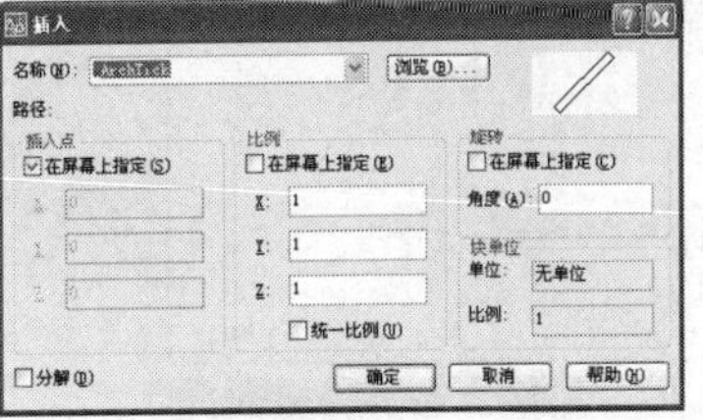

图 8.4 【插入】对话框

执行命令方式

菜单命令：选择【插入】→【块】命令。

命令行：输入 INSERT。打开【插入】对话框。如图 8.4 所示。

提 示

对于图块的比例，既可以在屏幕上指定，也可以与图块进行等比缩放。对于旋转，既可以在屏幕上指定，也可以在对话框中设定旋转角度。

8.2.4 编辑未附加到图块中的属性

执行命令方式如下。

菜单命令：选择【修改】→【对象】→【文字】→【编辑】命令。

命令行：输入 DDEDIT，弹出【文字格式】对话框。如图 8.5 所示。

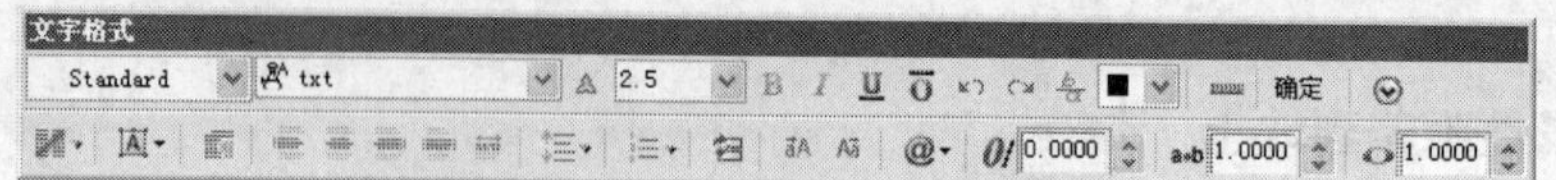

图 8.5 【文字格式】对话框

8.2.5 编辑已附加到图块中的属性

1. 执行命令方式

菜单命令：选择【修改】→【对象】→【属性】→【单个】命令。

命令行：ATTEDIT。

选择带属性的块，AutoCAD 将显示【编辑属性】对话框。如图 8.6 所示。

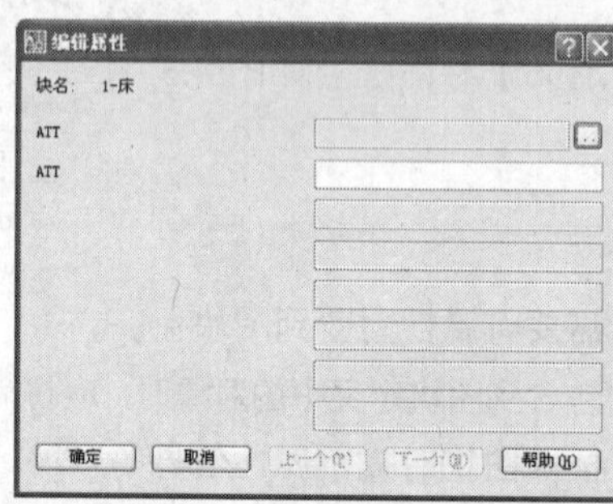

图 8.6 【编辑属性】对话框

2. 练一练

打开【块属性管理器】对话框，然后修改属性值。

❶ 打开“samples\ch08\床.dwg”文件。

❷ 选择【修改】→【对象】→【属性】→【块属性管理器】，或输入“BATTMAN”命令，弹出【块属性管理器】对话框。如图 8.7 所示。

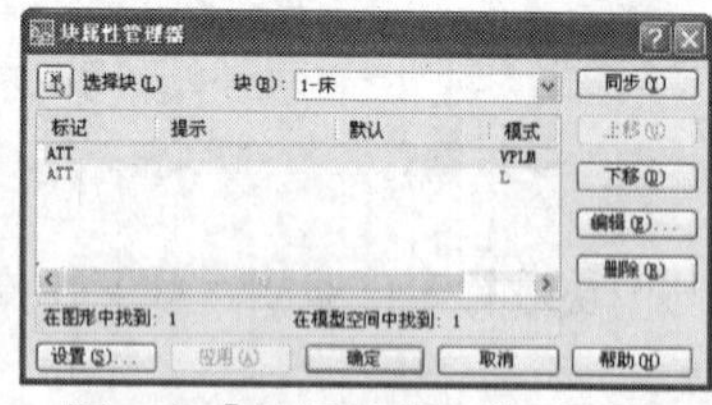

图 8.7 【块属性管理】对话框

❸ 选择需要修改属性的图块，通过单击 编辑(E)... 按钮打开【编辑属性】对话框，可以修改“床”图块的图层、线型、线宽、颜色、文字样式和属性等。如图 8.8 所示。

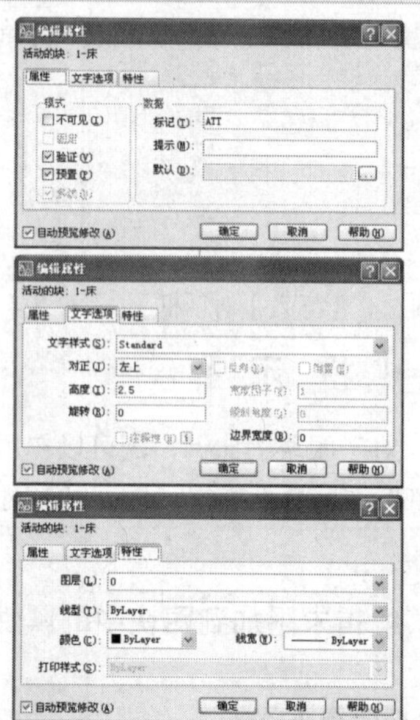

图 8.8 【编辑属性】对话框中各个选项

提 示

要创建属性，首先应创建描述属性特征的属性定义。特征包括标记（标识属性的名称），插入块时显示的提示，值的信息，文字格式，位置和任何可选模式（不可见、固定、验证和预置）等。创建属性定义之后，在定义块时应将它选为对象。然后，只要插入此块 AutoCAD 就会使用指定的文字提示用户输入属性。对于每个新的插入块，可以为属性指定不同的值。

8.2.6 重定义块属性

用 BLOCK 命令重定义图块时，以前插入的块属性仍然保持不变。

在定义或重定义块时，可以将属性附着到块上。当 AutoCAD 提示选择将包含在块定义中的对象时，应将需要的属性添加到选择集中。重定义块的属性对以前插入的块参照有以下影响。

（1）具有固定值的固定属性丢失并可以被任何新的固定属性替换。

（2）即使新的块定义中没有属性，原来的可变属性也将保持不变。

（3）新属性不显示在现有的块参照中。

用 ATTREDEF 命令重定义块并更新关联属性，则会更新全部新旧图块属性。为现有的块参照指定的新属性通常使用默认值，新块定义中的旧属性仍保持其原值。AutoCAD 会删除所有未包含在新块定义中的旧属性。

8.3 属性相关命令

属性相关的命令如表 8-1 所示。

表 8-1 属性相关的命令

意 义	命 令	说 明
编辑图块属性	ATTEDIT DDATTDEF[R8]	编辑文字和属性定义（非常数属性值）（对话框方式）
	ATTEDIT	独立于块单个或全局编辑属性值和属性特性
	DDMODIFY[R8]	编辑物体（含单个属性定义）
	PROPERTIES	编辑物体
属性定义	ATTDEF DDATTDEF[R8]	创建属性定义（对话框方式）
	ATTDEF	创建属性定义（命令行方式）
将属性附着到块上	BLOCK	定义块并包含属性定义
	ATTREDEF	重新定义块并更新相关属性，新块定义中的旧属性仍保持其原有值。不包含在新块定义中的旧属性将从旧的块引用中删除
显示可见性	ATTDISP	全局控制属性的可见性 OFF 关，不显示所有属性 NORMAL 普通，保持每个属性当前的可见性；显示可见属性，不显示不可见属性 ON 打开，显示所有属性

续表

意　义	命　令	说　明
编辑属性定义	DDEDIT	
属性提取	EXPORT	以其他文件格式保存对象

8.4 属性相关系统变量

属性相关的系统变量如表 8-2 所示。

表 8-2　　属性相关的系统变量

系统变量	意　义	说　明
ATTDIA	设置 INSERT 命令使用对话框输入属性	0 在命令行中显示提示 1 使用对话框
ATTMODE	控制属性显示模式	1 普通，保持每个属性当前的可见性；显示所有属性，不显示不可见属性 2 打开，显示所有属性
ATTREQ	确定插入块时 INSERT 命令是否使用默认属性设置	0 所有属性均采用各处的默认值 1 按钮 ATTDIA 系统变量指定的设置，显示命令提示或使用对话框获取属性值
AFLAGS	设置 ATTDEF 模式	0 无属性模式选定 1 不可见 2 常数 4 验证 8 预置

8.5 动态块

从 AutoCAD 2006 版本开始，就可以给块添加参数和动作行为，这种块叫做动态块。动态块定义了一些自定义特性，可用于在位调整块。用户仅需对设置的变量进行简单的拖动操作即可实现对块的修改。这是 AutoCAD 一项编辑块的强大功能。

8.5.1 动态块概述

使用动态块，无须先将块分解后再编辑块的大小、形状、位置和旋转角度。可以直接利用动态块中的自定义夹点或自定义特性进行编辑。

要成为动态块的块，至少必须包含一个参数以及一个与该参数关联的动作。将动作添加到块中时，必须将它们与参数的几何图形关联。其中，参数定义了自定义特性，并为块中的几何图形指定了位置、距离和角度；而动作定义了修改块时动态参照的几何图形如何移动和改变。

8.5.2 创建动态块

为了创建高质量的动态块，以便达到用户的预期效果，建议按照下列步骤进行操作。此过程有助于用户高效地编写动态块。

下面用实例介绍如何向表示椅子的现有块中添加一些简单的参数和动作，以及如何动态旋转和移动椅子。

❶ 打开 samples/ch08 文件夹中的图形文件“椅子.dwg”，重命名为“动态块.dwg”，然后保存到 samples/ch08 文件夹中。

❷ 选择【工具】→【块编辑器】命令（或使用 BEDIT 命令），弹出【编辑块定义】对话框。在要创建或编辑的块选项中选择椅子“chiar”，然后单击 确定 按钮继续设置。对话框的设置如图 8.9 所示。

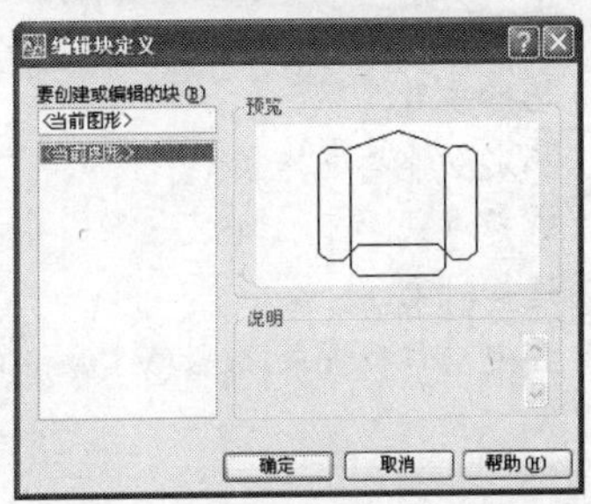

图 8.9 【编辑块定义】对话框

命令:_bedit 正在重生成模型

❸ 从“块编写”选项板的“参数”选项卡上选择“点参数”，然后单击椅子以向其添加点参数。如图 8.10 所示。

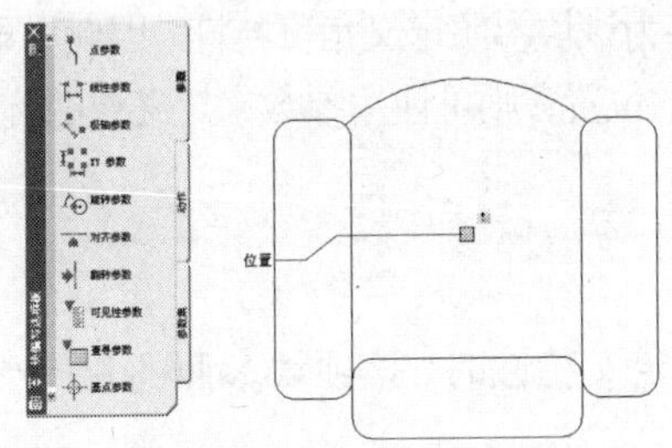

图 8.10 添加点参数

命令:_BParameter 点

指定参数位置或[名称(N)/标签(L)/链(C)/说明(D)/选项板(P)]: //指定参数位置为椅子的中心点

指定标签位置: //指定标签的位置在椅子左侧

提 示

点参数将追踪 X 和 Y 坐标值。点参数的默认标签是“位置”。

❹ 从同一个选项卡中选择“旋转参数”，然后按照命令行上的提示指定基点、半径等。如图 8.11 所示。

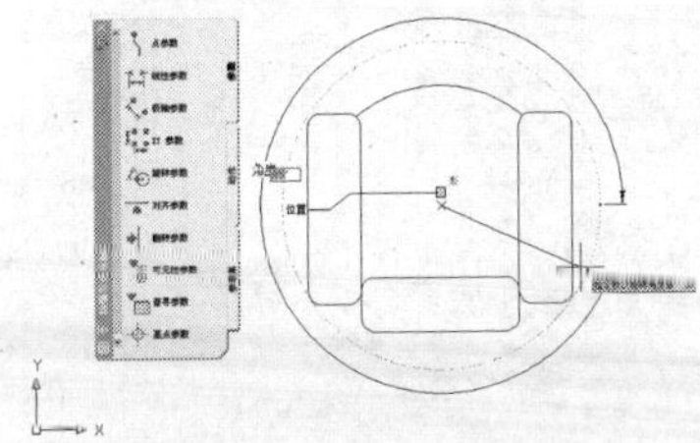

图 8.11 添加旋转参数

命令:_BParameter 旋转

指定基点或[名称(N)/标签(L)/链(C)/说明(D)/选项板(P)/值集(V)]:

指定参数半径:

指定默认旋转角度或[基准角度(B)]<0>:

指定标签位置: //指定标签的位置在椅子右侧

提 示

请注意参数夹点附近的警告图标，此图标表示该参数没有关联任何动作。下一步是在参数中添加动作。

❺ 在“块编写”选项板的“动作”选项卡上选择“移动动作”。选择椅子上的点参数，选择椅子，然后单击以放置该动作。这样就将移动动作关联到了点参数，如图 8.12 所示。

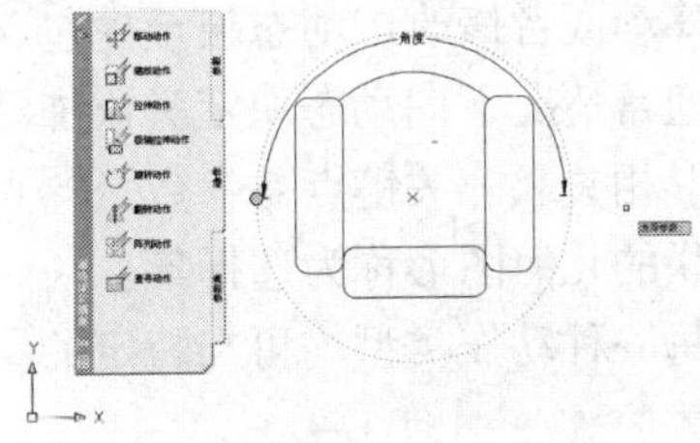

图 8.12 添加“移动动作”

命令:_BActionTool 移动

选择参数:

指定动作的选择集

选择对象: 找到 1 个

```
选择对象:
指定动作位置或 [乘数(M)/偏移(O)]:
```

❻ 从“动作”选项卡上选择“旋转动作”，并将其关联到椅子的旋转参数。如图 8.13 所示。

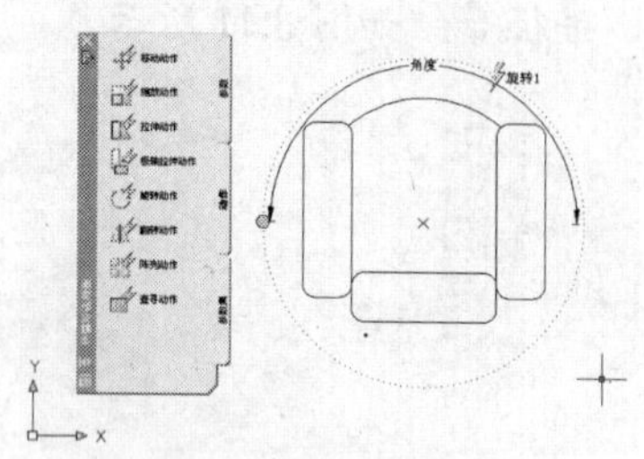

图 8.13　添加“旋转动作”

```
命令:_BActionTool 旋转
选择参数:
指定动作的选择集
选择对象:找到 1 个
选择对象:
指定动作位置或 [基点类型(B)]:
```

❼ 单击“块编辑器”工具栏上的【保存块定义】按钮，然后关闭块编辑器就可以使用动态块了。效果如图 8.14 所示。

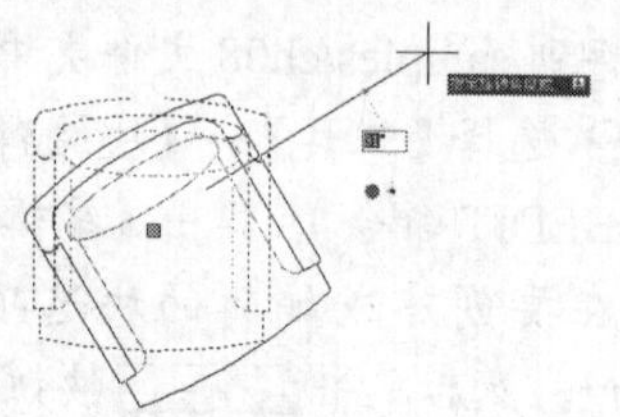

图 8.14　使用动态块

```
命令:_BActionTool 移动
选择参数:
指定动作的选择集
选择对象:找到 1 个
选择对象:
指定动作位置或[乘数(M)/偏移(O)]:
```

8.5.3　在动态块中使用参数

用户可以在块编辑器中向动态块定义中添加参数。在块编辑器中参数的外观与标注类似。参数可定义块的自定义特性。参数也可指定几何图形在块参照中的位置、距离和角度。向动态块定义添加参数后，参数将为块定义一个或多个自定义特性。

例如向动态块定义添加旋转参数后，该旋转参数将为该块参照定义角度特性。因此如果图形中有一个“电视块”，用户希望在编辑时能够旋转该块的位置，则可使用参数来定义块的旋转轴。

8.5.4　在动态块中使用动作

“动作”用于定义在图形中操作动态块参照的自定义特性时，该项块参照的几何图形将如何移动或者修改。动态块至少包含一个动作。

通常情况下向动态块定义添加动作后，必须将该动作与参数、参数上的关键点以及几何图形相关联。关键点是参数上的点，编辑参数时该点就会将驱动与参数相关联。与动作相关联的几何图形称为选择集。

每一种动作类型均可与特定的参数相关联。表 8-3 显示了可与每一种动作类型相关联的参数。

表 8-3　　与每一种动作类型相关联的参数

参　数	动 作 类 型
点、线、极轴、XY	移动
线性、极轴、XY	缩放
点、线、极轴、XY	拉伸

续表

参 数	动作类型
极轴	极轴拉伸
旋转	旋转
翻转	翻转
线性、极轴、XY	阵列
查寻	查寻

提 示

可以将多个动作指定给同一个参数和几何图形。但是如果两个动作均影响同一个几何图形，便不应将两个或两个以上同一类型的动作指定给参数上的同一关键点，因为这样会导致块参照中发生意外行为。

8.6 外部参照 Xref 的意义与优点

外部参照是指一幅图形（主图形）对参照图形（Xref）的引用。这些参照图形并没有被真正地插入到主图形中，只是建立了与主图形的一种路径链接关系，但是参照图形在主图形中显示。一个图形可以作为外部参照同时附着到多个图形中，同样也可以将多个图形作为外部参照附着到某个图形中。

外部参照与块既相似又有不同，需要注意的是如下几点。

（1）通过在图形中参照其他用户的图形协调用户之间的工作，从而可与其他用户所做的修改保持同步。也可以使用组成图形装配一个主图形，主图形将随工程的开发而被修改。

（2）确保显示参照图形的最新版本。打开图形时将自动重载每个外部参照，从而反映参照图形文件的最新状态。

（3）请勿在图形中使用参照图形中已存在的图层名、标注样式、文字样式等命名元素。

（4）当工程完成并准备归档时，可将附着的外部参照和用户图形永久地合并（绑定）到一起。

提 示

与块参照相同，外部参照在当前图形中以单个对象的形式存在。但是必须首先绑定外部参照才能将其分解。

8.7 外部参照 Xref 的建立

1. 功能

用于将外部参照附着到当前图形。

2. 执行命令方式

菜单：选择【插入】→【外部参照】命令。

命令行：输入 XATTACH 或命令别名 XA。

3. 操作步骤

❶ 选择【插入】→【外部参照】命令，弹出【外部参照】选项板，选择附着“DWG按钮”。

❷ 在弹出的【外部参照】选项板中选择素材图。如图 8.15 所示。

图 8.15 【外部参照】选项板

❸ 设置【外部参照】对话框中各项参数。如图 8.16 所示。

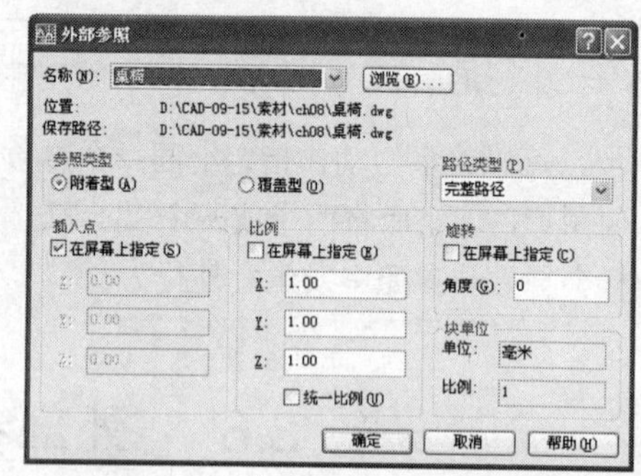

图 8.16 【外部参照】对话框

8.8 管理外部参照

1. 功能

用于显示、管理参照文件。从 AutoCAD 2007 版开始，已经用【外部参照】选项板完全取代了早期版本的【外部参照管理器】。

2. 执行命令方式

菜单：选择【插入】→【外部参照】命令。

命令行：输入 XATTACH 或命令别名 XA。

3. 操作步骤

❶ 选择【插入】→【外部参照】命令，弹出【外部参照】选项板，选择附着“DWG按钮”。如图 8.17 所示。

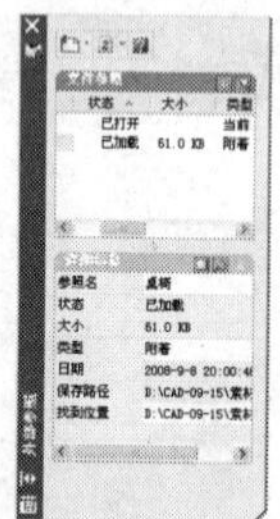

图 8.17 【外部参照】选项板

❷ 在弹出的【外部参照】选项板中选择【树状图】按钮，可显示为树状图状态。如图 8.18 所示。

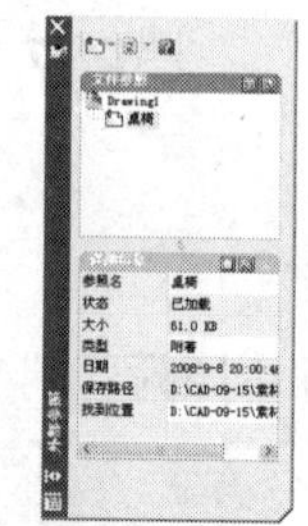

图 8.18 “树状图”显示

4. 参数说明

■ “工具按钮”选项组：位于选项板的最上方。单击该按钮旁边的黑三角，显示一个下拉菜单。如图 8.19 所示。

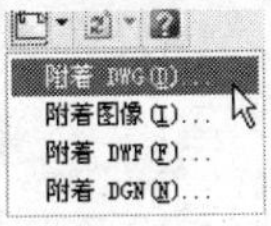

选择“附着图像”选项，将启动 IMAGEATTACH 命令，以附着光栅图像。

选择“附着 DWG”、“附着 DWF”和“附着 DGN”选项，可附着 DWG、DWF、DGN 类型的参考底图。

图 8.19 “工具按钮”选项组

■ “文件参照”选项组：位于选项板的上部。

列表图和树状图：单击这两个按钮，可切换到列表图或树状图状态。列表图以列表的方式显示当前图形中所有的外部参照。

列表框：显示了当前图形中的所有外部参照及相关信息。

■ “详细信息/预览”选项：显示选定文件参照的特性，或选定文件参照的缩略图预览。

8.9 管理外部参照的绑定

1. 功能

用于将外部参照依赖命名对象的一个或多个定义（如标注样式、图层、线型和文字样式等）绑定到当前图形，使其成为图形的一部分。

2. 执行命令方式

菜单：选择【修改】→【对象】→【外部参照】→【绑定】命令。

命令行：输入 XBIND 或命令别名 XB。

工具：【参照】→【外部参照绑定】。

3. 操作步骤

选择【修改】→【对象】→【外部参照】→【绑定】命令，弹出【外部参照绑定】对话框。如图 8.20 所示。

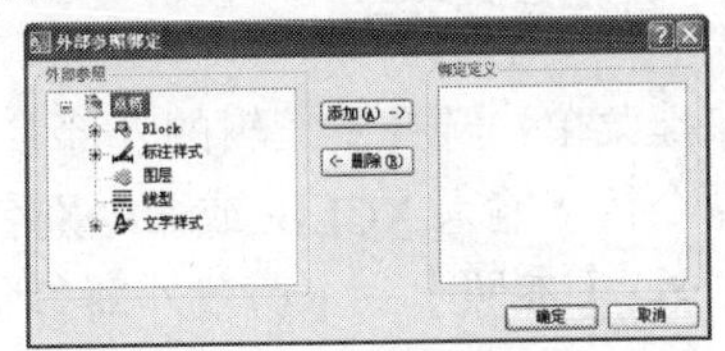

图 8.20 【外部参照绑定】对话框

4. 参数说明

■ 外部参照：显示当前附着到图形中的外部参照。打开一个外部参照，将在附着的外部参照中显示其命名对象的定义，如图层和标注样式等。

■ 绑定定义：显示外部参照依照命名对象绑定到所附着的图形中的情况。当外部参照依照命名对象绑定附着后，其命名方式由“块名/定义名”变为“块名定义名”。

■ 添加：单击该按钮，可以将“外部参照”列表框中选定的命名对象，定义移动到

“绑定定义”列表框中。

■ 删除：单击该按钮，可将“绑定定义”列表框中选定的外部参照依照命名对象，定义移动到原来的外部参照相关定义中。

8.10 在位编辑外部参照和块

REFEDIT 命令提示用户从当前图形中选择要编辑的外部参照或块参照。用户可以对外部参照或块作少量的修改，而不必打开参照图形或者分解和重定义块。其特点如下。

（1）对外部参照编辑修改而不必打开参照图形。

（2）对图块编辑修改而不必分解和重定义块。

（3）可在原位置利用其他图形作为参考。

在位编辑外部参照和块的操作步骤如表 8-4 所示。

表 8-4 操作步骤

步骤	说明	命令
开始	命令：编辑外部参照或图块，其他图形实体暗淡显示	REFEDIT
中间过程	任意绘图或编辑修改图形	REFSET
结束	将新绘制的图形添加到工作集或从工作集中删除图形	REFSET
	将修改保存到外部参照文件或图块，或者放弃	REFCLOSE

8.11 剪裁外部参照或图标

1. 功能

用于定义外部参照或图标图块的剪裁边界，并设置前剪裁平面或后剪裁平面。

2. 执行命令方式

快捷菜单：选择要编辑的外部参照后，从快捷菜单中选择“剪裁外部参照”。

命令行：输入 XCLIP 或命令别名 XC。

工具：【参照】→【剪裁外部参照】。

3. 操作步骤

选择【修改】→【剪裁】→【外部参照】命令。

```
命令:xc
XCLIP
选择对象: 找到 1 个
选择对象:
输入剪裁选项
[开(ON)/关(OFF)/剪裁深度(C)/删除(D)/生成多段线(P)/新建边界(N)]<新建边界>: N
```

4. 参数说明

■ 开：在当前图形中，显示外部参照或块的被剪裁部分。

■ 关：在当前图形中，显示外部参照或块的全部几何信息，忽略剪裁边界。

■ 剪裁深度：在外部参照或块上，设置前剪裁平面和后剪裁平面。

■ 删除：用于删除前剪裁平面和后剪裁平面。

■ 生成多段线：自动绘制一条与剪裁边界重合的多段线。此多段线采用当前图层、线型、线宽和颜色设置。

■ 新建边界：用于创建新的剪裁边界。

8.12 本讲小结

本讲主要学习了 AutoCAD 的块、属性和外部参照等功能，并对如何创建属性定义、编辑属性、动态块的创建与使用以及外部参照的运用等内容进行了详细的介绍。

块是对象的集合，常用于绘制复杂和重复的图形。利用块功能可以提高绘图的速度，节省储存空间。此外，用户还可以给块添加文字信息（即属性）。外部参照也是把已有的图形文件插入到当前图形中，但外部参照内容不随主图形的操作而改变。利用 AutoCAD 2008 提供的块、属性和外部参照等功能，可以显著提高绘图的效率。

8.13 思考与练习

1. 选择题

（1）属性操作通常由创建属性、编辑属性定义、将属性附着到块上、编辑附着到块上的属性和（　　）5 个基本步骤组成。

A. 重定义块　　B. 剪裁块　　C. 管理参照绑定　　D. 提取属性信息

（2）将外部参照附着到当前图形的的命令是（　　）。

A. REFEDI　　B. XATTACH　　C. XREF　　D. PROPERTIES

2. 判断题

（1）块属性是附属于块的图形信息，同时也是块的组成部分。（　　）

（2）用户在绘制过程中可以插入带属性的块。（　　）

3. 上机操作题

（1）打开“samples\ch08\洗面盆.dwg”文件，将图形转换成图块并保存。如图 8.21 所示。

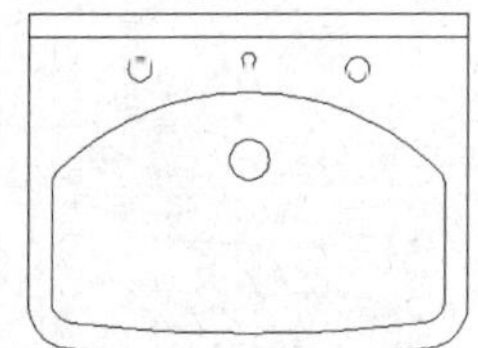

图 8.21　将图形转换为图块

（2）为该图块添加标题属性。

第9讲 绘制基本三维对象与实体

本讲要点

- 了解的曲面的绘制及相关参数
- 掌握三维实体的绘制与编辑方法
- 掌握布尔运算在三维实体中的应用

快速导读

本讲重点学习三维图形和曲面的创建与编辑方法，包括曲面的创建方法、三维实体的创建与编辑方法以及布尔运算等。本讲的难点是三维实体的编辑和布尔运算。

9.1 绘制基本曲面

空间物体都是由三维面围成的。三维面可能是平面或曲面，可以画出物体的表面来反映物体形状，此种模型是 3D 表面模型。表面模型是一种很重要的模型，在 AutoCAD 中提供了绘制长方体、楔体、棱锥和球体等基本立体表面及常见曲面的命令。

9.1.1 绘制长方体表面

长方体表面绘制非常简单，首先给长方体指定一个角点，然后依次指定其长度、宽度、高度和在 Z 轴上旋转的角度即可。

1. 功能

利用【3D】命令可以创建长方体表面。

2. 执行命令方式

命令行：输入 3D。

3. 操作步骤

❶ 在命令行输入“3D”并按 Enter 键确认。命令行提示如下。

```
命令: 3D                                  //执行命令
输入选项                                  //系统提示
[长方体表面(B)/圆锥面(C)/下半球面(DI)/上半球面(DO)/网格(M)/棱锥面(P)/球面(S)/圆环面(T)/楔体表面(W)]:
```

❷ 在命令行输入“B”，按 Enter 键确认后，在绘图区单击指定长方体角点，然后指定长方体的长度、宽度、高度和旋转角度依次为“300”、“200”、“350”和“0”并按 Enter 键确定。命令行提示如下。结果如图 9.1 所示。

```
[长方体表面(B)/圆锥面(C)/下半球面(DI)/上半球面(DO)/网格(M)/棱锥面(P)/球面(S)/圆环面(T)/楔体表面(W)]: B          //输入参数“B”
指定角点给长方体:                         //在绘图区指定长方体的角点
指定长度给长方体:300                      //指定长方体的长度
指定宽度给长方体表面:200                  //指定长方体的宽度
指定高度给长方体:350                      //指定长方体的高度
指定长方体表面绕 Z 轴旋转的角度或 [参照(R)]:0          //指定绕 Z 轴旋转的角度
```

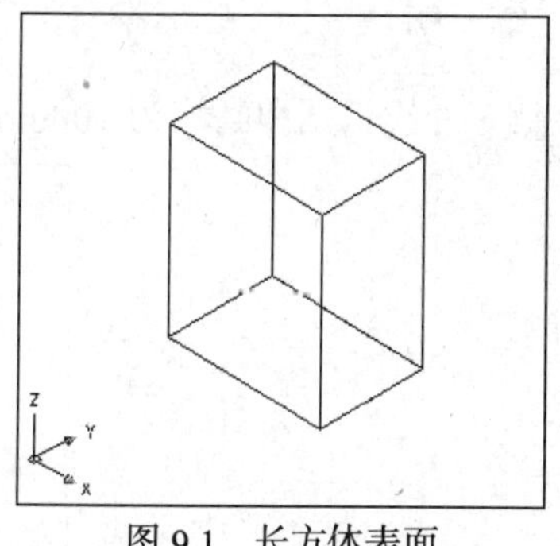

图 9.1　长方体表面

9.1.2 绘制楔体表面

楔体表面绘制非常简单，首先给楔体指定一个角点，然后依次指定其长度、宽度、高度和在 Z 轴上旋转的角度即可。

1. 功能

利用【3D】命令可以创建楔体表面。

2. 执行命令方式

命令行：输入 3D。

3. 操作步骤

❶ 在命令行输入“3D”并按 Enter 键确认。命令行提示如下。

```
命令:3D                                    //执行命令
输入选项                                    //系统提示
[长方体表面(B)/圆锥面(C)/下半球面(DI)/上半球面(DO)/网格(M)/棱锥面(P)/球面(S)/圆环面(T)/楔体表面(W)]:
```

❷ 在命令行输入“W”，按 Enter 键确认后，在绘图区单击指定楔体角点，然后指定楔体的长度、宽度、高度和旋转角度依次为“400”、“300”、“200”和“0”并按 Enter 键确定。命令行提示如下。结果如图 9.2 所示。

```
[长方体表面(B)/圆锥面(C)/下半球面(DI)/上半球面(DO)/网格(M)/棱锥面(P)/球面(S)/圆环面(T)/楔体表面(W)]:W          //输入参数“W”
指定角点给楔体表面:          //在绘图区指定楔体表面的角点
指定长度给楔体表面:400       //指定楔体的长度
指定宽度给楔体表面:00        //指定楔体的宽度
指定高度给楔体表面:200       //指定楔体的高度
指定楔体表面绕 Z 轴旋转的角度:0    //指定绕 Z 轴旋转的角度
```

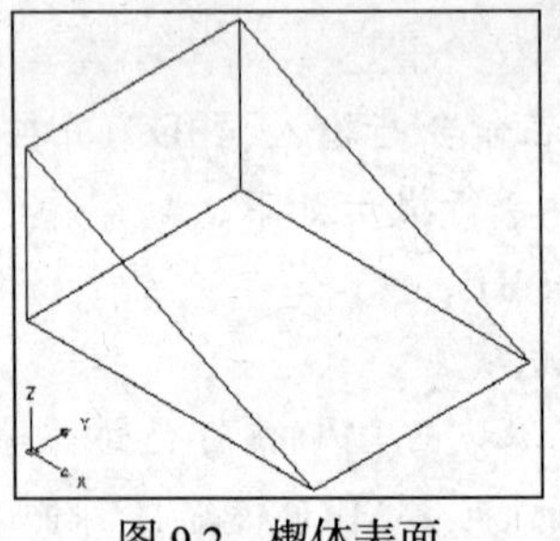

图 9.2 楔体表面

4. 练一练

绘制一个长、宽和高均为 100mm 的楔体表面。结果如图 9.3 所示。

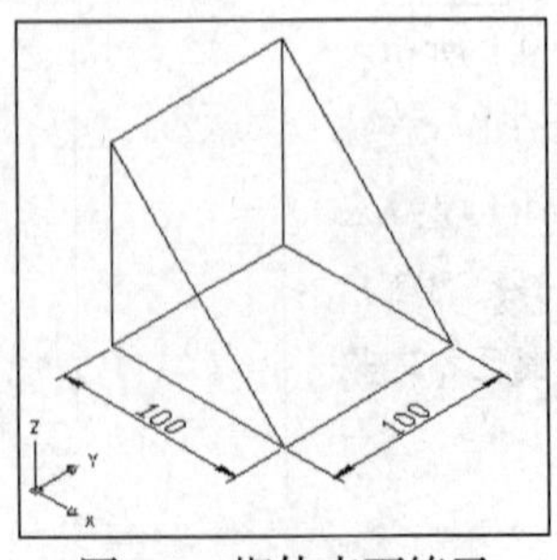

图 9.3 楔体表面练习

提 示

在本案例中，可输入距离以指定楔体表面的长、宽和高。

9.1.3 绘制棱锥面

棱锥面的绘制只需要指定棱锥面底面的 4 个角点和顶点高度即可。

1. 功能

利用【3D】命令可以创建棱锥面。

2. 执行命令方式

命令行：输入 3D。

3. 操作步骤

❶ 在命令行输入“3D”并按 Enter 键确认。命令行提示如下。

```
命令: 3D                        //执行命令
输入选项                        //系统提示
[长方体表面(B)/圆锥面(C)/下半球面(DI)/上半球面(DO)/网格(M)/棱锥面(P)/球面(S)/圆环面(T)/楔体表面(W)]:
```

❷ 在命令行输入“P”，按 Enter 键确认后，在绘图区单击指定棱锥面底面的第一个角点，然后指定另外 3 个角点的坐标值和棱锥面的顶点高度依次为“@300,0”、“@0,-200”、“@-300,0”和“450”并按 Enter 键确定。命令行提示如下。结果如图 9.4 所示。

```
[长方体表面(B)/圆锥面(C)/下半球面(DI)/上半球面(DO)/网格(M)/棱锥面(P)/球面(S)/圆环面(T)/楔体表面(W)]:P        //输入参数“P”
指定棱锥面底面的第一角点:
        //在绘图区指定棱锥面底面的第一个角点
指定棱锥面底面的第二角点:@300,0
        //指定第二个角点的相对坐标值
指定棱锥面底面的第三角点:@0,-200
        //指定第三个角点的相对坐标值
指定棱锥面底面的第四角点或[四面体(T)]: -300,0
        //指定第四个角点的相对坐标值
指定棱锥面的顶点或[棱(R)/顶面(T)]:450
        //指定棱锥面顶点的高度
```

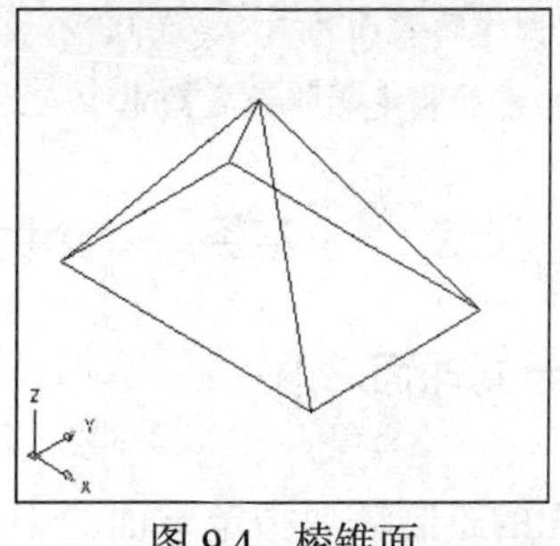

图 9.4 棱锥面

9.1.4 绘制圆锥面

圆锥面的绘制需要指定圆锥面底面中心点、底面半径、顶面半径、高度以及圆锥面曲面的线段数目。

1. 功能

利用【3D】命令可以创建圆锥面。

2. 执行命令方式

命令行：输入 3D。

3. 操作步骤

❶ 在命令行输入“3D”并按 Enter 键确认。命令行提示如下。

命令: 3D //执行命令

输入选项 //系统提示

[长方体表面(B)/圆锥面(C)/下半球面(DI)/上半球面(DO)/网格(M)/棱锥面(P)/球面(S)/圆环面(T)/楔体表面(W)]:

❷ 在命令行输入“C”，按 Enter 键确认后，在命令行依次输入底面中心点、底面半径、顶面半径、高度和圆锥面曲面的线段数目为“0,0,0”、“150”、“0”、“300”和“30”并按 Enter 键确定。命令行提示如下。结果如图 9.5 所示。

[长方体表面(B)/圆锥面(C)/下半球面(DI)/上半球面(DO)/网格(M)/棱锥面(P)/球面(S)/圆环面(T)/楔体表面(W)]: C //输入参数“C”

指定圆锥面底面的中心点:0,0,0

//在绘图区指定圆锥面底面中心点为原点

指定圆锥面底面的半径或[直径(D)]:150

//指定底面半径

指定圆锥面顶面的半径或[直径(D)]<0>:0

//指定顶面半径

指定圆锥面的高度:300 //指定高度

输入圆锥面曲面的线段数目<16>:30 //指定圆锥面曲面的线段数目

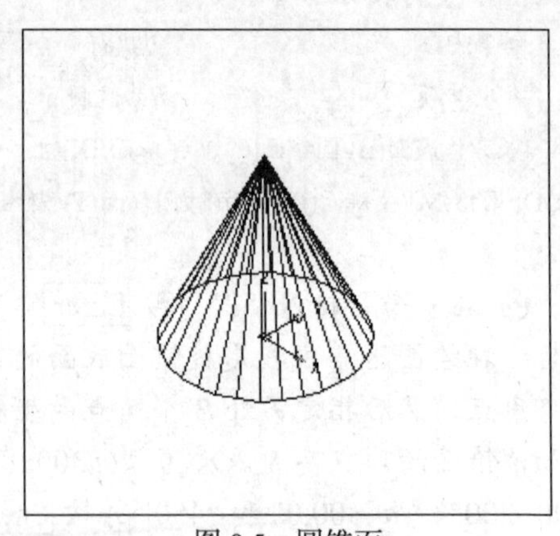

图 9.5 圆锥面

9.1.5 绘制球面

球面的绘制需要指定球面的中心点、半径、经线数目和纬线数目。

1. 功能

利用【3D】命令可以创建球面。

2. 执行命令方式

命令行：输入 3D。

3. 操作步骤

❶ 在命令行输入“3D”并按 Enter 键确认。命令行提示如下。

命令: 3D　　//执行命令

输入选项　　//系统提示

[长方体表面(B)/圆锥面(C)/下半球面(DI)/上半球面(DO)/网格(M)/棱锥面(P)/球面(S)/圆环面(T)/楔体表面(W)]:

❷ 在命令行输入“S”，按 Enter 键确认后，在绘图区单击指定球面中心点，然后指定球面的半径、经线数目和纬线数目依次为“300”、“20”和“30”并按 Enter 键确定。命令行提示如下。结果如图 9.6 所示。

[长方体表面(B)/圆锥面(C)/下半球面(DI)/上半球面(DO)/网格(M)/棱锥面(P)/球面(S)/圆环面(T)/楔体表面(W)]:S　　//输入参数“S”

指定中心点给球面:　　//在绘图区单击指定球面的中心点

指定球面的半径或 [直径(D)]:300　　//指定球面半径

输入曲面的经线数目给球面 <16>:20 //指定经线数目

输入曲面的纬线数目给球面<16>:20 //指定纬线数目

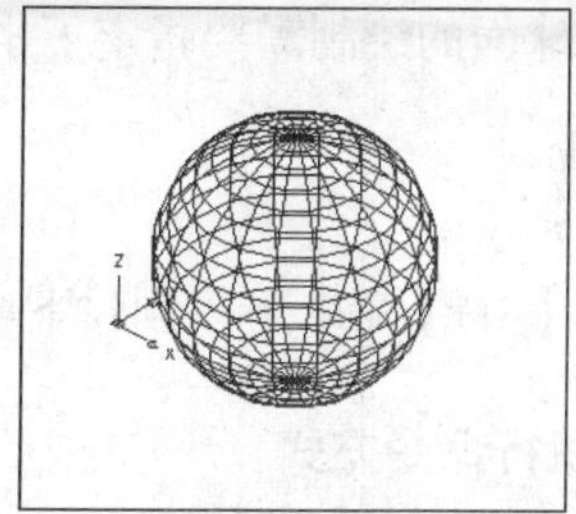

图 9.6　球面

9.1.6 绘制上半球面

上半球面的绘制需要指定上半球面的中心点、半径、经线数目和纬线数目。

1. 功能

利用【3D】命令可以创建上半球面。

2. 执行命令方式

命令行：输入 3D。

3. 操作步骤

❶ 在命令行输入“3D”并按 Enter 键确认。命令行提示如下。

命令: 3D　　//执行命令

输入选项　　//系统提示

[长方体表面(B)/圆锥面(C)/下半球面(DI)/上半球面(DO)/网格(M)/棱锥面(P)/球面(S)/圆环面(T)/楔体表面(W)]:

❷ 在命令行输入“DO”，按 Enter 键确认后，在绘图区单击指定上半球面中心点，然后指定上半球面的半径为“300”，经线数目和纬线数目可直接按 Enter 键保持默认即可。命令行提示如下。结果如图 9.7 所示。

[长方体表面(B)/圆锥面(C)/下半球面(DI)/上半球面(DO)/网格(M)/棱锥面(P)/球面(S)/圆环面(T)/楔体表面(W)]:DO　　//输入参数“DO”

指定中心点给上半球面:　//在绘图区指定上

半球面的中心点

指定上半球面的半径或[直径(D)]:300

//指定上半球面的半径

输入曲面的经线数目给上半球面<16>:

//直接按Enter键保持默认

输入曲面的纬线数目给上半球面<8>:

//直接按Enter键保持默认

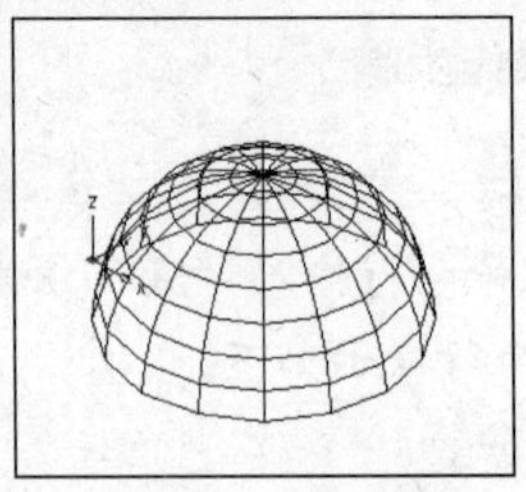

图 9.7　上半球面

9.1.7　绘制下半球面

下半球面的绘制需要指定下半球面的中心点、半径、经线数目和纬线数目。

1. 功能

利用【3D】命令可以创建下半球面。

2. 执行命令方式

命令行：输入 3D。

3. 操作步骤

❶ 在命令行输入“3D”并按Enter键确认。命令行提示如下。

命令: 3D　　//执行命令

输入选项　　//系统提示

[长方体表面(B)/圆锥面(C)/下半球面(DI)/上半球面(DO)/网格(M)/棱锥面(P)/球面(S)/圆环面(T)/楔体表面(W)]:

❷ 在命令行输入“DI”，按Enter键确认后，在绘图区单击指定下半球面中心点，然后指定下半球面的半径为“300”，经线数目和纬线数目可直接按Enter键保持默认即可。命令行提示如下。结果如图 9.8 所示。

[长方体表面(B)/圆锥面(C)/下半球面(DI)/上半球面(DO)/网格(M)/棱锥面(P)/球面(S)/圆环面(T)/楔体表面(W)]: DO　　//输入参数“DI”

指定中心点给下半球面:

//在绘图区指定下半球面的中心点

指定下半球面的半径或[直径(D)]:300

//指定下半球面的半径

输入曲面的经线数目给下半球面<16>:

//直接按Enter键保持默认

输入曲面的纬线数目给下半球面<8>:

//直接按Enter键保持默认

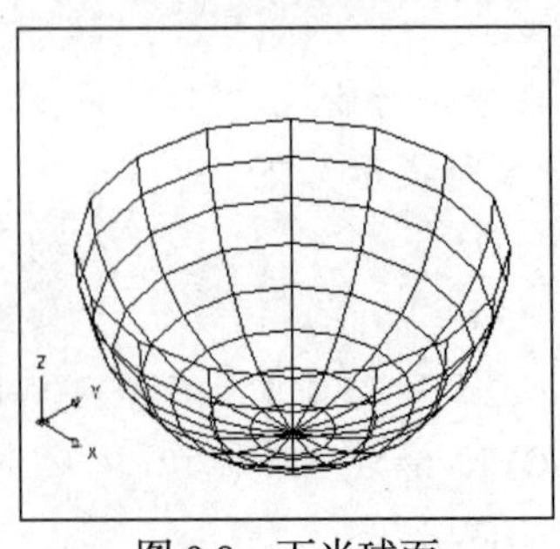

图 9.8　下半球面

9.1.8 绘制圆环面

圆环面的绘制需要指定圆环面的中心点、圆环面的半径、圆管的半径以及环绕圆管圆周的线段数目和环绕圆环面圆周的线段数目。

1. 功能

利用【3D】命令可以创建圆环面。

2. 执行命令方式

命令行：输入 3D。

3. 操作步骤

❶ 在命令行输入“3D”并按Enter键确认。命令行提示如下。

```
命令: 3D                          //执行命令
输入选项                          //系统提示
[长方体表面(B)/圆锥面(C)/下半球面(DI)/上半球面(DO)/网格(M)/棱锥面(P)/球面(S)/圆环面(T)/楔体表面(W)]:
```

❷ 在命令行输入“T”，按Enter键确认后，在绘图区单击指定圆环面中心点，然后指定圆环面半径和圆管半径依次为“300”和“40”，环绕圆管圆周的线段数目和环绕圆环面圆周的线段数目可直接按Enter键保持默认即可。命令行提示如下。结果如图 9.9 所示。

```
[长方体表面(B)/圆锥面(C)/下半球面(DI)/上半球面(DO)/网格(M)/棱锥面(P)/球面(S)/圆环面(T)/楔体表面(W)]: T          //输入参数“T”
指定圆环面的中心点:
            //在绘图区指定圆环面的中心点
指定圆环面的半径或[直径(D)]:300
            //指定圆环面的半径
指定圆管的半径或[直径(D)]:40
            //指定圆管的半径
输入环绕圆管圆周的线段数目<16>:
            //直接按 Enter 键保持默认
输入环绕圆环面圆周的线段数目<16>:
            //直接按 Enter 键保持默认
```

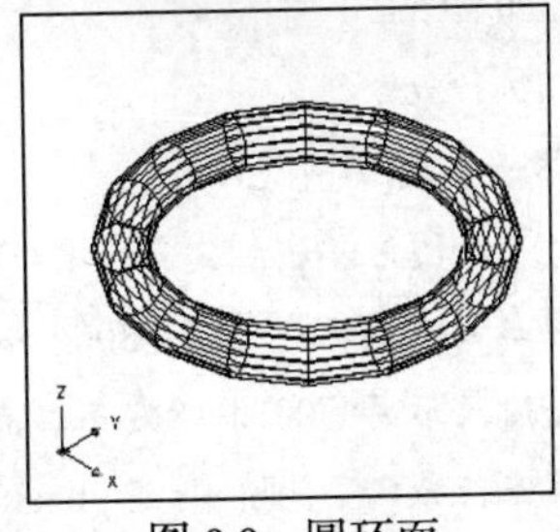

图 9.9 圆环面

提 示

环绕圆管和圆环面的网格数决定圆环面中多边形网格面的数量。值越大，多边形网格面越多，曲面越光滑，但重新生成时所需的时间也越长。

9.2 用 3DFACE 命令绘制三维面

在利用【3DFACE】命令创建三维面时，第一点定义三维面的起点。在输入第一点后，可按顺时针或逆时针顺序输入其余的点，以创建普通三维面。如果将所有的 4 个顶点定位在同一平面上，那么将创建一个类似于面域对象的平面。

1. 功能

利用【3DFACE】命令可以在三维空间中的任意位置创建三侧面或四侧面。

2. 执行命令方式

命令行：输入 3DFACE。
菜单：选择【绘图】→【建模】→【网格】→【三维面】命令。

3. 操作步骤

❶ 选择【绘图】→【建模】→【网格】→【三维面】命令，在绘图区单击确定第一点（即 A 点）。

❷ 输入第二点（即 B 点）相对于第一点（即 A 点）的距离“300”并按 Enter 键确定，依此类推。命令行提示如下。最终结果如图 9.10 所示。

```
命令:3DFACE
    //执行命令
指定第一点或[不可见(I)]:
    //在绘图区单击指定第一点(即 A 点)
指定第二点或 [不可见(I)]: 300
    //输入距离“300”以确定第二点(即 B 点)
指定第三点或[不可见(I)]<退出>:300
    //输入距离“300”以确定第三点(即 C 点)
指定第四点或[不可见(I)] <创建三侧面>: 300
    //输入距离“300”以确定第四点(即 D 点)
指定第五点或[不可见(I)]<退出>:400
    //输入距离“400”以确定第五点(即 E 点)
指定第六点或[不可见(I)]<创建三侧面>:300
    //输入距离“300”以确定第六点(即 F 点)
指定第三点或[不可见(I)]<退出>:*取消*
    //按 Esc 键退出命令
```

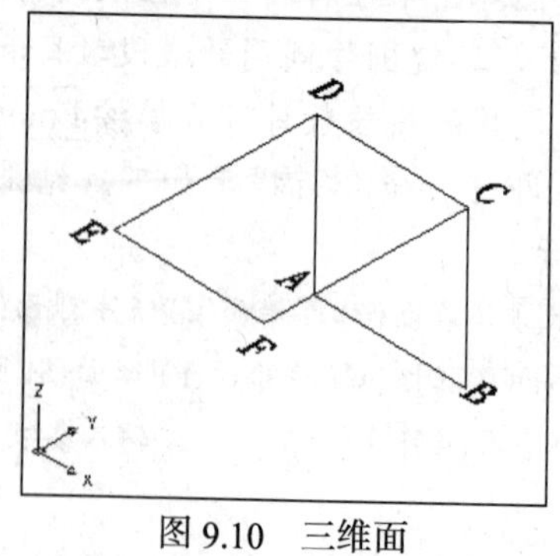

图 9.10　三维面

4. 参数说明

■ 不可见（I）：控制三维面各边的可见性，以便创建有孔对象的正确模型。

9.3 绘制旋转曲面

通过将路径曲线或轮廓（直线、圆、圆弧、椭圆、椭圆弧、闭合多段线、多边形、闭合样条曲线或圆环）绕指定的轴旋转创建一个近似于旋转曲面的多边形网格。

1. 功能

利用【REVSURF】命令可以创建绕选定轴旋转而成的旋转网格。

2. 执行命令方式

命令行：输入 REVSURF。

菜 单：选择【绘图】→【建模】→【网格】→【旋转网格】命令。

3. 操作步骤

❶ 打开"samples\ch09\旋转曲面.dwg"文件。如图 9.11 所示。

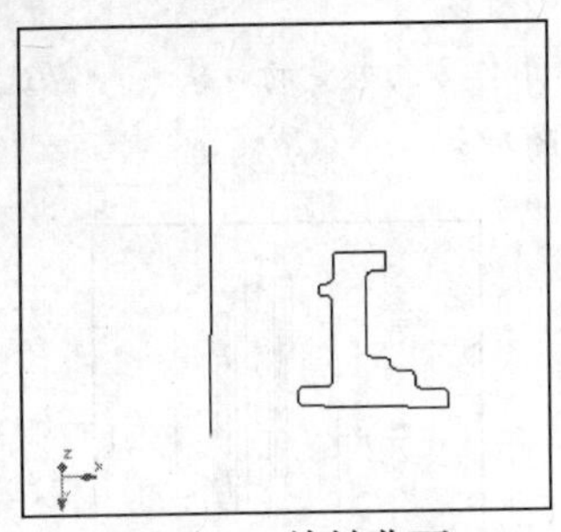

图 9.11 旋转曲面

❷ 选择【绘图】→【建模】→【网格】→【旋转网格】命令，在绘图区单击要旋转的对象。如图 9.12 所示。

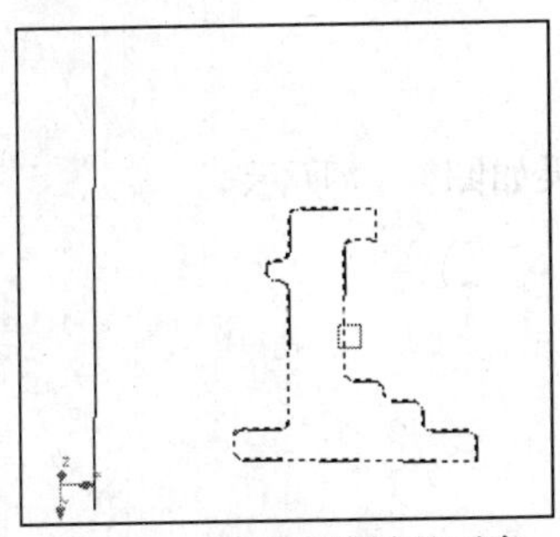

图 9.12 单击要旋转的对象

❸ 在绘图区单击定义旋转轴的对象，然后按 Enter 键确定使起点角度和包含角保持默认即可。命令行提示如下。结果如图 9.13 所示。

```
命令:_revsurf            //执行命令
当前线框密度:SURFTAB1=6  SURFTAB2=6
                         //系统提示
选择要旋转的对象:        //选择要旋转的对象
选择定义旋转轴的对象:
                         //选择定义旋转轴的对象
指定起点角度<0>:         //直接按 Enter 键确定
指定包含角(+=逆时针, -=顺时针)<360>:
                         //直接按 Enter 键确定
```

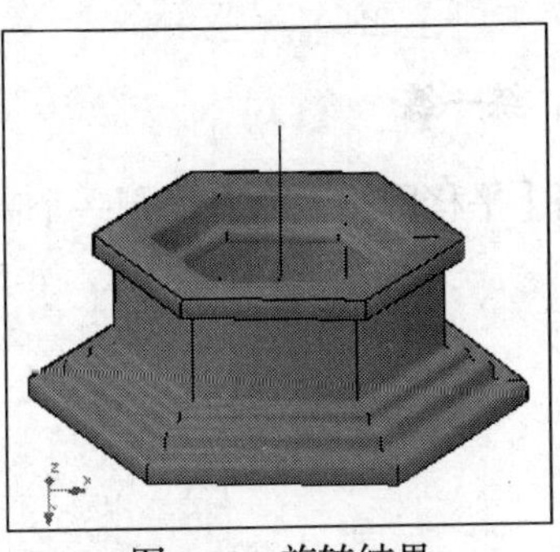

图 9.13 旋转结果

9.4 绘制平移曲面

平移曲面是由一条轮廓曲线沿着一条指定方向的矢量直线拉伸而形成的曲面模型。

1. 功能

利用【TABSURF】命令可以沿路径曲线和方向矢量创建平移网格。

2. 执行命令方式

命令行：输入 TABSURF。
菜 单：选择【绘图】→【建模】→【网格】→【平移网格】命令。

3. 操作步骤

❶ 打开“samples\ch09\平移曲面.dwg”文件。如图 9.14 所示。

❷ 选择【绘图】→【建模】→【网格】→【平移网格】命令，在绘图区选择用作轮廓曲线的对象。如图 9.15 所示。

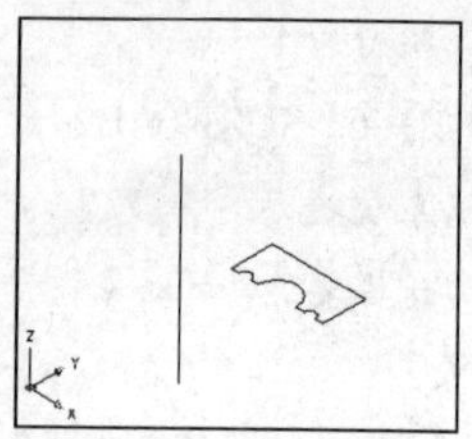

图 9.14 平移曲面

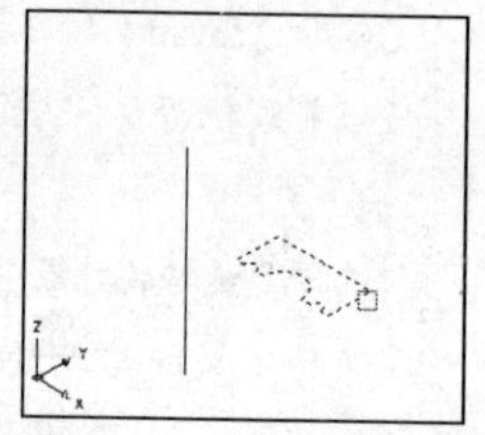

图 9.15 单击轮廓曲线

❸ 在绘图区单击用作方向矢量的对象。命令行提示如下。结果如图 9.16 所示。

```
命令: _tabsurf                          //执行命令
当前线框密度: SURFTAB1=6                //系统提示
选择用作轮廓曲线的对象:                 //选择用作轮廓曲线的对象
选择用作方向矢量的对象:                 //选择用作方向矢量的对象
```

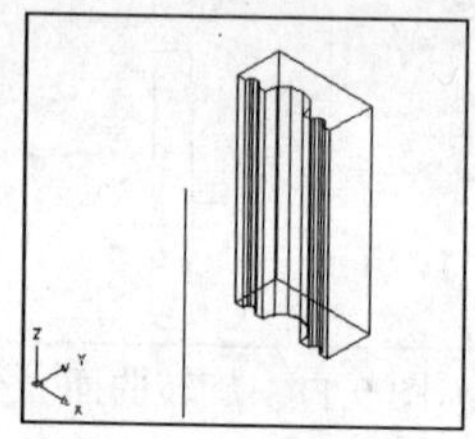

图 9.16 平移结果

4. 练一练

用【平移网格】命令绘制一个高为 30 的实体。结果如图 9.17 所示。

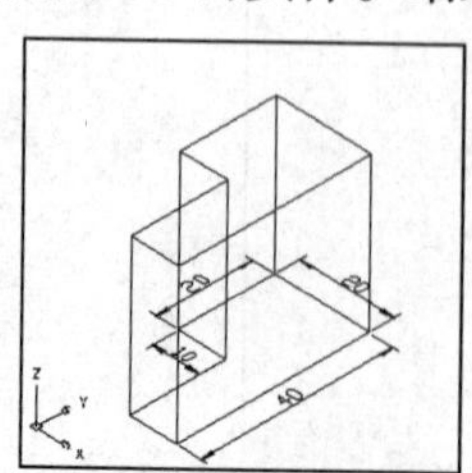

图 9.17 平移曲面练习

提 示

在本案例中，需要先定义一个轮廓曲线对象和一个用作方向矢量的对象。

9.5 绘制直纹曲面

直纹曲面是由若干条直线连接两条曲线时，在曲线之间形成的曲面建模。

1. 功能

利用【RULESURF】命令可以在两条曲线之间创建直纹网格。

2. 执行命令方式

命令行：输入 RULESURF。
菜 单：选择【绘图】→【建模】→【网格】→【直纹网格】命令。

3. 操作步骤

❶ 打开"samples\ch09\直纹曲面.dwg"文件。如图 9.18 所示。

❷ 选择【绘图】→【建模】→【网格】→【直纹网格】命令，在绘图区选择第一条定义曲线。如图 9.19 所示。

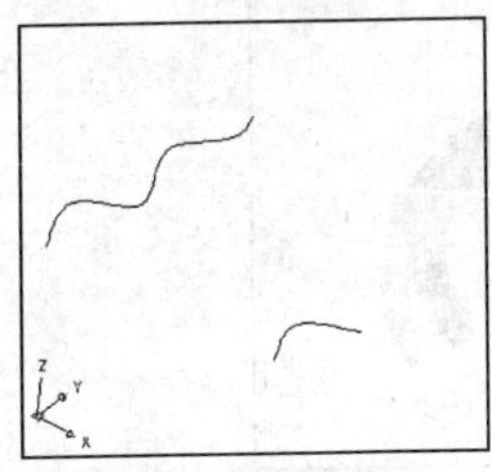

图 9.18 直纹曲面

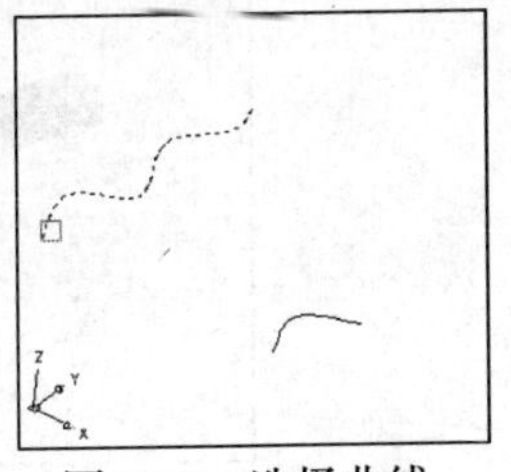

图 9.19 选择曲线

❸ 在绘图区单击第二条定义曲线。命令行提示如下。结果如图 9.20 所示。

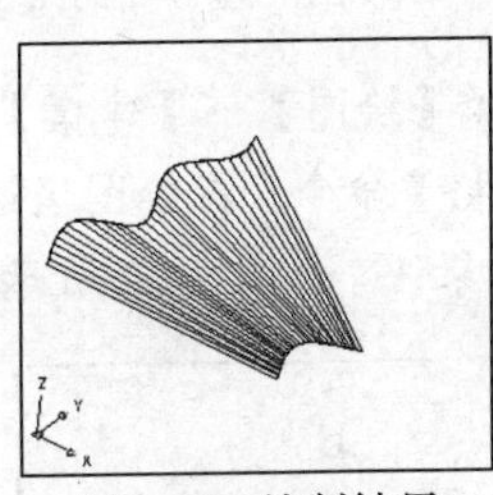

图 9.20 绘制结果

```
命令: _rulesurf                    //执行命令
当前线框密度: SURFTAB1=30          //系统提示
选择第一条定义曲线:                //选择第一条定义曲线
选择第二条定义曲线:                //选择第二条定义曲线
```

9.6 绘制边界曲面

创建边界网格时，必须选择定义网格片的 4 条邻接边。邻接边可以是直线、圆弧、样条曲线或开放的二维或三维多段线。这些邻接边必须在端点处相交以形成一个拓扑形式的矩形闭合路径。

1. 功能

利用【EDGESURF】命令可以创建三维多边形网格。

2. 执行命令方式

命令行：输入 EDGESURF。
菜单：选择【绘图】→【建模】→【网格】→【边界网格】命令。

3. 操作步骤

❶ 打开 “samples\ch09\边界曲面.dwg” 文件。如图 9.21 所示。

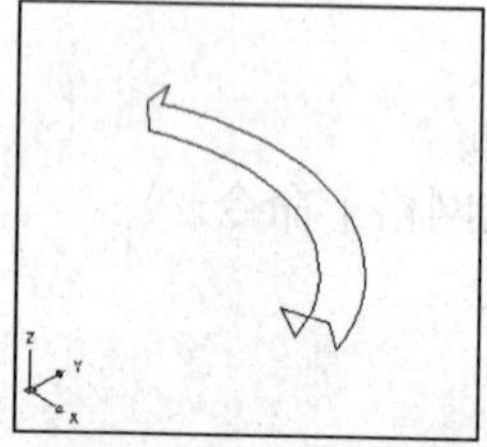

图 9.21 边界曲面

❷ 选择【绘图】→【建模】→【网格】→【边界网格】命令，在绘图区选择用作曲面边界的对象 1。如图 9.22 所示。

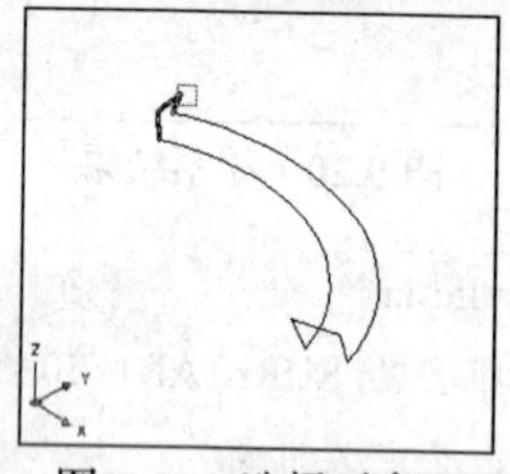

图 9.22 选择对象 1

❸ 在绘图区选择用作曲面边界的对象 2。如图 9.23 所示。

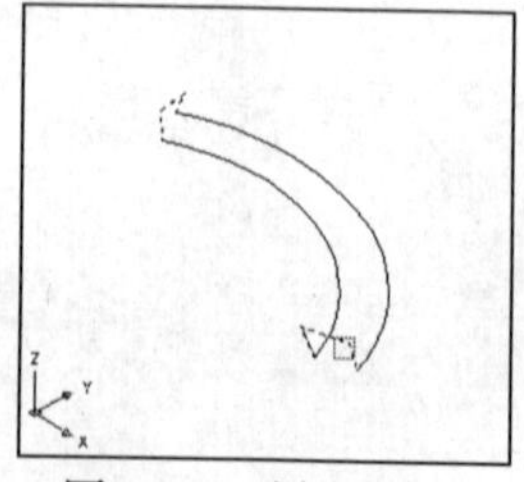

图 9.23 选择对象 2

❹ 在绘图区选择用作曲面边界的对象 3。如图 9.24 所示。

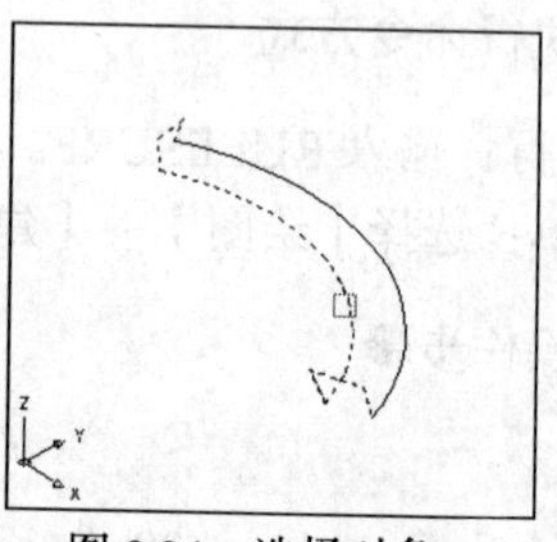

图 9.24 选择对象 3

❺ 在绘图区选择用作曲面边界的对象 4。命令行提示如下。结果如图 9.25 所示。

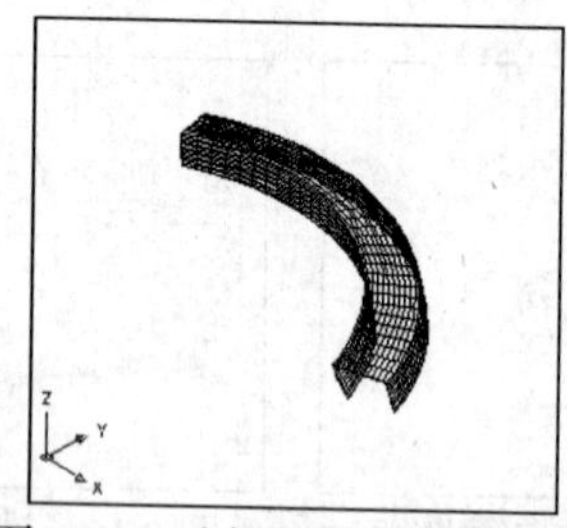

图 9.25 选择对象 4 后的结果

```
命令:_edgesurf                              //执行命令
当前线框密度: SURFTAB1=30   SURFTAB2=30
                                            //系统提示
选择用作曲面边界的对象 1:                   //选择对象 1
选择用作曲面边界的对象 2:                   //选择对象 2
选择用作曲面边界的对象 3:                   //选择对象 3
选择用作曲面边界的对象 4:                   //选择对象 4
```

9.7 绘制基本实体对象

实体对象表示整个对象的体积。在各类三维建模中，实体的信息最完整，歧义最少。复杂实体比线框和网格更容易构造和编辑。

9.7.1 绘制长方体

在创建长方体时，其底面始终与当前 UCS 的 XY 平面（工作平面）平行。如果使用了"立方体"或"长度"选项，则还可以在单击以指定长度时指定长方体在 XY 平面中的旋转角度。

1. 功能

利用【BOX】命令可以创建三维实体长方体。

2. 执行命令方式

命令行：输入 BOX。
菜 单：选择【绘图】→【建模】→【长方体】命令。
工具栏：建模→长方体。

3. 操作步骤

❶ 选择【绘图】→【建模】→【长方体】命令，在绘图区单击确定长方体底面的第一个角点。

❷ 在命令行输入长方体底面的对角点"@300，-150"和高度"300"并按 Enter 键确定。命令行提示如下。结果如图 9.26 所示。

```
命令:_box                                //执行命令
指定第一个角点或[中心(C)]:               //在绘图区单击指定角点
指定其他角点或[立方体(C)/长度(L)]:@300,-150
                                         //输入对角点的相对坐标
指定高度或[两点(2P)]<213.0801>:300
                                         //输入高度
```

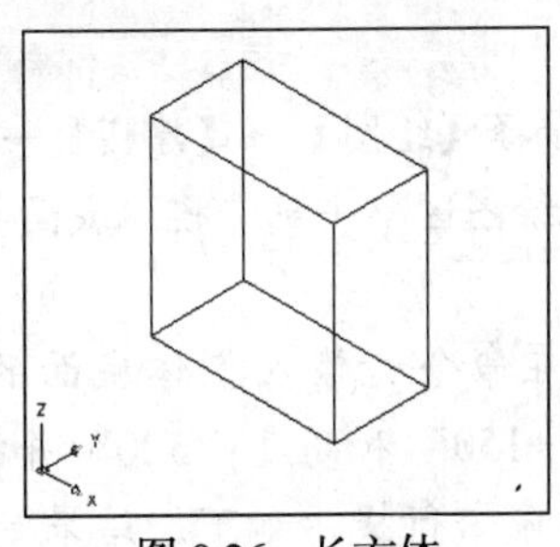

图 9.26 长方体

4. 参数说明

- 中心（C）：使用指定的中心点创建长方体。
- 立方体（C）：创建一个长、宽、高相同的长方体。

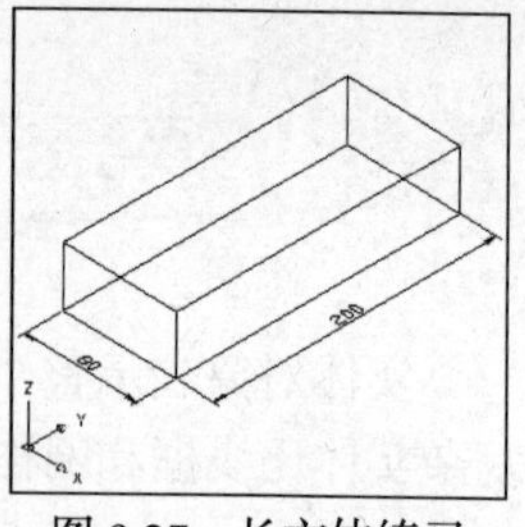

图 9.27　长方体练习

■ 长度（L）：按照指定长宽高创建长方体。如果输入值，长度与 *X* 轴对应，宽度与 *Y* 轴对应，高度与 *Z* 轴对应。

■ 两点（2P）：指定长方体的高度为两个指定点之间的距离。

5. 练一练

绘制一个长、宽和高分别为 80mm、200mm 和 40mm 的长方体。结果如图 9.27 所示。

提 示

在本案例中，可输入长方体的长度参数进行绘制。

9.7.2 绘制楔体

在创建楔体时，其底面始终与当前 UCS 的 *XY* 平面（工作平面）平行，斜面正对第一个角点。如果使用“立方体”或“长度”选项，则还可以在单击以指定长度时指定楔体在 *XY* 平面中的旋转角度。

1. 功能

利用【WEDGE】命令可以创建实体楔体。

2. 执行命令方式

命令行：输入 WEDGE 或命令简写 WE。
菜 单：选择【绘图】→【建模】→【楔体】命令。
工具栏：建模→楔体。

3. 操作步骤

❶ 选择【绘图】→【建模】→【楔体】命令，在绘图区单击确定楔体底面的第一个角点。

❷ 在命令行输入楔体底面的对角点“@450，-150”和高度“300”并按 Enter 键确定。命令行提示如下。结果如图 9.28 所示。

```
命令:_wedge                          //执行命令
指定第一个角点或[中心(C)]:           //在绘图区单击指定角点
指定其他角点或[立方体(C)/长度(L)]:@450，-150
                                     //输入对角点的相对坐标
指定高度或[两点(2P)]<289.8761>:300
                                     //输入高度
```

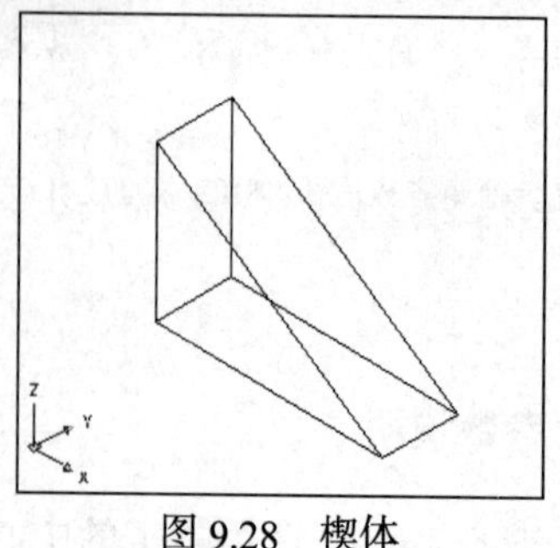

图 9.28　楔体

4. 参数说明

- 中心（C）：使用指定的中心点创建楔体。
- 立方体（C）：创建等边楔体。
- 长度（L）：按照指定长宽高创建楔体。
- 两点（2P）：指定楔体的高度为两个指定点之间的距离。

5. 练一练

绘制一个长、宽和高均为 500mm 的楔体。结果如图 9.29 所示。

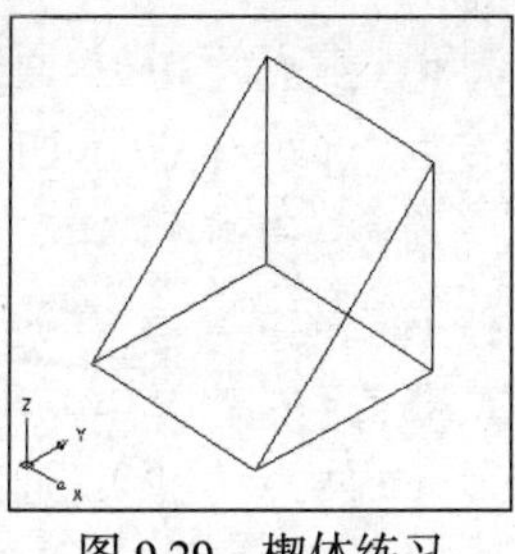

图 9.29 楔体练习

提 示

在本案例中，可输入楔体的立方体参数进行绘制。

9.7.3 绘制球体

绘制球体时，AutoCAD 提供了 4 种方式绘制，其中定义圆心点和半径的方式为默认方式。

1. 功能

利用【SPHERE】命令可以创建三维实心球体。

2. 执行命令方式

命令行：输入 1SPHERE。
菜单：选择【绘图】→【建模】→【球体】命令。
工具栏：建模→球体。

3. 操作步骤

❶ 选择【绘图】→【建模】→【球体】命令，在绘图区单击确定球体的中心点。

❷ 在命令行输入球体的半径“300”并按 Enter 键确定。命令行提示如下。结果如图 9.30 所示。

```
命令:_sphere                //执行命令
指定中心点或[三点(3P)/两点(2P)/相切、相切、半径(T)]: //指定中心点或输入参数
指定半径或[直径(D)]:300  //输入半径
```

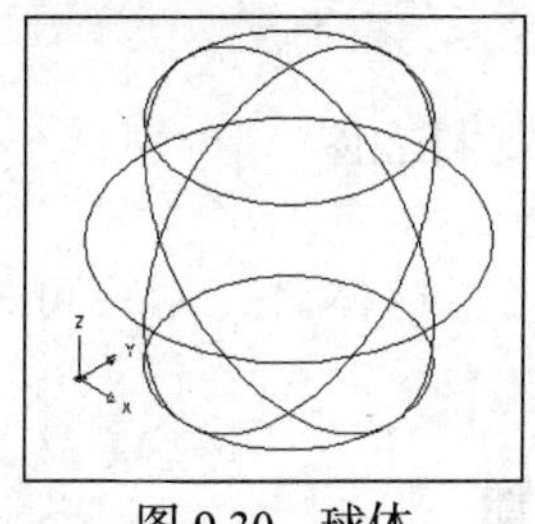

图 9.30 球体

提 示

系统变量“ISOLINES”可控制球体的线框密度，它只决定球体的显示效果，并不能影响球体表面的平滑度。如图 9.31 所示，左边球体的“ISOLINES”值为“4”，右边球体的“ISOLINES”值为“16”。

4. 参数说明

■ 三点（3P）：通过在三维空间的任意位置指定 3 个点来定义球体的圆周。执行参数命令后，命令行提示如下。

```
指定第一点:                                  //指定第一点
指定第二点:                                  //指定第二点
指定第三点:                                  //指定第三点
```

■ 两点（2P）：通过在三维空间的任意位置指定两个点来定义球体的圆周。

```
指定直径的第一个端点:                        //指定直径的第一个端点
指定直径的第二个端点:                        //指定直径的第二个端点
```

■ 相切、相切、半径（T）：通过指定半径可定义与两个对象相切的球体。

```
指定对象的第一个切点:                        //指定第一个切点
指定对象的第二个切点:                        //指定第二个切点
指定圆的半径 <122.0531>:                     //指定半径
```

■ 直径（D）：定义球体的直径。

5. 练一练

绘制一个半径为 200mm、线框密度为“16”的球体。结果如图 9.32 所示。

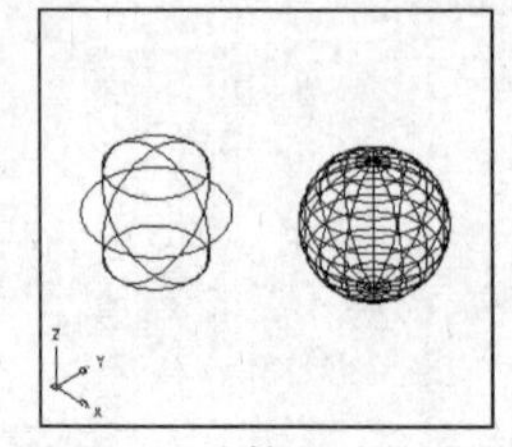

图 9.31 球体的线框密度

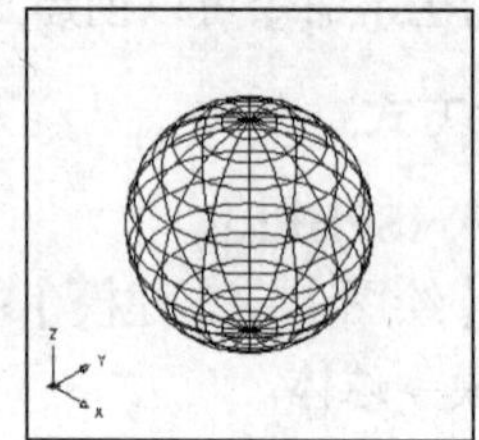

图 9.32 球体练习

提 示

在本案例中，可输入球体的半径参数进行绘制。

9.7.4 绘制圆柱体

在创建圆柱体时，用户可根据圆柱体底面的半径或直径以及圆柱体的高度进行创建。

1. 功能

利用【CYLINDER】命令可以创建以圆或椭圆为底面的实心圆柱体。

2. 执行命令方式

命令行：输入 CYLINDER 或命令简写 CYL。
菜单：选择【绘图】→【建模】→【圆柱体】命令。
工具栏：建模→圆柱体。

3. 操作步骤

❶ 选择【绘图】→【建模】→【圆柱体】命令，在绘图区单击确定圆柱体的底面中心点。

❷ 在命令行输入圆柱体的底面半径“150”和高度“450”并分别按 Enter 键确定。命令行提示如下。结果如图 9.33 所示。

```
命令: _cylinder          //执行命令
指定底面的中心点或[三点(3P)/两点(2P)/相切、相切、半径(T)/椭圆(E)]:     //指定中心点或输入参数
指定底面半径或[直径(D)]<127.1495>: 150
                              //输入底面半径
指定高度或[两点(2P)/轴端点(A)]<82.3858>: 450
                              //输入高度
```

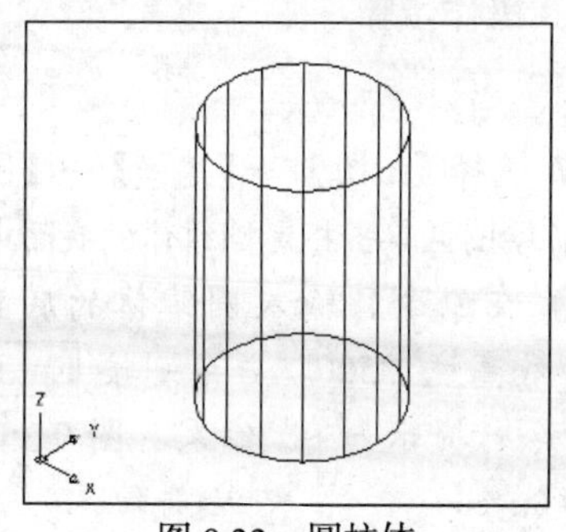

图 9.33　圆柱体

4. 参数说明

- 三点（3P）：通过指定 3 个点来定义圆柱体的底面周长和底面。
- 两点（2P）：通过指定两个点来定义圆柱体的底面直径。
- 相切、相切、半径（T）：定义具有指定半径、且与两个对象相切的圆柱体底面。
- 椭圆（E）：指定圆柱体的椭圆底面。
- 直径（D）：指定圆柱体的底面直径。
- 两点（2P）：指定圆柱体的高度为两个指定点之间的距离。
- 轴端点（A）：指定圆柱体轴的端点位置。轴端点是圆柱体的顶面中心点，可以位于三维空间的任何位置。轴端点定义了圆柱体的长度和方向。

5. 练一练

绘制一个底面长轴半径为 80mm、短轴半径为 200mm、高为 400mm 的椭圆柱体。结果如图 9.34 所示。

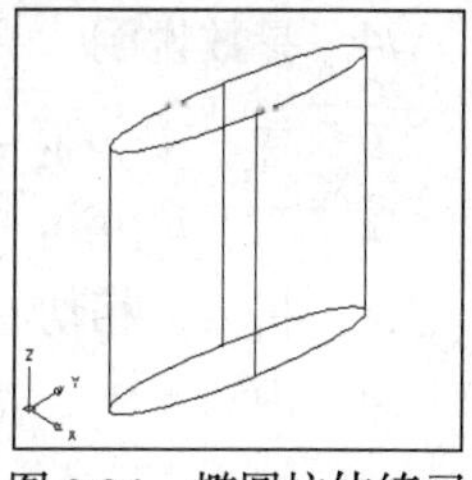

图 9.34　椭圆柱体练习

提　示

在本案例中，可输入圆柱体的椭圆参数进行绘制。

9.7.5　绘制圆锥体

默认情况下，创建的圆锥体的底面位于当前 UCS 的 *XY* 平面上。圆锥体的高度与 *Z* 轴平行。

1. 功能

利用【CONE】命令可以以圆或椭圆为底面来创建实心圆锥体。

2. 执行命令方式

命令行：输入 CONE。

菜单：选择【绘图】→【建模】→【圆锥体】命令。

工具栏：建模→圆锥体。

3. 操作步骤

❶ 选择【绘图】→【建模】→【圆锥体】命令，在绘图区单击指定圆锥体的底面中心点。

❷ 在命令行输入圆锥体的底面半径“200”和高度“500”并分别按 Enter 键确定。命令行提示如下。结果如图 9.35 所示。

```
命令:_cone                //执行命令
指定底面的中心点或[三点(3P)/两点(2P)/相切、相切、半径(T)/椭圆(E)]:      //指定底面的中心点
指定底面半径或[直径(D)]<155.5916>:200                //输入底面半径
指定高度或[两点(2P)/轴端点(A)/顶面半径(T)]<369.2107>:500                //输入高度
```

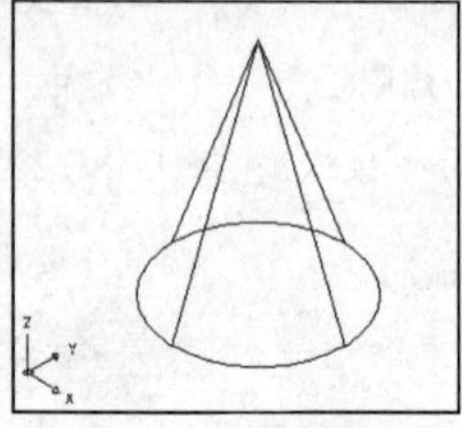

图 9.35 圆锥体

提 示

系统变量“ISOLINES”可控制圆锥体的线框密度，它只决定圆锥体的显示效果，并不能影响圆锥体表面的平滑度。如图 9.36 所示，左边圆锥体的“ISOLINES”值为“4”，右边圆锥体的“ISOLINES”值为“16”。

4. 参数说明

- 三点（3P）：通过指定 3 个点来定义圆锥体的底面周长和底面。
- 两点（2P）：通过指定两个点来定义圆锥体的底面直径。
- 相切、相切、半径（T）：定义具有指定半径、且与两个对象相切的圆锥体底面。
- 椭圆（E）：指定圆锥体的椭圆底面。
- 轴端点（A）：指定圆锥体轴的端点位置。

5. 练一练

绘制一个底面半径为 200mm、顶面半径为 50mm、高度为 400mm 的圆锥体。结果如图 9.37 所示。

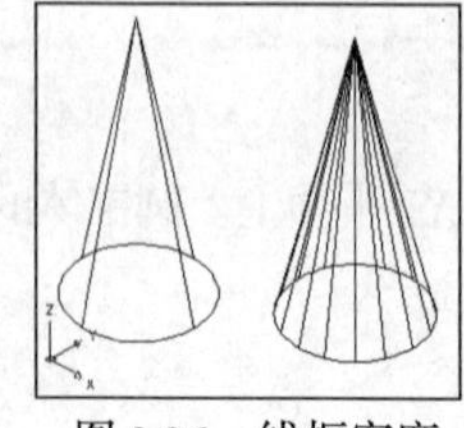

图 9.36 线框密度

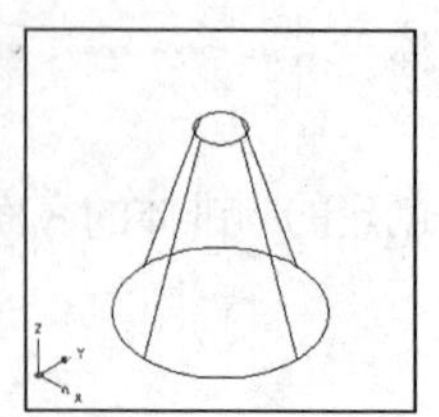

图 9.37 圆锥体练习

提　示

在本案例中，可分别指定圆锥体的底面半径、顶面半径和高度进行绘制。

9.7.6　绘制圆环体

圆环体由两个半径值定义，一个是圆管的半径，另一个是从圆环体中心到圆管中心的距离。如图 9.38 所示。

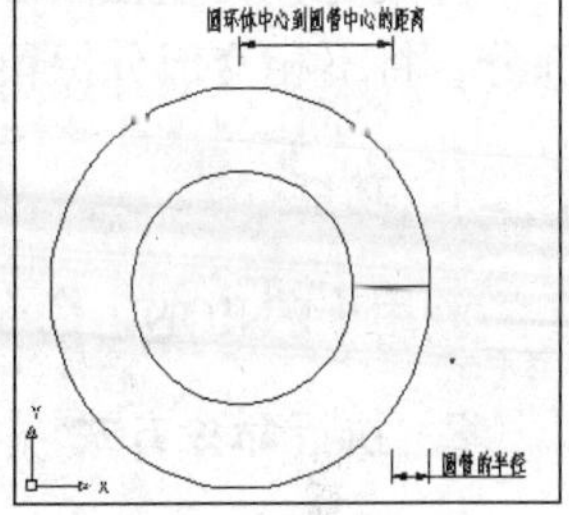

图 9.38　圆环体截面

1. 功能

利用【TORUS】命令可以创建三维圆环形实体。

2. 执行命令方式

命令行：输入 TORUS 或命令简写 TOR。

菜单：选择【绘图】→【建模】→【圆环体】命令。

工具栏：建模→圆环体。

3. 操作步骤

❶ 选择【绘图】→【建模】→【圆环体】命令，在绘图区单击确定圆环体的中心点。

❷ 在命令行输入圆环体的半径“600”和圆管半径“120”并分别按 Enter 键确定。命令行提示如下。结果如图 9.39 所示。

```
命令:_torus                    //执行命令
指定中心点或 [三点(3P)/两点(2P)/相切、相切、半径(T)]:     //在绘图区指定中心点
指定半径或[直径(D)]<641.8017>:600
                               //输入圆环体的半径
指定圆管半径或 [两点(2P)/直径(D)]<222.5607>:120
//输入圆管的半径
```

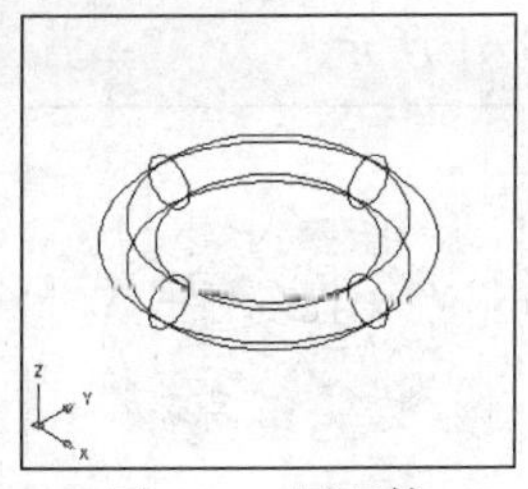

图 9.39　圆环体

提　示

系统变量“ISOLINES”可控制圆环体的线框密度，它只决定圆环体的显示效果，并不能影响圆环体表面的平滑度。如图 9.40 所示，左边圆环体的“ISOLINES”值为“4”，右边圆环体的“ISOLINES”值为“16”。

4. 参数说明

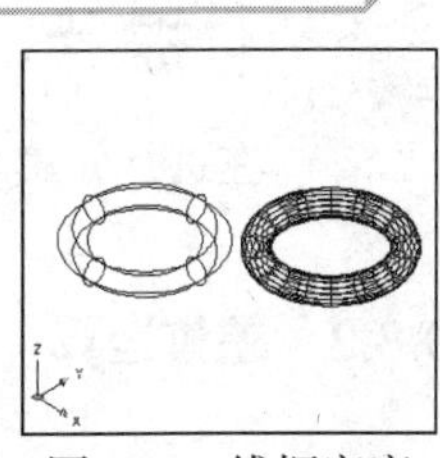

图 9.40　线框密度

- 三点（3P）：用指定的 3 个点定义圆环体的圆周。
- 两点（2P）：用指定的两个点定义圆环体的圆周。
- 相切、相切、半径（T）：使用指定半径可定义与两个对象相切的圆环体。

9.8 布尔运算

在 AutoCAD 中，利用布尔运算可以对多个面域和三维实体进行并集、差集和交集运算。

9.8.1 并集运算

并集运算可以在图形中选择两个或两个以上的三维实体，系统将自动删除实体相交的部分，将不相交部分保留并合并成一个新的组合体。

1. 功能

利用【UNION】命令可以合并选定的实体。

2. 执行命令方式

命令行：输入 UNION 或命令简写 UNI。
菜 单：选择【修改】→【实体编辑】→【并集】命令。
工具栏：建模→并集或实体编辑→并集。

3. 操作步骤

❶ 打开"samples\ch09\并集.dwg"文件。如图 9.41 所示。

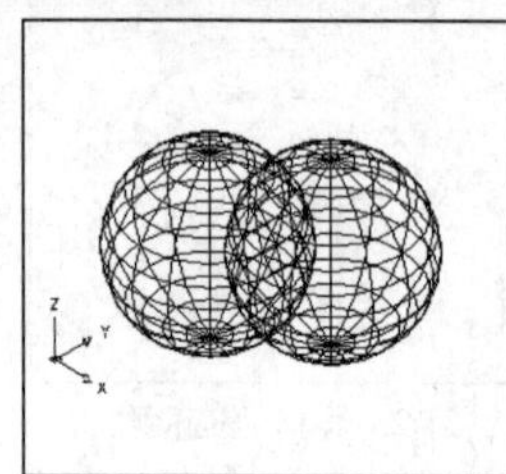

图 9.41 并集运算

❷ 选择【修改】→【实体编辑】→【并集】命令，在绘图区选择对象并按 Enter 键确定。命令行提示如下。结果如图 9.42 所示。

```
命令:union                //执行命令
选择对象:找到 1 个        //选择第一个对象
选择对象:找到 1 个，总计 2 个
                          //选择第二个对象
选择对象:                 //按 Enter 键确定完成操作
```

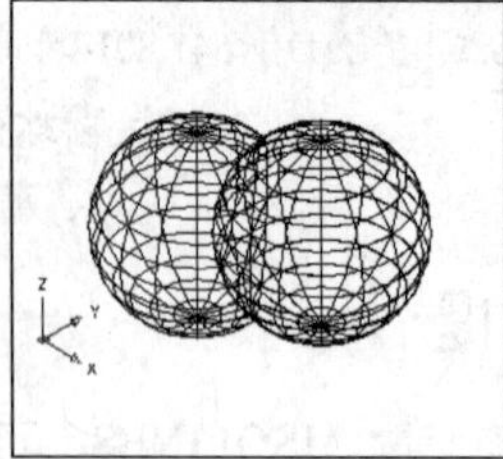

图 9.42 并集结果

提 示

在进行并集运算时至少应选择两个实体。

9.8.2 差集运算

差集运算可以对两个或两组实体进行相减运算，即从实体 A 中减去与实体 B 相交的部分并删除实体 B。

1. 功能

利用【SUBTRACT】命令可以通过相减的操作合并选定的实体。

2. 执行命令方式

命令行：输入 SUBTRACT 或命令简写 SU。
菜 单：选择【修改】→【实体编辑】→【差集】命令。
工具栏：建模→差集或实体编辑→差集。

3. 操作步骤

❶ 打开 “samples\ch09\差集.dwg” 文件。如图 9.43 所示。

❷ 选择【修改】→【实体编辑】→【差集】命令，在绘图区选择要从中减去的实体并按 Enter 键确定。结果如图 9.44 所示。

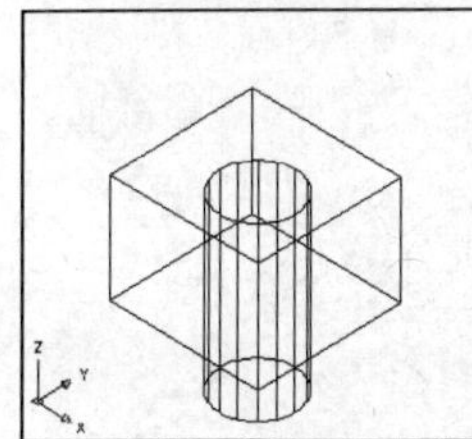

图9.43　差集运算

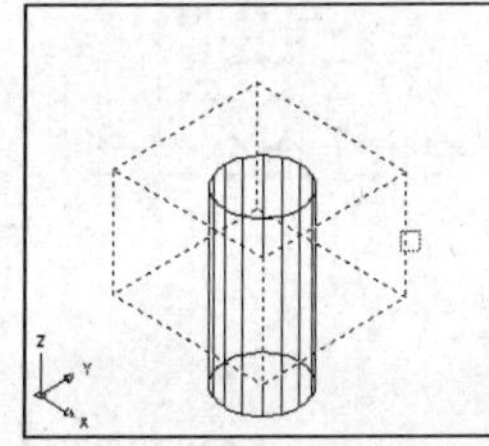

图9.44　选择从中减去的实体

❸ 在绘图区单击选择要减去的实体。结果如图 9.45 所示。

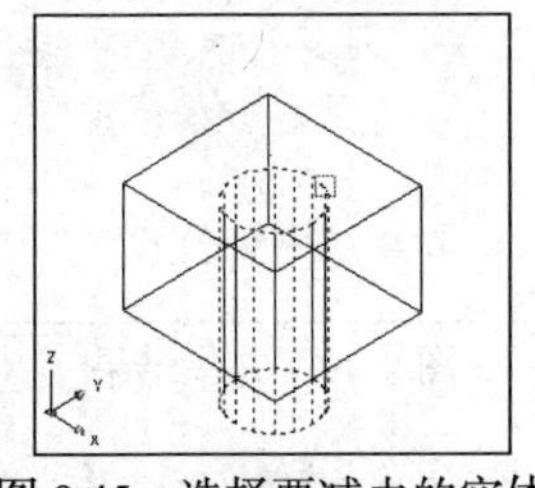

图 9.45　选择要减去的实体

❹ 按 Enter 键确定。命令行提示如下。结果如图 9.46 所示。

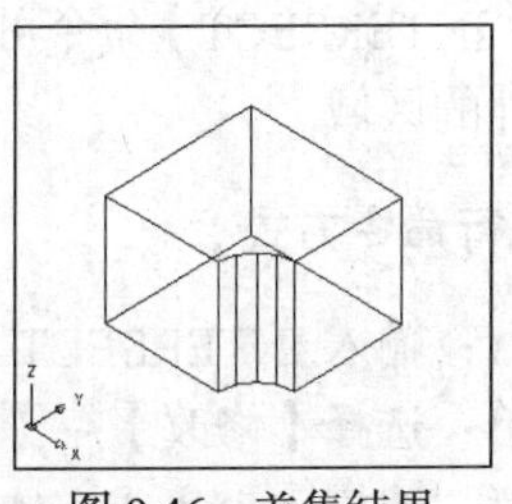

图 9.46　差集结果

```
命令:_subtract                            //执行命令
选择要从中减去的实体或面域...              //系统提示
选择对象:找到 1 个                         //在绘图区选择要从中减去的实体
选择对象:                                  //按 Enter 键确定
选择要减去的实体或面域、...                //系统提示
选择对象:找到 1 个                         //在绘图区选择要减去的实体
选择对象:                                  //按 Enter 键确定完成操作
```

4. 练一练

绘制如图 9.47 所示的图形。

提 示

在本案例中，可连续运用差集运算。

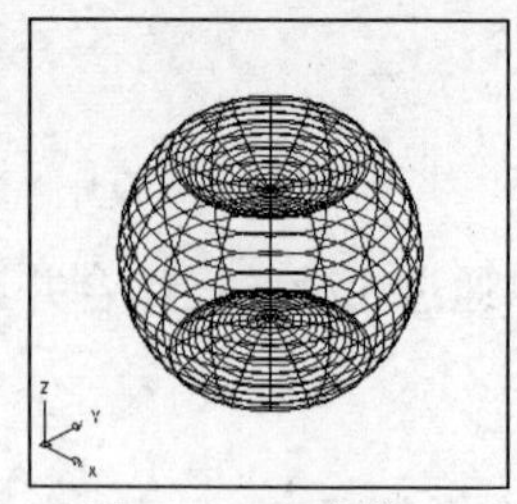

图 9.47　差集练习

9.8.3　交集运算

交集运算可以对两个或两组实体进行相交运算。当对多个实体进行交集运算后，它会删除实体不相交部分，并将相交部分保留下来生成一个新组合体。

1. 功能

利用【INTERSECT】命令可以从两个或多个实体的交集中创建复合实体或面域，然后删除交集外的区域。

2. 执行命令方式

命令行：输入 INTERSECT 或命令简写 IN。
菜　单：选择【修改】→【实体编辑】→【交集】命令。
工具栏：建模→交集或实体编辑→交集。

3. 操作步骤

❶ 打开“samples\ch09\交集.dwg”文件。如图 9.48 所示。

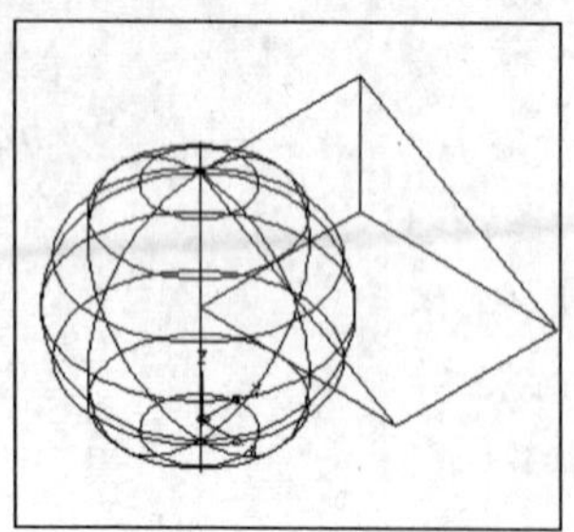

图 9.48　交集运算

❷ 选择【修改】→【实体编辑】→【交集】命令，在绘图区选择对象并按 Enter 键确定。命令行提示如下。结果如图 9.49 所示。

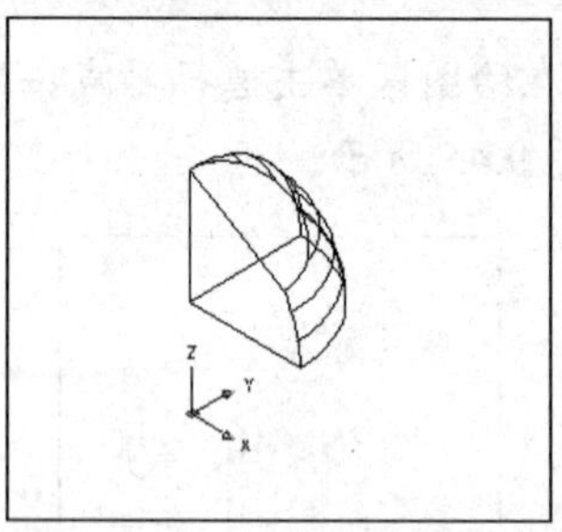

图 9.49　并集结果

```
命令:_intersect                    //执行命令
选择对象:找到 1 个                  //选择第一个对象
选择对象:找到 1 个, 总计 2 个        //选择第二个对象
选择对象:                           //按 Enter 键确定完成操作
```

提 示

在进行交集运算时至少应选择两个实体。

9.8.4 干涉运算

干涉即三维实体相交或重叠的区域，可以使用 INTERFERE 命令，通过对比两组对象或一对一地检查所有实体来检查实体模型中的干涉。

1. 功能

利用【INTERFERE】命令可以亮显重叠的三维实体。

2. 执行命令方式

命令行：输入 INTERFERE 或命令简写 INF。
菜 单：选择【修改】→【三维操作】→【干涉检查】命令。

3. 操作步骤

❶ 打开“samples\ch09\干涉检查.dwg”文件。如图 9.50 所示。

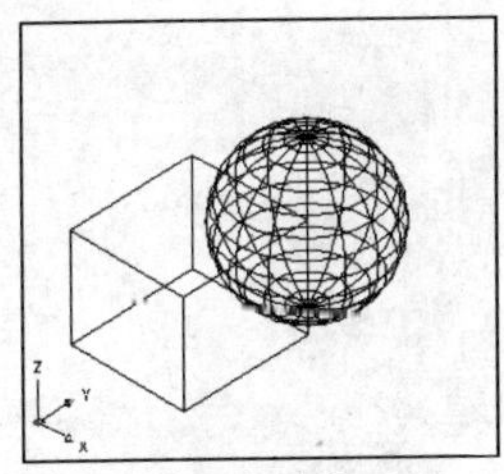

图 9.50　干涉运算

❷ 选择【修改】→【三维操作】→【干涉检查】命令，在绘图区选择第一组对象并按 Enter 键确定。结果如图 9.51 所示。

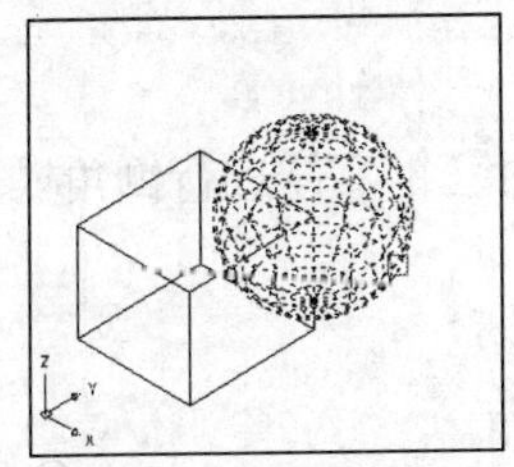

图 9.51　选择第一组对象

❸ 在绘图区选择第二组对象。结果如图 9.52 所示。

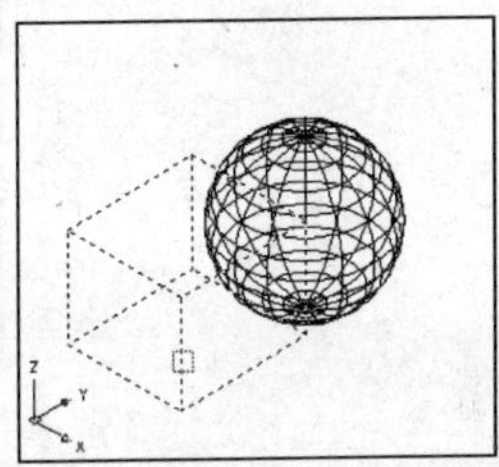

图 9.52　选择第二组对象

❹ 按 Enter 键确定后干涉结果如图 9.53 所示，并弹出【干涉检查】对话框。命令行提示如下。对话框如图 9.54 所示。

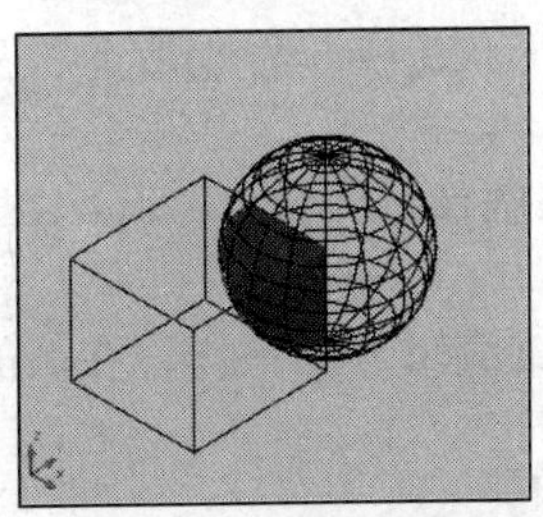

图 9.53　干涉检查结果

```
命令:_interfere                              //执行命令
选择第一组对象或[嵌套选择(N)/设置(S)]:找到 1 个      //选择第一组对象
```

选择第一组对象或[嵌套选择(N)/设置(S)]:

//按 Enter 键确定

选择第二组对象或[嵌套选择(N)/检查第一组(K)]<检查>:找到 1 个 //选择第二组对象

选择第二组对象或 [嵌套选择(N)/检查第一组(K)] <检查>:正在重生成模型

//按 Enter 键确定后重生成模型并弹出【干涉检查】对话框

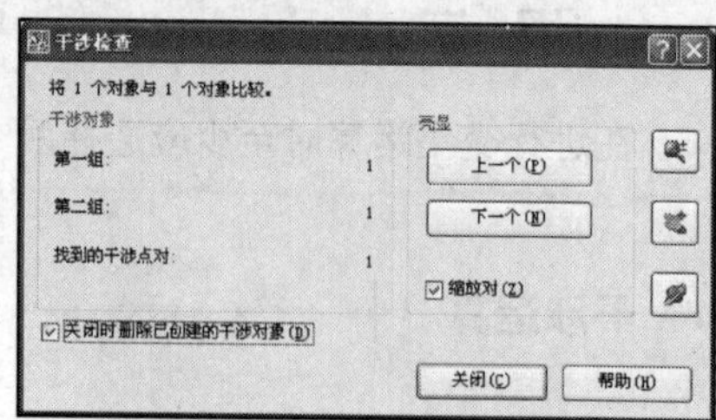

图 9.54 【干涉检查】对话框

4. 参数说明

- 嵌套选择（N）：使用户可以选择嵌套在块和外部参照中的单个实体对象。
- 设置（S）：系统将显示【干涉设置】对话框。如图 9.55 所示。在该对话框中，用户可以指定干涉对象的视觉样式和颜色以及指定检查干涉时的视口显示。

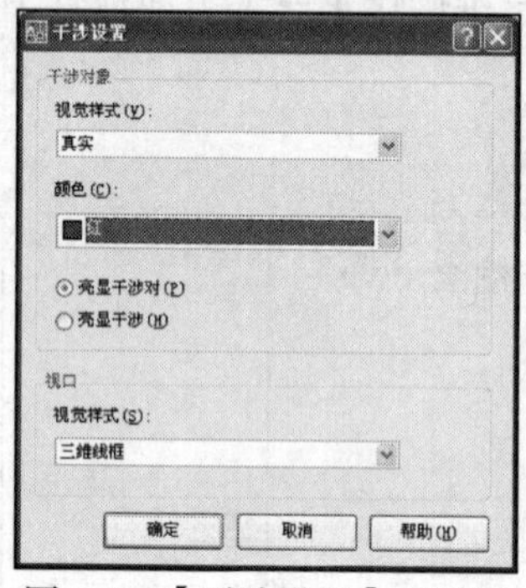

图 9.55 【干涉设置】对话框

9.9 编辑三维实体

在 AutoCAD 中，用户除了利用三维建模命令创建模型外，还可以对三维实体进行编辑，使其形状进一步发生变化，从而创建出更多更复杂的造型。

9.9.1 修倒角

与二维编辑方法一样，在 AutoCAD 中，用户也可以对三维实体进行倒角操作。

1. 功能

利用【CHAMFER】命令可以给三维实体对象添加倒角。

2. 执行命令方式

命令行：输入 CHAMFER 或命令简写 CHA。
菜 单：选择【修改】→【倒角】命令。

工具栏：修改→倒角。

3. 操作步骤

❶ 打开“samples\ch09\三维倒角.dwg”文件。如图 9.56 所示。

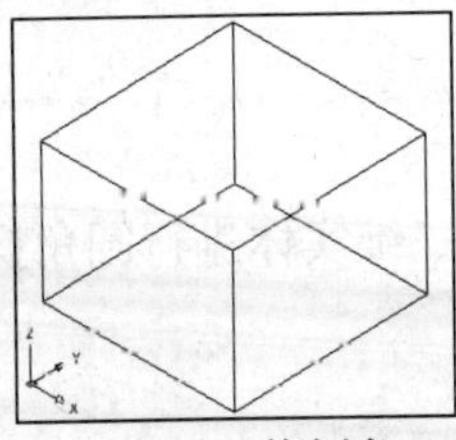

图 9.56 修倒角

❷ 选择【修改】→【倒角】命令，在绘图区选择第一条直线并按 Enter 键确定。结果如图 9.57 所示。

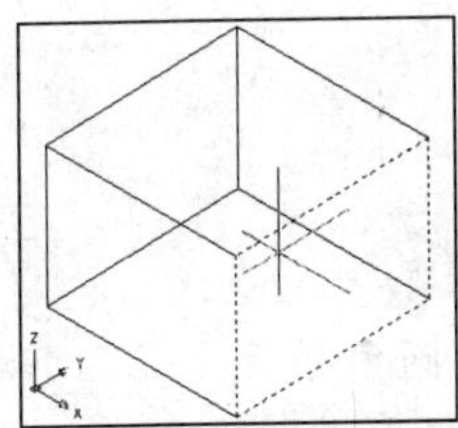

图 9.57 选择直线

❸ 在命令行输入基面的倒角距离“60”和其他曲面的倒角距离“60”并按 Enter 键确定。

❹ 在绘图区选择要倒角的边。如图 9.58 所示。

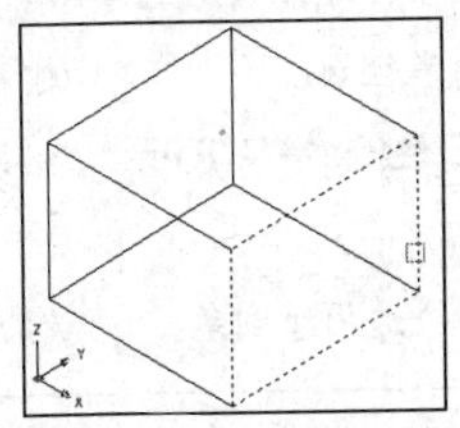

图 9.58 选择要倒角的边

❺ 按 Enter 键确定后结果如图 9.59 所示。命令行提示如下。

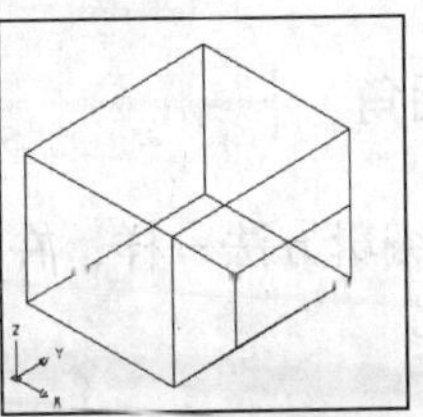

图 9.59 三维倒角

命令:_chamfer //执行命令

(“修剪”模式) 当前倒角距离 1= 0.0000, 距离 2=0.0000 //系统提示

选择第一条直线或放弃(U)/多段线(P)/距离(D)/角度(A)/修剪(T)/方式(E)/多个(M)]:

//在绘图区单击选择直线基面选择...

//系统提示

输入曲面选择选项 [下一个(N)/当前(OK)] <当前(OK)>: //按 Enter 键确定

指定基面的倒角距离: 60

//输入倒角距离

指定其他曲面的倒角距离<60.0000>:60

//输入其他曲面的倒角距离

选择边或[环(L)]:选择边或[环(L)]:选择边或[环(L)]:选择边或[环(L)]:选择边或[环(L)]:/依次选择要倒角的边

4. 参数说明

- 放弃（U）：恢复在命令中执行的上一个操作。
- 多段线（P）：对整个二维多段线倒角。
- 距离（D）：设置倒角至选定边端点的距离。
- 角度（A）：用第一条线的倒角距离和第二条线的角度设置倒角距离。

- 修剪（T）：控制“CHAMFER”是否将选定的边修剪到倒角直线的端点。
- 方式（E）：控制“CHAMFER”使用两个距离还是使用一个距离和一个角度来创建倒角。
- 多个（M）：为多组对象的边倒角。
- 下一个（N）：指定下一个曲面。
- 当前（OK）：指定当前曲面。
- 环（L）：切换到“边环”模式。

9.9.2 修圆角

与二维编辑方法一样，在 AutoCAD 中，用户也可以对三维实体进行圆角操作。

1. 功能

利用【FILLET】命令可以给三维实体对象添加圆角。

2. 执行命令方式

命令行：输入 FILLET 或命令简写 F。
菜单：选择【修改】→【圆角】命令。
工具栏：修改→圆角。

3. 操作步骤

❶ 打开“samples\ch09\三维圆角.dwg”文件。如图 9.60 所示。

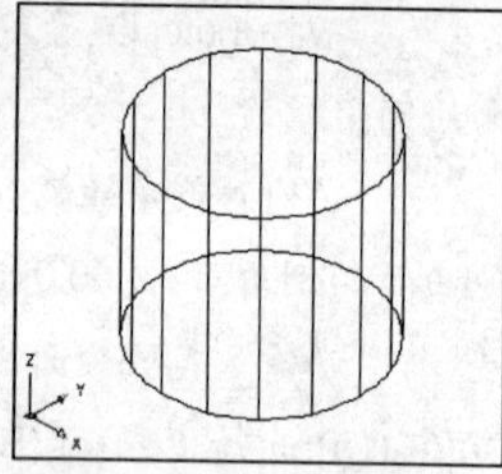

图 9.60　修圆角

❷ 选择【修改】→【圆角】命令，在绘图区选择对象。果如图 9.61 所示。

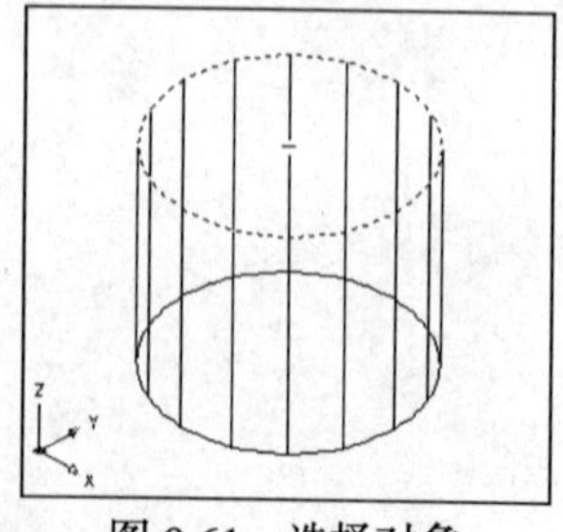

图 9.61　选择对象

❸ 输入圆角半径“60”并按 Enter 键确定，命令行提示选择边时，继续按 Enter 键确定。命令行提示如下。结果如图 9.62 所示。

```
命令:_fillet                //执行命令
当前设置:模式=修剪,半径=0.0000   //系统提示
选择第一个对象或[放弃(U)/多段线(P)/半径(R)/修剪(T)/多个(M)]:   //选择第一个对象
输入圆角半径:60               //输入圆角半径
选择边或[链(C)/半径(R)]:     //继续选择其他边或按Enter键确定
已选定 1 个边用于圆角。       //系统提示
```

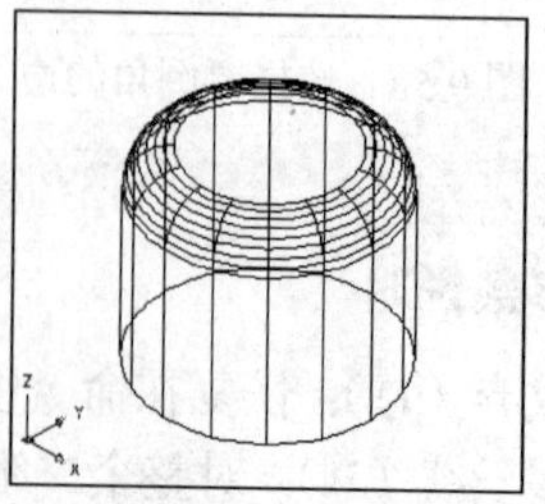

图 9.62　三维圆角

4. 参数说明

- 放弃（U）：恢复在命令中执行的上一个操作。
- 多段线（P）：在二维多段线中两条线段相交的每个顶点处插入圆角弧。
- 半径（R）：定义圆角弧的半径。
- 修剪（T）：控制“FILLET”命令是否将选定的边修剪到圆角弧的端点。
- 多个（M）：给多个对象集加圆角。
- 链（C）：从单边选择改为连续相切边选择。

9.9.3 分解实体

创建三维实体后也可以对其分解成一系列面域和主体，其中实体中的平面被转换成面域，曲面被转换成主体。

1. 功能

利用【EXPLODE】命令可以分解实体。

2. 执行命令方式

命令行：输入 EXPLODE 或命令简写 EX。
菜单：选择【修改】→【分解】命令。
工具栏：修改→分解。

3. 操作步骤

❶ 打开“samples\ch09\分解实体.dwg”文件。如图 9.63 所示。

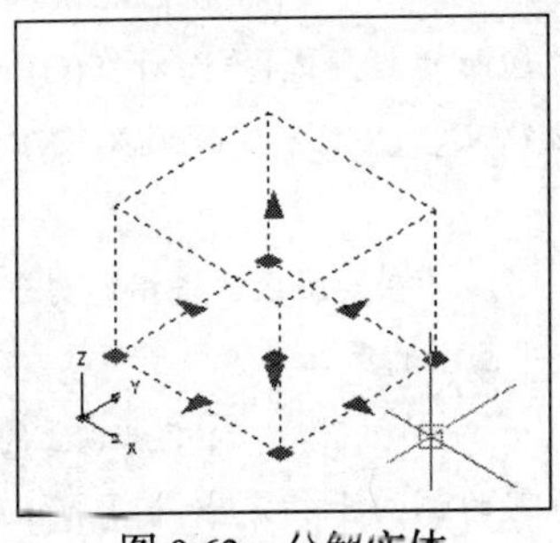

图 9.63　分解实体

❷ 选择【修改】→【分解】命令。

❸ 在绘图区选择对象后按 Enter 键确定以完成操作。命令行提示如下。结果如图 9.64 所示。

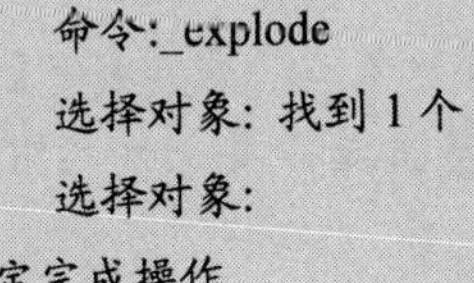

命令:_explode　　//执行命令
选择对象: 找到 1 个　　//选择对象
选择对象:　　//按 Enter 键确定完成操作

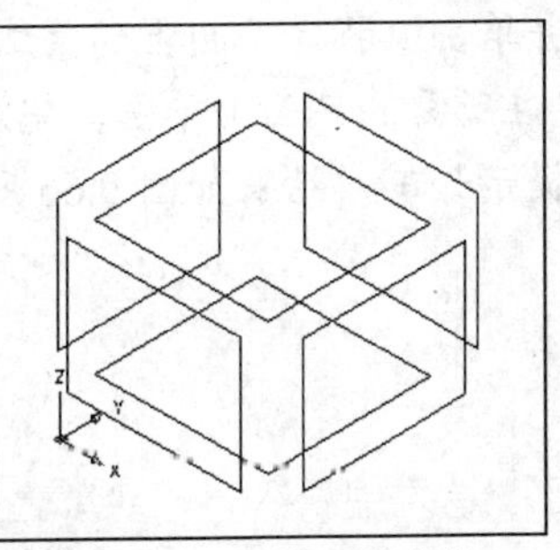

图 9.64　分解后的实体

9.9.4 剖切实体

通过剖切现有实体可以创建新实体。使用“SLICE”命令剖切实体时，可以保留剖切实体的一半或全部。

1. 功能

利用【SLICE】命令可以用平面或曲面剖切实体。

2. 执行命令方式

命令行：输入 SLICE 或命令简写 SL。

菜 单：选择【修改】→【三维操作】→【剖切】命令。

3. 操作步骤

❶ 打开“samples\ch09\剖切实体.dwg”文件。如图 9.65 所示。

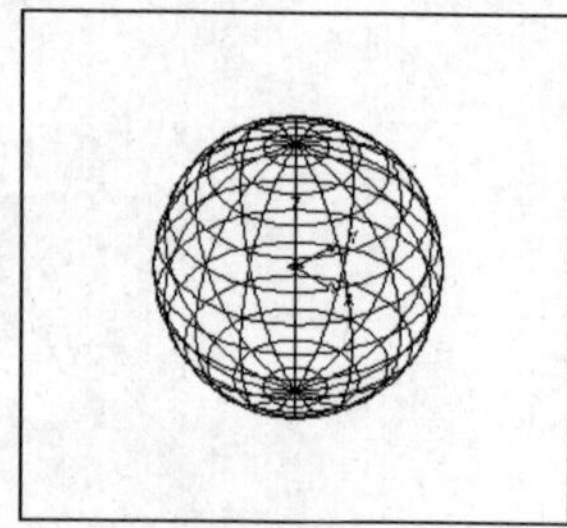

图 9.65 剖切实体

❷ 选择【修改】→【三维操作】→【剖切】命令，在绘图区单击选择要剖切的对象并按 Enter 键确定。

❸ 在绘图区单击指定切面的起点，拖动鼠标并单击以指定平面上的第二点。

❹ 在所需的侧面上单击，完成操作。命令行提示如下。结果如图 9.66 所示。

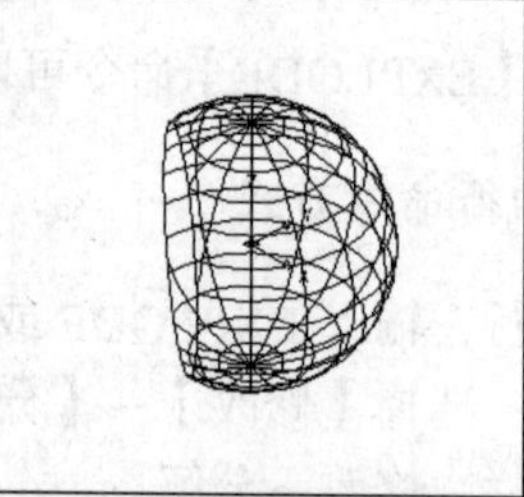

图 9.66 剖切实体结果

```
命令:_slice                  //执行命令
选择要剖切的对象:找到 1 个
                            //选择要剖切的对象
选择要剖切的对象:
                            //按 Enter 键确定
指定切面的起点或[平面对象(O)/曲面(S)/Z轴(Z)/视图(V)/XY(XY)/YZ(YZ)/ZX(ZX)/三点(3)]<三点>:
                  //在绘图区单击指定切面的起点
指定平面上的第二个点:
                            //指定平面上的第二个点
在所需的侧面上指定点或 [保留两个侧面(B)] <保留两个侧面>:      //继续单击完成操作
```

4. 参数说明

- 平面对象（O）：将剪切面与圆、椭圆、圆弧、椭圆弧、二维样条曲线或二维多段线对齐。
- 曲面（S）：将剪切平面与曲面对齐。

- Z 轴（Z）：通过平面上指定一点和在平面的 Z 轴上指定另一点来定义剪切平面。
- 视图（V）：将剪切平面与当前视口的视图平面对齐。指定一点定义剪切平面的位置。
- XY(XY)/YZ(YZ)/ZX(ZX)：将剪切平面与当前用户坐标系的 *XY* 平面、*YZ* 平面和 *ZX* 平面对齐。
- 三点（3）：用 3 点定义剪切平面。
- 保留两个侧面（B）：剖切实体的两侧均保留。

9.9.5　创建截面

可以使用某一平面切割实体，从而得到实体的截面面域。其操作方法与剖切实体的方法完全相同，只是生成截面的操作对原来的实体没有任何影响。

1. 功能

利用【SECTION】命令可以用平面和实体的交集创建面域。

2. 执行命令方式

命令行：输入 SECTION 或命令简写 SEC。

3. 操作步骤

❶ 打开“samples\ch09\截面.dwg”文件。如图 9.67 所示。

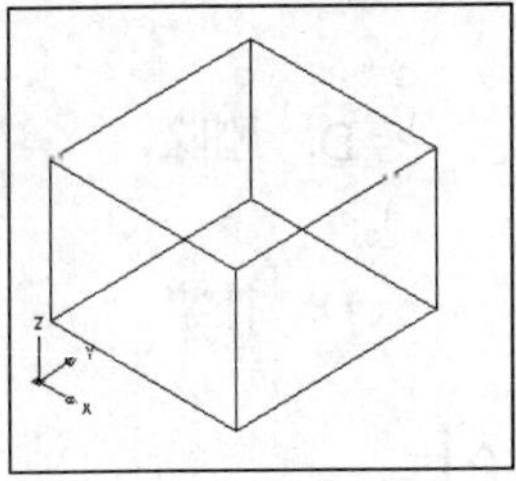

图 9.67　截面

❷ 在命令行输入“SECTION”并按 Enter 键确定。

❸ 在绘图区单击选择对象并按 Enter 键确定。

❹ 在三维实体上单击指定截面上的第一个点（即 A 点），拖动鼠标并单击依次确定第二个点（即 B 点）和第三个点（即 C 点）。命令行提示如下。结果如图 9.68 所示。

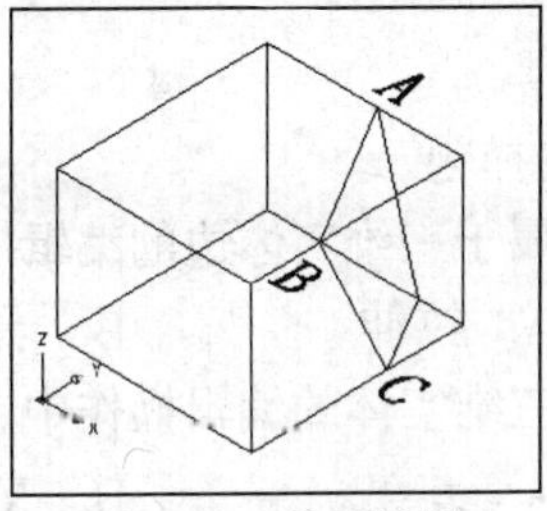

图 9.68　截面结果

```
命令:section                    //执行命令
选择对象:找到 1 个              //选择对象
选择对象:                       //按 Enter 键确定
指定截面上的第一个点，依照[对象(O)/Z 轴(Z)/视图(V)/XY(XY)/YZ(YZ)/ZX(ZX)/三点(3)]<三点>:
                                //单击确定第一个点(即 A 点)
指定平面上的第二个点:           //单击确定第二个点(即 B 点)
指定平面上的第三个点:           //单击确定第三个点(即 C 点)
```

4. 参数说明

■ 对象（O）：将截面平面与圆、椭圆、圆弧、椭圆弧、二维样条曲线或二维多段线对齐。

■ Z 轴（Z）：通过指定截面平面上的一点以及该平面的 *Z* 轴或法线上的另一点来定义截面平面。

■ 视图（V）：将截面平面与当前视口的视图平面对齐。

■ XY(XY)/YZ(YZ)/ZX(ZX)：将截面平面与当前 UCS 的 *XY* 平面、*YZ* 平面和 *ZX* 平面对齐。

■ 三点（3）：用 3 点定义截面平面。

9.10 本讲小结

本讲主要讲解了创建基本三维实体的表面及一些常见的三维曲面的方法。其中三维实体是具有质量、体积、重心、惯性矩和回转半径等体积特征的三维对象。在 AutoCAD 中，用户可以很方便地创建长方体、球体、圆柱体和圆锥体等基本的三维实体，同时还可以利用布尔运算将三维实体组合成各种复杂的实体。

9.11 思考与练习

1. 选择题

（1）属于三维实体边的编辑操作是（　　）。

A. 拉伸　　B. 着色　　C. 移动　　D. 删除

（2）三维实体的编辑操作中，不属于布尔运算的是（　　）。

A. 差集　　B. 交集　　C. 并集　　D. 补集

2. 判断题

（1）在 AutoCAD 中，曲面模型和实体模型都是实心集合体。（　　）

（2）创建边界曲面时，作为边界的 4 条边可以是直线、开放的多段线、样条曲线或弧线，它们必须在同一个平面内且首尾必须相接。（　　）

3. 上机操作题

根据人体工程学尺寸绘制如图 9.69 所示图形。

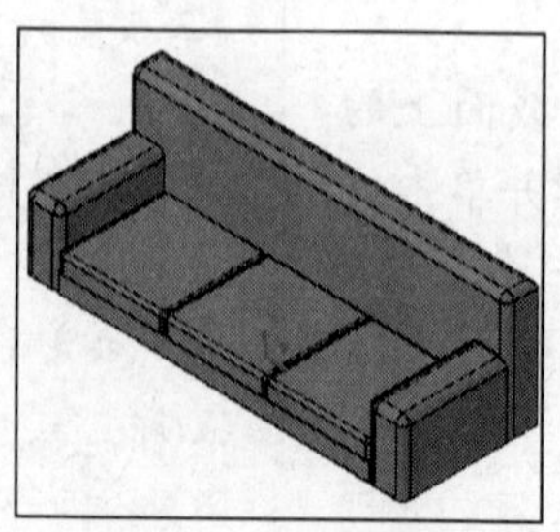

图 9.69　绘制图形

第10讲 图形的着色与渲染

本讲要点

- 掌握着色与渲染
- 掌握光源、材质和场景、背景的设置应用
- 掌握光栅图像技术

快速导读

本讲重点介绍着色与渲染的使用、光源和材质的应用、场景和背景的应用以及光栅图像的常用技术。在学习过程中，读者应熟练掌握以上知识点的用途及使用方法。本讲的难点是材质的应用和光栅图像的调整。

用户使用 AutoCAD 设计方案和产品资料时，如果能提供色彩鲜明、可形象逼真地反映设计对象的彩色效果图，将有助于客户清晰准确地观察和理解实体模型，更有效地传达设计意图。AutoCAD 提供了对三维对象的着色和渲染功能，用户可以通过着色和渲染命令对三维实体进行色彩处理，使三维实体表现更加真实。

10.1 着色与渲染基础

着色模式下只能查看和编辑用线框或着色表示的对象，它是对当前图形画面进行阴影处理的结果，并不能执行产生亮显、移动光源或添加光源等操作。如果需要全面控制光源，就需要使用渲染。

10.1.1 着色

1. 功能

着色一般用于在设计过程中快速生成有一定色彩和明暗对比效果的图形。与“消隐”一样，着色也是三维设计中经常使用的命令，用于观察设计中间过程的效果。

2. 执行命令步骤

❶ 选择【视图】→【视觉样式】→【视觉样式管理器】命令，如图 10.1 所示。弹出【视觉样式管理器】对话框。

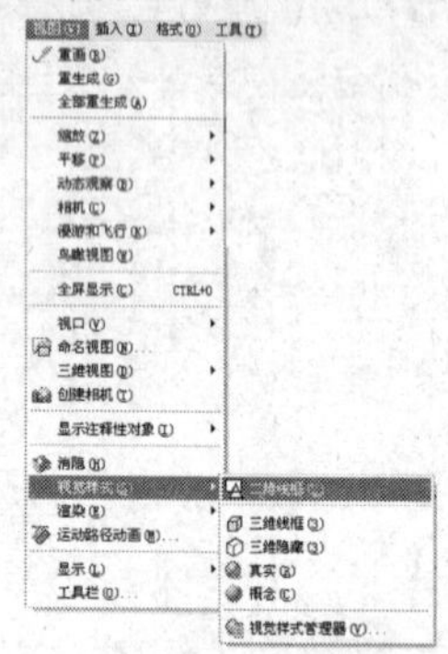

图 10.1 【视觉样式】菜单选项

❷ 在【视觉样式管理器】对话框中，默认的“图形中可用的视觉样式”选项栏中包括了选项中的 5 种着色样式，分别为二维线框、三维隐藏、三维线框、真实、概念。如图 10.2 所示。

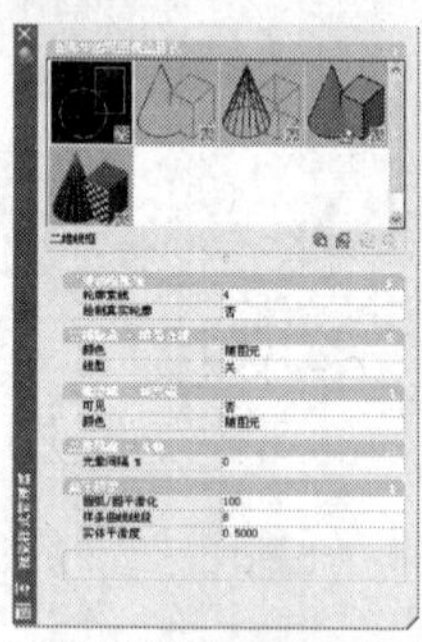

图 10.2 【视觉样式管理器】对话框

❸ 在“图形中可用的视觉样式”选项栏中选择一种需要的着色模式并双击，工作窗口中的图形对象可变为所选择状态。

提 示

“视觉样式”菜单选项中，包括了“二维线框”、“三维线框”、“三维隐藏”、“真实”、“概念”、“视觉样式管理器”等 6 个选项，其中“视觉样式管理器”选项包含了前 5 个选项效果。

10.1.2 渲染

1. 功能

渲染是把三维模型经过着色处理形成真实图片，它使绘图对象所获得的图像更具有真实感且更接近实物原样，通过对材质、灯光和场景等设置后，可得到有照片效果的图像。

2. 执行命令方式

菜单：选择【视图】→【渲染】→【高级渲染设置】。

命令行：输入 RPREF 或命令别名 RPR。

工具栏：【渲染】→【高级渲染设置】。

3. 操作步骤

❶ 打开 sample\ch10\台灯.dwg 文件。如图 10.3 所示。

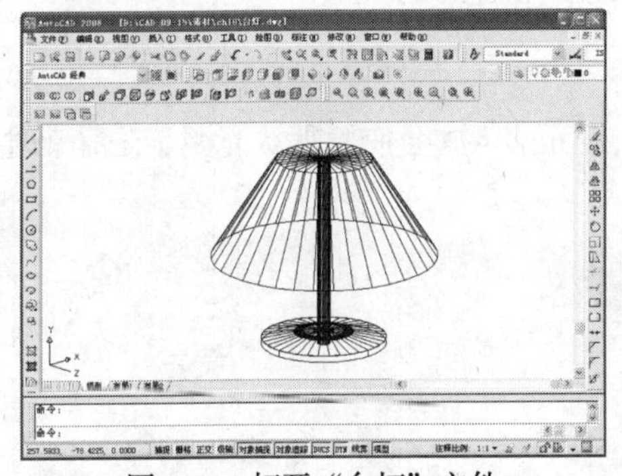

图 10.3 打开“台灯”文件

❷ 选择【视图】→【渲染】→【渲染】命令。

❸ 得到渲染的图像。结果如图 10.4 所示。

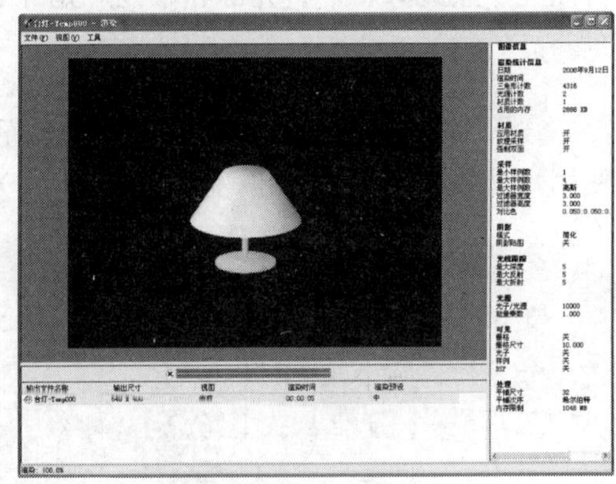

图 10.4 渲染“台灯”效果

4. 参数说明

选择【视图】→【渲染】→【高级渲染设置】命令，弹出【高级渲染设置】对话框。如图 10.5、图 10.6 所示。

- 间接发光：间接发光技术通过模拟场景中的光线辐射或相互反射来增强场景的真实感。
- 全局照明：全局照明使用光子贴图来产生需要的效果，可给较暗的场景提供辅助照明，并提供诸如渗色之类效果。全局照明的精度和强度由生成的光子数量、采样半径及其跟踪深度控制。
- 最终采集：最终采集是用于改善全局照明的可选附加步骤，它可以增加计算全局照明所用的光线数量以使光线平滑并消除不利的光线假象。最终采集会显著增加渲染时间，它对带有全局漫射光源的场景非常有效。

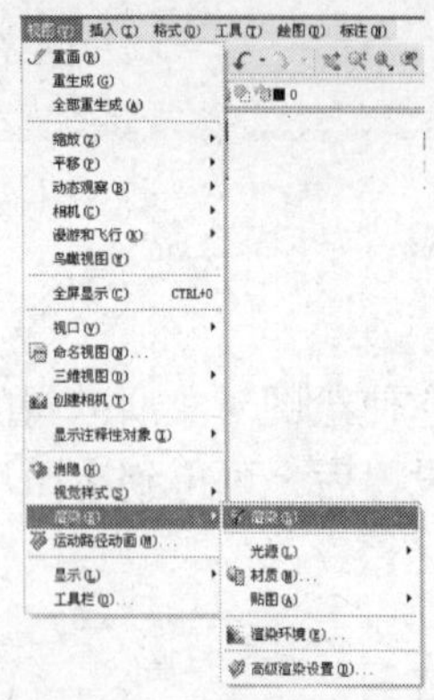

图 10.5 【渲染】菜单栏

图 10.6 【高级渲染设置】面板

10.2 设置光源

AutoCAD 在渲染的过程中，光源的应用非常重要。光源的创建是将真实性的效果添加到渲染的第一步，光源是由强度和颜色两个因素决定的。在 AutoCAD 中，为用户提供了自然光、点光源、平行光源和聚光灯光源等 4 种类型光源。

1. 功能

设置渲染光源。如果在渲染时没有设置光源，AutoCAD 会使用默认光源。在渲染时要使用灯光效果，必须创建一种光源或多种光源。

2. 执行命令方式

菜单：选择【视图】→【渲染】→【光源】。

命令行：输入 LIGHT。

工具栏：【渲染】→【光源】。

3. 操作步骤

选择【视图】→【渲染】→【光源】，选择“光源”中的子命令，可以创建和管理光源。如图 10.7 所示。

选择【视图】→【渲染】→【渲染】命令，得到添加新建点光源后渲染的图像文件。

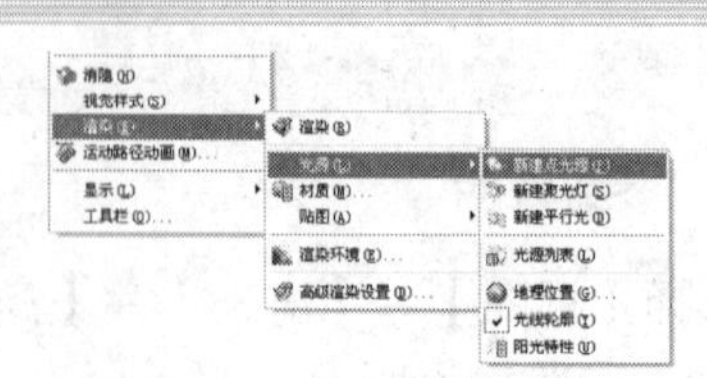

图 10.7 【光源】菜单栏

4. 参数说明

光源的主要类型可分为以下 4 种。

- 自然光：自然光能够为模型的每个表面都提供相同的照明。自然光既没有特定的光源也没有方向。
- 点光源：点光源是从某一点发射的光。如：灯泡。

■ 平行光源：平行光照射每一目标。它们相互平行，来自同一方向且光强相同。

■ 聚光灯光源：聚光灯光线是圆锥内光源辐射的光线。在圆锥形光线内，有一光线最亮处即光源点。

5. 光源列表

用户创建了光源之后，可以通过选择【视图】→【渲染】→【光源】下拉菜单中的“光源列表”命令，打开“模型中的光源”选项板，查看创建的光源。

6. 设置地理位置及阳光特性

太阳光受地理位置的影响，因此在使用太阳光时，还需要选择【视图】→【渲染】→【光源】→【地理位置】命令，弹出【地理位置】对话框，设置光源的地理位置，如经度、纬度、方向角度及地区等属性。如图 10.8 所示。

选择【视图】→【渲染】→【光源】→【阳光特性】命令，可以打开阳光特性选项板。在该选项板中可以编辑阳光特性，设置阳光的基本信息、太阳角度计算器、渲染的着色细节等详细信息。如图 10.9 所示。

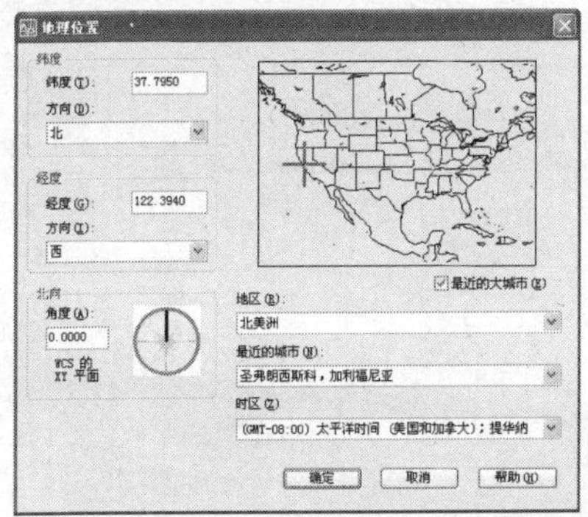

图 10.8 【地理位置】对话框

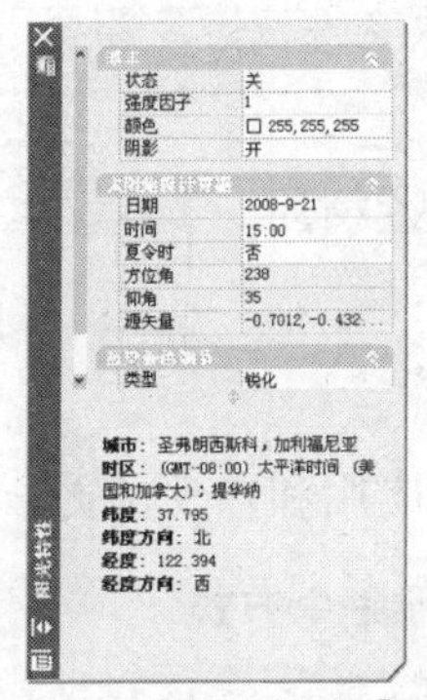

图 10.9 【阳光特性】面板

7. 练一练

新建点光源。

❶ 选择【视图】→【渲染】→【光源】→【新建点光源】命令。命令行提示如下。

```
命令: _pointlight
指定源位置 <0,0,0>:
```

❷ 在命令行中选择“N”，为新建的点光源命名。按 Enter 键确定。选择“I”，设置点光源的强度。

❸ 在命令行中选择“C”，设置点光源的颜色。

❹ 按 Enter 键，结束当前设置。

10.3 添加材质

在渲染对象时，为反映对象的实际面貌，必须给对象赋予其本来的材料特性。选择适合的材质，可以增强模型的真实感。用户可以使用 AutoCAD 已经创建的大量材质，也可以修改已有的材质和创建自己的材质。

10.3.1 材质库

1. 功能

AutoCAD 提供了一个标准的材质库，其中有一些通用材质。材质库主要作用是从图形中输入和输出材质。

2. 执行命令方式

菜单：选择【视图】→【渲染】→【材质库】命令。

提 示

典型安装将在“材质”工具选项板上安装少于 100 种的材质。通过选择安装“材质库”，可以安装其他 300 种或更多材质。通过安装程序中“添加/删除功能”上的“配置”按钮，可以访问该材质库。默认情况下，所有材质工具选项板都安装在“工具选项板文件位置”路径下。

10.3.2 设置材质

1. 功能

管理、应用和修改材质。

2. 执行命令方式

菜单：选择【视图】→【渲染】→【材质】命令。
命令行：输入 RMAT。
工具栏：【渲染】→【材质】。

3. 操作步骤

❶ 选择【视图】→【渲染】→【材质】命令，弹出“材质”面板。如图 10.10 所示。

❷ 在“材质”面板中进行参数设置。

4. 参数说明

（1）图形中可用的材质面板。

样例窗口显示了图形中可用的材质样例。单击某个样例可以选择该材质，此时其轮廓将显示为黄色，该材质的设置将显示在“材质编辑器”面板中。各工具按钮和样例窗口及快捷菜单包括如下内容。

- 样例几何体：控制选定样例显示的几何体类型，有长方体、圆柱体和球体。
- 彩色交错参考底图打开/关闭：打开或关闭显示交错参考底图，帮助用户查看材质的不透明度。

■　预览样例光源模型：控制显示单光源样例模型或显示背光源样例模型。

（2）材质编辑器面板。

用于编辑“图形中可用的材质”面板中选定的材质。选定材质的名称显示在“材质编辑器”的标题栏上。材质编辑器的内容将随选择的材质的样板类型变化而变化。

■　类型：指定材质类型。“真实”和“真实金属”根据其物理性质创建材质；“高级”和“高级金属材料”用于创建特殊效果的材质，如模拟反射。

■　样板：列出可用于选定材质类型的样板。

■　颜色：选择“随对象”，根据应用材质的对象的颜色设置材质的颜色。

环境光：漫射、高光。

（3）贴图面板。

贴图是将二维的图像投影到三维对象的表面，使对象具有强烈的真实感。材质的各种纹理效果都是通过贴图产生的。

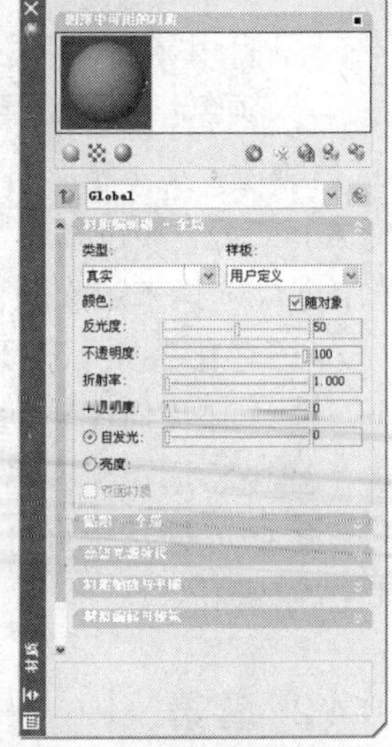

图 10.10　“材质”面板

贴图面板分为 4 个贴图频道部分：漫射贴图、反射贴图、不透明贴图和凹凸贴图。

（4）预览贴图频道程序结果。

提供选定贴图频道的更大更详细的贴图。

（5）高级光源替代面板。

由全局照明或最终采集中的间接照明照亮材质时，此面板的设置将影响材质渲染的参数。

10.4　场景和背景的应用

AutoCAD 进行渲染时，可以设置渲染环境，雾化与深度是同一效果的两个极端，白色为雾化，黑色为深度设置。渲染时设置背景可以使渲染图更有现场效果。

10.4.1　场景

1. 功能

用于为渲染图像加上雾化效果。

2. 执行命令方式

菜单：选择【视图】→【渲染】→【渲染环境】命令。

命令行：输入 RENDERENVIRONMENT。

工具栏：【渲染】→【渲染环境】。

3. 操作步骤

选择【视图】→【渲染】→【渲染环境】命令，在弹出【渲染环境】对话框中可以设置雾化等效果。如图 10.11 所示。

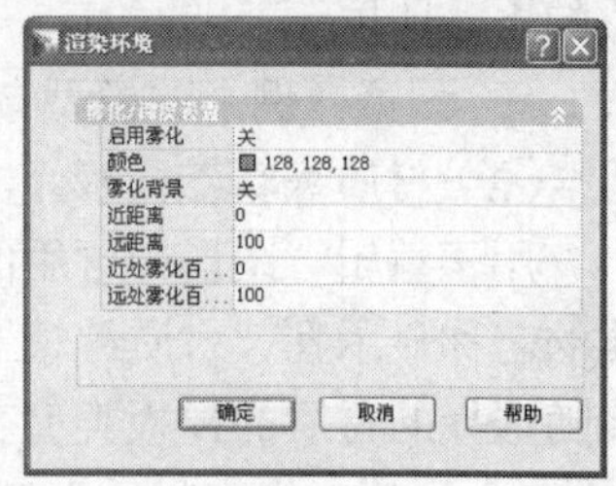

图 10.11 【渲染环境】对话框

4. 参数说明

- 启用雾化：启用雾化或关闭雾化。
- 颜色：用于设置雾化的颜色。单击“颜色”右边的“选择颜色”文本框，打开“选择颜色”对话框。可以从 255 种 AutoCAD 颜色索引（ACI）颜色、真彩色和配色系统颜色中进行选择来定义颜色。
- 雾化背景：打开该项，可对背景进行雾化，并将对几何图形进行雾化。关闭该项，则只对几何图形进行雾化。

近距离/远距离：指定雾化开始处或雾化结束处到相机的距离。

近处/远处雾化百分比：设置雾化开始和结束位置雾浓度的百分比。其范围是从 0 雾化到 100%雾化。

10.4.2 背景

1. 功能

背景主要是显示在模型后面的背景幕。背景可以是单色、多色渐变色或位图图像。

2. 执行命令方式

命令行：输入 VIEW。

3. 操作步骤

❶ 在命令行中输入 VIEW，弹出【视图管理器】对话框。如图 10.12 所示。

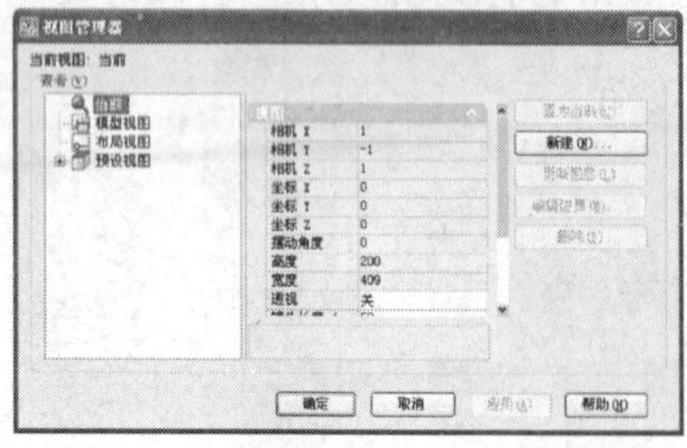

图 10.12 【视图管理器】对话框

❷ 单击 新建(N)... 按钮，弹出【新建视图】对话框。如图 10.13 所示。

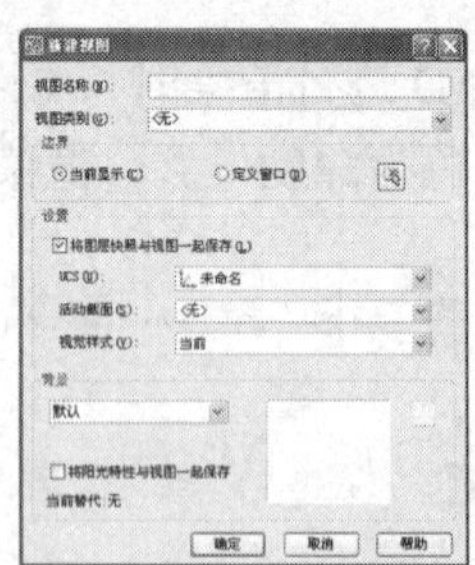

图 10.13 【新建视图】对话框

❸ 在“背景”下拉选项中，可以分别预置“纯色”、“渐变色”等选项。如图 10.14 所示。选择“图像”，打开【背景】对话框。如图 10.15 所示。

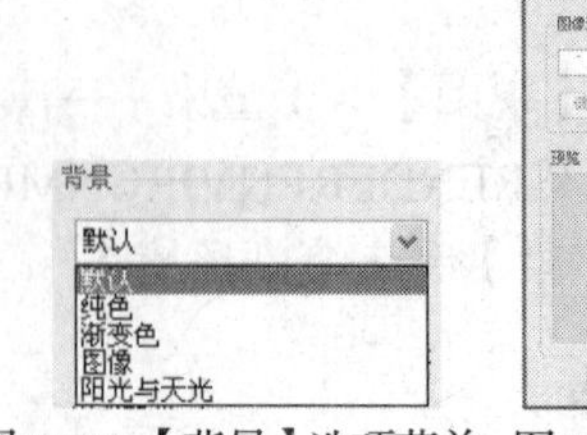

图 10.14 【背景】选项菜单

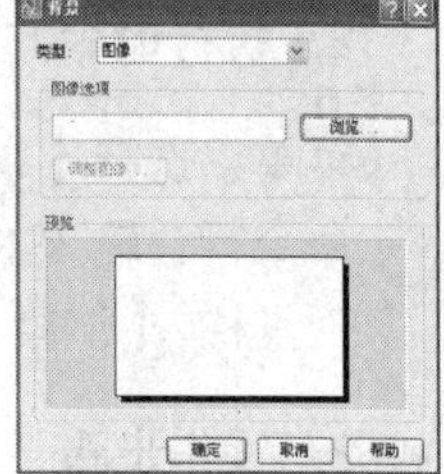

图 10.15 【背景】对话框

❹ 单击 浏览... 按钮，弹出【选择文件】对话框。选择要设置为背景的图像，完成操作。如图 10.16 所示。

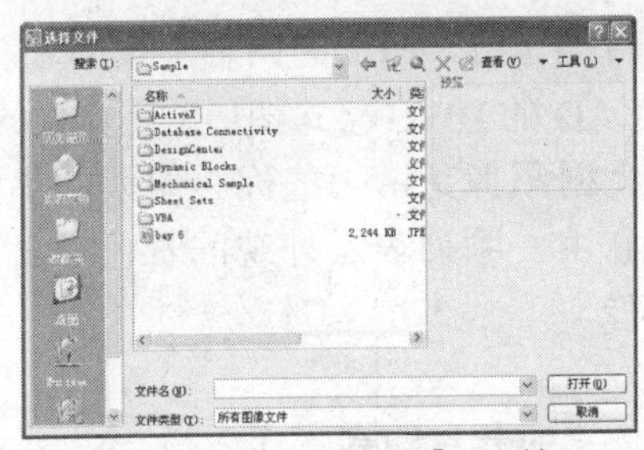

图 10.16 【选择文件】对话框

10.5　三维动态观察器

在绘制与编辑三维图形时，经常需要从不同角度、不同方位全面细致地观察对象。使用三维动态观察，可以很方便直观地观察对象。

1. 功能

三维动态观察器用于控制在三维空间中交互式查看对象。

2. 执行命令方式

菜单：选择【视图】→【动态观察】→【受约束的动态观察】命令。

命令行：输入 3DORBIT。

工具栏：【三维导航】→【受约束的动态观察】。

快捷方式：按 Shift 键和鼠标滚轮，可临时进入“三维动态观察”模式。

3. 操作步骤

❶ 选择【视图】→【动态观察】→【受约束的动态观察】命令，将在当前视口中激活三维动态观察视图。

❷ 视图的目标将保持静止，相机的位置随围绕目标而移动。

提　示

选择动态观察命令，看起来好象三维模型正在随着鼠标光标的拖动而旋转，实际上是视图的目标静止，而视点在移动。

10.6　光栅图像技术

图形的类型大致分为两种，一种是矢量图形，另一种是光栅图形。矢量图是以数学中的矢量的方式记录图形的内容，这种图形文件所占空间较小，精度高，在进行缩放、移动和旋转操作时，图形的内容不会失真。其缺点之一是不易制作色彩和色调丰富的图形。AutoCAD 的 DWG 格式图形就是典型的矢量图形。

光栅图像是由一些称为像素的小方块或点的矩形栅格组成。彩色照片就是栅格图形，它由一系列表示外观的着色像素组成。光栅图形可以制作出色彩和色调非常丰富的图像。

10.6.1 加载与卸载

AutoCAD 支持的图像文件格式包含了绝大多数常用的图形格式，如 BMP、JPEG、TIFF、TGA、PCX 等。

1. 加载光栅图像

加载光栅图像的步骤如下。

❶ 选择【插入】→【光栅图像】命令，弹出【选择图像文件】对话框。如图 10.17 所示。

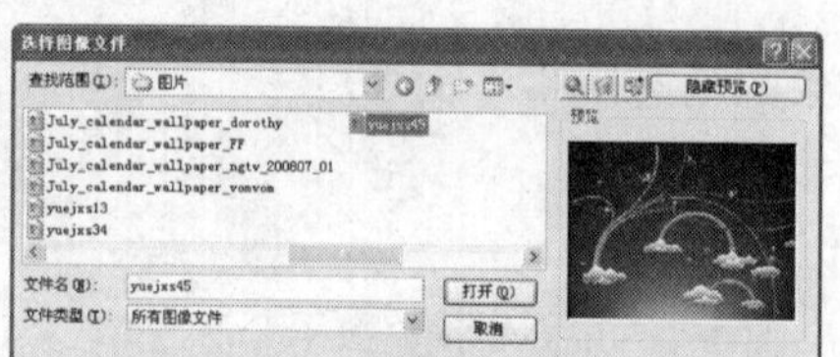

图 10.17 【选择图像文件】对话框

❷ 在【选择图像文件】对话框中选择 sample\ch10\图片 1，单击 打开(O) 按钮，弹出【图像】对话框，如图 10.18 所示，从中可以设置插入点、缩放比例和旋转角度等参数。

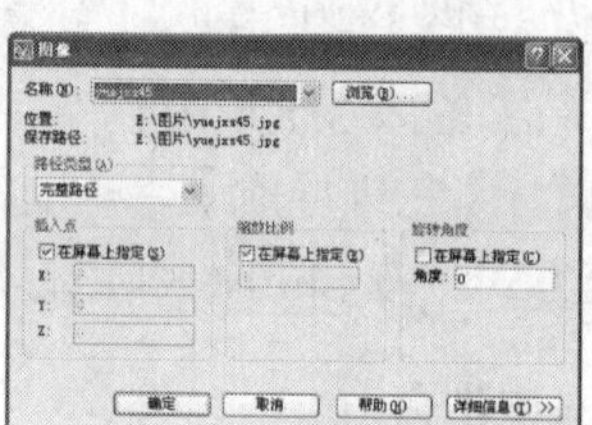

图 10.18 【图像】对话框

2. 卸载光栅图像

卸载光栅图像是在图中完全删除光栅图像，并割断链接关系。卸载光栅图像的步骤如下。

❶ 选择【插入】→【外部参照】命令，系统会打开“外部参照”面板。如图 10.19 所示。

❷ 在所选择的图像文件上右键单击打开选项菜单，选择“卸载”命令。

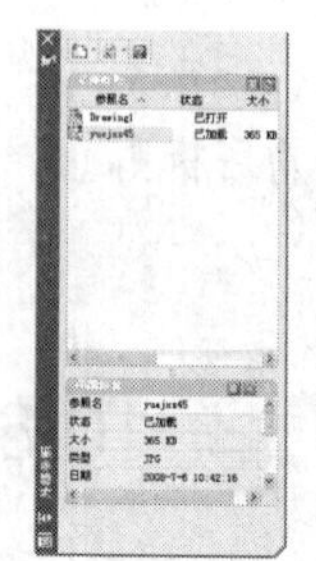

图 10.19 “外部参照”面板

10.6.2 光栅图像的调整

对光栅对象进行调整，可以使用 Image Adjust 命令选择要调整的图像，在打开的【图像调整】对话框中对图像的亮度、对比度和褪色度等参数进行调整。

练一练：载入光栅图像并进行调整。

❶ 选择【插入】→【光栅图像】命令。

❷ 选择要插入的光栅图像。

❸ 选择【修改】→【对象】→【图像】→【调整】命令，弹出【图像调整】对话框，进行各项参数的设置。如图 10.20 所示。

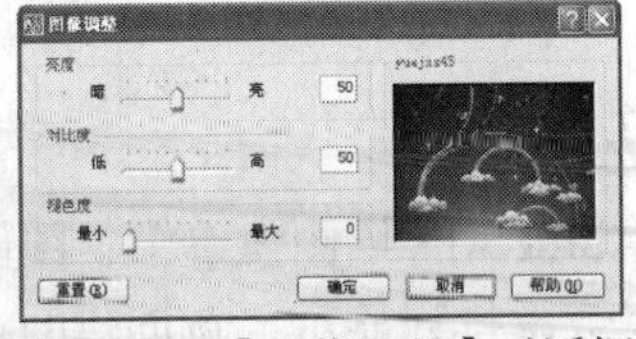

图 10.20 【图像调整】对话框

10.6.3 剪裁边界与轮廓显示

剪裁图像可以只显示或打印所需要的部分图像。剪裁边界可以是矩形或顶点限制在图像边界内的多边形。一个图像只能有一个剪裁边界，同一个图像如果多次插入，则每个图像可以具有不同的边界。剪裁后的边界还可以进行修改。

用户可以只显示剪裁边界内的图像，也可以隐藏剪裁边界而显示原始边界内的图像。可以删除图像的剪裁边界。删除剪裁边界之后，图像将以原始边界显示。

剪裁边界的操作步骤如下。

❶ 选择【修改】→【剪裁】→【图像】命令。命令行提示如下。

```
命令: _imageclip
选择要剪裁的图像: 指定对角点:
```

❷ 选择要剪裁的图像对象。新建边界，并选择以多边形样式创建新边界。命令行提示如下。如图 10.21 所示。

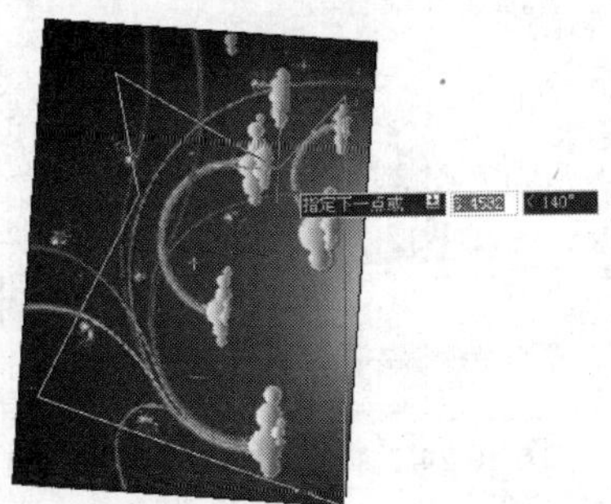

图 10.21 创建多边形范围

```
输入图像剪裁选项 [开(ON)/关(OFF)/删除(D)/新建边界(N)] <新建边界>: n
输入剪裁类型 [多边形(P)/矩形(R)] <矩形>: p
```

❸ 在图中绘制多边形造型，闭合多边形，图像只显示新绘制的多边形轮廓范围。命令行提示如下。如图 10.22 所示。

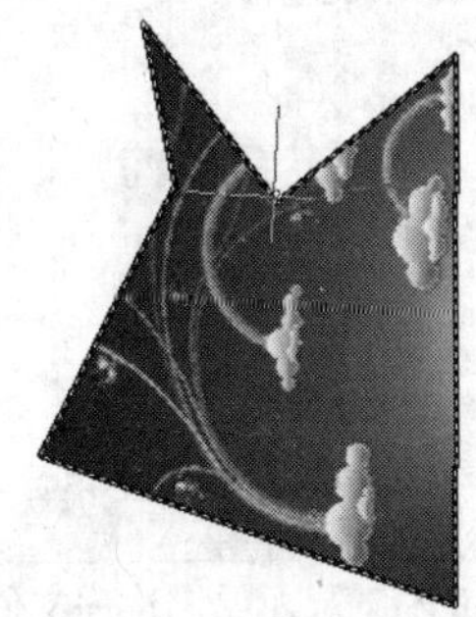

图 10.22 多边形轮廓显示

指定第一点:
指定下一点或 [放弃(U)]:
指定下一点或 [放弃(U)]:
指定下一点或 [闭合(C)/放弃(U)]:
指定下一点或 [闭合(C)/放弃(U)]:
指定下一点或 [闭合(C)/放弃(U)]:
指定下一点或 [闭合(C)/放弃(U)]:
指定下一点或 [闭合(C)/放弃(U)]: c
命令: _u 图像 GROUP

10.6.4 显示次序的调整

1. 功能

在 AutoCAD 绘图窗口中，图像对象（多段线、填充多边形、文字等）通常会按其创建的顺序依次排列显示，新创建的对象在现在对象的前面。用户可以使用 DRAWORDER 命令来改变任何对象的绘图次序（显示和打印的次序），使用 TEXTTOFRONT 命令可以修改图形中所有的文字和标注的绘图次序。如图 10.23 所示。

2. 执行命令方式

选择【工具】→【绘图次序】命令，选择下拉选项中的命令。

3. 参数说明

- 置于对象之上：选定对象移动到指定参照对象的上面。
- 置于对象之下：选定对象移动到指定参照对象的下面。
- 前置：选定对象移动到图形中对象顺序的顶部。
- 后置：选定对象移动到图形中对象顺序的底部。
- 文字和标注前置：将文字或标注移动到指定参照对象的上面。

4. 练一练

载入素材光栅图像并调整顺序。

❶ 选择【插入】→【光栅图像】命令，分别插入素材\ch08\图片 2、图片 3。如图 10.23 所示。

图 10.23 显示绘图次序文件

❷ 选择【工具】→【置于对象之上】命令，调整图像的显示次序。绘制结果如图 10.24 所示。

图 10.24 调整后的显示次序

10.6.5 附着图像比例的调整

若需要将图像相对精确地绘制在图中，下列两点提示需要注意。

（1）无论图像分辨率如何，插入图中的默认宽度均为 1 个单位。

（2）插入图像后用 SCALE 命令缩放，输入选项 R（参照方式），然后点取图片上能表达距离的两点缩放到理想尺寸。因为图像本身非精确度量，可能需要重复调整几次方能满意。

10.6.6 光栅图像管理器

1. 功能

A 中的光栅图像管理器，用于将图形作为外部参照附着，可以将参照图形链接到当前图形；打开或重载外部参照时，对参照图形所作的任何修改都会显示在当前图形中。

2. 执行命令方式

菜单：选择【插入】→【外部参照】命令。

命令行：输入 IMAGE。

3. 练一练

❶ 新建 Drawing1 绘图文件。

❷ 选择【插入】→【外部参照】命令，选择显示次序调整.dwg 文件，得到如图 10.25 所示的光栅图像管理器。

❸ 观察并更改参照图形的顺序。

4. 说明

外部参照附着到图形时，应用程序窗口的右下角状态栏托盘处，将显示一个外部参照图标。如图 10.26 所示。

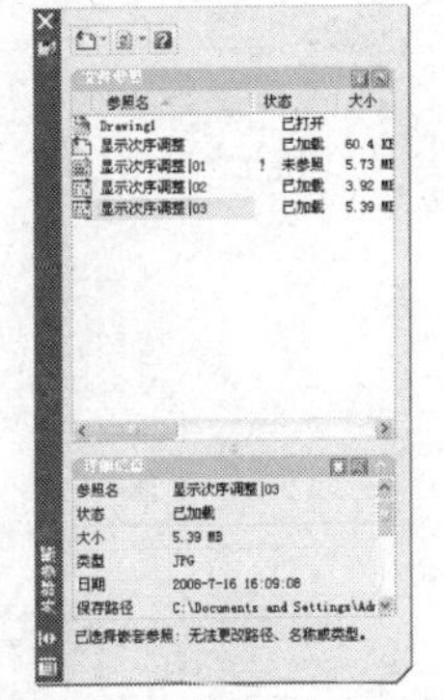

图 10.25 外部管理面板

图 10.26 外部参照图标

10.7 本讲小结

本讲主要介绍了如何在 AutoCAD 使用灯光、材质、背景，以及如何渲染图形和光栅图形的常用技术。

图形着色与渲染的使用需要在实践中进行经验的积累，读者应该通过练习提高使用技巧和制作水平，能够根据实际需要进行各项设置。

10.8 思考与练习

1. 选择题

（1）为渲染图像加上雾化效果需要通过（　　）设置。

A. 背景　　B. 材质　　C. 场景　　D. 渲染

（2）渲染时没有设置光源，系统会使用（　　）。

A. RGB　　B. 默认光源　　C. 太阳角度计算器　　D. 聚光角

2. 判断题

（1）AutoCAD 支持的图像文件格式不包括 TIFF 格式。（　　）

（2）材质库主要作用是从图形中输入材质而不能输出材质。（　　）

3. 上机操作题

打开 sample\ch10\灯.dwg 文件，并添加材质、背景，设置光源渲染。如图 10.27 所示。

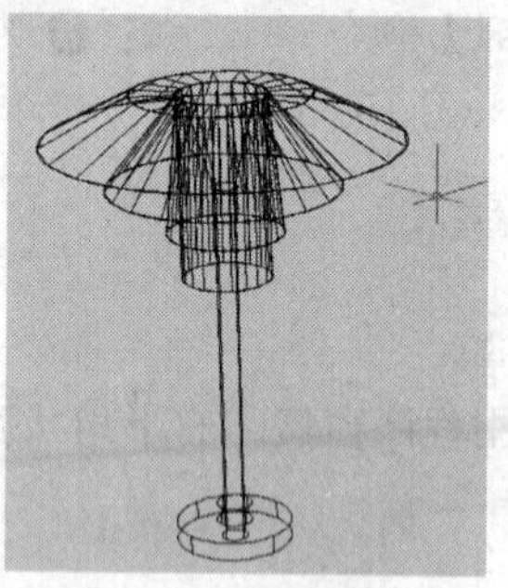

图 10.27　上机练习

第11讲 AutoCAD 的二次开发技术

本讲要点

- 了解 AutoLISP 语言的功用
- 掌握 AutoLISP 语言的使用方法和运算规则

快速导读

本讲重点学习 AutoCAD 的二次开发技术，包括 AutoLISP 语言的使用、VLISP 程序的使用和调试。本讲的难点是 VLISP 程序的使用和调试。

11.1 Visual LISP 的界面

AutoLISP 是 AutoCAD 所支持的一种内嵌式高级编程语言。使用 AutoLISP 可以直接调用几乎所有的 AutoCAD 命令，使用户能够充分地对 AutoCAD 进行二次开发。

1. 功能

使用 AutoLISP 语言可以对 AutoCAD 进行二次开发。

2. 执行命令方式

命令行：输入 VLISP。
菜 单：选择【工具】→【AutoLISP】→【Visual LISP 编辑器】命令。

3. 操作步骤

选择【工具】→【AutoLISP】→【Visual LISP 编辑器】命令，弹出【Visual LISP】对话框。如图 11.1 所示。

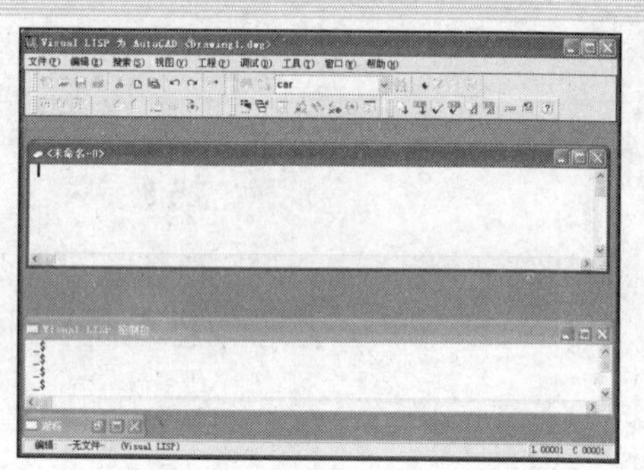

图 11.1 【Visual LISP】对话框

4. 参数说明

- 菜单区：由此执行 VLISP 编辑命令。
- 常用工具按钮区：可快速地执行常用的 VLISP 编辑命令。
- 程序编辑窗口区：在此可编辑 LISP、VLISP、DCL 等程序源代码文件。
- 控制台窗口区：在此可执行许多 VLISP 语法命令。
- 状态栏区：用于显示目前环境的状态。

11.2 撰写 LISP/VLISP 程序

AutoLISP 允许用户把每一条 AutoLISP 语句有机地组合起来，以文件的形式来执行其功能，这类文件称为 AutoLISP 程序。

11.2.1 AutoLISP 程序部分

可以按以下步骤来进行整个 AutoLISP 程序的编写与执行。

❶ 启动 AutoCAD 2008，然后选择【工具】→【AutoLISP】→【Visual LISP 编辑器】命令。

❷ 在程序编辑窗口中输入以下文本（注意：以下每一条语句前面的序号例如（1）、（2）等是为了方便稍后的语法说明，并非程序的正文文本）。

```
(1) ;;;Hello World AutoLISP Program -------firstlisp.lsp
(2) ;;;function:draw a circle and print "Hello World"
(3)
(4) (defun c:firstlisp(/ centerpt radius)
(5) (setvar "cmdecho" 0)
(6) (setq centerpt (list 100 100 0 ))
(7) (setq radius 50)
(8) (command "circle" centerpt radius)
(9) (prompt "Hello World! ")
(10) (princ)
(11) )
```

分析：程序的第（1）、（2）行是批注，以分号“;”开头的表示此行为批注。批注行是不执行的，用来提醒或者说明该程序的设计重点或者设计内容。第（4）行是命令的定义语法，后面括号内斜线后面的变量名称表示该变量是暂时性的变量。第（5）行用来设定 cmdecho 系统变量为 0（cmdecho 系统变量用来控制当 AutoLISP 的 Command 函数执行时，AutoCAD 是否显示提示与输入）。第（6）、（7）行表示将圆的圆心与半径的值分别指派给变量 centerpt 与 radius。第（8）行则是调用 AutoCAD 的 circle 命令，并根据 centerpt 与 radius 的值来执行画圆操作。第（9）行表示要在程序编辑窗口区中打印出“Hello World!”的字样。第（10）行是第（9）行的动作执行命令。第（11）行是第（4）行的对称括号。

11.2.2 VLISP 程序部分

可以按照以下的步骤进行整个 VLISP 程序的编写与执行。

❶ 启动 AutoCAD 2008，然后选择【工具】→【AutoLISP】→【Visual LISP 编辑器】命令。

❷ 在程序编辑窗口中输入以下的程序文本（注意：以下每一条语句前面的序号例如（1）、（2）等是为了方便稍后的语法说明，并非程序的正文文本）。

```
(1) ;;;Hello World Visual LISP Program ------firstvlisp.lsp
(2) ;;;function:draw a circle and print "Hello World"
(3)
(4) (defun c:firstlisp(/ centerpt radius)
(5) (setvar "cmdecho" 0)
(6) (vl-load-com)
(7) (setq acadObject (vlax-get-acad- object))
(8) (setq acadDocument (vla-get-Active Document acadObject))
(9) (setq mSpace (vla-get-ModelSpace acadDocument))
```

（10）(setq pt (list 100 100 0))
（11）(setq centerpt (vlax-3d-point pt))
（12）(setq radius 50)
（13）(vla-adcircle mSpace centerpt radius)
（14）(prompt "Hello World!")
（15）(princ)
（16））

分析：VLISP 的语法包含 LISP 的语法，所以这里仅分析其不同之处。第（6）行中的 vl-load-com 函数用来加载 VLISP 所提供的扩展 AutoLISP 函数，这是因为 VLISP 必须通过扩展的 AutoLISP 函数才能够执行对 ActiveX 的支持。第（7）、（8）、（9）行表示设定一些 vl 系列的变量。第（15）行中的函数用于在模型空间以 centerpt 为圆心、radius 为半径画一个圆。这个命令要比 AutoLISP 通过 Command 函数的画圆命令更直接，而且执行的速度也比较快。

11.2.3 LISP/VLISP 程序的调试

与大多数的程序开发工具一样，Visual LISP 提供了强大的程序调试功能。一般情况下，初次编写的程序都不能按照预期的方式运行，得到的结果也往往是错误的，这就需要用户进行程序的调试和修改工作。在 Visual LISP 中提供了许多调试功能，可以帮助用户检查程序中的错误。一般而言，程序中出现的错误有以下两种情况。

（1）语法错误：没有按照程序规定的语言编写程序，这是低级错误。

（2）逻辑错误：程序员错误地理解了计算机所要完成的任务，这是高级错误，对于一个程序员来说应该尽量避免。无意地输入错误的变量名对计算机而言也属于这种错误。

一个正确的程序不能有上述两种错误。现在的高级程序语言的集成编译环境一般都提供对语法错误的检查，但是并不能告诉用户程序中是否存在逻辑错误。LISP/VLISP 的集成编译环境 VLIDE 提供了一系列的调试手段，以供检查程序中的逻辑错误。

下面通过前面的实例来介绍如何调试 LISP/VLISP 程序。正确的程序范例如下。

（1）(defun c:firstlisp (/ centerpt radius)
（2）(setvar "cmdecho" 0)
（3）(setq centerpt (list 100 100 0))
（4）(setq radius 50)
（5）(command "circle" centerpt radius)
（6）(prompt "Hello World!")
（7）(princ)
（8））

功能：以（100,100）为圆心画一个半径为 50 的圆，并在命令行输出“Hello World!”的字样。

错误的程序范例 1：

（1）(defun c:firstlisp (/ centerpt radius)
（2）(setvar "cmdecho"0)
（3）(setq centerpt (list 100 100 0)))
（4）(setq radius 50)
（5）(command "circle"centerpt radius)

（6）(prompt "Hello World!")

（7）(princ)

（8））

错误之处：程序第（3）行的最后多了一个反括号“)”。

编写完程序后单击【加载】按钮，程序提示如下。

```
; 错误: 输入中含有多余的闭括号
```

根据错误提示可知多了一个右括号，遇到这种情况时，在这个简单的例子中进行排除并不困难。

方法一：如图 11.2 所示，将光标放在左括号的左侧。

双击检查与之匹配的右括号，如图 11.3 所示，匹配区域内的程序会反白显示。也可以将光标置于右括号的右侧，双击检查与之匹配的左括号。

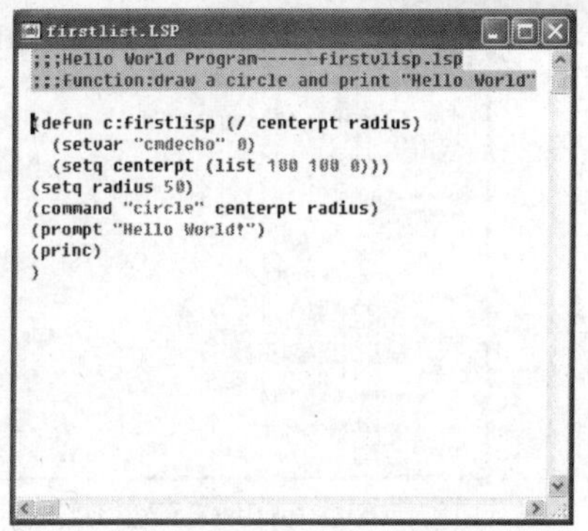

图 11.2　检查匹配的括号操作（一）

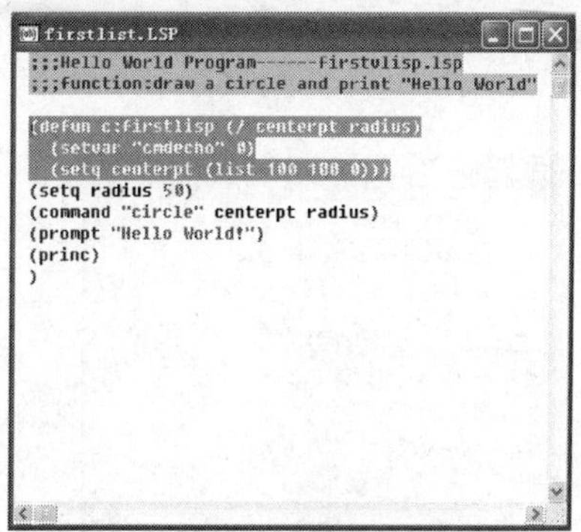

图 11.3　检查匹配的括号操作（二）

方法二：将光标置于左括号处，然后按【Ctrl +)】快捷键检查与之匹配的右括号。也可以将光标置于右括号处，然后按【Ctrl + (】快捷键检查与之匹配的左括号。

错误的程序范例 2：

（1）(defun c:firstlisp (/ centerpt radius)

（2）(setvar "cmdecho" 0)

（3）(setq centerpt 100 (list 100 100 0))

（4）(setq radius 50)

（5）(command "circle" centerpt radius)

（6）(prompt "Hello World!")

（7）(princ)

（8））

错误之处：第（3）行中的 centerpt 的后面多了一个 100。

编写完程序后单击【加载】按钮，程序提示如下。

```
; 错误: SETQ 中参数太少: (SETQ CENTERPT 100 (LIST 100 100 0))
```

检测方法：根据错误提示信息找到提示语句进行修改即可。

技巧：在复杂的程序中可能一次出现多个语法错误，因此应先查看一下这些错误之间是否有关联。应全部修改完再加载，这样可以节省时间。

下面仍然利用前面的那段程序，如果错误如下。

（1）(defun c:firstlisp (/ centerpt radius)

（2）(setvar "cmdecho" 0)

（3）(setq centerpt 100 (list 100 100 0))

（4）(setq radius 60)

（5）(command "circle" centerpt radius)

（6）(prompt "Hello World!")

（7）(princ)

（8））

由于绘制的圆的半径为 60，因此这段程序能够正常地执行，但结果是错误的。

检查出半径出错之后，直接将程序中的 60 改为 50 即可。

下面介绍应用 VLIDE 提供的检测手段进行排除的方法，假设现在不知道程序变量的含义。

❶ 将光标置于画圆的语句的前面。如图 11.4 所示。

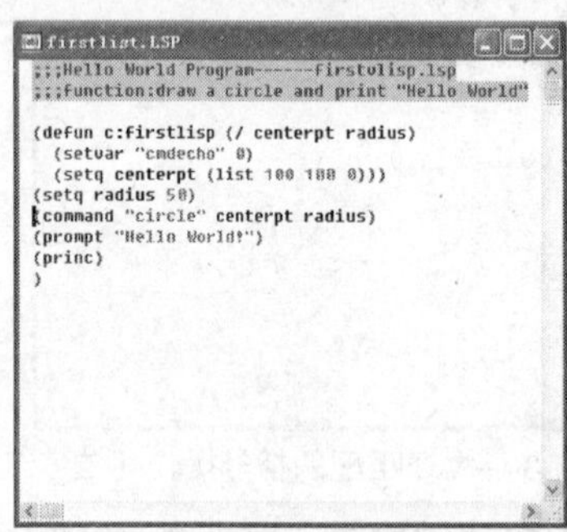

图 11.4 【firstlist.LSP】对话框

❷ 按【F9】键设置断点。如图 11.5 所示。

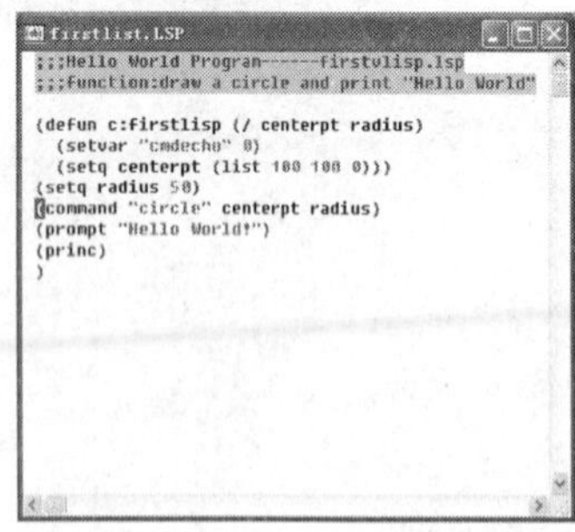

图 11.5 【firstlist.LSP】对话框

❸ 加载程序后执行程序，程序会停止在第 5 行之前。

❹ 程序在画圆之前要先检查圆的半径。语句(command "circle" centerpt radius)中的最后一个变量 radius 代表半径，因此双击 radius，然后单击鼠标右键，在弹出的快捷菜单中选择【Add Watch】（添加监视）选项，将变量加入到监视窗口中。如图 11.6 所示。

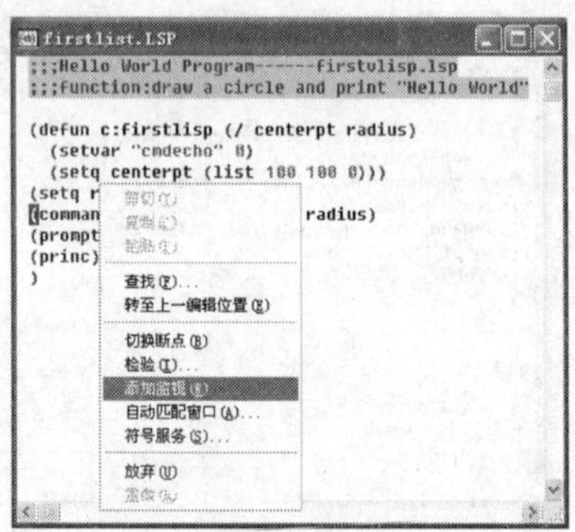

图 11.6 【firstlist.LSP】对话框

在如图 11.7 所示的监视窗口中可以看到 radius 的值为 60，这与需要的值 50 不同，从而知道是对 radius 的赋值出了错。

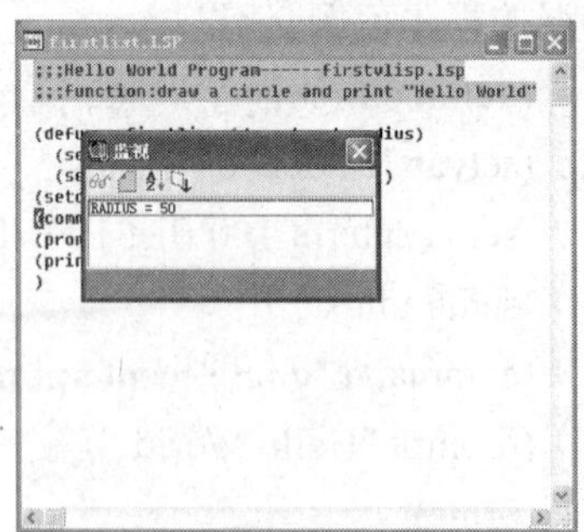

图 11.7 【监视】对话框

❺ 单击按钮跳出这一次的检测。

❻ 根据经验在程序中可能影响 radius 赋值的位置设置断点。因为此程序较简单，因此将断点设在第 4 行。如果是复杂的程序而不容易看出哪里影响了 radius 的赋值，则可将断点前移至一个保守的地方，以保证影响 radius 赋值的代码被包含其中。如图 11.8 所示。

❼ 加载程序。

图 11.8 【firstlist.LSP】对话框

❽ 执行程序，程序在第 4 行处停止。如图 11.9 所示。

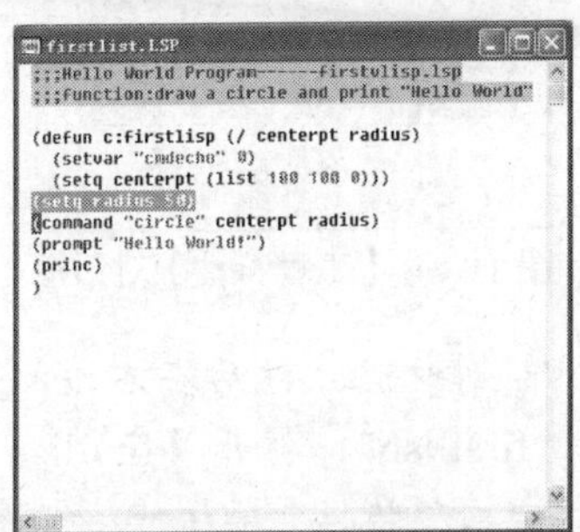

图 11.9 【firstlist.LSP】对话框

❾ 用同样的方法将 radius 加入到【监视】窗口中，此时 radius 的值为 nil。如图 11.10 所示。

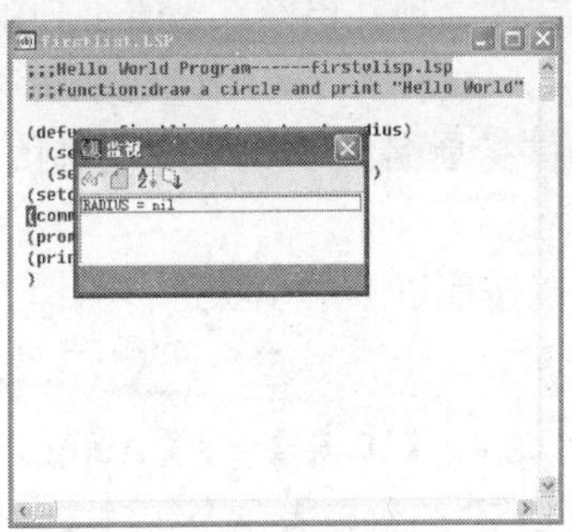

图 11.10 【监视】窗口

❿ 按【F8】键单步执行程序，检查程序中的错误。

按【F8】键后执行第 4 行语句，【监视】窗口中 radius 的值会发生变化。如图 11.11 所示。

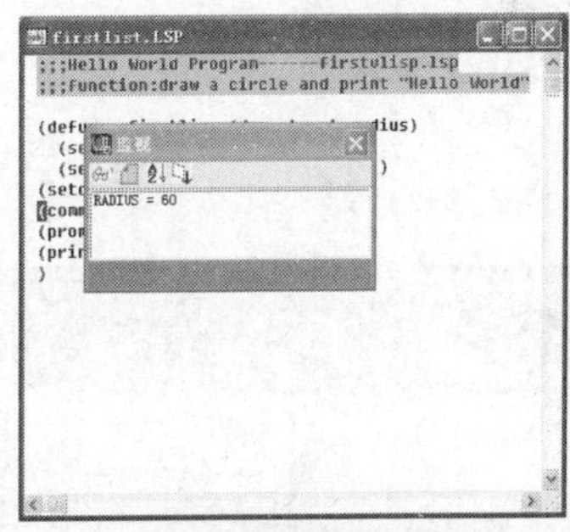

图 11.11 【监视】窗口

此时可以知道是第 4 行语句赋值出了错，因此应该修改此语句。步骤如下。

❶ 先发现错误结果的直接起因代码。例如本例中为设置了错误的圆半径，则应找到画圆的代码。

❷ 将错误量化为数值，然后查找错误的变量赋值。例如本例中为圆半径出错，则应找出代表圆半径的变量 radius。

❸ 找出影响变量赋值的语句进行跟踪，例如本例。但应注意，复杂的程序中影响变量赋值的语句可能在许多的子程序中，这会大大地增加查错的难度。不过查错的原理和基本方法（设置断点和跟踪等）相同。

❹ 除了【F8】键的单步跟踪外，【Debug】（调试）菜单中还提供了几种执行代码的方法。灵活地运用执行代码可以提高对复杂程序进行调试的速度，这是因为在复杂的程序中不可能单步跟踪第一句程序。

11.3 编译 LISP/VLISP 程序

AutoLISP 以前一直只有加密的程序，没有编译器（Compiler）将源程序编译成一个二进制的文件，现在已经在 Visual LISP 中实现了。

使用 AutoCAD 的编译功能可以将一个文本文件的 Visual LISP 源文件 LISP 编译成一个文件扩展名为 FAS 的二进制编译文件。这样的 FAS 编译文件只能被执行，不能修改其内容。

可以按照以下的步骤进行编译 Visual LISP 源文件的操作。

❶ 选择【工具】→【AutoLISP】→【Visual LISP 编辑器】命令，对要编译且执行没有问题的 Visual LISP 源文件进行加载。选择【工程】→【新建工程】命令，然后按照图 11.12 所示的步骤操作。

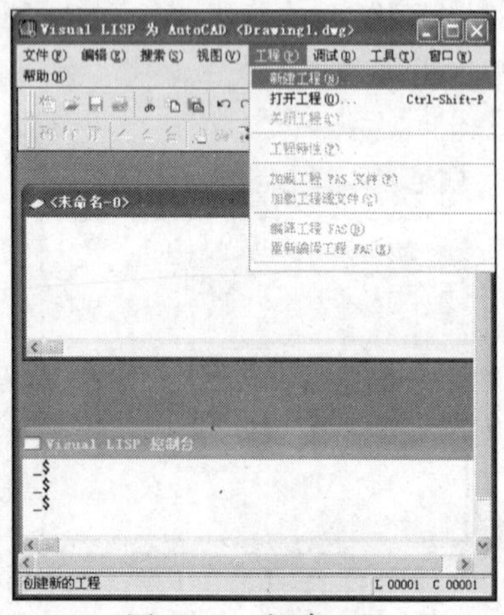

图 11.12　新建工程

❷ 弹出【新建工程】对话框，从中选择要建立工程的目录，输入工程名称。如图 11.13 所示。

图 11.13 【新建工程】对话框

❸ 单击【保存】按钮，弹出【工程特性】对话框，从中选择要编译的源程序文件名，例如 firstlisp。如图 11.14 所示。

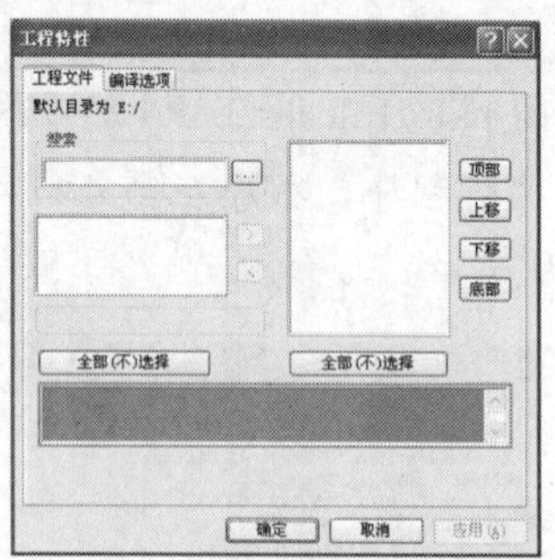

图 11.14 【工程特性】对话框

❹ 单击▷按钮，然后在右边的列表框中选择“firstlisp”，打开【firstlisp】对话框，单击“工程特性”按钮。如图 11.15 所示。

图 11.15 【firstlisp】对话框

❺ 在弹出的【工程特性】对话框中单击【编译选项】选项卡，选中【优化】单选按钮。

❻ 在“FAS 目录”文本框中指定要存放编译文件的目录。如图 11.16 所示。

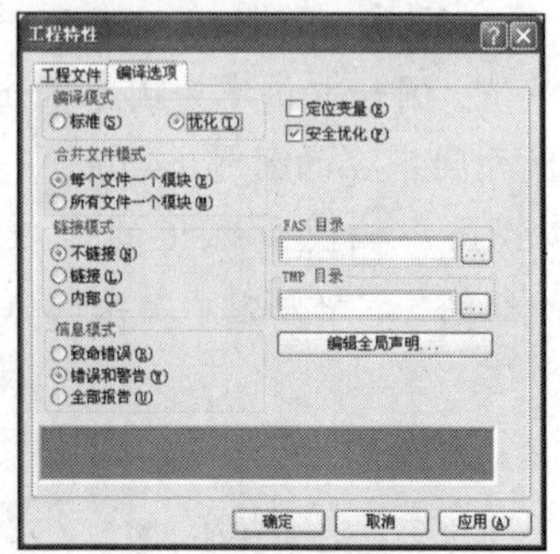

图 11.16 【工程特性】对话框

❼ 单击【确定】按钮。

❽ 单击【编辑工程 FAS】按钮开始编译。

❾ 编译完成后，在刚刚指定的目录下就可以看到编译后的结果。还可以将 LSP 文件另存起来，仅留下 FAS 文件来加载执行。

11.4 运行 LISP/VLISP 程序

当一切都准确无误，要执行一个 LISP 程序时，可按照如图 11.17 所示的步骤进行加载。

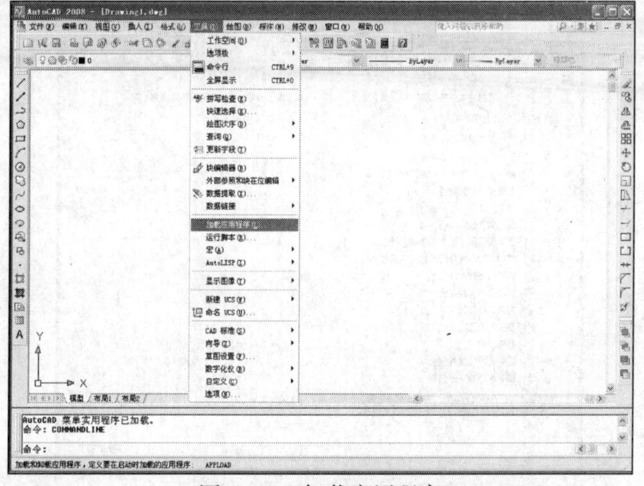

图 11.17 加载应用程序

然后在 AutoCAD 的命令行中输入 first- lisp。程序执行的结果如图 11.18 所示。

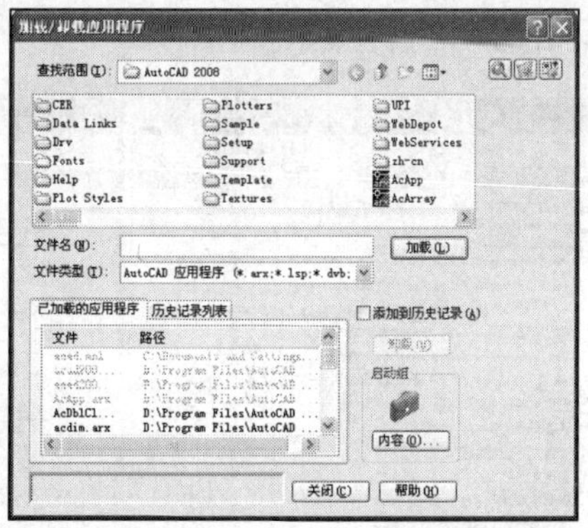

图 11.18 【加载/卸载应用程序】对话框

11.5 重要的环境设定

掌握了简单程序的进入、编写、执行与后续的编译或者加密等完整的流程后，还要进行重要系统环境设定才算完整。这个设定就是搜索路径的设定。

在以前 DOS 版本的时代，在进入 AutoCAD 以前都要执行批处理文件，此批处理文件内将执行以下操作。

```
SET ACAD=...
SET ACADDRV=...
SET ACADCFG=...
```

这类环境变量用于设定文件搜索。在 Windows 版本的 AutoCAD R14 问世后，这些设定仍然有必要，否则 AutoCAD 无法知道所有的 AutoLISP/VLISP/VBA 文件范例、图块文件范例或者菜单文件存放的位置。可以按照下面的步骤进行这些文件搜索路径的设定。

在 AutoCAD 的命令提示符下输入命令 CONFIG，然后按回车键会弹出【选项】对话框。图 11.19 是单击“文件”选项卡后显示的界面。

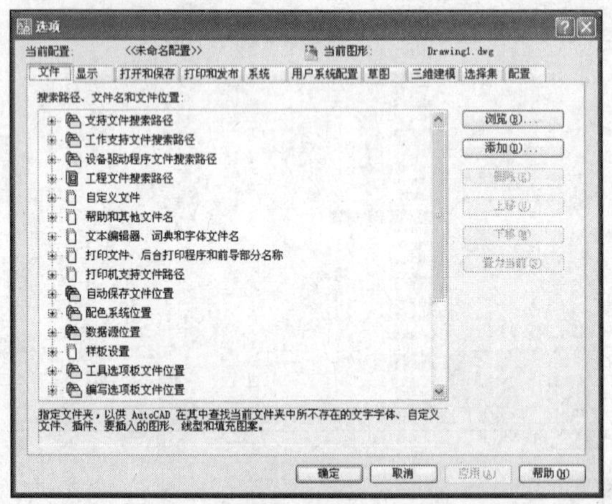

图 11.19 【选项】对话框“文件”选项卡

现在要设定的是搜索路径，所以应该单击“支持文件搜索路径”名称前面的“+”符号，然后按照如图 11.20 所示的步骤进行操作。

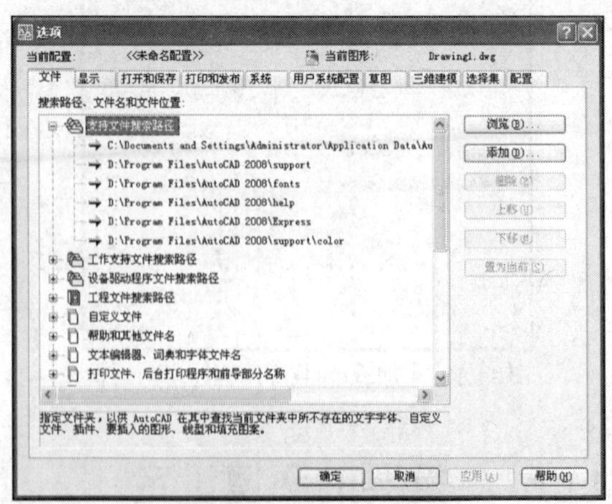

图 11.20 【选项】对话框

开始时列表框中可能只有前面几个预设的 AutoCAD 路径，必须将放置工作文件的目录记录在该列表框中，这样 AutoCAD 才会到这些目录里来找。操作的方法是：单击列表框右边的【添加】按钮，然后直接输入路径或者单击【浏览】按钮选择路径即可。

其他项按照默认设置执行即可。如果还有其他的目录需要设定搜索路径，可自行设定。

11.6 本讲小结

LISP（List Processing Language）是一种程序设计语言，主要用于人工智能、机器人、专家系统、博弈或定理证明等领域。本章主要介绍了 AutoLISP 语言的基础知识，包括函数、函数控制以及数据类型等，并讲解了使用 AutoCAD LISP 编写、调试以及运行程序的方法。

11.7 思考与练习

1. 选择题

（1）函数“(command"circle""0,0""600")”表示的完整意思是（ ）。

A. 绘制一个圆

B. 绘制一个半径为 600 的圆

C. 绘制一个任意圆

D. 绘制一个圆心坐标为“0,0”，半径为 600 的圆

（2）函数“(command"line""0,0""100,100""")”表示的意思是（ ）。

A. 绘制一个任意长的直线

B. 绘制直线的起点位于原点处

C. 绘制的直线长度为 100

D. 绘制完直线后没有退出直线命令

2. 判断题

（1）Command 是一个系统内部函数。 （ ）

（2）Command 函数中的“""”表示按下 Enter 键。 （ ）

3. 上机操作题

绘制一个圆心坐标为“100,200”、半径为 300 的圆。

第12讲 AutoCAD 与 Internet 的链接

本讲要点

- 通过 Internet 打开及保存、插入图形
- 图形的电子传递和超级链接
- 创建 Web 页和发布图形

快速导读

本讲重点介绍 AutoCAD 与 Internet 的相连，学习 AutoCAD 与因特网方便、高效的工作方式。本讲的难点是通过 Internet 打开和保存图形文件、以电子格式输出图形。

为适应互联网的迅速发展，使用户能够快速有效地共享设计信息，AutoCAD 不断强化其 Internet 功能，并对其中的功能进行全面改进，使 AutoCAD 与互联网相关的操作更加方便和高效。

12.1 通过 Internet 打开、保存或插入图形文件

在 AutoCAD 中，文件的输入和输出命令都具有内置的 Internet 支持功能，用户可以直接从 Internet 下载和保存文件。在进入 Internet 中某站点后，选择需要的图形文件，确认后即可被下载到本地计算机中，同时在 AutoCAD 绘图区中打开，并可对该图形进行各种编辑，再保存到本地计算机或有访问权限的任何 Internet 站点。此外，利用 AutoCAD 的 I-drop 功能，还可直接从 Web 站点将图形文件拖入到当前图形，作为块插入。

1. 文件选择对话框

（1）打开。

选择【文件】→【打开】命令。

在标准工具栏中单击打开按钮。

（2）保存。

选择【文件】→【另存为】命令，打开【图形另存为】对话框。

（3）输出。

选择【文件】→【输出】命令，打开【输出数据】对话框。

2. 使用【浏览 Web】对话框

❶ 选择【文件】→【打开】命令，弹出【选择文件】对话框。如图 12.1 所示。

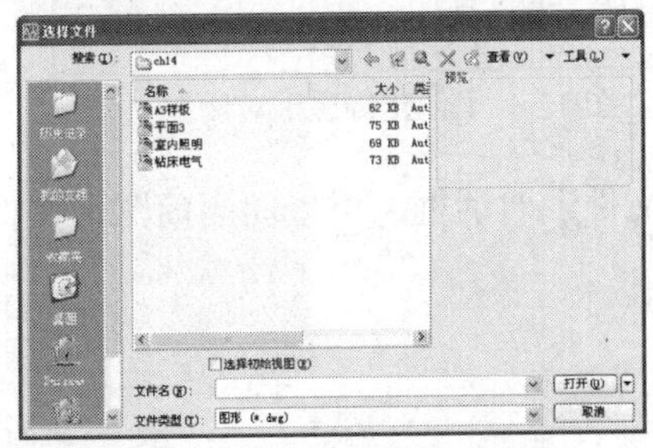

图 12.1 【选择文件】对话框

❷ 在【选择文件】对话框中单击“搜索 Web”按钮，弹出【浏览 Web-打开】对话框，并链接到 http://www.autodesk.com.cn 站点。如图 12.2 所示。

图 12.2 【浏览 Web-打开】对话框

❸ 用户在【浏览 Web-打开】对话框的“查找范围”下拉列表框中输入全部或部分 URL 路径后按 Enter 键，AutoCAD 将打开对应的 HTML 页，从中选择相应的超链接后，单击 打开(O) 按钮，即可打开页面图形。

3. 处理 Internet 外部参照

用户可以把存储在 Internet 或 Internet 上的外部引用图形链接到存储于自己系统上的图形。例如，主管用户可以在计算机上保存一个主控图形，并将 Internet 图形作为外部引用链接到主控图形。当任何 Internet 图形得到了修改，在下次打开主控图形时，所做的任何变化都被包含其中。这种强大的功能，可用于开发由设计组共享的精确复合图形。

12.2 电子传递

在 AutoCAD 中，选择“电子传递”命令，将打开【创建传递】对话框，即可使用电子传递功能，为 AutoCAD 图形及其相关文件、外部参照创建传递集（即打包），以便在 Internet 上传送。如图 12.3 所示。

1. 选择传递图形

在【创建传递】对话框的“当前图形”选项组中，包含“文件树”和“文件表”两个选项卡。“文件树”选项卡中以树状形式列出传递集中所包括的文件，默认情况下，AutoCAD 将列出与当前图形有关的所有文件；“文件表”选项卡则显示传递文件的完整路径，包括图形文件具体存储位置、版本、日期等信息。如图 12.4 所示。

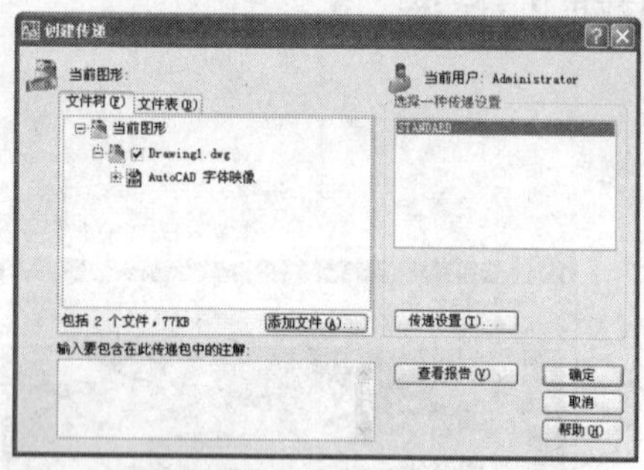

图 12.3 【创建传递】对话框

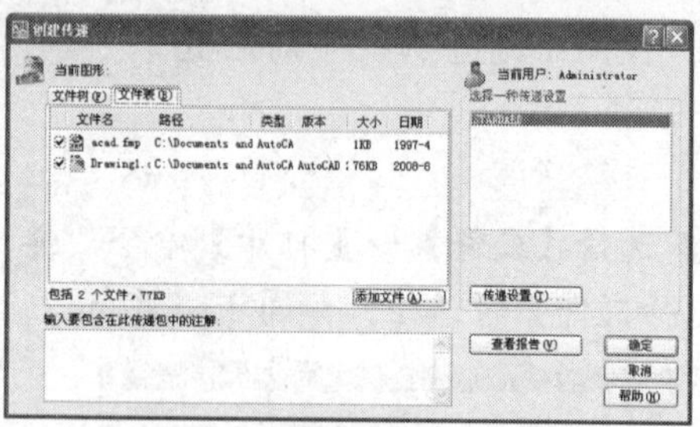

图 12.4 【创建传递】对话框

单击 添加文件(A)... 按钮，将打开【向传递添加文件】对话框，可以向当前图形文件列中添加需要传递的文件。

2. 选择传递设置

❶ 在【创建传递】对话框的“选择一种传递设置”选项区域中，用户可以单击 传递设置(T)... 按钮，弹出【传递设置】对话框。如图 12.5 所示。

❷ 在【传递设置】对话框单击 新建(N)... 按钮，弹出【新传递设置】对话框，如图 12.6 所示。在“新传递设置名”文本框中输入传递设置名称，单击 继续 按钮，弹出【修改传递设置】对话框。如图 12.7 所示。

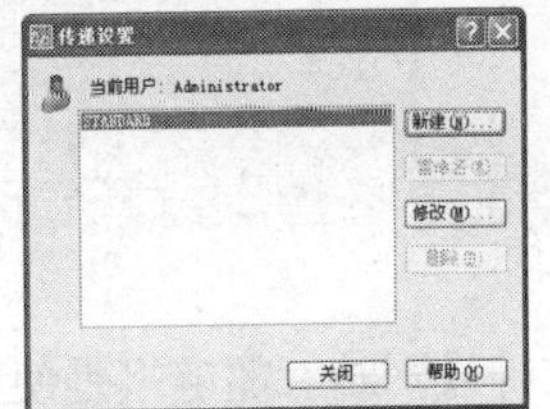
图 12.5 【传递设置】对话框

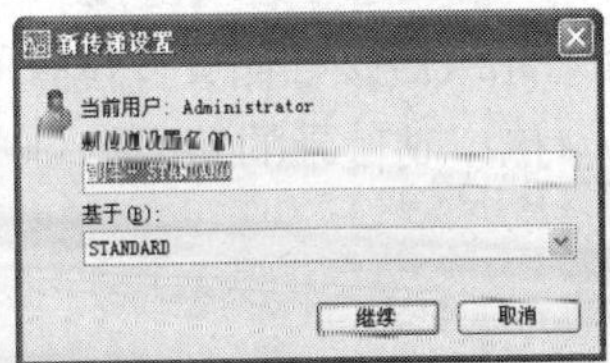
图 12.6 【新传递设置】对话框

❸ 在【修改传递设置】对话框中，进行传递的类型、位置、说明等选项的设置。

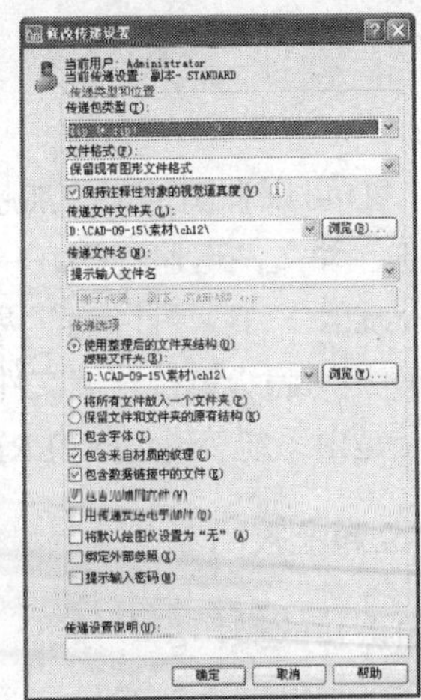
图 12.7 【修改传递设置】对话框

【修改传递设置】对话框中各选项的功能如下。

- "传递类型和位置"选项区域：用于设置传递的类型、文件格式、传递文件夹、传递文件名等内容。
- "传递选项"选项区域：用于设置传递的选项是否包括字体、是否用传递发送电子邮件、是否绑定外部参照等内容。
- "传递设置说明"文本框：用于输入传递设置说明信息。

3. 输入传递注解并查看报告

❶ 在【创建传递】对话框中的"输入要包含在此传递包中的注解"列表框中，用户可以对传递包进行注解。如图 12.8 所示。

图 12.8 "输入注解"选项框

❷ 单击 查看报告(V) 按钮，弹出【查看传递报告】对话框，用来显示在传递集中包括的报告信息。传递集报告提供了与传递集有关的日志信息，它包含了所有打包文件的相关内容及使原始图形有效之前需要做的工作等内容。如图 12.9 所示。

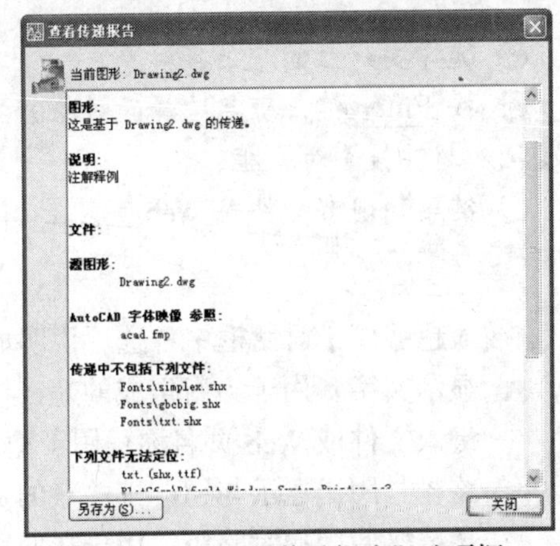
图 12.9 "查看传递报告"选项框

❸ 单击 另存为(S)... 按钮将报告以文件形式保存起来。

12.3 超级链接

AutoCAD 可以在图形中添加超链接，以跳转到特定文件或网站。超链接是使 AutoCAD 图形和其他各种文件迅速连接在一起的一种简单而有效的方法。

在 AutoCAD 中，可以创建两种类型的超级链接文件，即“绝对超级链接”和“相对超级链接”。绝对超级链接存储文件位置的完整路径，而相对超级链接存储文件位置的相对路径，该路径是由系统变量 HYPERLINKBASE 指定的默认 URL 或目录的路径。

1. 建立超链接

建立超链接的操作步骤如下。

❶ 选择【插入】→【超链接】命令，弹出打开【插入超链接】对话框。如图 12.10 所示。

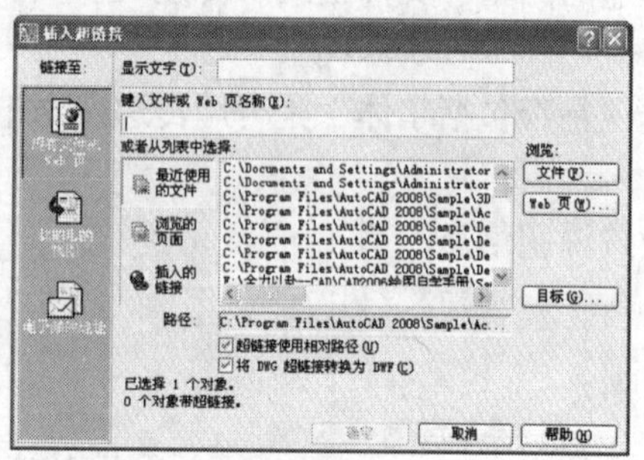

图 12.10 【插入超链接】对话框

❷ 选择要建立的超链接对象。

❸ 按 Enter 键，确定选择的对象并打开【插入超链接】对话框。

❹ 链接到现有文件或 Web 页。在“链接至”按钮列表框中，单击现有文件或 Web 页按钮，可以给现有文件或 Web 页创建链接。在“键入文件或 Web 页名称”文本框中输入超链接位置。

❺ 单击 打开(O) 按钮。完成超链接创建。如图 12.11 所示。

图 12.11 【浏览 Web-选择超链接】对话框

【插入超链接】对话框中各选项说明如下。

- 显示文字：用于为新生成的超链接确定一个描述。
- 键入文件或 Web 页名称：用于输入要和选定对象相关联的文件的 URL 或路径。
- 路径：用于显示与超链接关联的文件的路径。
- 超链接使用相对路径：用于在使用或不使用当前图形的相对路径中进行切换。

2. 链接到电子邮件地址

在“链接至”按钮列表中，单击 按钮可以确定要链接到的电子邮件地址，可以通过“插入超链接”选项确定邮件地址和邮件主题。

3. 练一练

将图 12.12 所示的图形与图 12.13 所示的素材图片链接。

图 12.12 窗帘素材图

图 12.13 瓷盘素材图

❶ 打开“samples\ch12\窗帘.dwg”文件，如图 12.13 所示。选择【插入】→【超链接】命令，并在绘图窗口中选择素材图窗帘.dwg 文件。

❷ 按 Enter 键打开插入【超链接】对话框。在显示文字文本框中输入“链接到瓷盘图片”，在“键入文件或 Web 页名称”文本框中输入链接文件的存放路径 samples\ch12\瓷盘素材图.bmp。如图 12.14 所示。

❸ 单击 确定 按钮关闭“插入超链接”对话框，完成链接。

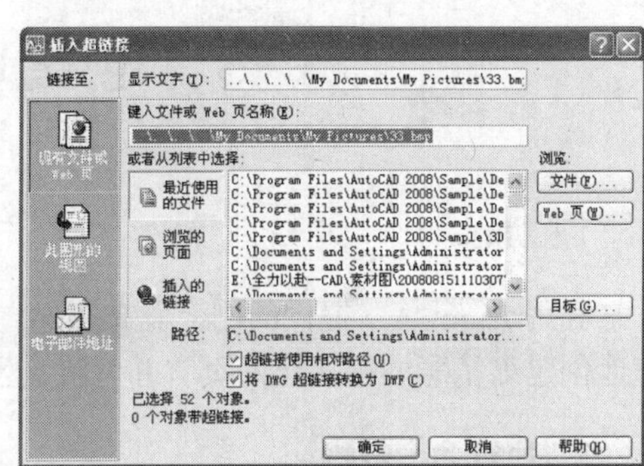

图 12.14 【插入超链接】对话框

提 示

在绘图窗口中，当光标位于带有超链接的对象上时，AutoCAD 将自动显示出超链接光标和相应的说明文字，这样便于用户在图形中查找超链接。

12.4 电子格式输出

1. 功能

国际上通常采用 DWF（drawing web format，图形网络格式）图形文件格式，要通过 Intrenet 传递图形，可以使用电子出图(ePlot)特性创建 DWF 的图形文件。DWF 文件可在任何装有网络浏览器和 Autodesk WHIP!插件的计算机中打开、查看和输出。

2. 执行命令步骤

❶ 打开 “samples\ch12\窗帘.dwg” 文件。

❷ 选择【文件】→【打印】命令，弹出【打印-模型】对话框。

❸ 在【打印机-模式】对话框【打印机/绘图仪】选项组的 “名称” 下拉列表框中，选择 DWF6 ePlot.pc3 选项，如图 12.15 所示。

❹ 单击 确定 按钮，完成 DWF 文件的创建操作。

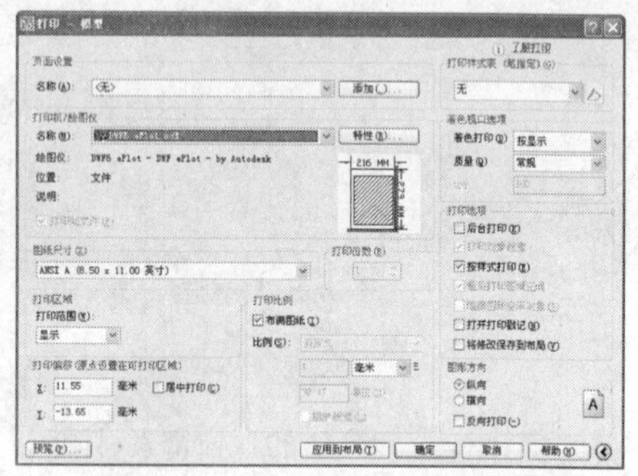

图 12.15 【打印-模型】对话框

12.5 创建 Web 页

1. 功能

利用 AutoCAD 提供的网上发布向导，即使用户不熟悉 HTML 编码，也可以方便、迅速地创建出精彩的格式化网页，并可将其发布到 Internet 上。

2. 执行命令步骤

❶ 选择【文件】→【网上发布】命令，打开【网上发布-开始】对话框。如图 12.16 所示。

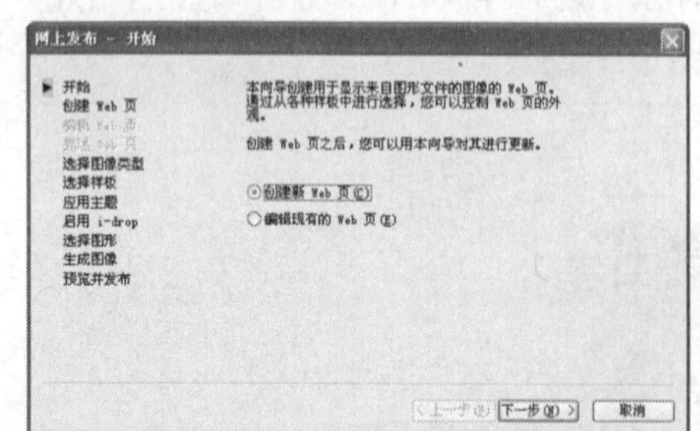

图 12.16 【网上发布-开始】对话框

❷ 单击 下一步(N) > 按钮，继续执行向导。在【网上发布-创建 Web 页】对话框中的“指定 Web 页的名称”文本框中输入 Web 文件名称，在“指定文件系统中 Web 页文件夹的上级目录”中设置文件的保存位置，在“提供显示在 Web 页上的说明”文本框中输入说明文字。如图 12.17 所示。

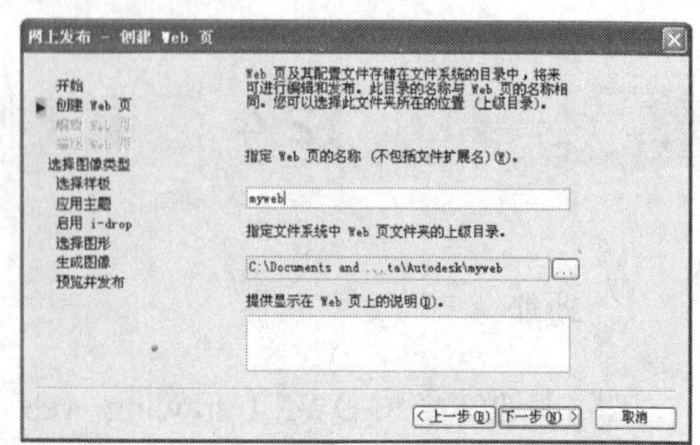

图 12.17 【网上发布-创建 Web 页】对话框

❸ 单击 下一步(N) > 按钮，继续执行向导。选择一种图像类型（包括 DWF、JPEG 和 PNG 共 3 种格式），选择图像大小（包括小、中、大、极大 4 种大小）。如图 12.18 所示。

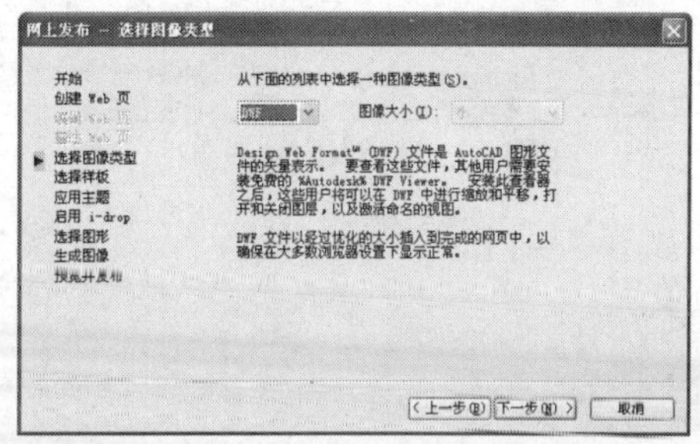

图 12.18 【网上发布-选择图像类型】对话框

❹ 单击 下一步(N) > 按钮，继续执行向导。选择 4 种样板中的一种，在右侧可以预览其基本样式。如图 12.19 所示。

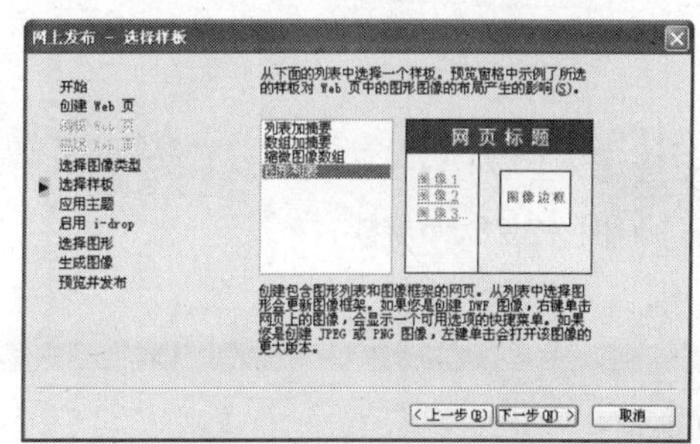

图 12.19 【网上发布-选择样板】对话框

❺ 单击 下一步(N) > 按钮，继续执行向导。选择 7 种主题中的一种，在下侧可以预览其效果。如图 12.20 所示。

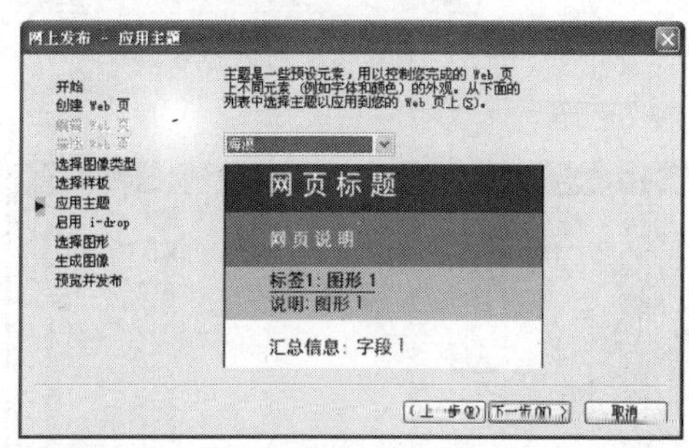

图 12.20 【网上发布-应用主题】对话框

❻ 单击 下一步(N) > 按钮，继续执行向导。为了方便他人使用创作的 AutoCAD 文件，建议选中"启用 i-drop"复选框。如图 12.21 所示。

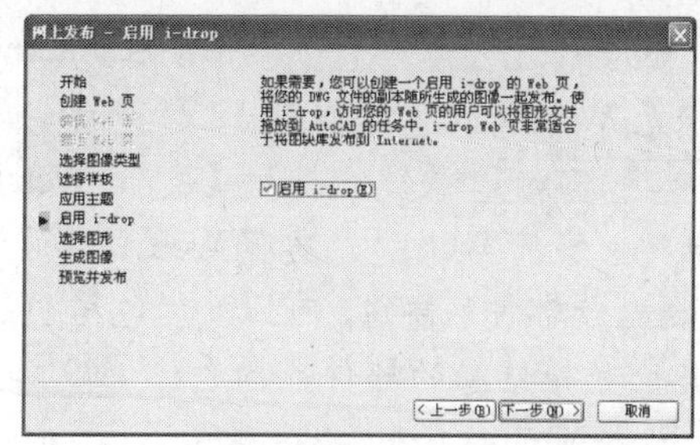

图 12.21 【网上发布-启用 i-drop】对话框

❼ 单击 下一步(N) > 按钮，继续执行向导。将需要生成的图像素材\ch12\架子.dwg 文件添加到右侧的列表中。如图 12.22 所示。

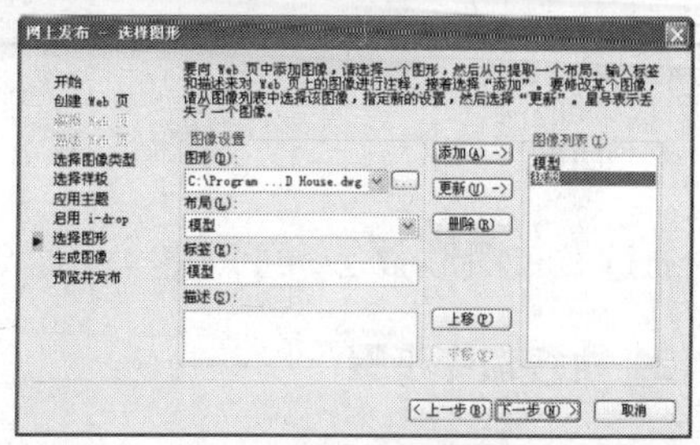

图 12.22 【网上发布-选择图形】对话框

❽ 单击 下一步(N) > 按钮，继续执行向导。选择生成的图像方式。如图 12.23 所示。

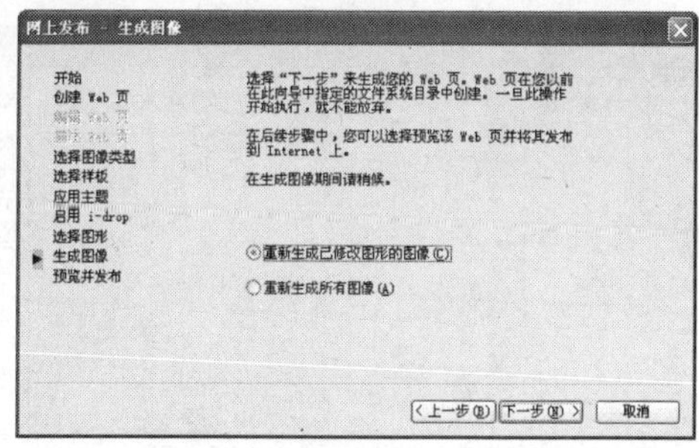

图 12.23 【网上发布-生成图像】对话框

❾ 单击 下一步(N) > 按钮，继续执行向导。等待后打开【网上发布-预览并发布】对话框。如图 12.24 所示。

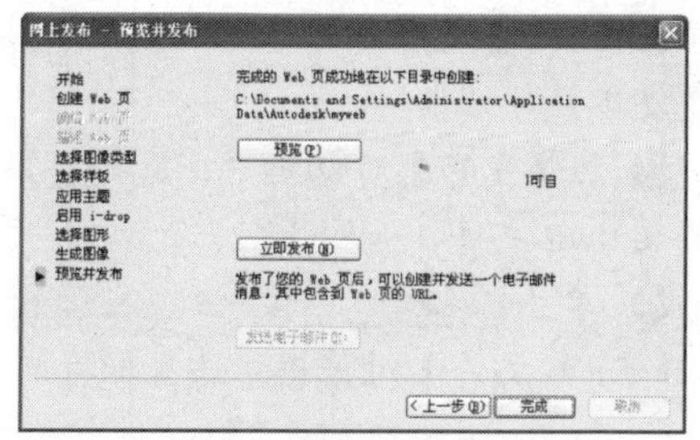

图 12.24 【网上发布-预览并发布】对话框

❿ 单击［预览(P)］按钮，在 Internet 中预览 Web 页效果。如图 12.25 所示。单击［立即发布(N)］按钮，打开【发布 Web】对话框，发布 Web 页。发布 Web 页后通过“发送电子邮件”按钮，可以发送包括 URL 及其位置等信息的邮件。单击［完成］按钮，结束页面的发布。

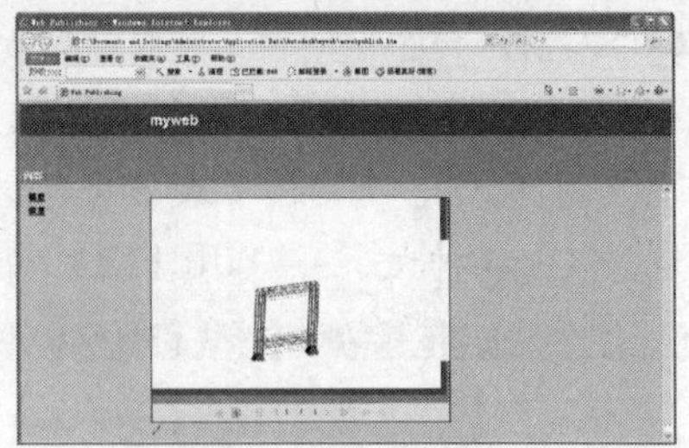

图 12.25　创建 Web 页

12.6　发布图形

1. 功能

通过发布图形命令，可以将 AutoCAD 图形发布到 DWF 文件或者打印机中。

2. 执行命令步骤

❶ 打开“samples\ch12\发布文件餐桌.dwg”文件。如图 12.26 所示。

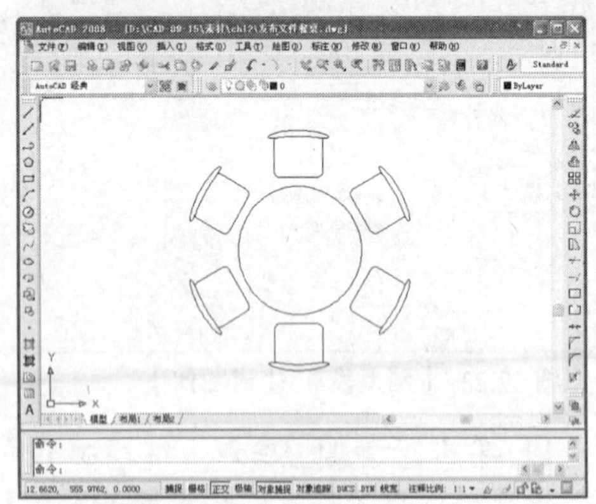
图 12.26　打开“发布文件餐桌”素材图

❷ 选择【文件】→【发布】命令，打开【发布】对话框。

❸ 在【发布】对话框中，选择发布文件餐桌.dwg 文件，如图 12.27 所示。

❹ 单击［发布(P)］按钮，在弹出的【选择 DFW 文件】对话框中选择保存的路径。如图 12.28 所示。

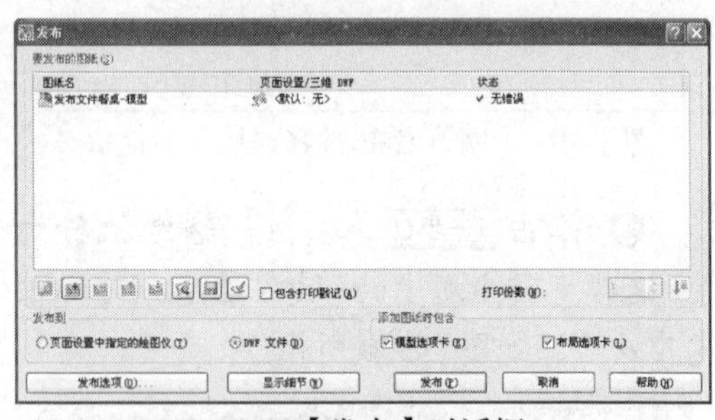

12.27 【发布】对话框

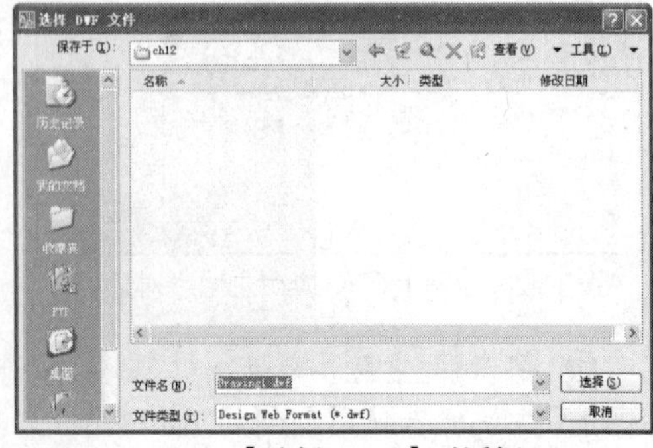

12.28 【选择 DWF】对话框

3. 指定 DWF 文件分辨率

在不同的 DWF 分辨率设置下，一幅工程图输出为 DWF 文件后可具有不同的精度。中等分辨率和高分辨率的图纸缩放精确程度有很大差别。

❶ 选择【文件】→【打印】命令，打开【打印-模型】对话框。如图 12.29 所示。

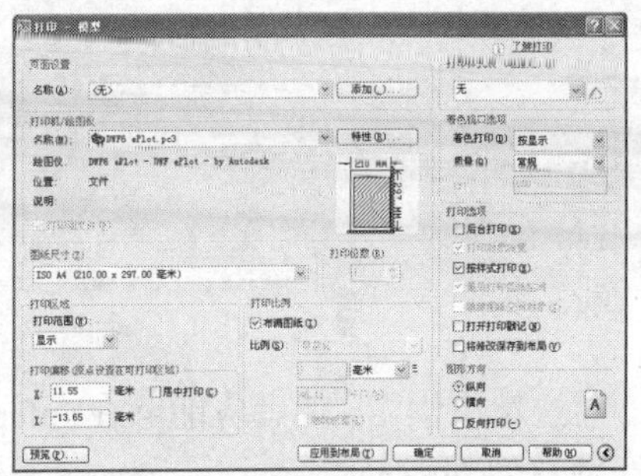

图 12.29 【打印-模型】对话框

❷ 在【打印机/绘图仪】选项组的【名称】列表框中选择 ePlot 打印设备，单击 特性(R)... 按钮，打开【绘图仪配置编辑器】对话框。如图 12.30 所示。

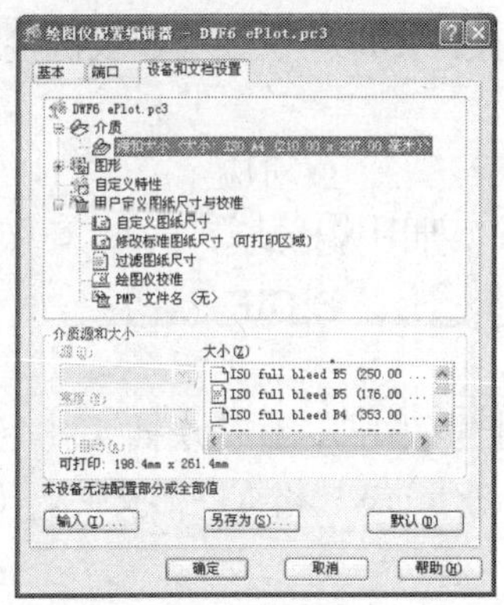

图 12.30 【绘图仪配置编辑器】对话框

❸ 在【设备和文档设置】选项卡的树状列表中选择 特性(R)... 选项，此时【设备和文档设置】选项卡下部变成“访问自定义对话框”选项组。如图 12.31 所示。

❹ 在“访问自定义对话框”选项组中，单击 自定义特性(C)... 按钮，打开【DWF6 电子打印特性】对话框。如图 12.32 所示。

❺ 在“矢量和渐变色分辨率”选项组的“矢量分辨率”下拉列表框中设置矢量分辨率，在“光栅图像分辨率”下拉列表中设置“颜色和灰度分辨率”，单击 确定 按钮返回【绘图配置编辑器】对话框。

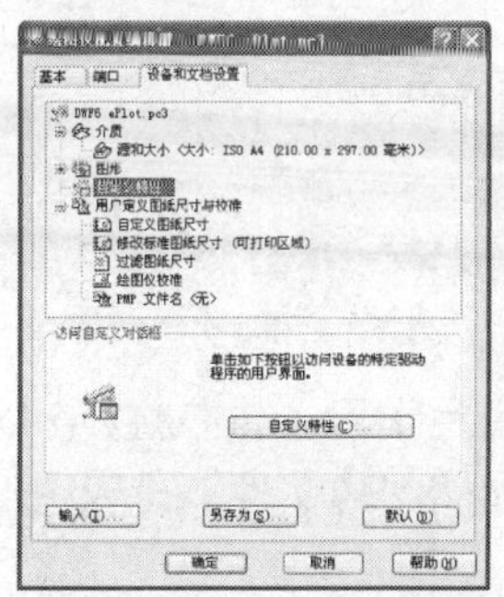

图 12.31 “访问自定义对话框”选项组

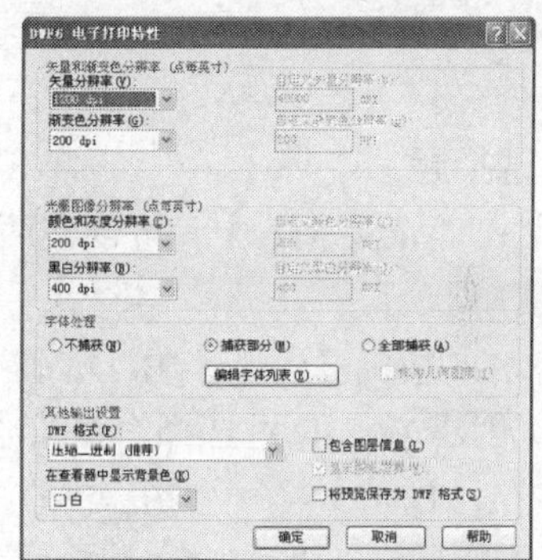

图 12.32 【DFW6 电子打印特性】对话框

❻ 在【绘图配置编辑器】对话框中单击 确定 按钮，打开【修改打印机配置文件】对话框。如图 12.33 所示。

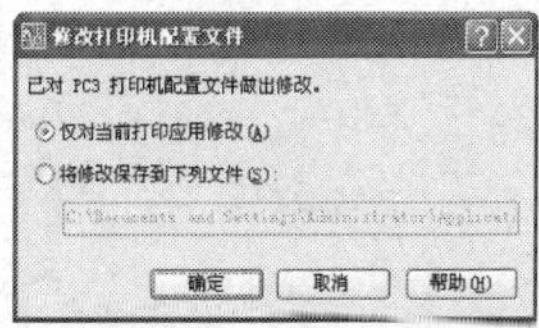

图 12.33 【修改打印机配置文件】对话框

❼ 在【修改打印机配置文件】对话框中选择“仅对当前打印应用修改”选项，将对应用配置进行了设置但不保存到 ePlot 配置文件中。

如果选择“将修改保存到下列文件”单选按钮，则把对配置的更改保存到 ePlot 配置文件中。单击“确定”按钮返回【打印-模式】对话框。

❽ 在【打印-模式】对话框中的“打印到文件”选项组中，从“位置”下拉列表中为 DWF 文件指定打印位置。单击 确定 按钮，同时打开【打印作业进度】对话框显示打印的进程，则系统开始将当前图形打印到电子文件中。如图 12.34 所示。

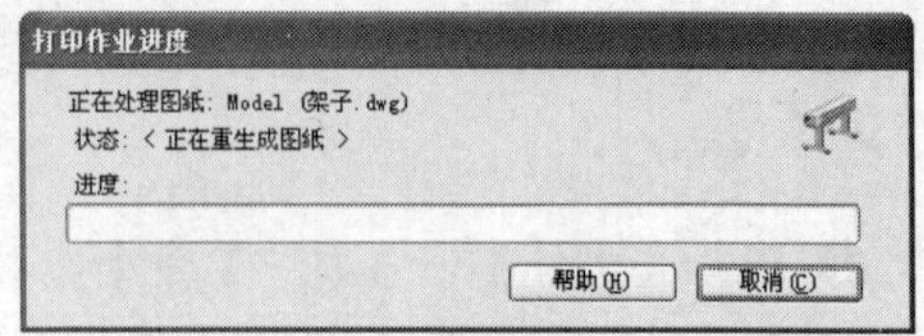

图 12.34 【打印作业进度】对话框

12.7 本讲小结

本章主要学习 AutoCAD 与 Internet 的连接功能。通过本讲学习，读者应能够在 Internet 上打开、存储图形文件，设置图形超链接，并将图形发布到 Internet。

12.8 思考与练习

1. 选择题

（1）在 AutoCAD 中，可创建两种类型的超级链接文件，即（　　）超级链接和相对超级链接。

A. 精确　　B. 准确　　C. 绝对　　D.对应

（2）创建 Web 页可选择 DWF、JPEG 和（　　）等 3 种图像格式。

A. BMP　　B. PSD　　C. PNG　　D.GIF

2. 判断题

（1）AutoCAD 可直接从 Web 站点将图形文件拖入到当前图形，作为块插入。（　　）

（2）要通过 Internet 传递图形，可使用电子出图特性创建 DWE 格式图形文件。（　　）

3. 上机操作题

绘制如图 12.35 所示的三人沙发并将所绘制的图形发布为 Web 页。

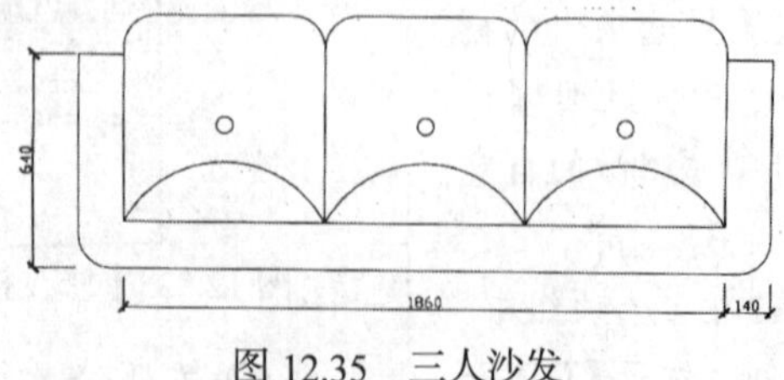

图 12.35　三人沙发

第13讲 打印和印刷图纸

本讲要点

- 了解打印图形的相关设置
- 掌握输出光栅图像的方法和步骤

快速导读

本讲重点学习打印和印刷图纸的方法，包括打印图形和输出为光栅图像。本讲的难点是光栅图像的输出。

13.1 添加打印机

在对工程图纸进行打印之前，首先要安装打印机，下面以 HP 2500C Series PS3 打印机为例进行安装。

❶ 打印机与电脑相连接后会自动弹出如图 13.1 所示的【添加打印机向导】对话框。

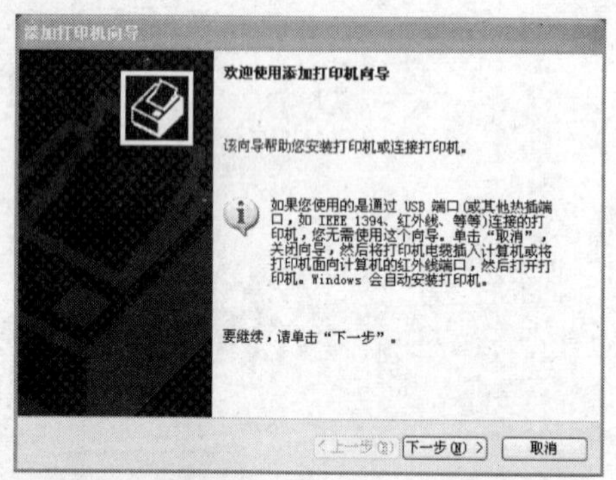

图 13.1 【添加打印机向导】对话框之一

❷ 单击 下一步(N) > 按钮，选择"连接到此计算机的本地打印机"单选项。如图 13.2 所示。

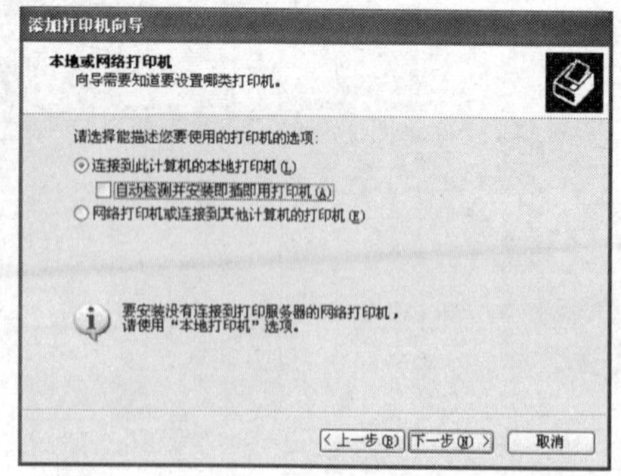

图 13.2 【添加打印机向导】对话框之二

❸ 单击 下一步(N) > 按钮，选择打印机端口。如图 13.3 所示。

❹ 单击 下一步(N) > 按钮，选择要添加的打印机厂商和型号。如图 13.4 所示。

❺ 单击 下一步(N) > 按钮，给打印机命名并选择是否为默认打印机。如图 13.5 所示。

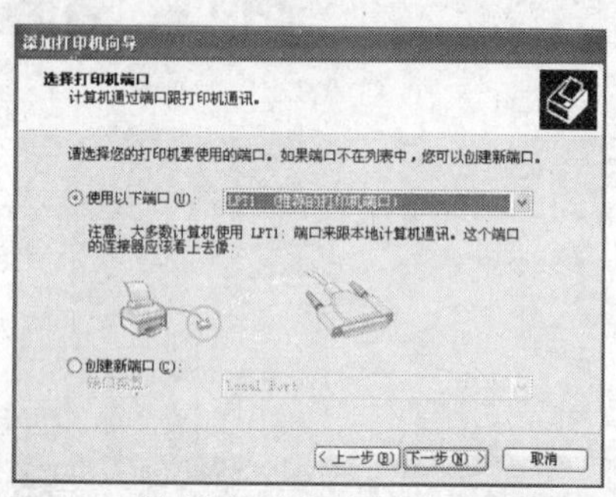

图 13.3 【添加打印机向导】对话框之三

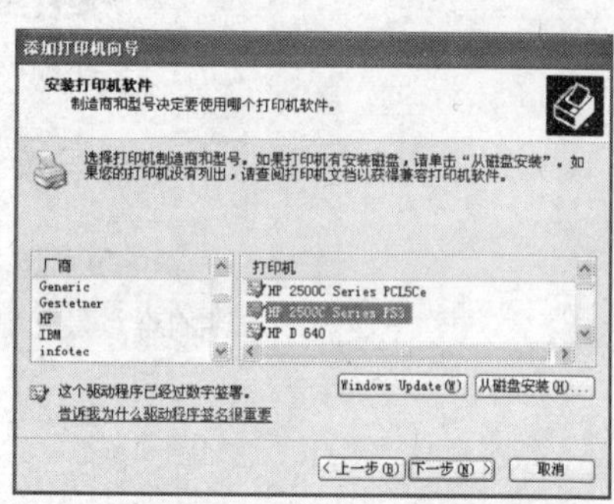

图 13.4 【添加打印机向导】对话框之四

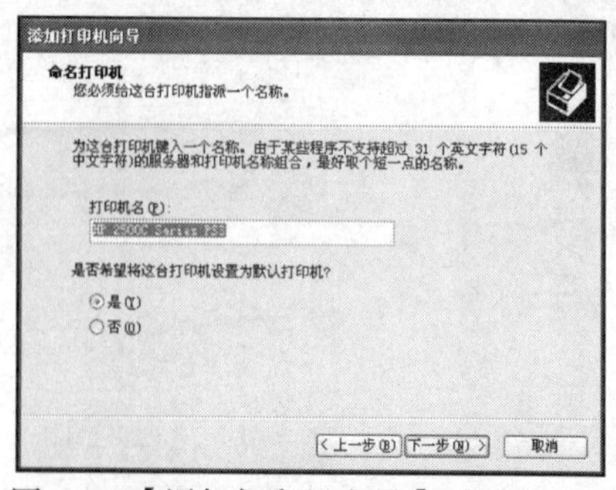

图 13.5 【添加打印机向导】对话框之五

❻ 单击 下一步(N) > 按钮，选择是否要打印测试页。如图 13.6 所示。

❼ 单击 下一步(N) > 按钮，完成添加打印机向导操作并单击 完成 按钮关闭对话框。如图 13.7 所示。

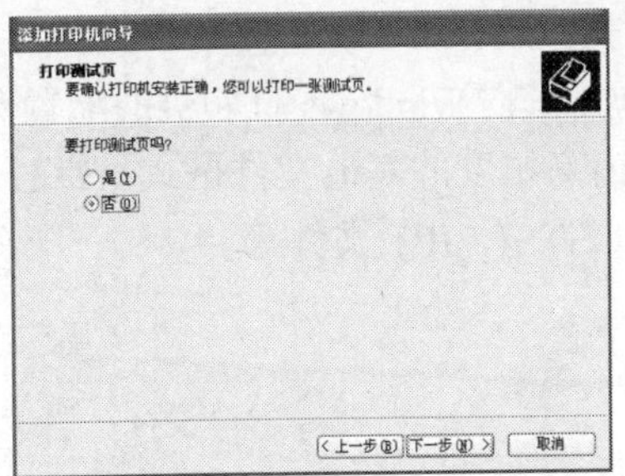

图 13.6 【添加打印机向导】对话框之六

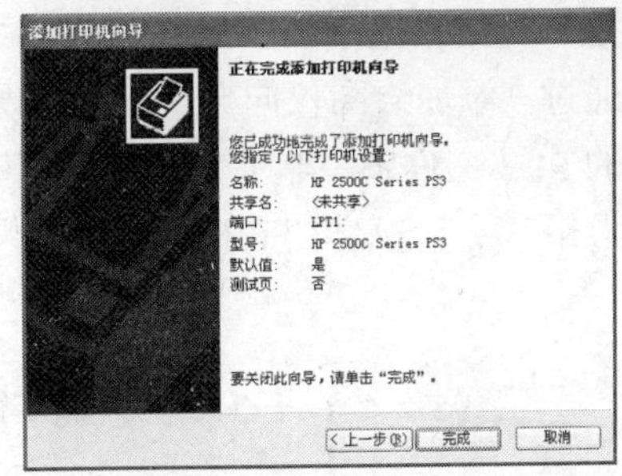

图 13.7 【添加打印机向导】对话框之七

13.2 配置打印机

在 AutoCAD【页面设置-模型】对话框中的“打印机/绘图仪”区域中，显示出了当前计算机上可使用的打印机的列表。如图 13.8 所示。

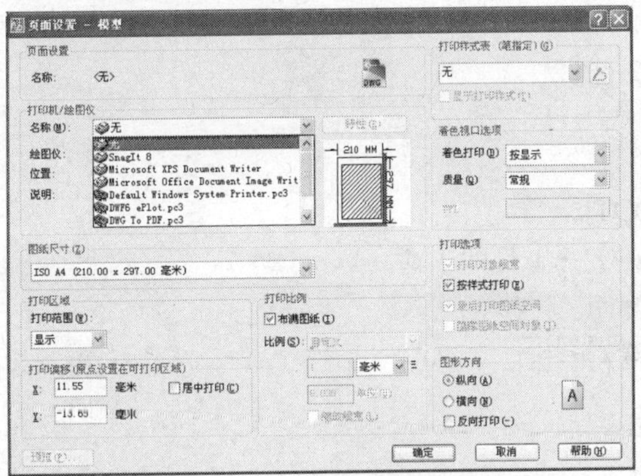

图 13.8 “打印机绘图仪”选项组

Windows 控制面板中的“AutoCAD 绘图仪管理器”（如图 13.9 所示）和“Windows 系统打印机”（如图 13.10 所示）均是 AutoCAD 打印输出的打印机。

图 13.9 AutoCAD 绘图仪管理器

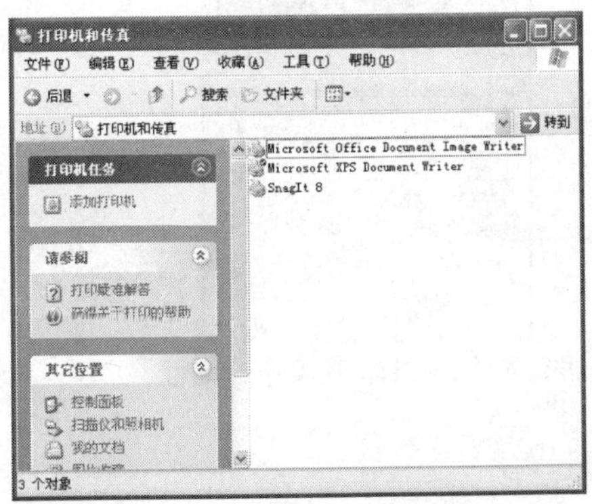

图 13.10 Windows 系统打印机

严格地说，“AutoCAD 绘图仪管理器”中的各种打印机仅是对 Windows 系统打印机的一个指向链接，但添加了 AutoCAD 关于打印方式的默认定义。

通过“添加绘图仪向导”可以将现有的系统打印机和非 Windows 打印机的配置保存在相应的 PC3 文件中。非 Windows 打印机可以用来输出高精度的其他文件格式，如 DWF 网络图形格式、TGA 和 TIFF 等光栅文件格式，以及 POSTSCRIPT 文件等。

13.3 打印图形

用户在使用 AutoCAD2008 创建图形以后通常要打印到图纸上，打印的图形可以包含图形的单一视图，或者更为复杂的视图排列。根据不同的需要，设置选项以决定打印的内容和图形在图纸上的布置。

13.3.1 选择打印机

可以在【打印-模型】对话框中选择已安装打印机的型号，以便打印输出。

1. 功能

选择打印机以打印图纸。

2. 执行命令方式

命令行：输入 PLOT。

菜单：选择【文件】→【打印】命令。

工具栏：标准→打印。

快捷键：按组合键 Ctrl+P。

3. 操作步骤

❶ 选择菜单【文件】→【打印】命令，弹出【打印-模型】对话框。如图 13.11 所示。

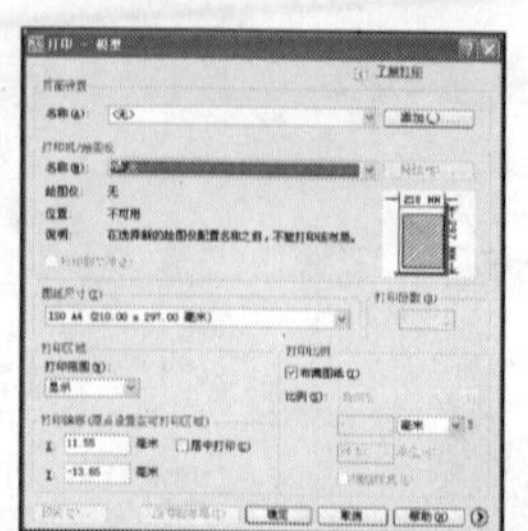

图 13.11 【打印-模型】对话框

❷ 选择打印机。如图 13.12 所示。

图 13.12 选择打印机

4. 参数说明

- 名称（M）：列出可用的 PC3 文件或系统打印机，可以从中进行选择，以打印当前文件。

- 绘图仪：显示当前所选页面设置中指定的打印设备。
- 位置：显示当前所选页面设置中指定的输出设备的物理位置。
- 说明：显示当前所选页面设置中指定的输出设备的说明文字。
- 特性（R）：显示绘图仪配置编辑器，从中可以查看或修改当前绘图仪的配置、端口、设备和介质设置。

13.3.2 选择图纸尺寸

显示所选打印设备可用的标准图纸尺寸。如果未选择绘图仪，将显示全部标准图纸尺寸的列表以供选择。

1. 功能

选择要打印的图纸尺寸。

2. 执行命令方式

命令行：输入 PLOT。
菜单：选择【文件】→【打印】命令。
工具栏：标准→打印。
快捷键：按组合键 Ctrl+P。

3. 操作步骤

❶ 选择【文件】→【打印】命令，弹出【打印-模型】对话框。如图 13.13 所示。

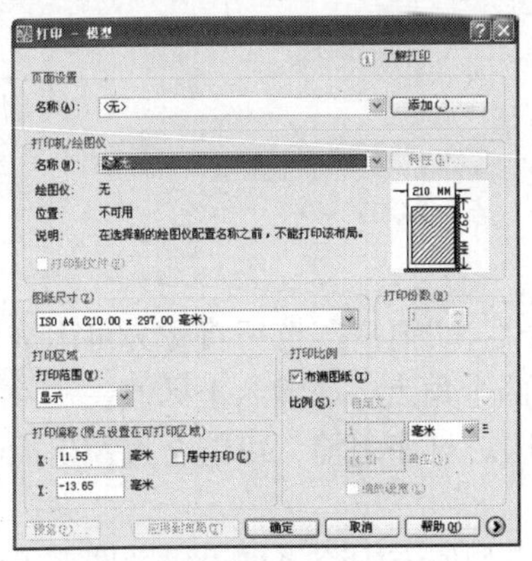

图 13.13 【打印-模型】对话框

❷ 选择图纸尺寸。如图 13.14 所示。

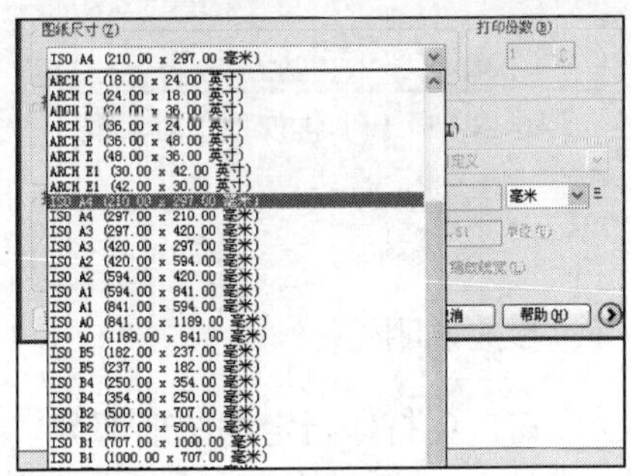

图 13.14 选择图纸尺寸

13.3.3 设置打印区域

指定要打印的图形部分。在“打印范围”选项下，可以选择要打印的图形区域。

1．功能

指定打印区域。

2．执行命令方式

命令行：输入 PLOT。
菜单：选择【文件】→【打印】命令。
工具栏：标准→打印。
快捷键：按组合键 Ctrl+P。

3．操作步骤

❶ 选择【文件】→【打印】菜单命令，弹出【打印-模型】对话框。如图 13.15 所示。

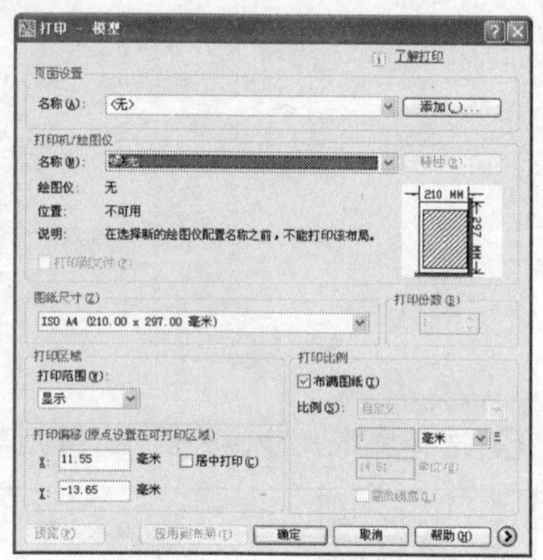

图 13.15 【打印-模型】对话框

❷ 选择“打印范围”下拉列表中的选项以确定打印范围。如图 13.16 所示。

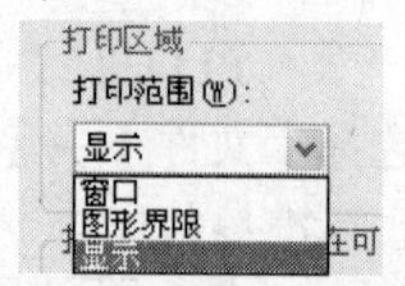

图 13.16 选择打印范围

4．参数说明

■ 窗口：打印指定的图形部分。如果选择“窗口”，“窗口”按钮将称为可用按钮。单击“窗口”按钮以使用定点设备指定要打印区域的两个角点，或输入坐标值。

■ 显示：当前空间内的所有几何图形都将被打印。打印之前，可能会重新生成图形以重新计算范围。

■ 图形界限：打印指定图纸尺寸的可打印区域内的所有内容（即设定的图形界限内的全部内容），其原点从布局中的“0,0”点计算得出。

13.3.4 设置打印比例

控制图形单位与打印单位之间的相对尺寸。打印布局时，默认缩放比例设置为 1:1。从“模型”选项卡打印时，默认设置为“布满图纸”。

1. 功能

选择打印图纸的比例。

2. 执行命令方式

命令行：输入 PLOT。
菜单：选择【文件】→【打印】命令。
工具栏：标准→打印。
快捷键：按组合键 Ctrl+P。

3. 操作步骤

❶ 选择【文件】→【打印】命令，弹出【打印-模型】对话框。如图 13.17 所示。

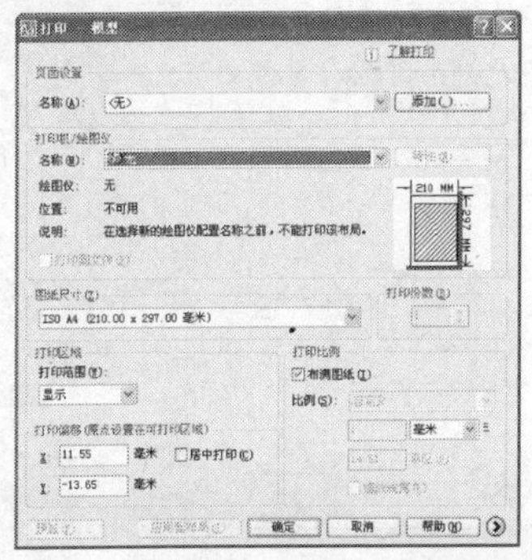

图 13.17 【打印-模型】对话框

❷ 设置打印的比例或布满图纸。如图 13.18 所示。

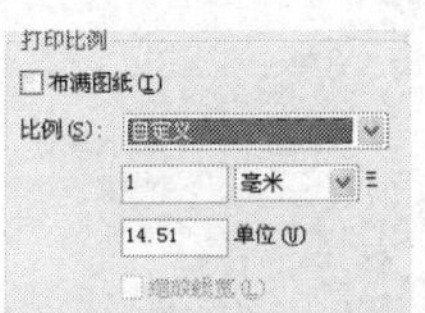

图 13.18 设置打印比例

4. 参数说明

■ 布满图纸（I）：缩放打印图形以布满所选图纸尺寸。
■ 比例（S）：定义打印的精确比例。
■ 缩放线宽（L）：与打印比例成正比缩放线宽。线宽通常指定打印对象的线的宽度并按线宽尺寸打印，而不考虑打印比例。

13.3.5 设置打印位置

指定打印区域相对于可打印区域左下角或图纸边界的偏移。【打印-模型】对话框的“打印偏移”区域显示了包含在括号中的指定打印偏移选项。

1. 功能

可以在【打印-模型】对话框中设置打印位置。

2. 执行命令方式

命令行：输入 PLOT。

菜单：选择【文件】→【打印】命令。
工具栏：标准→打印。
快捷键：按组合键Ctrl+P。

3. 操作步骤

❶ 选择【文件】→【打印】命令，弹出【打印-模型】对话框。如图 13.19 所示。

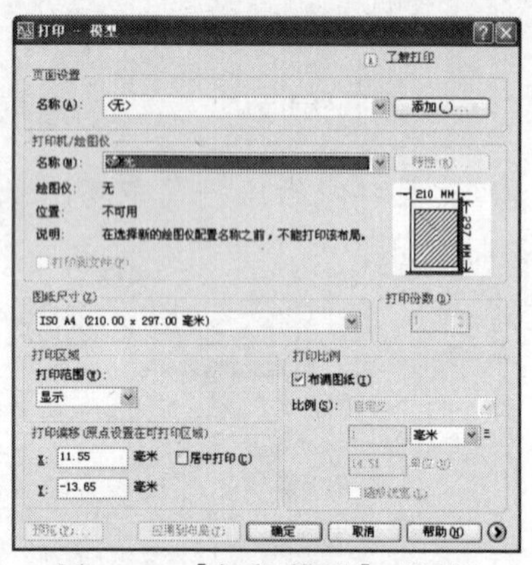

图 13.19 【打印-模型】对话框

❷ 设置打印偏移值。如图 13.20 所示。

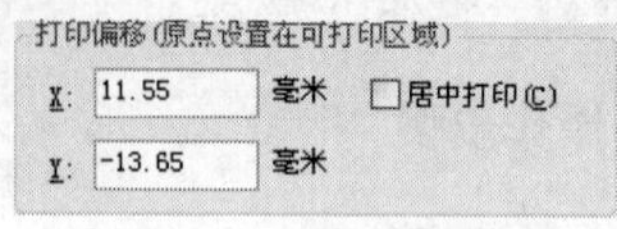

图 13.20 设置打印偏移

4. 参数说明

- 居中打印(C)：自动计算 X 偏移和 6Y 偏移值，在图纸上居中打印。当“打印区域”设置为“布局”时，此选项不可用。
- X：相对于“打印偏移定义”选项中的设置指定 X 轴方向上的打印原点。
- Y：相对于“打印偏移定义”选项中的设置指定 Y 轴方向上的打印原点。

13.3.6 打印预览

【PREVIEW】命令可显示当前图形的全页预览。预览基于当前打印配置。

1. 功能

显示图形的打印效果。

2. 执行命令方式

命令行：输入 PREVIEW。
菜单：选择【文件】→【打印预览】命令。
工具栏：标准→打印预览。
快捷键：按组合键Ctrl+P。

3. 操作步骤

❶ 选择【文件】→【打印预览】命令，系统会自动弹出预览窗口。

❷ 按Esc键退出预览窗口。

13.4 同时打印多张工程图纸

指定要打印的份数。选择“打印到文件”时，此选项不可用。

1. 功能

可以在【打印-模型】对话框中设置打印份数。

2. 执行命令方式

命令行：输入 PLOT。
菜单：选择【文件】→【打印】命令。
工具栏：标准→打印。
快捷键：按组合键Ctrl+P。

3. 操作步骤

❶ 选择【文件】→【打印】命令，弹出【打印-模型】对话框。如图 13.21 所示。

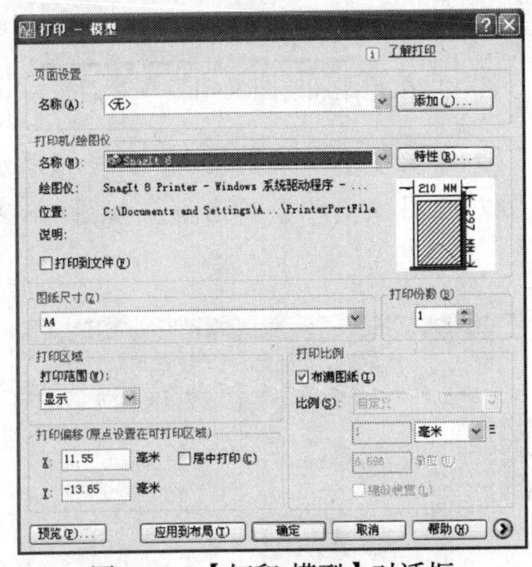

图 13.21 【打印-模型】对话框

❷ 设置打印份数。如图 13.22 所示。

图 13.22 设置打印份数

13.5 输出为可打印的光栅图像

本例是利用 AutoCAD 2008 的绘图仪管理器将 DWG 的文件格式输出为光栅图像。通过学习本例，读者应熟练掌握输出光栅图像的步骤。

第 1 步：打开文件

打开“samples\ch13\栅格图像.dwg”文件。如图 13.23 所示。

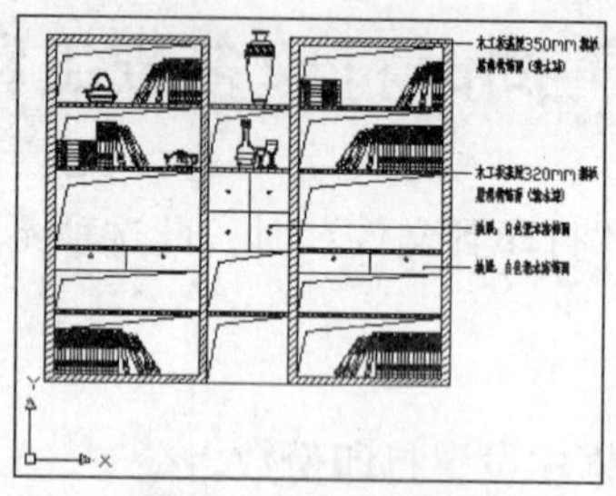

图 13.23 栅格图像

第 2 步：添加绘图仪

❶ 选择【文件】→【绘图仪管理器】命令，弹出【Plotters】对话框。如图 13.24 所示。

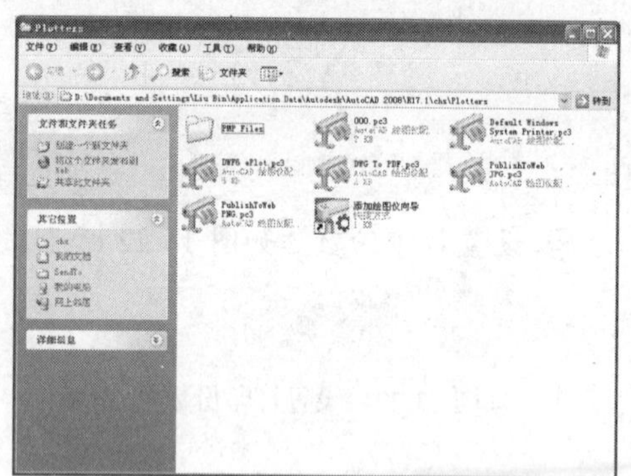

图 13.24 【Plotters】对话框

❷ 双击“添加绘图仪向导”图标，弹出【添加绘图仪-简介】对话框。如图 13.25 所示。

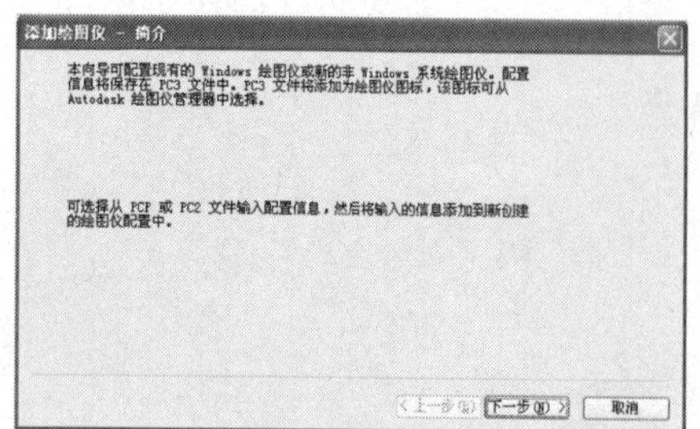

图 13.25 【添加绘图仪-简介】对话框

❸ 单击【下一步】按钮，弹出【添加绘图仪-开始】对话框。如图 13.26 所示。

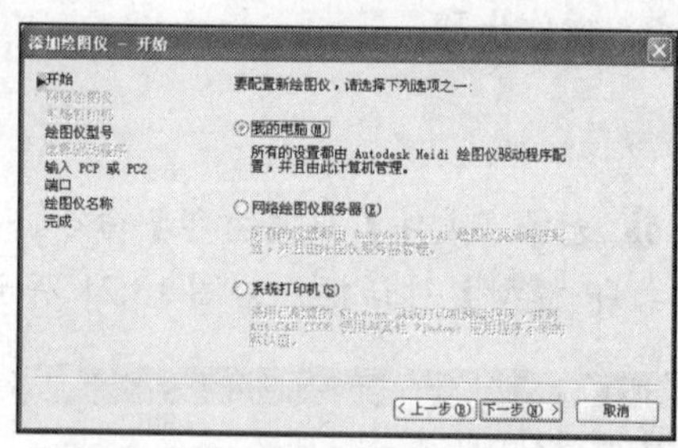

图 13.26 【添加绘图仪-开始】对话框

❹ 单击【下一步】按钮，弹出【添加绘图仪-绘图仪型号】对话框。如图 13.27 所示。

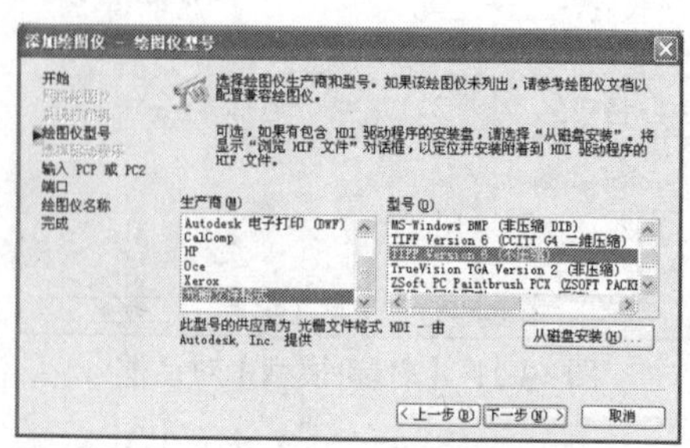

图 13.27 【添加绘图仪-绘图仪型号】对话框

❺ 单击【下一步】按钮，弹出【添加绘图仪-输入 PCP 或 PC2】对话框。如图 13.28 所示。

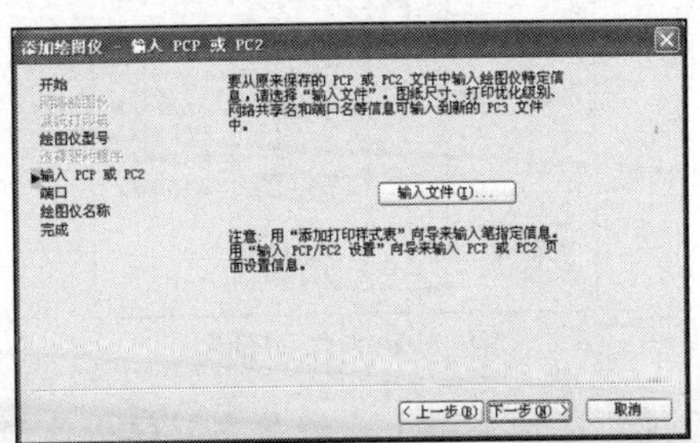

图 13.28 【添加绘图仪-输入 PCP 或 PC2】对话框

❻ 单击【下一步】按钮，弹出【添加绘图仪-端口】对话框。如图 13.29 所示。

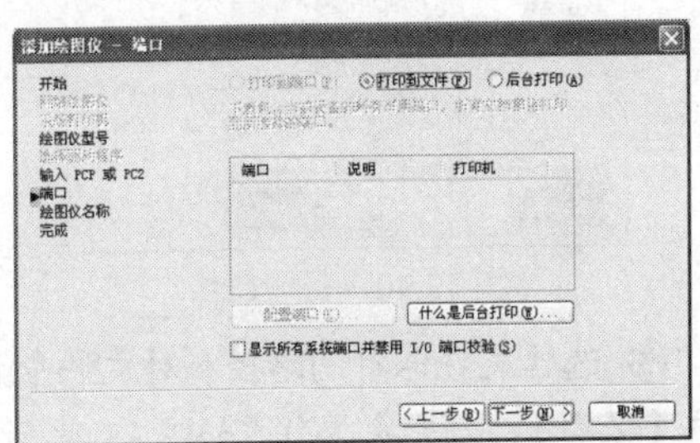

图 13.29 【添加绘图仪-端口】对话框

❼ 单击【下一步】按钮，弹出【添加绘图仪-绘图仪名称】对话框。如图 13.30 所示。

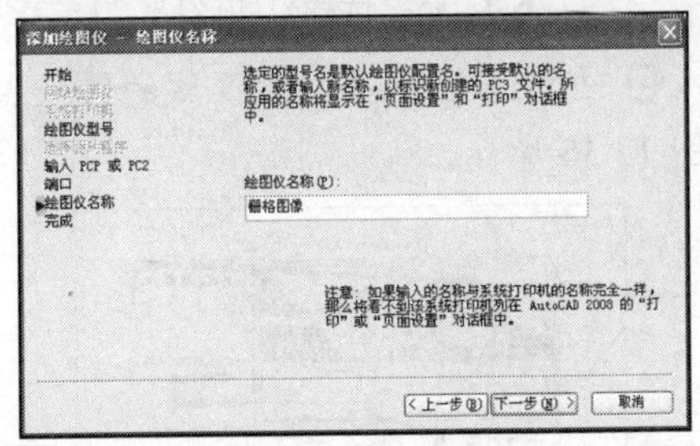

图 13.30 【添加绘图仪-绘图仪名称】对话框

❽ 单击【下一步】按钮，弹出【添加绘图仪-完成】对话框。如图 13.31 所示。

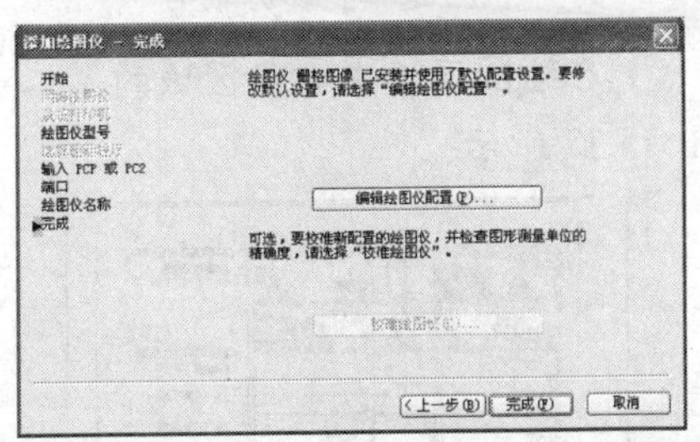

图 13.31 【添加绘图仪-完成】对话框

❾ 单击【完成】按钮完成操作。

第 3 步：打印图纸

❶ 选择【文件】→【打印】命令，弹出【打印-模型】对话框。如图 13.32 所示。

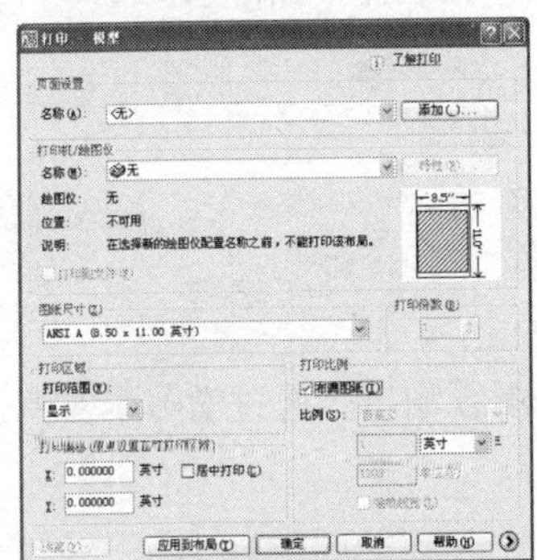

图 13.32 【打印-模型】对话框

❷ 单击“打印机/绘图仪”区域下的图标，从中选择新建的虚拟打印机“栅格图像.pc3”。如图 13.33 所示。

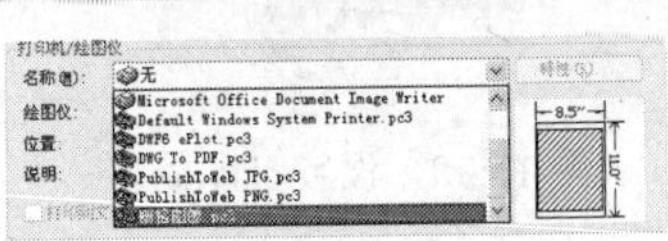

图 13.33 选择虚拟打印机

❸ 单击后弹出【未找到图纸尺寸】对话框，单击【确定】按钮，使用默认尺寸。如图 13.34 所示。

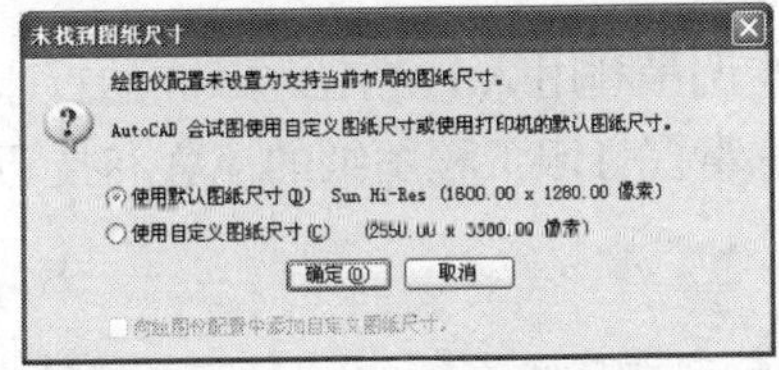

图 13.34 【未找到图纸尺寸】对话框

❹ 选择打印范围为“窗口”方式。如图 13.35 所示。

图 13.35 选择打印区域

❺ 在绘图区单击打印区域的第一点。如图 13.36 所示。

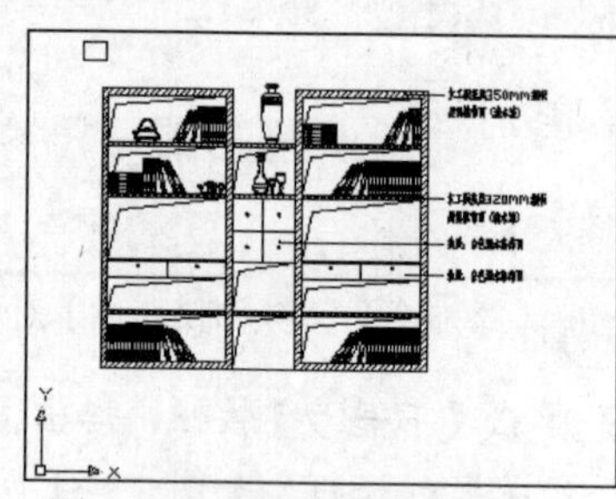

图 13.36 选择打印区域第一点

❻ 在绘图区单击打印区域的第二点。如图 13.37 所示。

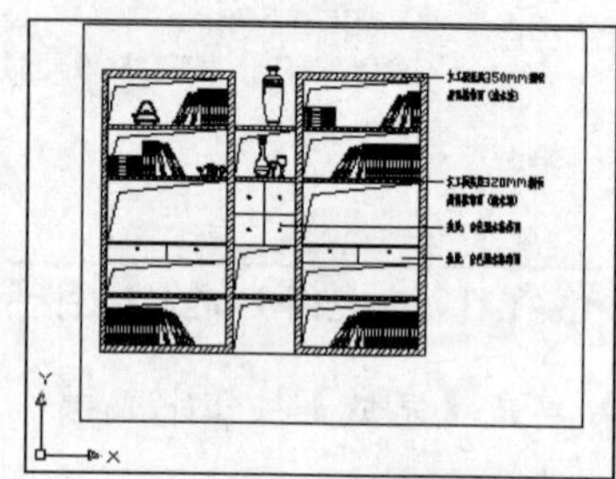

图 13.37 选择打印区域第二点

❼ 返回【打印-模型】对话框后，选中“居中打印”复选项。如图 13.38 所示。

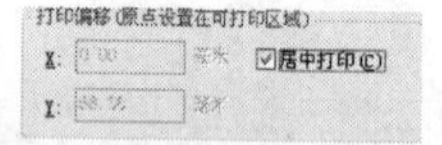

图 13.38 设置打印偏移

❽ 单击【预览】按钮对打印图像进行预览。如图 13.39 所示。

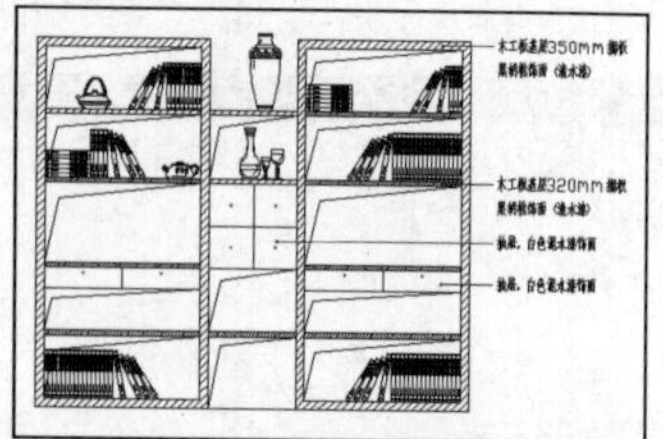

图 13.39 打印预览

❾ 在预览图上右键单击，弹出快捷菜单，选择“打印”。如图 13.40 所示。

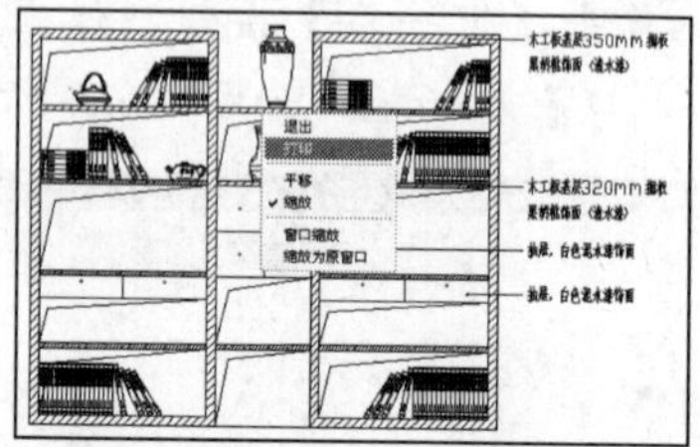

图 13.40 打印图像

❿ 选择文件保存的路径和对文件命名，单击【保存】按钮完成操作。如图 13.41 所示。

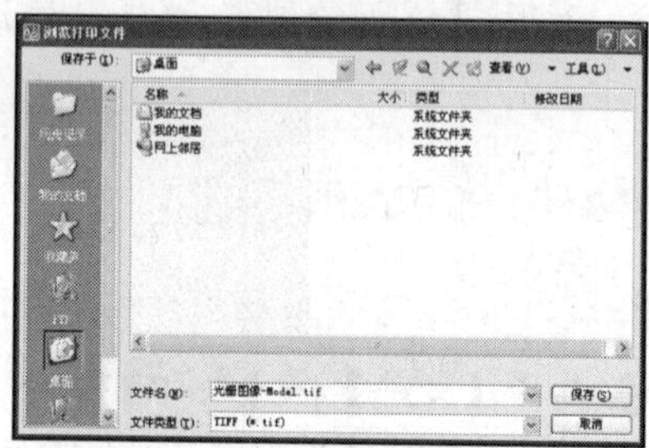

图 13.41 保存打印文件

13.6 打印工程图纸

本例是利用 AutoCAD 2008 的打印功能把当前工程图纸输出。通过学习本实例，读者应熟练掌握打印工程图纸的流程和技巧。

❶ 打开“samples\ch13\打印工程图.dwg”文件。如图 13.42 所示。

❷ 选择【文件】→【打印】命令，弹出【打印-模型】对话框。如图 13.43 所示。

❸ 选择打印机类型。如图 13.44 所示。

❹ 设置打印的图纸尺寸大小。如图 13.45 所示。

❺ 设置打印份数。如图 13.46 所示。

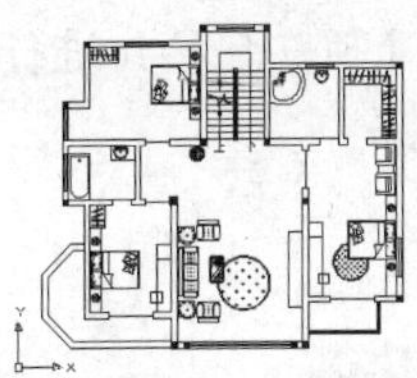

图 13.42 打开“打印工程图”

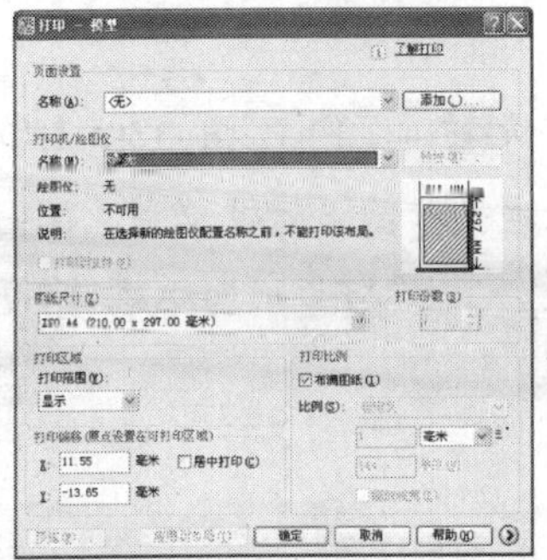

图 13.43 【打印-模型】对话框

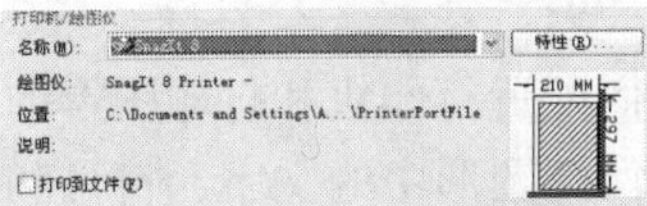

图 13.44 选择打印机

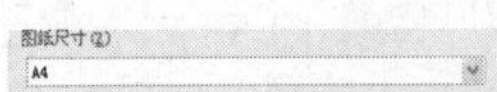

图 13.45 选择图纸尺寸 图 13.46 设置打印份数

❻ 设置打印的区域。如图 13.47 所示。

❼ 设置打印位置。如图 13.48 所示。

图 13.47 设置打印区域 图 13.48 设置打印位置

❽ 设置打印比例。如图 13.49 所示。

❾ 单击【预览】按钮进行打印预览。如图 13.50 所示。

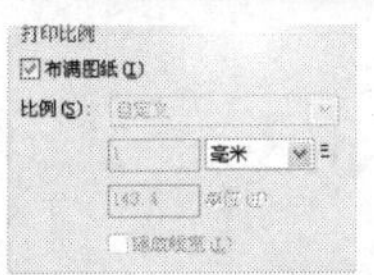

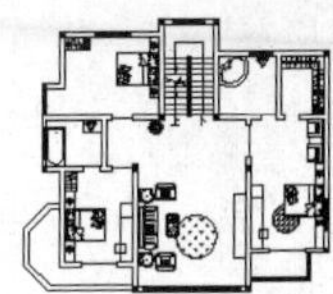

图 13.49 设置打印比例 图 13.50 打印预览

❿ 在预览图上右键单击，弹出快捷菜单，选择“打印”对当前图纸进行打印输出。

13.7 打印机械图纸

本例是利用 AutoCAD 2008 的打印功能将当前机械图纸输出。通过本例的学习，读者应熟练掌握打印机械图纸的流程和技巧。

❶ 打开“samples\ch13\打印机械图.dwg”文件。如图 13.51 所示。

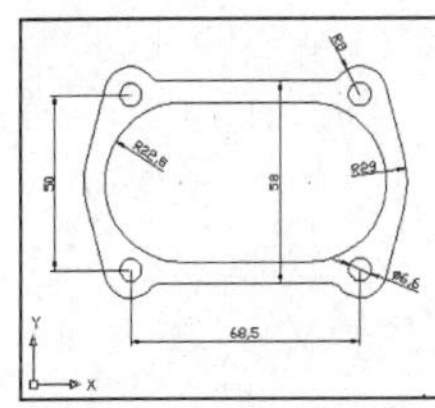

图 13.51 打印图纸

❷ 选择【文件】→【打印】命令，弹出【打印-模型】对话框。如图 13.52 所示。

❸ 选择打印机名称。如图 13.53 所示。

❹ 设置打印的图纸尺寸大小。如图 13.54 所示。

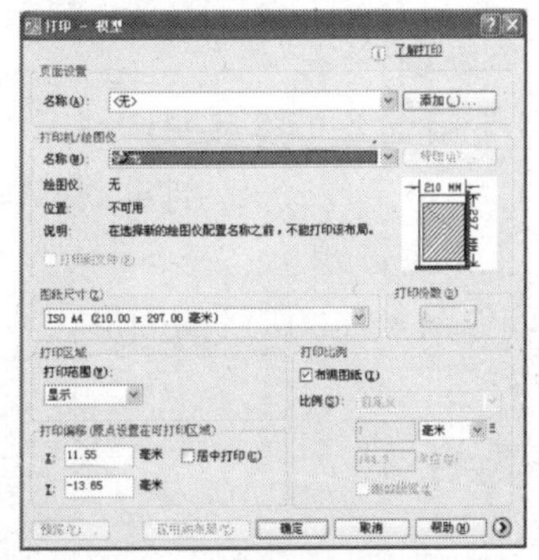

图 13.52 【打印-模型】对话框

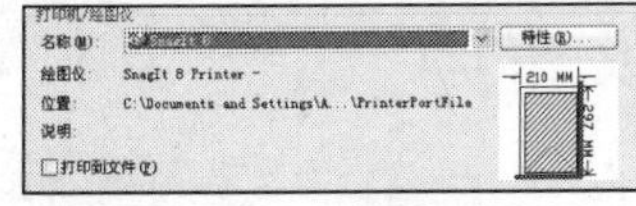

图 13.53 选择打印机

❺ 设置打印份数。如图 13.55 所示。

图 13.54　设置打印尺寸　图 13.55　设置打印份数

❻ 设置打印的区域。如图 13.56 所示。

❼ 设置打印位置。如图 13.57 所示。

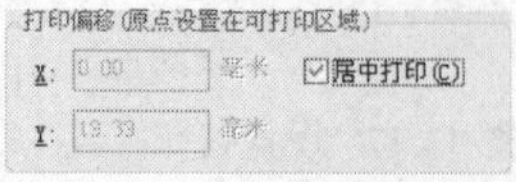

图 13.56　设置打印区域　图 13.57　设置打印位置

❽ 设置打印比例。如图 13.58 所示。

❾ 单击【预览】按钮进行打印预览。如图 13.59 所示。

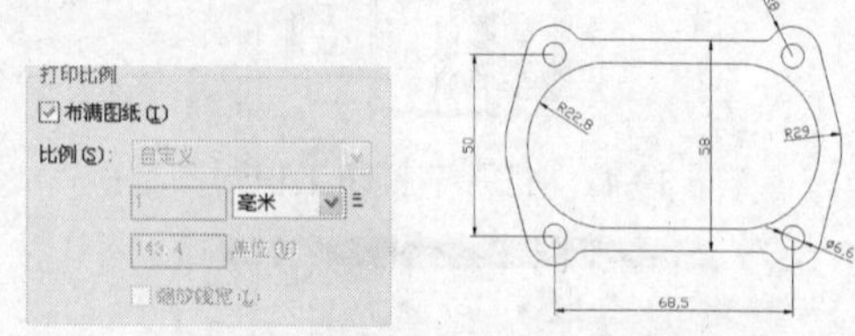

图 13.58　设置打印比例　图 13.59　打印预览

❿ 在预览图上右键单击，弹出快捷菜单，选择“打印”对当前图纸进行打印输出。

13.8　本讲小结

本讲主要介绍了图形打印输出相关的知识，包括如何配置打印机和打印图形的具体过程。在实际工作中，无论从哪个空间打印图形，都应当保持图形中的文字、符号和线型等元素在打印图样中大小适当。

13.9　思考与练习

1．选择题

（1）在打印输出时，以鼠标点选输出范围的选项是（　　）。

A．界限　B．窗口　C．范围　D．显示

（2）打印时范围定义整个绘图区的选项是（　　）。

A．视图　B．范围　C．显示　D．界限

2．判断题

（1）'plot 命令可以透明调用。　（　　）

（2）AutoCAD 2008 可同时打印多张工程图纸。　（　　）

3．上机操作题

打印如图 13.60 所示的图形。

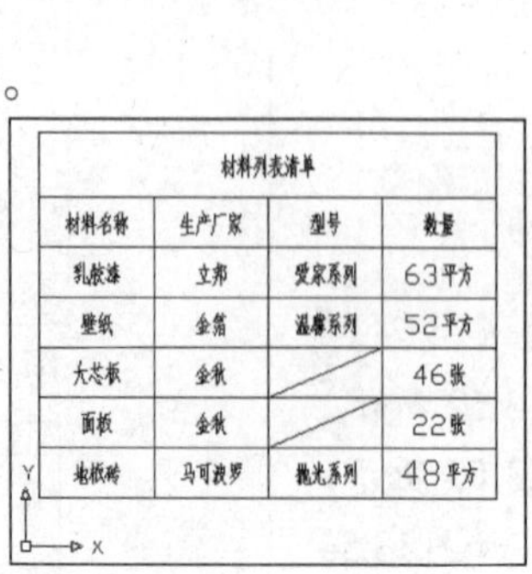

材料列表清单			
材料名称	生产厂家	型号	数量
乳胶漆	立邦	爱家系列	63平方
壁纸	金箔	温馨系列	52平方
大芯板	金秋		46张
面板	金秋		22张
地板砖	马可波罗	抛光系列	48平方

图 13.60　上机操作

第 14 讲 辅助设计应用案例

本讲要点

- 掌握装饰平面图的绘制
- 掌握建筑平面图的绘制
- 掌握室内电气照明系统图的设计

快速导读

本讲重点学习装饰平面图、建筑平面图以及室内照明电气图的绘制。本讲主要掌握绘图环境的设置，包括图层、线型等，掌握建筑图的绘制和技巧，先绘制整体框架或轴线，再选择修剪和插入命令进行门、窗绘制，以及添加标注和文字、材质填充等。

14.1 绘制装饰平面图案例

本例主要绘制一室两厅的户型平面图。根据本例户型结构的特点、空间使用性质及用途，设计出功能多样化的装饰平面图设计方案。

14.1.1 绘制装饰平面图

❶ 选择【文件】→【新建】命令，弹出【选择样板】对话框。在对话框中选择“acad”样板，单击 打开(O) 按钮，新建一个图形文件。

图 14.1 【选择样板】对话框

❷ 选择“多段线”工具按钮，绘制外框线。结果如图 14.2 所示。

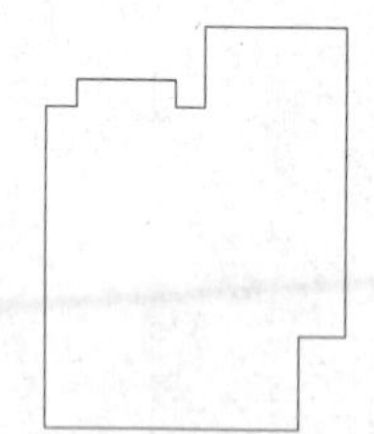

图 14.2 绘制墙体外框线

具体命令行操作如下。

命令：PLINE

指定起点：在绘图区中任意位置单击

当前线宽为 0.0000

指定下一个点或 [圆弧(A)/半宽(H)/长度(L)/放弃(U)/宽度(W)]: 5700 鼠标向右

指定下一点或 [圆弧(A)/闭合(C)/半宽(H)/长度(L)/放弃(U)/宽度(W)]: 2100 鼠标向上

指定下一点或 [圆弧(A)/闭合(C)/半宽(H)/长度(L)/放弃(U)/宽度(W)]: 1000 鼠标向右

指定下一点或 [圆弧(A)/闭合(C)/半宽(H)/长度(L)/放弃(U)/宽度(W)]: 6900 鼠标向上

指定下一点或 [圆弧(A)/闭合(C)/半宽(H)/长度(L)/放弃(U)/宽度(W)]: 3100 鼠标向左

指定下一点或 [圆弧(A)/闭合(C)/半宽(H)/长度(L)/放弃(U)/宽度(W)]: 1800 鼠标向下

指定下一点或 [圆弧(A)/闭合(C)/半宽(H)/长度(L)/放弃(U)/宽度(W)]: 700 鼠标向左

指定下一点或 [圆弧(A)/闭合(C)/半宽(H)/长度(L)/放弃(U)/宽度(W)]: 600 鼠标向上

指定下一点或 [圆弧(A)/闭合(C)/半宽(H)/长度(L)/放弃(U)/宽度(W)]: 2200 鼠标向左

指定下一点或 [圆弧(A)/闭合(C)/半宽(H)/长度(L)/放弃(U)/宽度(W)]: 600 鼠标向下

指定下一点或 [圆弧(A)/闭合(C)/半宽(H)/长度(L)/放弃(U)/宽度(W)]: 700 鼠标向左

指定下一点或 [圆弧(A)/闭合(C)/半宽(H)/长度(L)/放弃(U)/宽度(W)]: C 选择“闭合”选项

❸ 继续选择“多段线”工具按钮，绘制内框线，结果如图 14.3 所示。

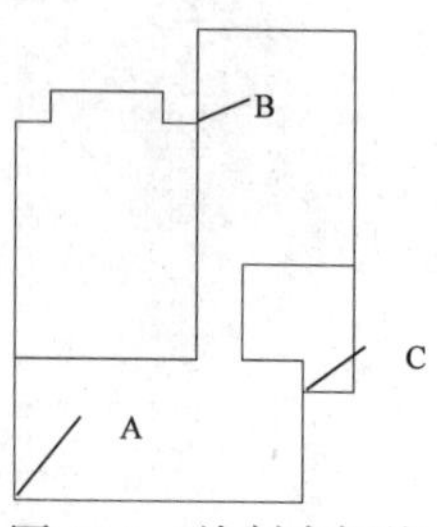

图 14.3 绘制内框线

具体命令行操作如下。

命令: pl　　选择“多段线”命令

PLINE

指定起点: from　　输入 FROM 命令

基点: <偏移>: @0,2700　　捕捉 A 点，输入相对坐标

当前线宽为 0.0000

指定下一个点或 [圆弧(A)/半宽(H)/长度(L)/放弃(U)/宽度(W)]: 3600　　鼠标水平向右

指定下一点或 [圆弧(A)/闭合(C)/半宽(H)/长度(L)/放弃(U)/宽度(W)]:　捕捉 B 点

指定下一点或 [圆弧(A)/闭合(C)/半宽(H)/长度(L)/放弃(U)/宽度(W)]:　按 Enter 键结束

命令:

PLINE

指定起点:　　捕捉 C 点

当前线宽为 0.0000

指定下一个点或 [圆弧(A)/半宽(H)/长度(L)/放弃(U)/宽度(W)]: 600　　鼠标垂直向上

指定下一点或 [圆弧(A)/闭合(C)/半宽(H)/长度(L)/放弃(U)/宽度(W)]: 1200　鼠标水平向左

指定下一点或 [圆弧(A)/闭合(C)/半宽(H)/长度(L)/放弃(U)/宽度(W)]: 1800　鼠标水平向上

指定下一点或 [圆弧(A)/闭合(C)/半宽(H)/长度(L)/放弃(U)/宽度(W)]:　　捕捉右边的垂角

指定下一点或 [圆弧(A)/闭合(C)/半宽(H)/长度(L)/放弃(U)/宽度(W)]:　　按 Enter 键结束操作

14.1.2 添加门窗

❶ 选择“偏移”工具按钮，将外框向内和向外各偏移 120mm。

具体命令行操作如下。

命令: _offset　　选择“偏移”命令

当前设置: 删除源=否　图层=源　OFFSET GAPTYPE=0

指定偏移距离或 [通过(T)/删除(E)/图层(L)] <通过>: 120　　设置偏移值为 120

选择要偏移的对象，或 [退出(E)/放弃(U)] <退出>:　选择外框线

指定要偏移的那一侧上的点，或 [退出(E)/多个(M)/放弃(U)] <退出>: 在内墙右侧单击

选择要偏移的对象，或 [退出(E)/放弃(U)] <退出>: 按 Enter 键确认

❷ 使用类似步骤❶的方法，将 B 点所在的内墙向右偏移 120mm，将 C 点所在的内墙向左偏移 120mm。结果如图 14.4 所示。

❸ 选择“修剪”工具按钮，对拐角处的墙线进行修剪。如图 14.5 所示。

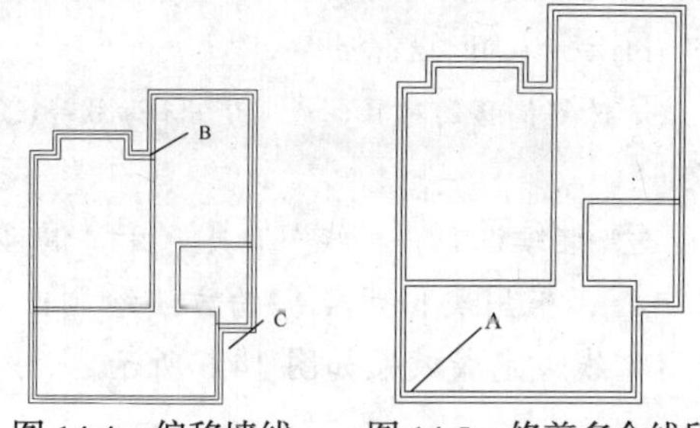

图 14.4　偏移墙线　　图 14.5　修剪多余线段

具体命令行操作如下。

命令: _trim

选择剪切边...

选择对象或 <全部选择>: 单击直线，并继续选择要剪切的直线。

选择对象: 按 Enter 键确认。

选择要修剪的对象，或按住 shift 键选择要延伸的对象，或[栏选(F)/窗交(C)/投影(P)/边(E)/删除(R)/放弃(U)]: 单击直线中要被剪切的部分。

选择要修剪的对象，或按住 shift 键选择要延伸的对象，或[栏选(F)/窗交(C)/投影(P)/边(E)/删除(R)/放弃(U)]: 按 Enter 键确认，完成直线的修剪。

❹ 选择“直线”工具和“偏移”工具，绘制门洞与窗户。绘制结果如图 14.6 所示。

具体命令行操作如下。

命令:l　　　　选择直线命令

LINE 指定第一点: from　　　　输入 FROM 命令

基点:　　　　捕捉 A 点

<偏移>: @120,500　　　　输入偏移坐标

指定下一点或 [放弃(U)]:

指定下一点或 [放弃(U)]:

命令:

命令:

命令: _offset

当前设置: 删除源=否　图层=源　OFFSETGAPTYPE=0

指定偏移距离或 [通过(T)/删除(E)/图层(L)] <通过>: 1600

选择要偏移的对象，或 [退出(E)/放弃(U)] <退出>:

指定要偏移的那一侧上的点，或 [退出(E)/多个(M)/放弃(U)] <退出>:

选择要偏移的对象，或 [退出(E)/放弃(U)] <退出>:

❺ 继续选择“直线”工具和“偏移”工具，采用类似步骤❹的方法绘制出另外门窗线。完成效果如图 14.6 所示。

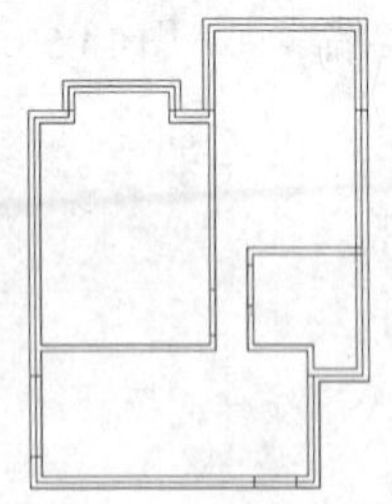

图 14.6　绘制门窗线

❻ 选择“修剪”工具按钮，对多余的墙线进行修剪得到门洞和窗洞。完成的效果如图 14.7 所示。

❼ 选择“矩形”工具和“圆弧”工具绘制门。如图 14.8 所示。

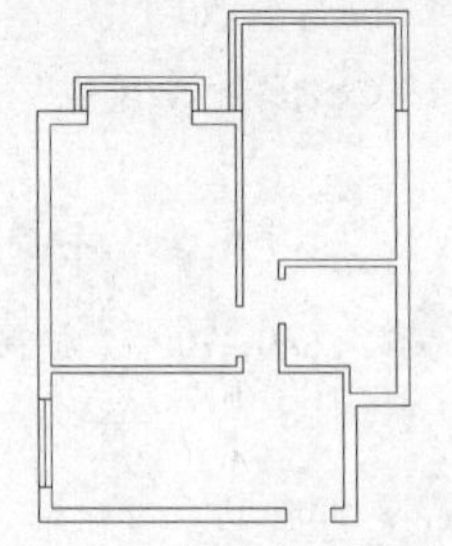

图 14.7　修剪得到墙线

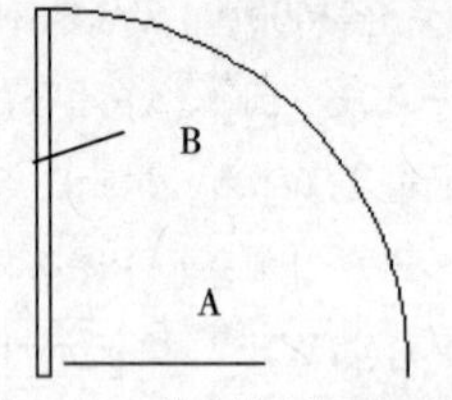

图 14.8　绘制门的平面图

具体命令行操作如下。

命令: rec

RECTANG

指定第一个角点或 [倒角(C)/标高(E)/圆角(F)/厚度(T)/宽度(W)]:　　在绘图区任意位置单击一点

指定另一个角点或 [面积(A)/尺寸(D)/旋转(R)]: @35,800　　输入相对坐标

命令:

命令: arc　　选择圆弧工具

ARC 指定圆弧的起点或 [圆心(C)]: C　　选择“圆心”选项，捕捉 A 点

指定圆弧的第二个点或 [圆心(C)/端点(E)]:　　捕捉 B 点

指定圆弧的端点: a　　选择“角度”选项

指定圆弧的端点: -90　　输入包含角

❽ 选择“移动”按钮和“旋转”按钮，将门移动到门洞位置。如图 14.9 所示。

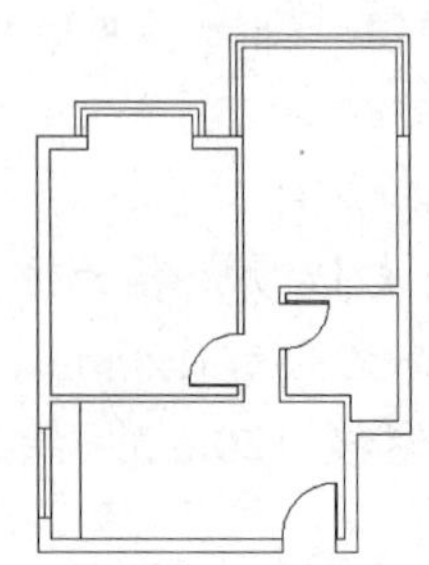

图 14.9　移动放置“门”的位置

14.1.3 添加文字

❶ 选择【格式】→【标注样式】命令，弹出【标注样式管理器】对话框。如图 14.10 所示。

❷ 单击 新建(N)... 按钮，弹出【创建新标注样式】对话框，在对话框中输入新样式的名称。如图 14.11 所示。

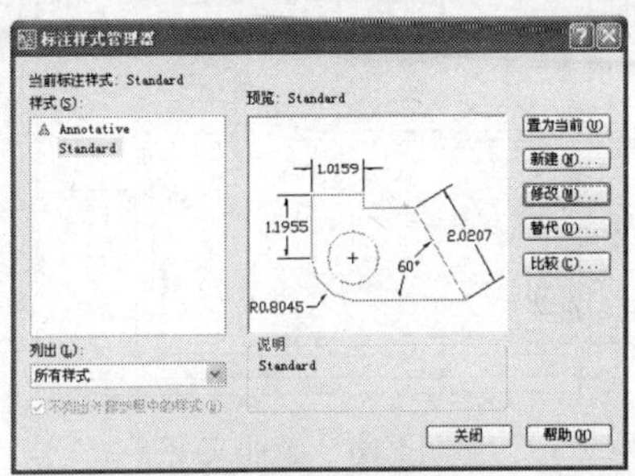

图 14.10 【标注样式管理器】对话框

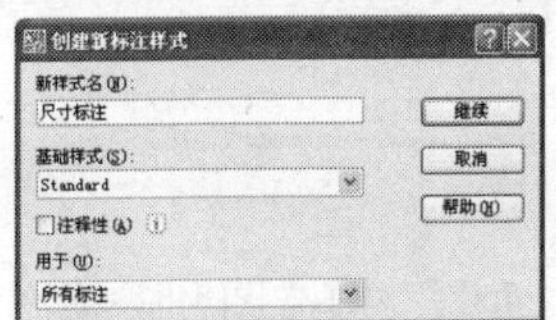

图 14.11 【创建新标注样式】对话框

❸ 单击 继续 按钮，弹出【新建标注样式】对话框。单击“符号和箭头”选项卡，设置基线间距和尺寸界线。单击“符号和箭头”选项卡，设置箭头的样式和大小。单击“文字”选项卡，设置文字的高度。如图 14.12 所示。

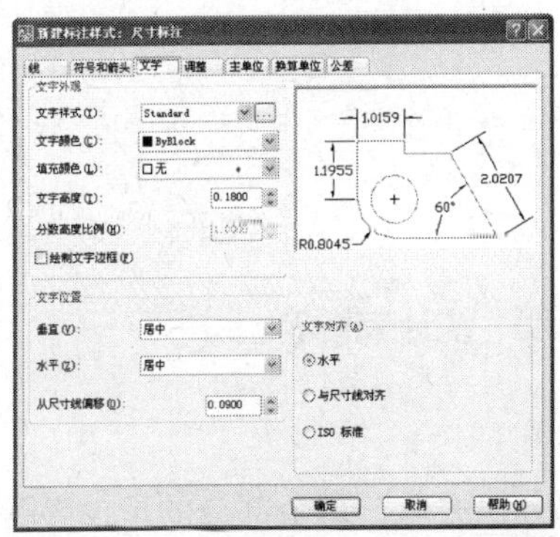

图 14.12 【新建标注样式】对话框

❹ 选择【标注】→【线性】命令，为图形添加标注文字。如图 14.13 所示。

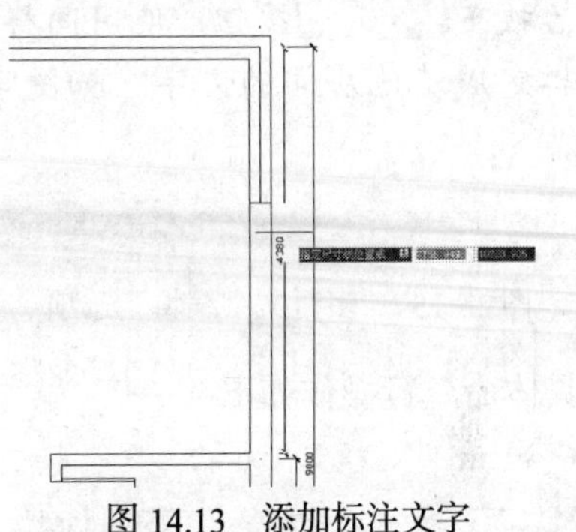

图 14.13 添加标注文字

具体命令行操作如下。

命令: _dimlinear

指定第一条尺寸界线原点或 <选择对象>: 捕捉尺寸界线的第一点

指定第二条尺寸界线原点: 捕捉尺寸界线的第二点

指定尺寸线位置或

[多行文字(M)/文字(T)/角度(A)/水平(H)/垂直(V)/旋转(R)]: *取消*

❺ 继续完成其他标注命令。如图 14.14 所示。

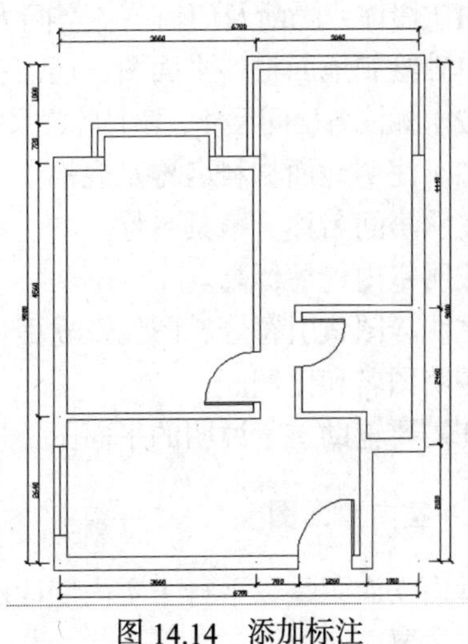

图 14.14 添加标注

❻ 选择“多行文字”按钮A，弹出“文字格式”选项，如图 14.15 所示。或在命令行中输入“MT”并按下空格键，在平面图区域中单击左键并拖移出一个矩形区域，释放鼠标后开启【文字格式】对话框。输入要进行文字标注的内容“卧室”，完成输入后按下 确定 按钮。使用同样的方法编辑完成其他房间的文字。如图 14.16 所示。

图 14.15 “多行文字编辑”选项

具体命令行操作如下。

命令: mt　选择多行文字

MTEXT 当前文字样式: "Standard"　文字高度: 50　注释性: 否

指定第一角点:　拖移鼠标绘制一个矩形

指定对角点或 [高度(H)/对正(J)/行距(L)/旋转(R)/样式(S)/宽度(W)/栏(C)]:　完成按 Enter 键确认

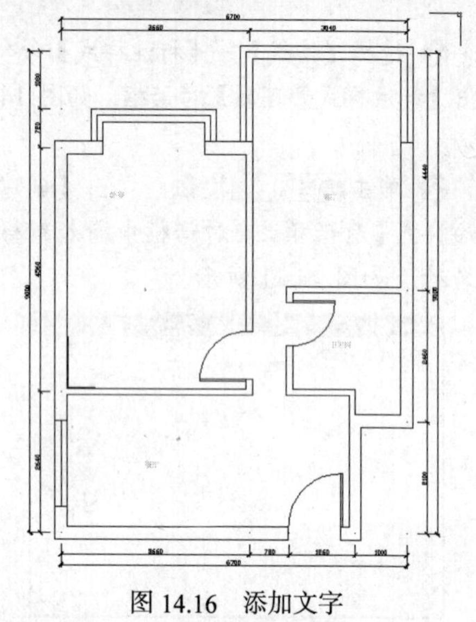

图 14.16　添加文字

14.1.4 绘制平面图通用法则

一套完整的室内设计图一般包括平面图、顶棚图、立面图、构造图和透视图。

1. 室内平面图

室内平面图是以平行于地面的切面在距地面积 1.5mm 左右的位置将上部切去所形成的正投影图。室内平面图中应表达的内容如下。

（1）墙体、隔断及门窗、各空间大小及布局、家具陈设、人流交通路线、室内绿化等。若不单独绘制地面材料平面图，还需在平面图中表示地面材料。

（2）标注各房间尺寸、家具陈设尺寸及布局尺寸，对于复杂的公共建筑，需标注轴线编号。

（3）注明地面材料名称及规格。

注明房间名称、家具名称。

注明室内地坪标高。

注明详图索引符号、图例及立面内视符号。

注明图名和比例。

如需要辅助文字说明的平面图，还要注明文字说明、统计表格等。

2. 室内立面图

室内立面图是以平行于室内墙面的切面将前面部分切去后，剩余部分的正投影图。立面图的主要内容如下。

- 墙面造型、材质及家具陈设在立面上的正投影图。
- 门窗立面及其他装饰元素立面。
- 立面各组成部分尺寸、地坪吊顶标高。
- 材料名称及细部做法说明。
- 详图索引符号、图名、比例等。

14.2 绘制建筑平面图案例

建筑平面设计图通常是从轴线的绘制开始的。确定好轴线，就确定了整个建筑物的承重体系和非承重体系，同时也确定了建筑物房间的开间深度以及楼板柱网等细部的布置。由于房屋的大多数轴线是平行或垂直的关系，因此可以先绘制出最边缘的两条相互垂直的基准线，再通过复制偏移和阵列等命令，快速完成轴线的绘制，生成轴网。

14.2.1 设置绘图环境

设置绘图环境步骤如下。

❶ 打开 AutoCAD，选择【文件】→【新建】命令。弹出【选择样板】对话框。如图 14.17 所示。系统默认的文件名为“acadiso.dwt”。单击【打开】按钮，出现空白绘图区，开始图形绘制。

图 14.17 【选择样板】对话框

❷ 选择“矩形”工具，绘制一个长为 4200mm、宽为 2970mm 的矩形。效果如图 14.18 所示。

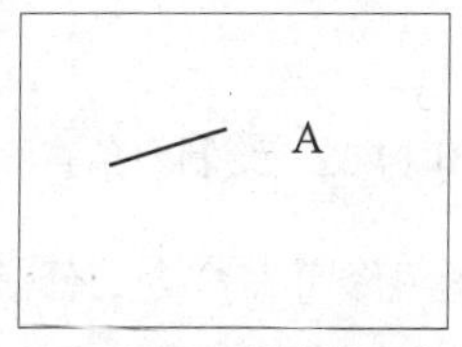

图 14.18 绘制矩形

具体命令行操作如下。

命令: rec　　选择矩形命令
RECTANG
指定第一个角点或 [倒角(C)/标高(E)/圆角(F)/厚度(T)/宽度(W)]:　　在屏幕上单击左键，指定该点为矩形的第一个角点
指定另一个角点或 [面积(A)/尺寸(D)/旋转(R)]: d　　选择“尺寸”方式
指定矩形的长度 <10.0000>: 420　　指定长度为 4200
指定矩形的宽度 <10.0000>: 297　　指定宽度为 2970
指定另一个角点或 [面积(A)/尺寸(D)/旋转(R)]:　　屏幕上单击左键完成矩形的绘制

❸ 选择“分解”命令。选择矩形，矩形被分解为直线。

具体命令行操作如下。

命令: _explode　　选择分解命令
选择对象: 找到 1 个　　拾取所绘制的矩形
选择对象:

❹ 选择“偏移”命令。

将直线 A 向右偏移 25。

继续选择偏移命令，将其余直线向内偏移 10。得到效果如图 14.19 所示。

具体命令行操作如下。

命令: o　选择偏移命令

OFFSET

当前设置: 删除源=否　图层=源　OFFSETGAPTYPE=0

指定偏移距离或 [通过(T)/删除(E)/图层(L)] <通过>: 25　设定偏移值为 25

选择要偏移的对象，或 [退出(E)/放弃(U)] <退出>:　选择直线 A，按 Enter 键确认

指定要偏移的那一侧上的点，或 [退出(E)/多个(M)/放弃(U)] <退出>:　在右侧单击

选择要偏移的对象，或 [退出(E)/放弃(U)] <退出>:　按 Enter 键确认

命令:

OFFSET　按 Enter 键继续执行偏移命令

当前设置: 删除源=否　图层=源　OFFSETGAPTYPE=0

指定偏移距离或 [通过(T)/删除(E)/图层(L)] <25>:　10　设置偏移值为 10

选择要偏移的对象，或 [退出(E)/放弃(U)] <退出>:　选择直线，按 Enter 键确认

选择要偏移的对象，或 [退出(E)/放弃(U)] <退出>:　在内侧单击

指定要偏移的那一侧上的点，或 [退出(E)/多个(M)/放弃(U)] <退出>:

❺ 选择“修剪”命令，将多余线段修剪。如图 14.20 所示。

❻ 选择“图层”命令，设置图层。如图 14.21 所示。

图 14.19　偏移矩形

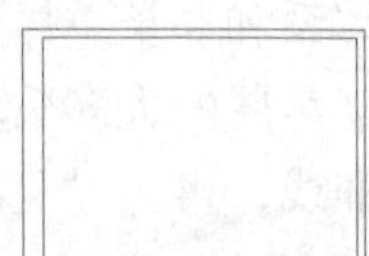

图 14.20　修剪多余线段

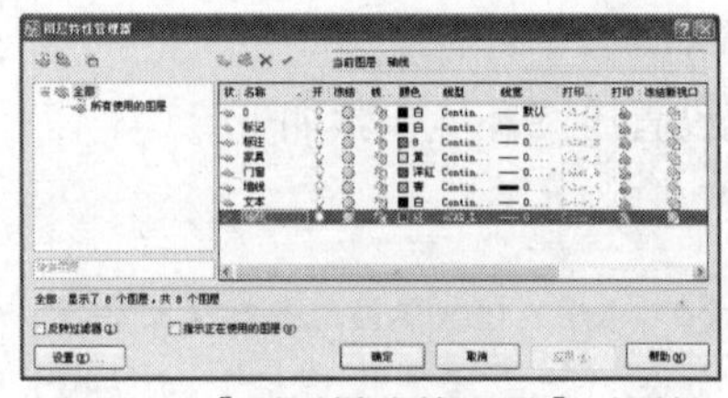

图 14.21 【图层样式管理器】对话框

❼ 打开捕捉和栅格选项卡，将捕捉间距和栅格间距都设置为 200。

14.2.2　绘制建筑平面图

绘制建筑平面图的步骤如下。

❶ 选择“直线”工具，打开正交命令。在图开工作区域中绘制两条直线。如图 14.22 所示。

❷ 选择“偏移”命令，将垂直的一条轴线向右进行偏移 1050。继续应用偏移命令，依次再向右偏移距离为 1200、2700、900、400、1200、1100 的轴线。按照上面的方法，将水平的轴线向上进行偏移，偏移的距离分别为 500、600、1410、950、2050、2100、3200、300、800。完成轴网的创建。如图 14.23 所示。

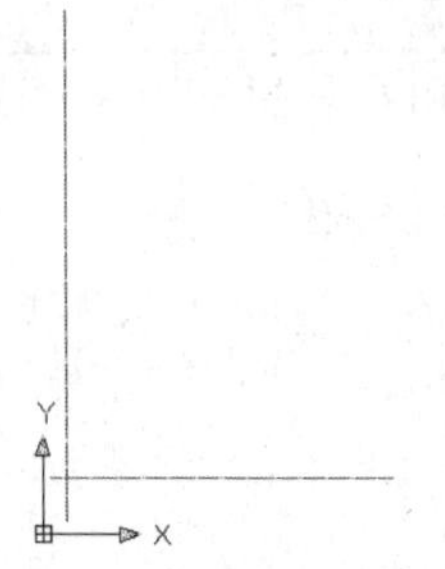

图 14.22　绘制两条直线

❸ 选择“修剪”命令，修剪多余轴线。完成效果如图 14.24 所示。

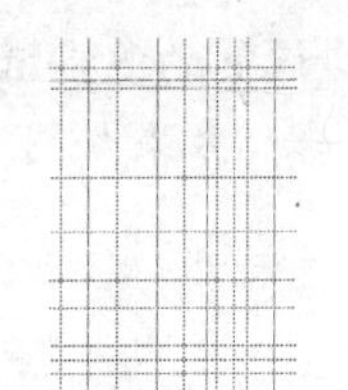

图 14.23　绘制建筑平面图轴线

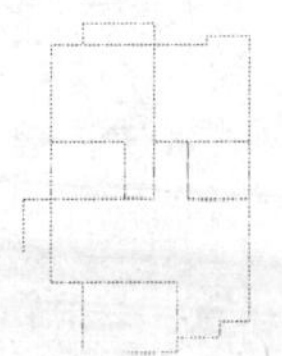

图 14.24　修剪多余轴线

具体命令行操作如下。

命令: tr

TRIM　选择修剪命令

当前设置:投影=UCS，边=无

选择剪切边...　框选全部轴线

选择对象或 <全部选择>:　指定对角点: 找到 31 个

选择对象:

选择要修剪的对象，或按住 shift 键选择要延伸的对象，或[栏选(F)/窗交(C)/投影(P)/边(E)/删除(R)/放弃(U)]:　选择要修剪的轴线

选择要修剪的对象，或按住 shift 键选择要延伸的对象，或[栏选(F)/窗交(C)/投影(P)/边(E)/删除(R)/放弃(U)]:　选择要修剪的轴线

继续执行，删掉多余轴线

14.2.3　绘制门窗

❶ 选择“打断”命令进行开门洞和窗洞。重复使用打断命令，依次在轴线上为门、窗和阳台开洞。如图 14.25 所示。

具体命令行操作如下。

命令:

BREAK 选择对象:　选择打断命令

指定第二个打断点 或 [第一点(F)]:　选择要打断的轴线点

命令:

** 拉伸 **　移动打断的点

指定拉伸点或 [基点(B)/复制(C)/放弃(U)/退出(X)]:

❷ 选择“偏移”命令，指定偏移距离为 120，在轴线左右两侧各偏移 120 两条轴线。如图 14.26 所示。

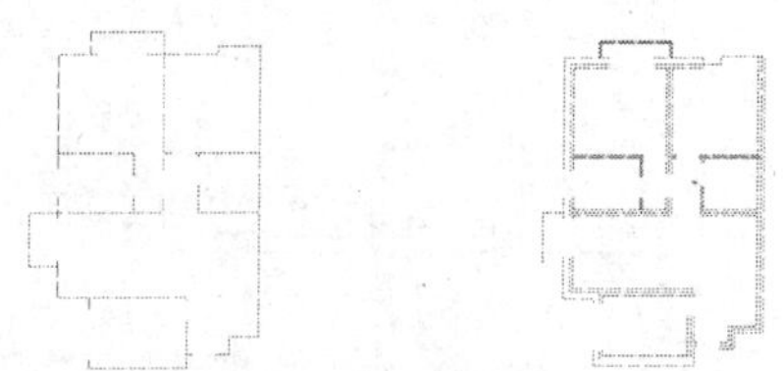

图 14.25　开门洞和窗洞　图 14.26　偏移添加墙体线

具体命令行操作如下。

命令: o

OFFSET

当前设置: 删除源=否　图层=源　OFFSET GAPTYPE=0　选择偏移命令

指定偏移距离或 [通过(T)/删除(E)/图层(L)] <120>:　120　设置偏移数值为 120

选择要偏移的对象，或 [退出(E)/放弃(U)] <退出>:　选择要偏移的轴线

指定要偏移的那一侧上的点，或 [退出(E)/多个(M)/放弃(U)] <退出>: 在轴线左侧单击

选择要偏移的对象，或 [退出(E)/放弃(U)] <退出>:　选择要偏移的轴线

指定要偏移的那一侧上的点，或 [退出(E)/多个(M)/放弃(U)] <退出>: 在轴线右侧单击，按 Enter 键确认

❸ 选择“多线”命令，进行窗线绘制。先进行多线的样式设置。选择【格式】→【多线样式】命令，弹出【多线样式】对话框，如图 14.27 所示。单击 新建(N)... 按钮，弹出【创建新的多线样式】对话框，如图 14.28 所示。单击 继续 按钮，弹出【新建多线样式】对话框，进行多线样式设定，如图 14.29 所示。

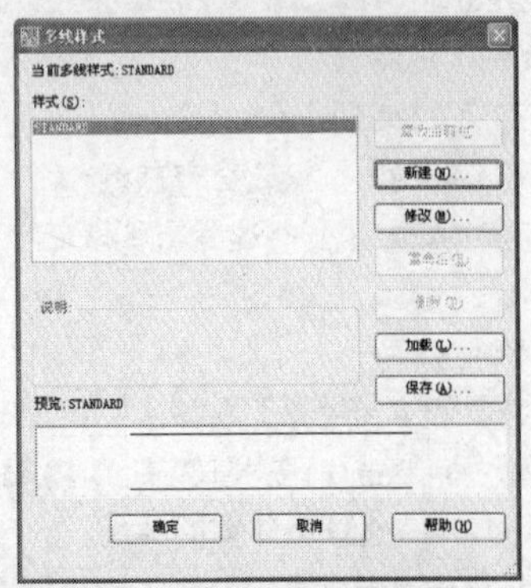

图 14.27 【多线样式】对话框

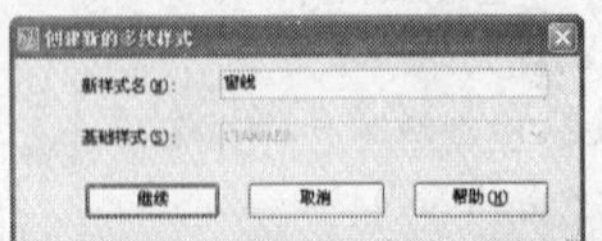

图 14.28 创建多线样式

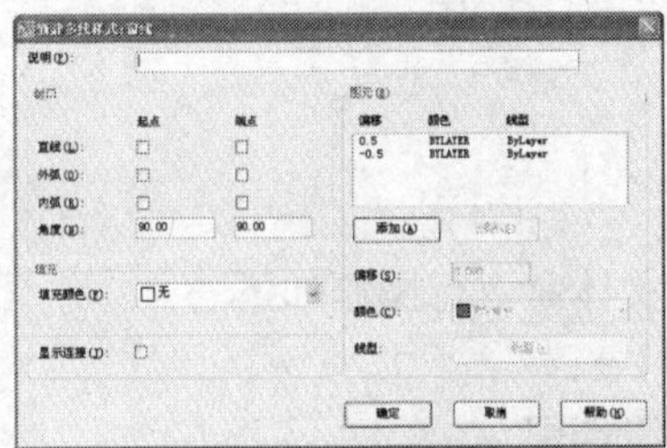

图 14.29 【新建多线样式】对话框

❹ 选择设置的多样进行墙体捕捉，绘制窗线及阳台。效果如图 14.30 所示。

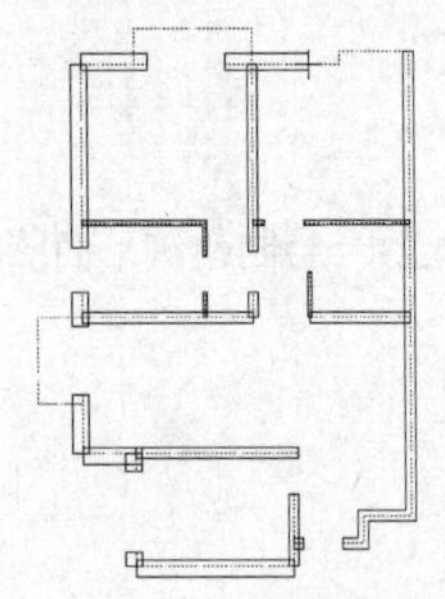

图 14.30 绘制窗线和阳台

❺ 选择“直线”工具和“圆弧”工具，进行门的绘制。完成效果如图 14.31 所示。

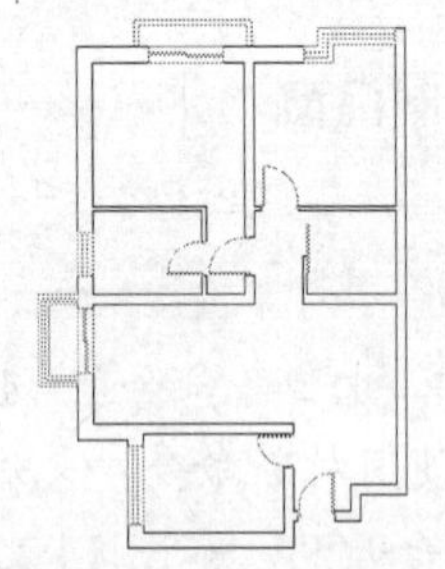

图 14.31 进行门的绘制

14.2.4 填充地面材料

填充地面材料的步骤如下。

❶ 插入家具块。选择“多段线”工具，将卧室中将要填充区域勾画为闭合区域。如图 14.32 所示。

❷ 选择“图案填充”工具按钮，弹出【图案填充和渐变色】对话框，各项设置如图 14.33 所示。

❸ 在【图案填充和渐变色】对话框中，选择“添加：拾取点”按钮，切换到工作区域，在绘图窗口中点选卧室区域，按 Enter 键得到卧室地面材料的填充效果。如图 14.34 所示。

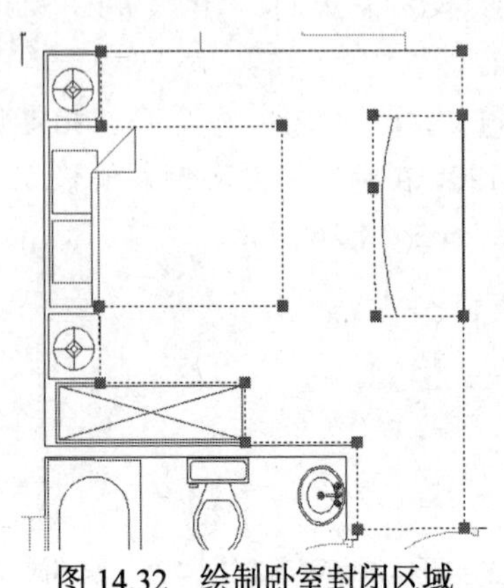

图 14.32 绘制卧室封闭区域

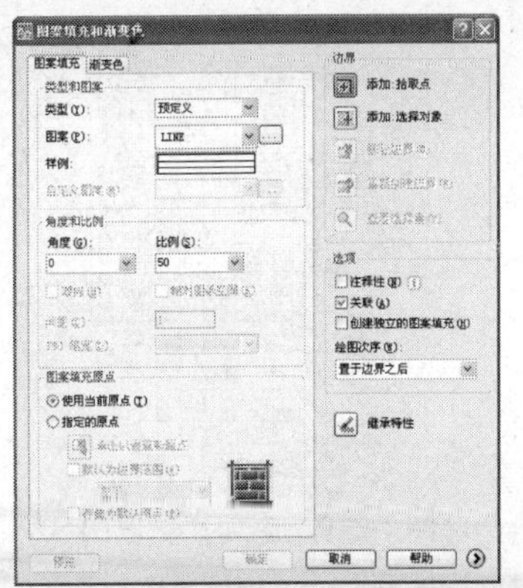
图 14.33 【图案填充和渐变色】对话框

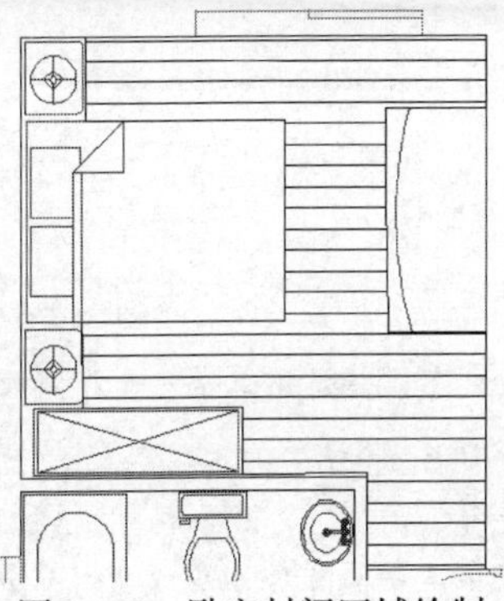
图 14.34 卧室封闭区域绘制

提 示

如果边界不是闭合的，则无法选中。此时，用窗口放大工具逐个检查边界处线与线是否相连接，或用多段线命令重新绘制一个边界。

❹ 采用同样的方法将卫生间的地面材料绘制出来，它们的填充参数和效果如图 14.35 所示。

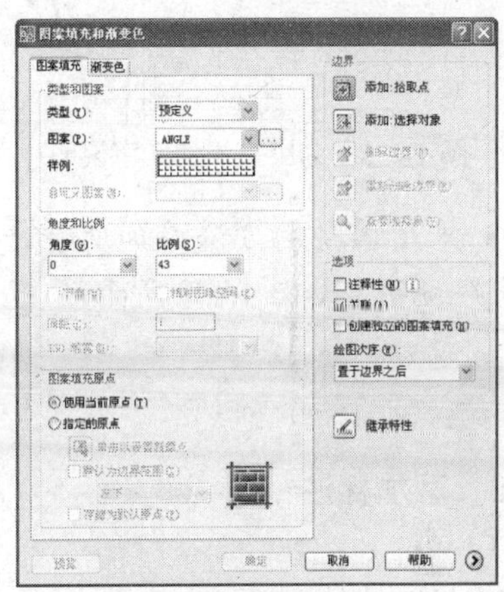
图 14.35 卫生间地面材质填充参数

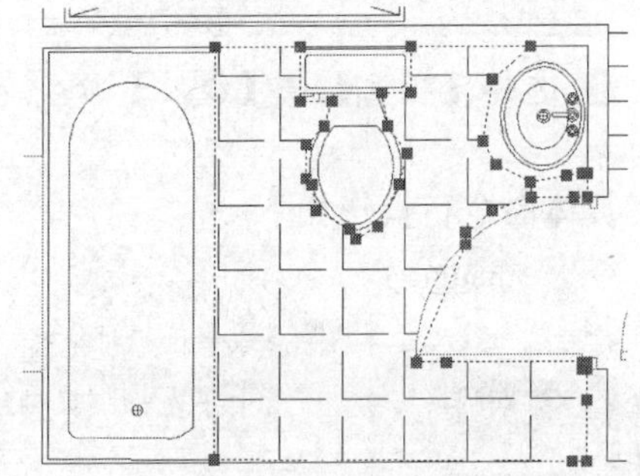
图 14.36 卫生间地面材质填充效果

14.2.5 添加文字说明

添加文字说明的步骤如下。

❶ 打开"地面说明"图层。如图 14.37 所示。

❷ 选择【绘图】→【文字】→【多行文字】命令，在需要添加文字的房间位置单击，对房间的材质进行文字说明。如图 14.38 所示。

图 14.37 "地面说明"图层

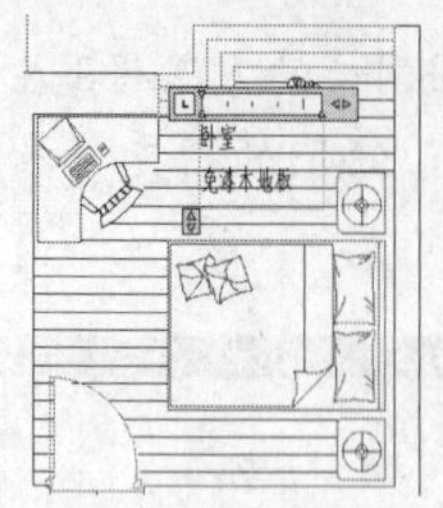

图 14.38　为卧室添加文字说明

❸ 采用同样的方法添加所有房间的材质文字说明。如图 14.39 所示。

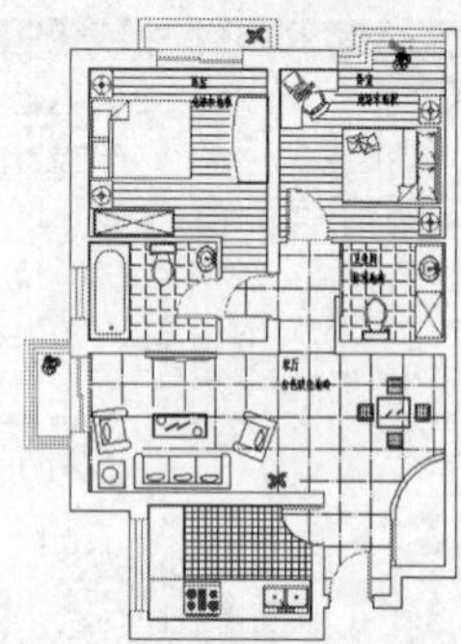

图 14.39　添加文字说明

14.2.6　添加标注

添加标注的步骤如下。

❶ 选择【标注】→【线性】命令，进行对象捕捉。

具体命令行操作如下。

```
命令: _dimlinear
指定第一条尺寸界线原点或 <选择对象>: <正交 关> <对象捕捉 开>　用十字光标捕捉轴线的左端点
指定第二条尺寸界线原点: 捕捉轴线的第二端点
创建了无关联的标注。
指定尺寸线位置或
[多行文字(M)/文字(T)/角度(A)/水平(H)/垂直(V)/旋转(R)]:
标注文字 =　向上移动光标，在辅助线外边单击以确定尺寸线的位置
```

❷ 选择标注工具连续工具，此时尺寸标注线会自动与第一段尺寸线相连。用光标捕捉第三点，依次捕捉第四点、第五点，直至这一行标注结束为止。

具体命令行操作如下。

```
命令: _dimcontinue
指定第二条尺寸界线原点或 [放弃(U)/选择(S)] <选择>:
标注文字 =指定第二条尺寸界线原点或 [放弃(U)/选择(S)] <选择>:
标注文字 =
指定第二条尺寸界线原点或 [放弃(U)/选择(S)] <选择>:
标注文字 =指定第二条尺寸界线原点或 [放弃(U)/选择(S)] <选择>:
标注文字 =
```

❸ 将图形外部尺寸进行标注。结果如图 14.40 所示。

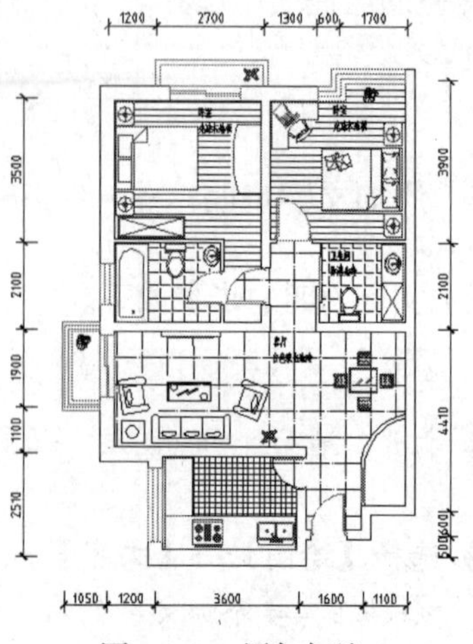

图 14.40　添加标注

14.3 室内电气照明系统图设计

室内电气照明系统图对整个建筑物中的照明配电系统及容量分配、配电线路及设备容量等都进行了表达，是电气施工图中重要的组成部分。本例将以室内电气照明系统图的绘制为例，介绍建筑电气施工图的绘制方法及技巧。

1. 设计步骤 1——创建建筑电气施工样板图

创建建筑电气施工样板图，要对 AutoCAD 绘图环境进行必要的预设置和创建，以使施工图的绘制符合建筑专业制图标准要求。其中包括对图形单位的设置、文字样式设置、图层的设置及电气符号的图块创建等。

在建筑电气施工样板图的基础上进一步绘图，可以减少大量的重复性工作，从而提高绘图效率。

第 1 步：图形单位的设置、文字样式的设置

❶ 选择【文件】→【新建】命令，或者在命令行中输入“new”，按 Enter 键确认，弹出【选择样板】对话框。如图 14.41 所示。

图 14.41 【选择样板】对话框

❷ 单击【选择样板】对话框中的 打开(O) 按钮右侧的▾按钮，则出现一个下拉列表。单击选择下拉列表中的“无样板打开-公制（M）”。如图 14.42 所示。

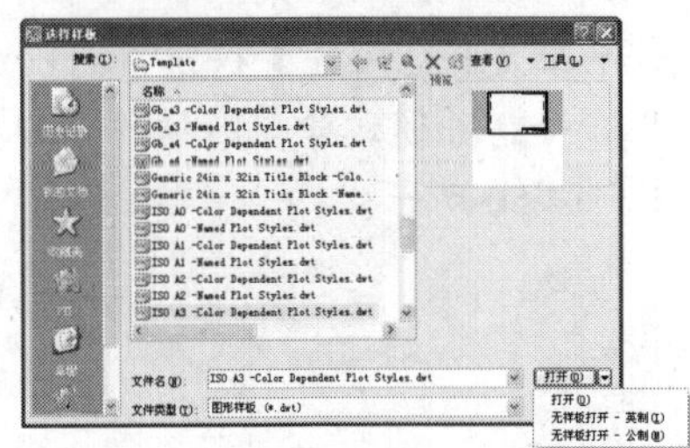

图 14.42 【选择样板】对话框

❸ 选择【格式】→【单位】命令，或者在命令行中输入“UNITS”，按 Enter 键确认，弹出【图形单位】对话框。在【图形单位】对话框中对长度及角度单位进行设置。如图 14.43 所示。

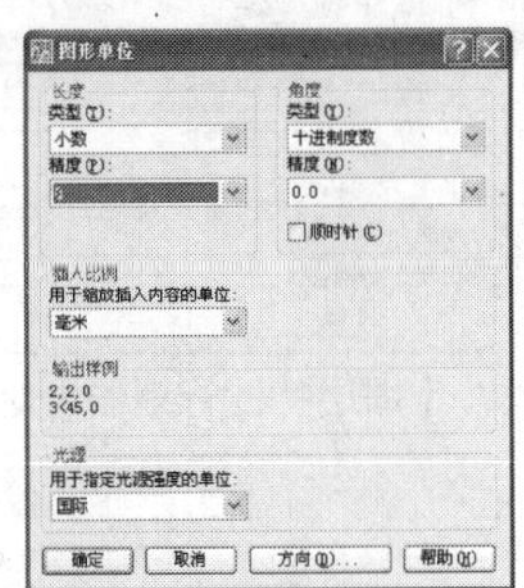

图 14.43 【图形单位】对话框

❹ 单击【样式】工具条上的【文字样式】按钮，弹出【文字样式】对话框。如图 14.44 所示。

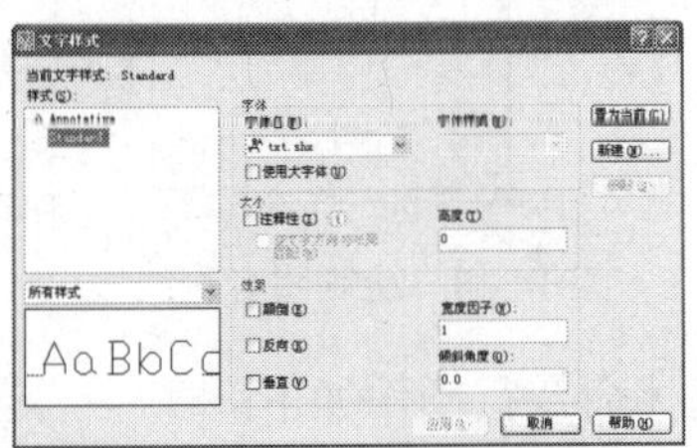

图 14.44 【文字样式】对话框

❺ 单击【文字样式】对话框中的 新建(N)... 按钮，则系统弹出【新建文字样式】对话框，在样式名中输入“注释汉字”。如图 14.45 所示。

图 14.45 【新建文字样式】对话框

❻ 单击【新建文字样式】对话框中的 确定 按钮，则系统弹出【文字样式】对话框，进行文字样式设置，单击 应用(A) 按钮。如图 14.46 所示。

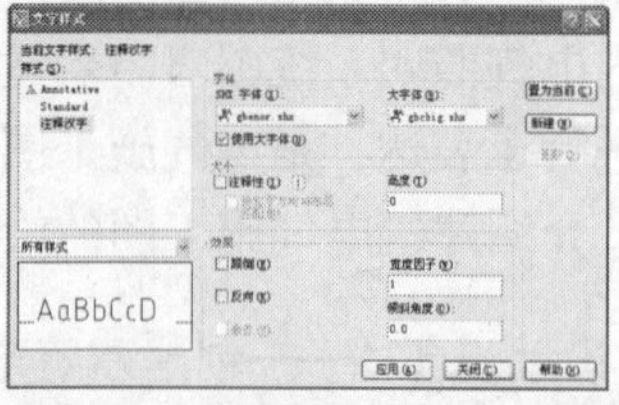

图 14.46 【文字样式】对话框

第 2 步：图层的设置、电气元件符号的创建

❶ 单击“样式”工具条上的“图层特性管理器”按钮，弹出【图层特性管理器】对话框，新建“cushixian”、“dianhuaxian”、“xishixian”和“zhushi”等 4 个图层，单击 应用(A) 按钮，再单击 确定 按钮。如图 14.47 所示。

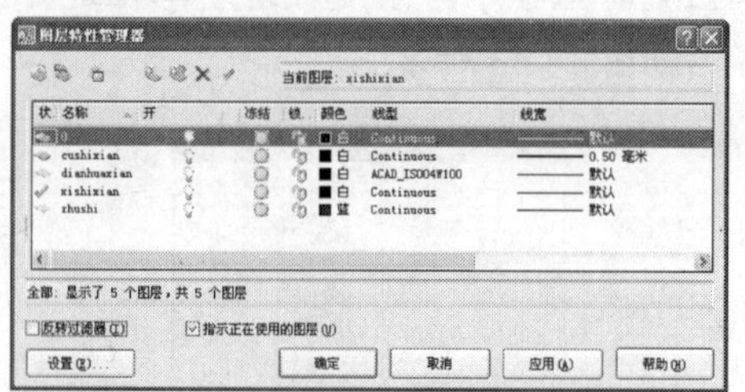

图 14.47 【图层特性管理器】对话框

❷ 单击 xishixian ，选中“xishixian”为当前图层，单击【直线】按钮，以激活“line”命令，并通过命令行操作，绘制 4 条闭合的直线段。如图 14.48 所示。

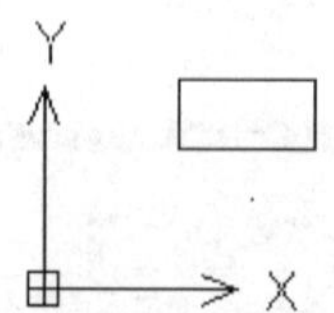

图 14.48 绘制闭合直线段

具体命令行操作如下。

命令：_line

指定第一点：输入“1，1”，按Enter键确认。

指定下一点或 [放弃(U)]：输入“2，1”，按Enter键确认。

指定下一点或 [放弃(U)]：输入“2，1.5”，按Enter键确认。

指定下一点或 [闭合(C)/放弃(U)]：输入“1，1.5”，按Enter键确认。

指定下一点或 [闭合(C)/放弃(U)]：输入“C”，按Enter键确认。

❸ 单击【直线】按钮，以激活“line”命令，并通过命令行操作，绘制一条直线段。

如图 14.49 所示。

具体命令行操作如下。

命令：_line

指定第一点：输入“1，1.4”，按Enter键确认。

指定下一点或 [放弃(U)]：输入“2，1.4”，按Enter键确认。

指定下一点或 [放弃(U)]：按Enter键确认。

❹ 单击【多行文字】按钮 A，以激活“mtext”命令，并通过命令行操作，输入文字。如图 14.50 所示。

图 14.49 绘制直线　　图 14.50 输入文字

具体命令行操作如下。

命令: _mtext
当前文字样式: “注释汉字” 文字高度: 2.5 注释性: 否
指定第一角点:单击以捕捉图示 A 点。
指定对角点或 [高度(H)/对正(J)/行距(L)/旋转(R)/样式(S)/宽度(W)/栏(C)]: 单击以捕捉图示 B 点。

弹出【文字格式】对话框，文字样式设置为“注释汉字”，字高设置为“0.25”，输入字符“Wh”。

❺ 在命令行中输入“WBLOCK”，按 Enter 键确认，弹出【写块】对话框，在文件名和路径下输入“D:\素材\ch14\diandubiao.dwg”。如图 14.51 所示。

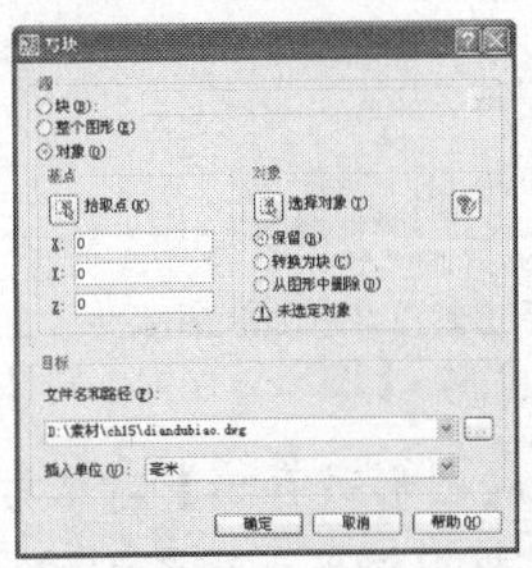

图 14.51 【写块】对话框

❻ 单击【写块】对话框中的【拾取点】按钮，切换到绘图区，用十字光标捕捉拾取图示左侧边中点。程序自动切换到【写块】对话框。如图 14.52 所示。

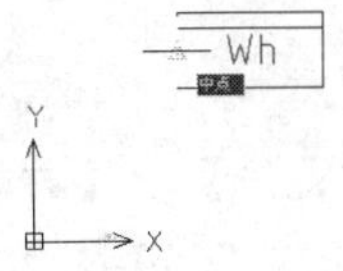

图 14.52 捕捉中点

❼ 单击【写块】对话框中的【选择对象】按钮，切换到绘图区，用交叉窗口方式选择刚刚绘制的所有对象。程序自动切换到【写块】对话框。如图 14.53 所示。

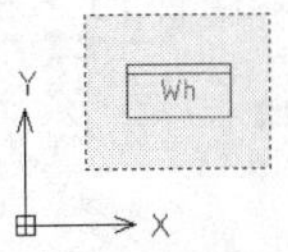

图 14.53 写块命令

❽ 单击【写块】对话框中的 确定 按钮，完成电度表图块的写块创建工作。

第 3 步：样板图的保存

❶ 选择【文件】→【另存为】命令，或者在命令行中输入“SAVEAS”，按 Enter 键确认，弹出【图形另存为】对话框。

❷ 在【图形另存为】对话框中单击“文件类型”下拉列表按钮，出现文件类型选择列表。如图 14.54 所示。

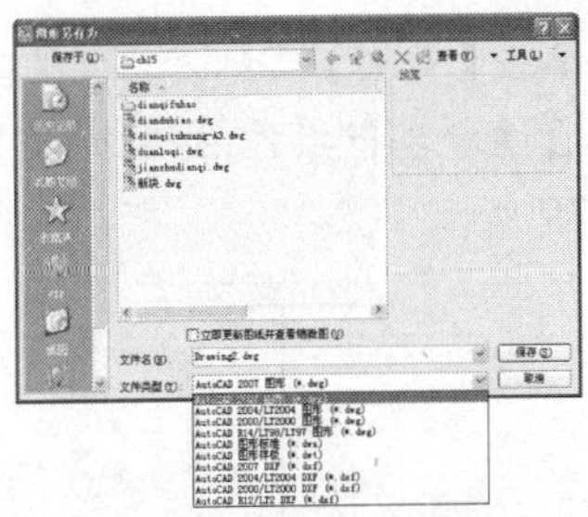

图 14.54 选择文件类型

❸ 切换到 AutoCAD 图形样板文件类型，输入图形的名称“myjianzhudianqi”，单击 保存(S) 按钮。如图 14.55 所示。

图 14.55 输入图形名称

2. 设计步骤 2——室内电气照明系统图的绘制

绘制室内电气照明系统图时，可打开在设计步骤 1 中建立的建筑电气样板图形文件，在其基础上进行绘制，这样可以提高工作效率。

第 1 步：设置绘图环境

❶ 选择【文件】→【打开】命令，或者在命令行中输入“OPEN”，按 Enter 键确认，弹出【选择文件】对话框。

❷ 在【选择文件】对话框中，打开随书光盘中的“素材\ch15\jianzhudianqi.dwg”文件。如图 14.56 所示。

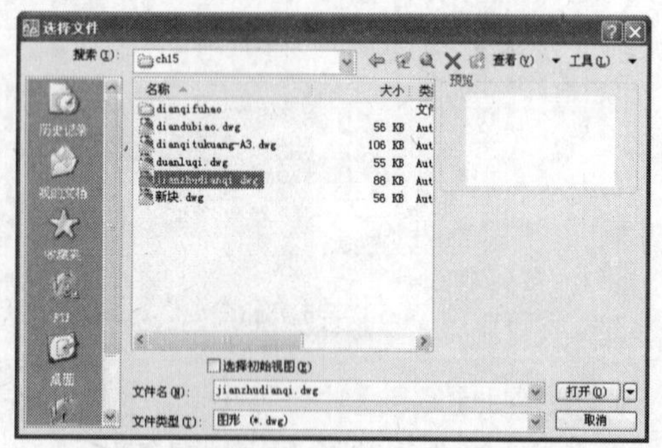

图 14.56 【选择文件】对话框

❸ 选择【文件】→【另存为】命令，或者在命令行中输入“SAVEAS”，按 Enter 键确认，弹出【图形另存为】对话框。如图 14.57 所示。

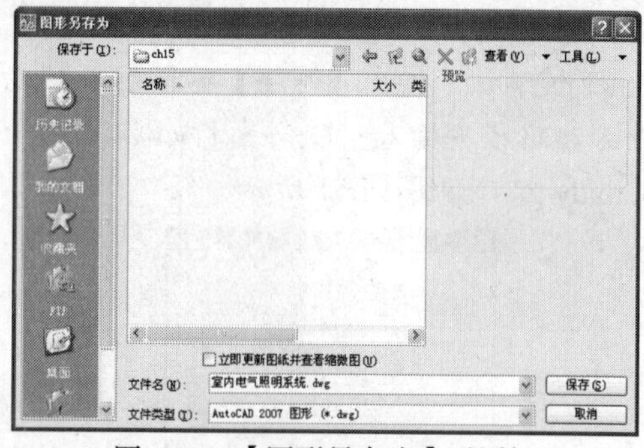

图 14.57 【图形另存为】对话框

❹ 在【图形另存为】对话框中的“文件名”文本框中输入新建图形的名称“室内电气照明系统”，单击【保存】按钮。

第 2 步：单元进入配电线路的绘制

❶ 单击 cushixian，选中“cushixian”为当前图层。

❷ 单击【直线】按钮，以激活“line”命令，并通过命令行操作，绘制一条直线段。如图 14.58 所示。

具体命令行操作如下。

命令：_line

指定第一点：输入“230，1600”

指定下一点或 [放弃(U)]：将十字光标移到刚输入的起点的右侧，调整十字光标位置直至水平极轴线出现，输入“800”，按 Enter 键确认。

指定下一点或 [放弃(U)]：按 Enter 键确认。

//完成单元极轴线的绘制

图 14.58 绘制单元极轴线

❸ 单击【直线】按钮，以激活“line”命令，并通过命令行操作，绘制一条直线段。如图 14.59 所示。

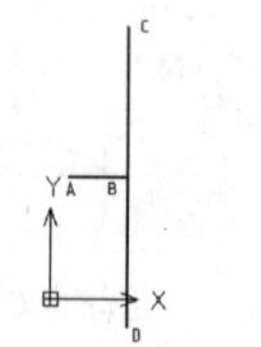

图 14.59 绘制直线

具体命令行操作如下。

命令：_line

指定第一点：输入“1030，3580”

指定下一点或 [放弃(U)]：将十字光标移到刚输入的起点的下侧，调整十字光标位置直至竖直极轴线出现，输入“3960”，按Enter键确认。

指定下一点或 [放弃(U)]：按Enter键确认。

❹ 单击工具栏中的【插入块】按钮，弹出【插入】对话框，在“名称”下拉列表中选择“duanluqi”块文件，单击 确定 按钮，如图 14.60 所示。结果如图 14.61 所示。

命令：_insert

指定插入点或 [基点(B)/比例(S)/X/Y/Z/旋转(R)]：利用对象追踪及极轴功能捕捉到图示 A 点右侧 200 单位 P 点处。

指定比例因子 <1>：输入“400”，按Enter键确认。 //完成断路器的插入

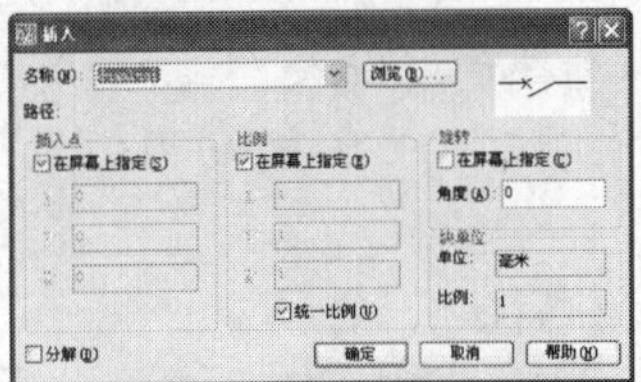

图 14.60 【插入】对话框

❺ 单击【打断于点】按钮，以激活“break”命令，并通过命令行操作，完成线路在断路器的插入处的打断。如图 14.62 所示。

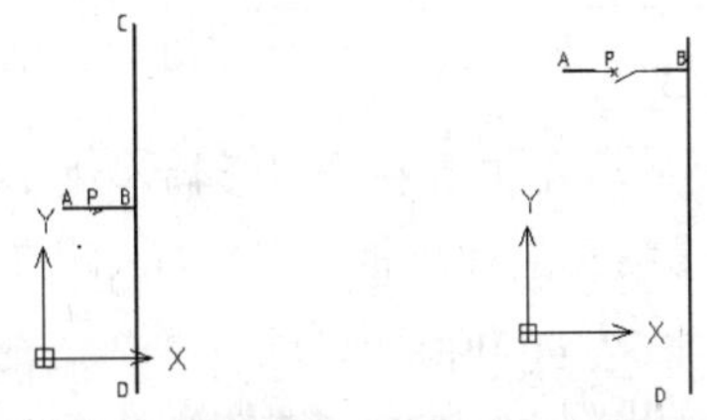

图 14.61 插入电路器 图 14.62 修整断路器

具体命令行操作如下。

命令：_break

选择对象：选择图示 AB 段。

指定第二个打断点 或 [第一点(F)]：_f

指定第一个打断点：捕捉到断路器的插入点 P。

指定第二个打断点：@ //完成线路在断路器的插入处的打断

❻ 利用夹点将水平线 PB 的端点 P 向右侧拉伸到断路器的右侧，完成线路在断路器的插入处的修整。

第 3 步：用户配电线路的绘制

❶ 单击【直线】按钮，以激活“line”命令，并通过命令行操作，绘制一条直线段。如图 14.63 所示。

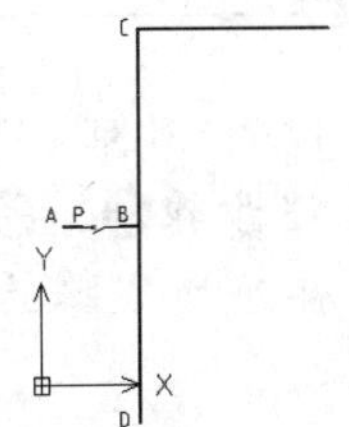

图 14.63 绘制直线

具体命令行操作如下。

命令：_line

指定第一点：捕捉到图示 C 点。

指定下一点或 [放弃(U)]：将十字光标移到刚输入的起点的右侧，调整十字光标位置直至水平极轴线出现，输入“2000”，按Enter键确认。

指定下一点或 [放弃(U)]：按Enter键确认。

❷ 单击工具栏中的【插入块】按钮，弹出【插入】对话框，在“名称”下拉列表中选择“diandubiao”块文件，单击 确定 按钮，如图 14.64 所示。结果如图 14.65 所示。

命令：_insert

指定插入点或 [基点(B)/比例(S)/X/Y/Z/旋转(R)]：利用对象追踪及极轴功能捕捉到图示 C 点右侧 400 单位处。

指定比例因子 <1>：输入“200”，按Enter键确认。 //完成电度表的插入

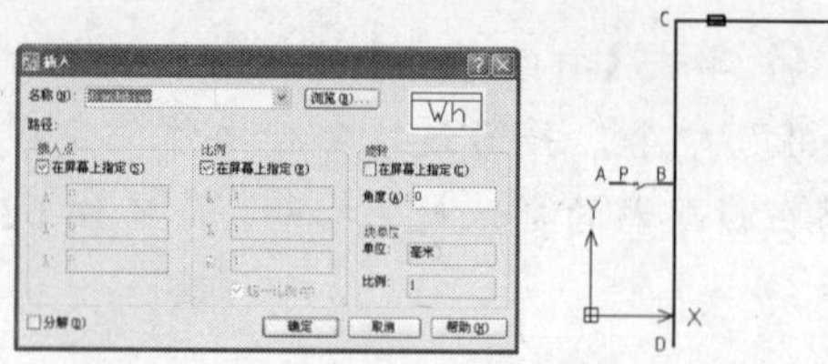

图 14.64 【插入】对话框　图 14.65 插入电度表

❸ 单击工具栏中的【插入块】按钮，弹出【插入】对话框，在“名称”下拉列表中选择“duanluqi”块文件，单击 确定 按钮，如图 14.66 所示。结果如图 14.67 所示。

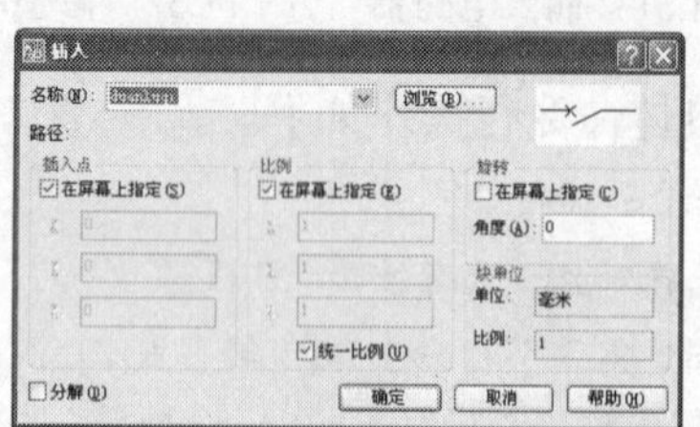

图 14.66 【插入】对话框

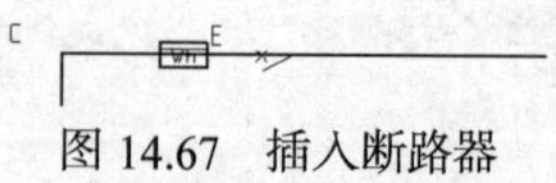

图 14.67 插入断路器

命令：_insert

指定插入点或 [基点(B)/比例(S)/X/Y/Z/旋转(R)]：利用对象追踪及极轴功能捕捉到图示 E 点右侧 110 单位处。

指定比例因子 <1>：输入“400”，按 Enter 键确认。 //完成断路器的插入

❹ 单击工具栏中的【插入块】按钮，弹出【插入】对话框，在“名称”下拉列表中选择“yonghupeidianxiang”块文件，单击 确定 按钮。如图 14.68 所示。

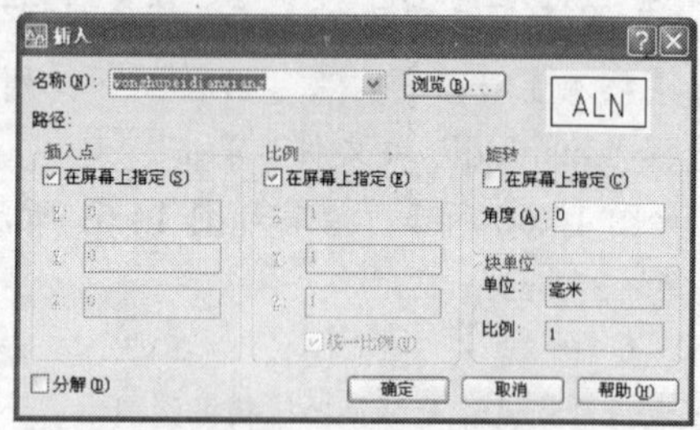

图 14.68 【插入】对话框

命令：_insert

指定插入点或 [基点(B)/比例(S)/X/Y/Z/旋转(R)]：捕捉到图示 F 端点处。

指定比例因子 <1>：输入“150”，按 Enter 键确认。

输入属性值

ALn <AL1>：按 Enter 键确认。 //完成配电箱的插入

第 4 步：线路的修整

❶ 单击【打断于点】按钮，以激活“break”命令，并通过命令行操作，完成线路在 E 处的打断。

具体命令行操作如下。

命令：_break

选择对象：选择图示 CE 段

指定第二个打断点 或 [第一点(F)]：_f

指定第一个打断点：捕捉到图示 E 点

指定第二个打断点：@ //完成线路在 E 处的打断

❷ 利用夹点将水平线 CE 段的端点 E 向左侧拉伸到电度表的左侧边中心。如图 14.69 所示。

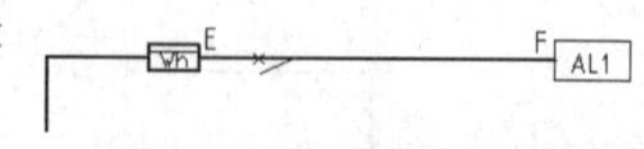

图 14.69 拉伸端点

❸ 按照上述步骤❶、❷的方法，完成断路器元件插入处线路的修整工作。如图 14.70 所示。

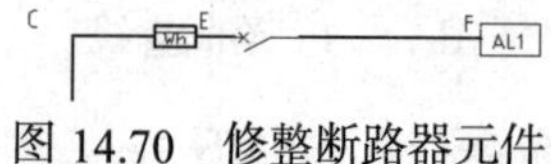

图 14.70 修整断路器元件

第 5 步：线路的注释及阵列

❶ 选择【绘图】→【文字】→【单行文字】命令，并通过命令行操作，完成文字的输入。如图 14.71 所示。

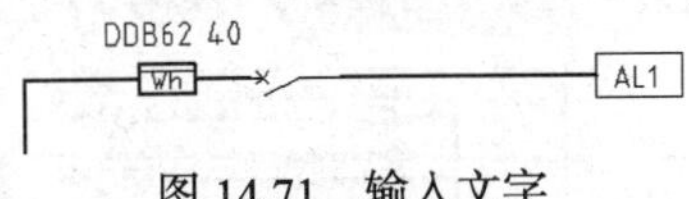

图 14.71 输入文字

具体命令行操作如下。

命令: _dtext

当前文字样式: "注释汉字" 文字高度: 100.0 注释性: 否

指定文字的起点或 [对正(J)/样式(S)]: 在图面上电度表符号上侧单击。

指定高度 <100.0>: 输入"100"，按 Enter 键确认。

指定文字的旋转角度 <0.0>: 按 Enter 键确认，输入"DDB62 40"。

❷ 按照上述步骤❶的方法，完成其余文字的输入工作。如图 14.72 所示。

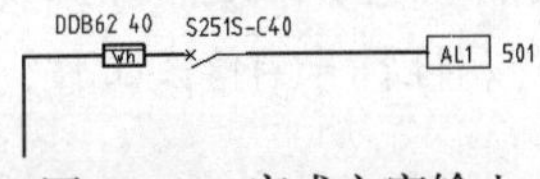

图 14.72 完成文字输入

❸ 单击【阵列】按钮，以激活"array"命令，弹出【阵列】对话框。如图 14.73 所示。

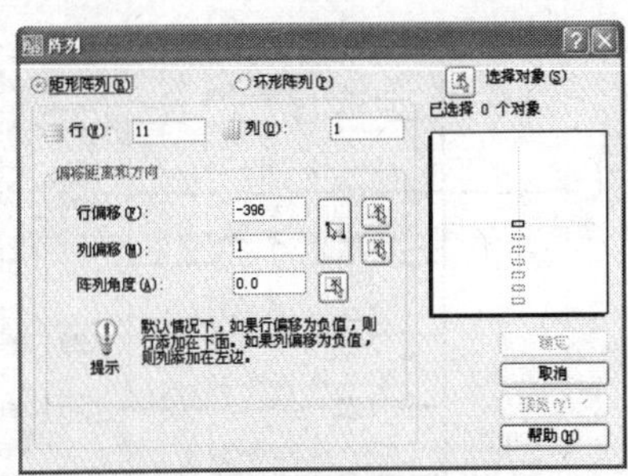

图 14.73 【阵列】对话框

❹ 设置完成后单击【选择对象】按钮，系统切换到绘图区域，采用窗口方式选择刚刚完成的电符号及注释文字。程序切换到【阵列】对话框。如图 14.74 和图 14.75 所示。

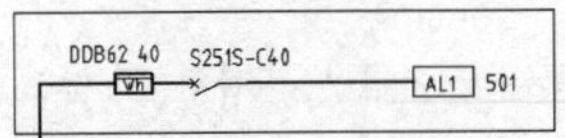

图 14.74 选择电符号和注释文字

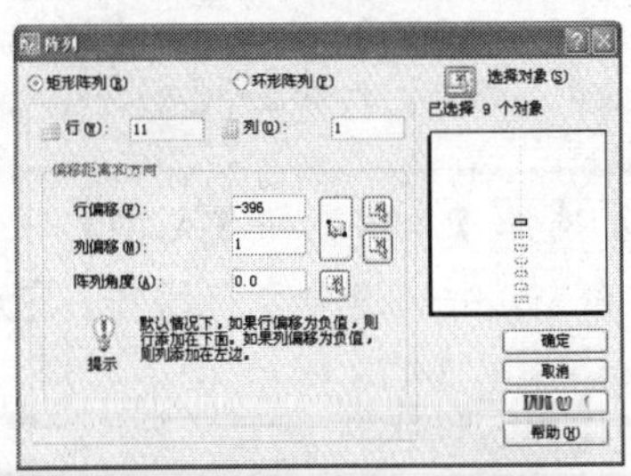

图 14.75 【阵列】对话框

❺ 单击【阵列】对话框中的 确定 按钮，完成入户配电线路的阵列创建工作。如图 14.76 所示。

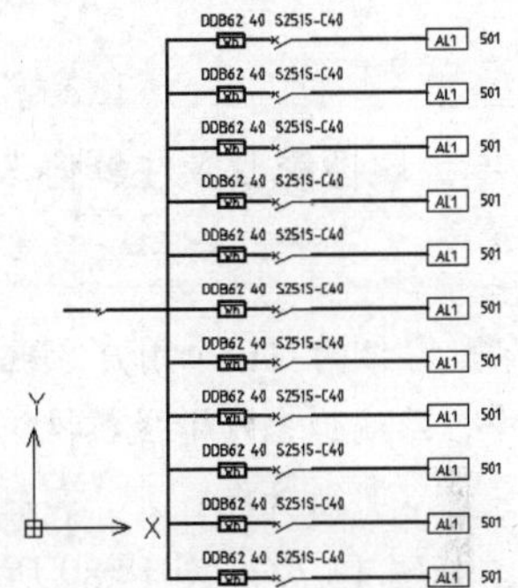

图 14.76 创建配电线路的阵列

❻ 单击 dianhuaxian ，选中"dianhuaxian"为当前图层。单击【矩形】按钮，以激活"rectang"命令，并通过命令行操作，绘制矩形。如图 14.77 所示。

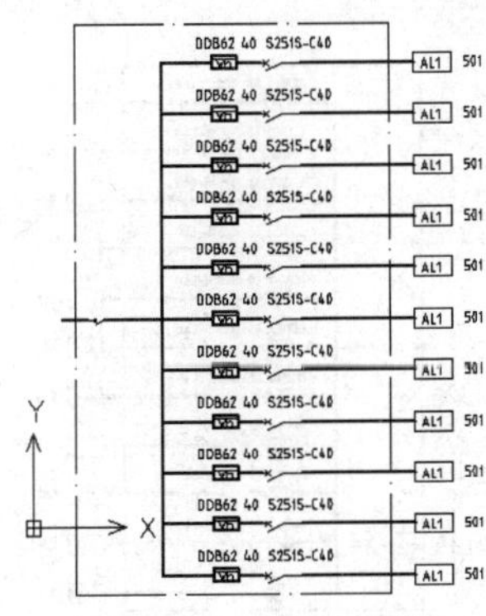

图 14.77 绘制配电箱

具体命令行操作如下。

命令：_rectang

指定第一个角点或 [倒角(C)/标高(E)/圆角(F)/厚度(T)/宽度(W)]：输入“330，–520”，按 Enter 键确认。

指定另一个角点或 [面积(A)/尺寸(D)/旋转(R)]：输入“2850，3880”，按 Enter 键确认。 //完成配电箱的绘制

❼ 选择【绘图】→【文字】→【单行文字】命令，并通过命令行操作，完成文字的输入。如图 14.78 所示。

具体命令行操作如下。

命令：_dtext

当前文字样式： “注释汉字” 文字高度：100.0 注释性： 否

指定文字的起点或 [对正(J)/样式(S)]: 在配电箱内左上角处单击。

指定高度 <100.0>：输入“150”，按 Enter 键确认。

指定文字的旋转角度 <0.0>：按 Enter 键确认，输入“AL1”，单击绘图区其他地方，按 Enter 键确认。 //完成配电箱文字的注释

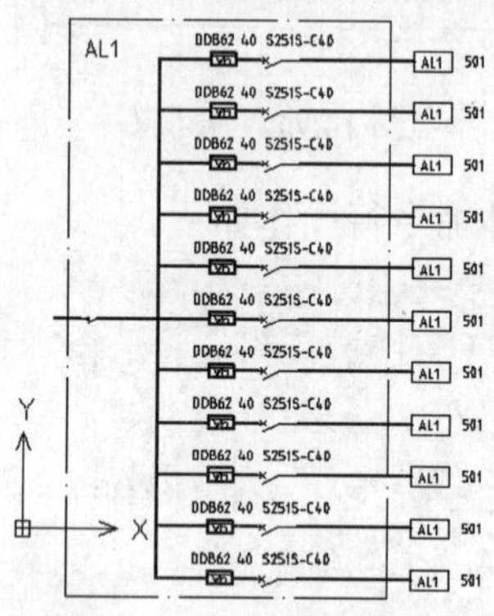

图 14.78 注释配电箱文字

第 6 步：属性修改及注释修改

❶ 双击右侧的 11 个用户配电箱中的最上面的一个，系统弹出【增强属性编辑器】对话框。将“值(V)”改为“AL2”，单击 确定 按钮确认。如图 14.79 和图 14.80 所示。

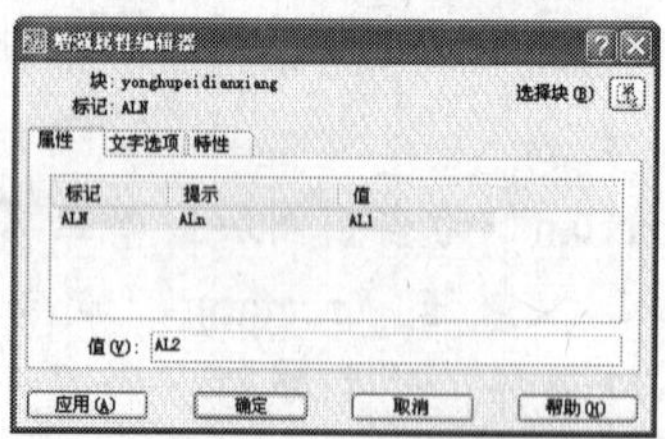

图 14.79 【增强属性编辑器】对话框

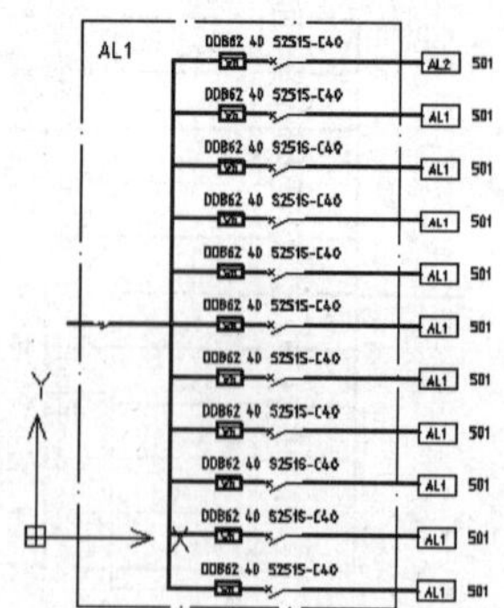

图 14.80 更改属性数值

❷ 按照上述步骤❶的方法，完成其余用户配电箱的属性符号的修改工作。如图 14.81 所示。

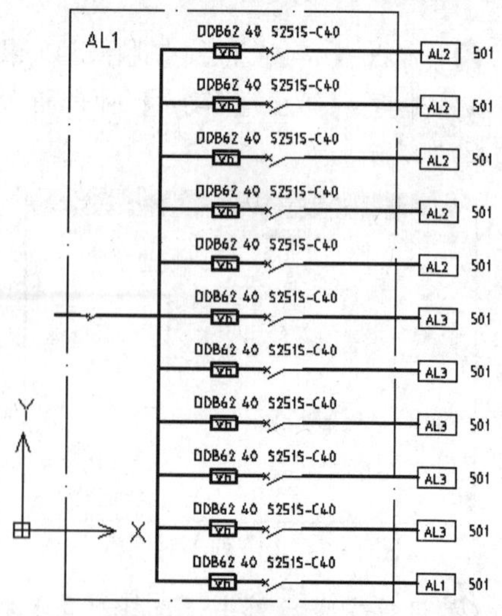

图 14.81 修改属性符号

❸ 双击图示由上往下第二个注释文字“501”，则其变为可编辑的文字框，将文字更改为“401”。如图 14.82 所示。

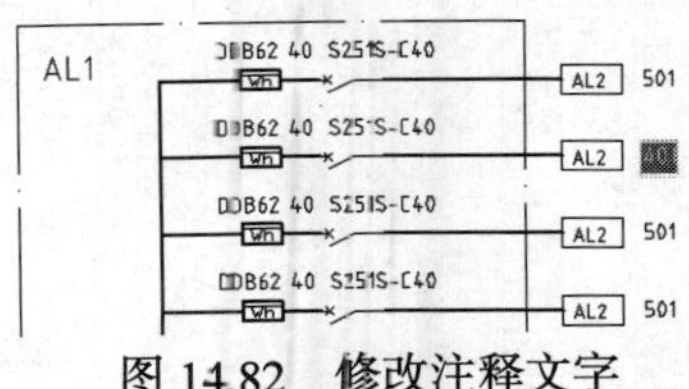

图 14.82　修改注释文字

❹ 按照上述步骤❸的方法，完成其余用户配电箱注释文字的修改工作。如图 14.83 所示。

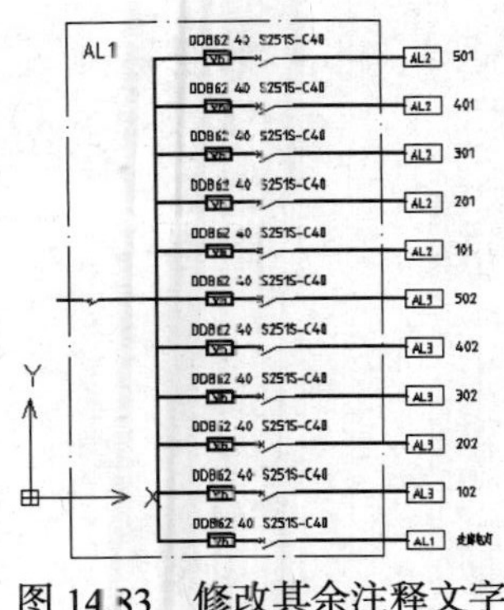

图 14.83　修改其余注释文字

❺ 删除最下面的一行的用户配电箱，利用夹点将线路向右侧适当调整拉伸。如图 14.84 所示。

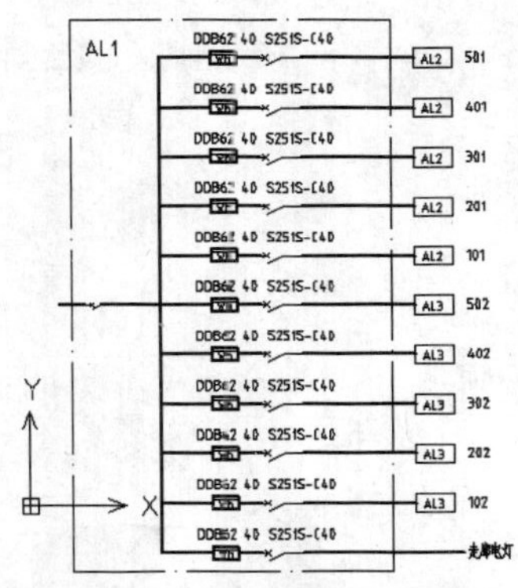

图 14.84　调整拉伸夹点

至此，完成了室内电气照明系统图的绘制。

14.4　本讲小结

本讲主要练习装饰平面图和建筑平面图以及室内电气照明系统图的制作。由于建筑、室内制图和电气图的绘制中，涉及的图样种类较多，所以要根据图样的种类将它们分别绘制在不同的图层里，便于修改、管理、统一设置图线的颜色、线型、线宽等参数。

14.5　思考与练习

打开“samples\ch14\练习.dwg”文件素材，如图 14.85 所示，进行建筑平面图绘制，结果如图 14.86 所示。

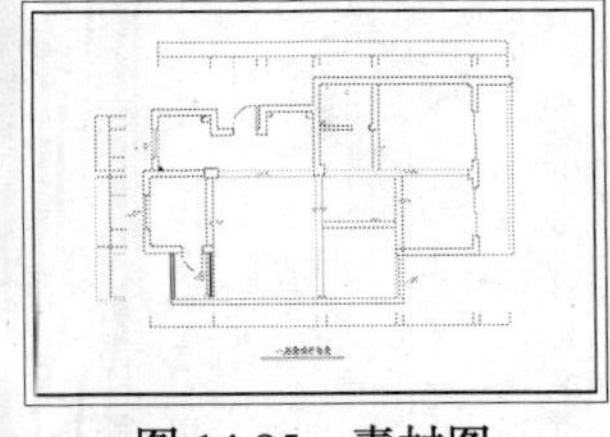

图 14.85　素材图

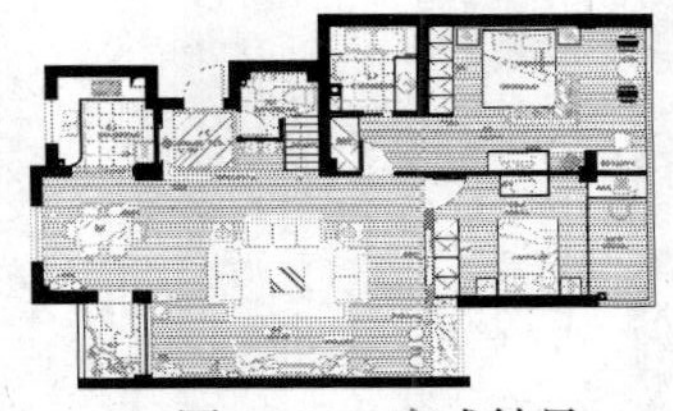

图 14.86　完成结果